清华开发者书库

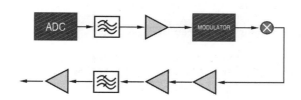

RF System Design of Transceivers for Wireless
Communications

无线通信中的
射频收发系统设计

Qizheng Gu◎著

杨国敏◎译

清华大学出版社

北京

内 容 简 介

本书主要介绍了无线移动终端收发机的设计和分析,详细给出了射频接收机和发射机设计方法。此外,本书还系统介绍了超外差、零中频、低中频和带通采样无线电架构;详尽给出了频率规划、系统链接规划和发射机及接收机的性能评估;提出了包括互调、干扰屏蔽和频谱再生及调制在内的非线性分析;给出了基于自动增益控制、模/数转换动态范围和电源管理的移动系统中射频专用集成电路设计方法;给出了接收机性能评估的 MATLAB 文件和发射机放大器非线性特性计算代码;深度分析移动终端射频系统设计并给出了设计实例。

本书适合作为通信工程、电子信息工程和微电子等专业本科生及研究生的教材,也适合作为从事射频系统、射频集成电路和无线系统设计工程技术人员的参考用书。

北京市版权局著作权合同登记号　图字:01-2015-8678

Translation from English language edition:
RF System Design of Transceivers for Wireless Communications by Qizheng Gu Copyright © 2005, Springer Berlin US.
Springer Berlin US is a part of Springer Science+Business Media.
All Rights Reserved.

图书在版编目(CIP)数据

无线通信中的射频收发系统设计/(美)顾其净(Qizheng Gu)著;杨国敏译.—北京:清华大学出版社,2016(2024.7 重印)
(清华开发者书库)
书名原文:RF System Design of Transceivers for Wireless Communications
ISBN 978-7-302-43050-6

Ⅰ.①无… Ⅱ.①顾… ②杨… Ⅲ.①无线电通信—射频系统—系统设计 Ⅳ.①TN92

中国版本图书馆 CIP 数据核字(2016)第 034687 号

责任编辑:盛东亮
封面设计:李召霞
责任校对:梁　毅
责任印制:刘海龙

出版发行:清华大学出版社
　　　网　　　址:https://www.tup.com.cn,https://www.wqxuetang.com
　　　地　　　址:北京清华大学学研大厦 A 座　　　邮　　编:100084
　　　社　总　机:010-83470000　　　邮　　购:010-62786544
　　　投稿与读者服务:010-62776969,c-service@tup.tsinghua.edu.cn
　　　质量反馈:010-62772015,zhiliang@tup.tsinghua.edu.cn
　　　课件下载:https://www.tup.com.cn,010-62795954
印　装　者:三河市龙大印装有限公司
经　　　销:全国新华书店
开　　　本:186mm×240mm　　　印　张:21.25　　　字　　数:488 千字
版　　　次:2016 年 7 月第 1 版　　　印　　次:2024 年 7 月第 13 次印刷
定　　　价:59.00 元

产品编号:066192-01

译者序
FOREWORD

近年来，由于通信技术的快速发展，无线收发系统得到了广泛的应用。目前，大多数涉及数字通信的教材主要集中在数字基带系统的设计而非射频电路和射频系统部分。本书是Qizheng Gu 先生结合自身在美国麻省理工学院 10 余年学术研究和先后在罗克韦尔、诺基亚与 WiSpry 公司期间无线通信系统设计的经验总结所著。本书系统地介绍了各种无线电架构，包括超外差结构、零中频结构、低中频结构和带通采样结构，并详细阐述了各种射频接收机和发射机设计方法，也相应地给出了一套全面、综合的设计公式。书中集中探讨了采用专用集成电路的移动通信系统，同时也适用于其他无线系统的应用，诸如无线局域网、蓝牙和全球定位系统。本书涉及很宽泛的主题，涵盖了从基本的通信原理到特殊的多模移动系统。

本书可作为高年级本科生或研究生的射频系统设计教材，也可供射频系统设计工程师、射频集成电路工程师、无线系统工程师和其他相关专业研究人员的参考书。书中的专业术语尽量加注原文，方便读者查询。

在本书的翻译过程中，复旦大学硕士研究生付余、郭志贵和卢修远同学也参与了本书部分内容的校对和翻译工作，复旦大学信息科学与工程学院胡波教授指导并协助了本书的翻译和出版，在此表示衷心的感谢。

由于译者水平有限，译文的不妥之处敬请各位读者批评指正。

杨国敏

前言
PREFACE

本书主要介绍了无线通信中的射频（radio frequency，RF）收发系统设计。目前大多数数字通信的教材主要集中在数字基带系统的设计而非射频电路部分。本书主要是为射频系统工程师以及射频集成电路设计工程师在设计数字通信系统中的射频电路而写的。同时也适用于电子工程的四年级本科生以及研究生。

本书系统地介绍了射频接收机和发射机设计方法，也相应地给出了一套全面综合的设计公式，同时对射频系统的分析也予以同等程度的关注。本书集中探讨了采用专用集成电路（application specific integrated circuits，ASIC）的移动通信系统，同时也适用于其他领域的无线系统的应用，诸如无线局域网（wireless local area network，WLAN）、蓝牙和全球定位系统（global positioning system，GPS）。本书涉及很宽泛的主题，涵盖了从基本的通信原理到特殊的多模移动系统。阅读本书的前提是读者有着良好的射频知识背景、信号通信系统的扎实基础和模拟与混合信号电路的知识积累。

真诚地感谢那些鼓励并帮助过我的人，正是这些人的帮助和鼓励使得我能够完成此书。衷心感谢 BjornBjerede 博士，感谢他在我著书时对我不断地鼓励及很多有价值的建议和技术上的探讨。此外，我也深深感谢任职于加州大学圣地亚哥分校的 Peter Asbeck 教授，感谢他抽出时间审视整篇手稿，并提出了宝贵的意见与建议。很多射频领域的知识以及分析技巧都是我师从于麻省理工学院电子研究实验室电磁波理论与应用中心的 Kong 教授期间学到的，感谢导师为我提供了一个学习、科研与交流的环境。在 PCSI、Rockwell 半导体系统和 Torrey 通信公司工作期间，我学习并在实际设计中积累了大量的无线通信系统和射频接收机等方面的知识。我特别要感谢我的前同事 Leon Lin 博士传授用于非线性系统仿真的一些 MATLAB 程序。

除此之外，我要对审稿人 Sule Ozev 博士、Osama Wadie Ata 教授、Paul D. Ewing 先生、Rolf Vogt 博士和 Jaber Khoja 博士表示衷心感谢，感谢他们的宝贵时间与建议。同时也感谢 Springer 的工作人员，尤其是编辑主任 Alex Greene 先生以及他的助理 Melissa Guasch 女士的支持与建议。最后也是最重要的是感谢我的妻子与家人的理解、耐心以及坚定不移的支持。

Qizheng Gu

目 录
CONTENTS

第 1 章

简　　介

1.1　无线系统

目前,在无线系统中的设备之间,例如移动设备与基站之间已不是通过电缆或电线连接,而是采用电磁波进行通信。从这层意义上讲,光通信系统以及红外线通信系统均属于无线系统。但是本书讨论的无线系统仅仅是基于射频(radio frequency,RF)电磁波作为传输媒介的系统。射频的范围大体限定在 10kHz~100GHz[1],而目前无线系统的主要应用频段在几百 MHz 到几 GHz 的频率范围,因为此频段内的电磁波不仅长距离传播衰减少,而且具有较强的穿透建筑物和车辆的能力和传输宽带信号的能力。

1.1.1　移动通信系统

移动通信始于 20 世纪 20 年代,而真正的发展要到 20 世纪 80 年代早期。1983 年,高级移动电话服务(advanced mobile phone service,AMPS)在美国第一次应用于商业电信服务。而当时所有第一代移动通信系统包括 AMPS、英国的 TACS(total access communications system)、日本的 NTT(nippon telephone and telegraph)以及欧洲的 NMT(nordic mobile telephones)都属于模拟系统阶段。

第二代移动系统即数字移动通信出现于 20 世纪 80 年代晚期。当时,在该领域存在多种竞争性的规范标准,如全球移动通信系统(global system for mobile communications,GSM)、码分多址系统(code-division multiple-access system,CDMA)、时分多址系统(time-division multiple-access system,TDMA 或 D-AMPS)以及日本的个人数字蜂窝系统(personal digital cellular,PDC)。GSM 系统主要工作在 900MHz 频段,在较高频段1800MHz 的 GSM 规范被称为数字通信系统(digital communication system,DCS),同时也称为 1800MHz GSM。IS-95/98 CDMA 系统和 IS-136 DAMPS 通常应用于 800MHz 或1900MHz PCS 频段。像第一代无线系统一样,第二代移动系统主要还是应用于语音通信中。但是,无线工业界从未停止过在提高数据容量上的努力。通用分组无线技术(general package radio system,GPRS)、增强型数据速率 GSM 演进技术(enhanced data rate for GSM evaluation,EDGE)等 2.5G 技术一个个相继诞生。其中,速率达到 384kbps 的 EDGE

是 GSM 的演进版,可提供语音、数据、网络等其他的连接方案。

提高语音容量来容纳更多呼叫用户通话可靠性的需求;通过增加有偿高数据率服务来增加收入的需求;迎合增加移动用户社区、协调本地网接入、无线网接入和全球漫游的需求已经推动了 2G 网络的限制[2]。在 20 世纪 90 年代后期,第三代系统即 CDMA2000_1x 以及宽带码分多址系统(wide-band code division multiple access,WCDMA)出现在历史舞台。新一代系统能够满足现今所有的速率需求,提供语音、视频以及多媒体服务。

1.1.2 无线局域网

无线局域网(wireless local area network,WLAN)被视为连接有线网络与便携式计算机和通信设备之间最便捷的途径,例如在办公室、酒店、公司或校园等范围内笔记本和掌上电脑(personal digital assistants,PDAs)等设备之间的连接。公司或校园范围内的数据通信通过无线局域网连接后能够有效减少建筑物之间网线的使用。总而言之,无线局域网的使用使得两台计算机间以及计算机与有线网络间的连接简便很多,使得很多用户和大量的数据链路上行到一个完整的网络中。

在 1997 年的年中,美国电气和电子工程师协会(Institute of Electrical and Electronics Engineers,IEEE)确定了无线局域网的初始标准 IEEE 802.11。这一标准详述了免费授权的 2.4GHz(ISM 频段)应用频段,通过直接序列或者跳频扩频技术,该频段相应的数据速率可达 1～2Mbps。IEEE 802.11 协议并非是一个而是一系列的无线局域网标准。IEEE 802.11a 协议基于正交频分复用(orthogonal frequency division multiplexing,OFDM)技术定义了无线局域网,该技术将信号分到 52 个独立的子载波上从而将传输速率提高到 54Mbps,吞吐量超过 24.3Mbps,该系统应用频率处于通用频段(UNII 频段):5.15～5.35GHz 以及 5.725～5.875GHz 频段。802.11a 设备和其他 802.11 设备一样,通过时分多址技术(time-division multiple-access,TDMA)共享信道。802.11b 协议详述了无线局域网通过使用直接序列扩频技术(direct sequence spread spectrum,DSSS)实现在 2.4GHz 频段 11Mbps 的最高传输速率。在 2000 年年初,为了充分利用 2.4GHz 频段的高速率,提出了以 OFDM 技术为基础的新标准 802.11g,该协议与落后的 802.11b 标准完全兼容。高数据传输率的 802.11a 以及 802.11g 协议能够满足包括高清电视视频流、快速上网以及文件传输等多媒体应用。

为了提高基于 IEEE 802.11 无线局域网的能力,提出了 802.11e、802.11f、802.11h 和 802.11i 等协议作为补充标准。802.11e 协议主要目的是提高服务质量(quality of service,QOS),而 802.11f 为内部接入点协议提供了建议性的操作方案。802.11h 标准在欧洲应用的 5GHz 频段处扩展了频谱以及传输功率管理,802.11i 提高了 MAC 层的安全性。

无线局域网在 20 世纪 90 年代后期开始兴起于通信市场,至今已变成一个推动无线通信技术进步的主导力量。

1.1.3　蓝牙技术

蓝牙是一种支持在有线连接的空间内器件之间短距离(一般 10m 内)连接与通信的无线个人局域网(wireless personal area network,WPAN),工作在全球通用的工业、科学和医学 2.4GHz(industrial,scientific,and medical,ISM)频段,带宽为 83.5MHz,也就是从 2.4～2.4835GHz。蓝牙采用跳频扩频技术(frequency-hopping spectrum spread,FHSS),该技术将频带分成以 1MHz 为间隔的 79 个跳频信道,蓝牙设备的信号以伪随机的方式从一个信道跳到另一个信道。从该层面上看,蓝牙占据了整个 ISM 频段,但在任一时间内,实际只有大约 1MHz 的频段被占用,跳频速率是每秒 1600 跳。

蓝牙设备价钱较低、功耗小,它仅支持最高速率为 720kbps。为保持其低功耗与廉价的特征,其典型的发射功率约在 1mW(0dBm)左右。而蓝牙的接收设备灵敏度达到－70dBm甚至更好。蓝牙相关参数的最低标准见参考文献[2]。

蓝牙主要应用于大量的小区域办公室或家庭内部无线器件的便捷连接,包括配有蓝牙的计算机、电话、家庭环境、涉密的小办公室和家庭管理系统等设备连接。而且,这些设备可以使用具有蓝牙功能的子设备,如无线相机、键盘、鼠标、耳机以及麦克风。所有这些设备都是通过蓝牙协议进行无线连接。

无线个人局域网(WPAN)标准 IEEE 802.15.1 是以蓝牙协议为基础而提出的。因为蓝牙、WPAN 以及 802.11b/g WLAN 均工作在 2.4GHz 的 ISM 频段,为了缓解潜在的共存干扰问题,工业界已对此讨论许久并由 IEEE 802.15.2 共存任务组、蓝牙特殊兴趣组以及 802.11 工作组提出了共存解决方案[3-4]。

1.1.4　全球定位系统

全球定位系统(global positioning system,GPS)是由 24 颗距地 12 000 英里的卫星组成的,这些卫星持续地发回精准的时间与空间位置。GPS 接收方通过从卫星接收到的信号三角测量来确定在地球上的准确位置。GPS 卫星拥有自身的空间位置,所以 GPS 接收方可通过射频信号在卫星与接收方两端来回所需的时间确定两者间距。

商用 GPS 工作在 1575.42MHz 频率上,应用 1.023Mchip/s 伪随机码(pseudo noise,PN)扩频技术使得其带宽达到 2.046MHz。独立的 GPS 接收机的灵敏度可达到－130dBm或更好。商用 GPS 主要应用于车辆追踪系统以及汽车驾驶或船舶航行的导航系统中。将商用 GPS 嵌入移动基站中已成为联邦通信委员会(Federal Communications Commision,FCC)的要求。20 世纪 90 年代中期,FCC 要求无线移动站应嵌入 GPS,无线服务商应提供增强版 911(enhanced 911,E911)给用户。如此一来,无线网络辅助的 GPS 接收机的灵敏度必须接近于－150dBm[5]。GPS 可能成为一项为日常生活提供便利的技术,嵌有 GPS 功能的移动电脑、掌上电脑以及便携式 GPS 设备会告知使用者距离最近的宾馆、餐馆、因特网接入点或者加油站等信息[6]。

1.1.5 超宽带通信

超宽带技术(ultra wide-band,UWB)将用于约 10m 范围内的无线个人局域网(wireless personal area networks,WPAN)通信中,任一信号在 3.1～10.6GHz 频段中占用超过 500MHz 带宽均可叫作超宽带[7]。在该频段中,FCC 的规则限制 UWB 有效全向辐射功率 (effective isotropic radiated power,EIRP)的功率在 UWB 频带内只能到 -41.25dBm/MHz,而发射功率根据频段的不同而不同,例如在 GPS 频段功率骤降到 -75dBm/MHz。

目前,有两种技术被普遍应用于超宽带通信中。一种是基于亚纳秒范围(1～1000ps)的超短数字脉冲。脉冲序列通过位置、幅度或者相位调制来携带信息,并可以直接用基带信号来调制脉冲而不是使用高频载波;另一种技术是多波段方案,该方案利用多个频带(每个频带 528MHz 带宽[8])来实现,即通过在多个 UWB 频带的跳频技术来有效利用 UWB 频段。这些信号由于工作在不同频段而不会相互干扰。每个 UWB 信号都能够被调制,从而实现很高的数据率。像正交频分复用(OFDM)技术等几种普遍用于无线通信中的数字调制技术都可应用于 UWB 中每一个独立信号。多频段的优势在于它的自适应性与可扩缩性,频段的数量可不同,并且可以动态调节从而减少互扰的影响,以及避免占用其他服务所需频段。

UWB 具有很高的数据传输速率,最高可达 480Mbps。由香农的信息论可知,信息容量与带宽呈线性关系,与功率呈对数关系,因此提高带宽会显著增加数据传输率。该技术将宽带传输仅限于一个很小的区域范围是限制 UWB 短距离传输的关键。UWB 的目标就是无线个人局域网、家庭中音频与视频的传输、取代 USB 线和 FireWire 线等。基于 UWB 技术的 WPAN 标准 IEEE 802.15.3a 规定在 10m 范围内,使用 4 频段的数据传输率为 110Mbps,功耗小于 100mW,而在 5m 距离的速率可达 200Mbps,但过了 4m 后速率的增长开始降低[9]。

1.2 系统设计的融合

目前,无线界的通信、计算、全球定位系统以及消费类电子设备相互交融已成为不可阻挡的趋势,这些在传统上相互分离的技术快速融合也增加了无线产品的复杂度。而相互融合所导致不可避免的结果是使得语音、数据、图像、视频、音乐、网络、实时信息、家庭自动化以及 GPS 整合到一起。

由于不同系统间相互合并,设计任务因此变得异常艰难,而解决问题的最好办法是将射频模拟与数字、硬件与软件、片上系统(system-on-a-chip,SoC)与印刷电路板(printed-circuit-board,PCB)有机结合。射频模拟系统必须与数字系统有序设计,而不是几个分散的部分。模糊硬件与软件之间的区别以及适当的区分软硬件设计对于整个系统的构建至关重要。复杂度的提高以及无线产品尺寸的降低已经促使人们设计并使用高度集成化的片上系统,从而尽可能减少 PCB 板上分立器件的数量。[10-11]

过去,我们沉浸在自己舒适的设计环境下,很少关心别人都在做什么,但那个时代已经终结了[11]。如今,在无线系统以及产品设计中成功的关键在于交叉技术学科的知识增长。射频系统设计也不例外,无线产品的射频设计必须突破多技术学科间的边界,通过融合数字、数字信号处理(DSP)与 SoC 技术来实现。

早期手机从外形上、重量上都像是块砖头,而现今的多频段多模式手机不仅能够轻松地放入小口袋里,而且还具有多种功能。例如现在的手机除了实现语音、数据的传输外,还应具有 GPS 功能、蓝牙短距离连接功能以及数码相机功能等。不使用诸如 SoC 等的集成电路(integrated circuits,ICs)就无法将多功能手机缩小成口袋大小。高集成射频模拟芯片 SoCs 的问世时间要晚于 20 世纪 90 年代中期广泛应用的数字基带集成电路(base-band ICs)。例如,在 1994 年,一款为小灵通移动(personal handy-phone system,PHS)基站设计的命名为 α 的芯片由太平洋通信科技有限公司推入市场,该芯片包含了一个数字基带芯片和四个射频模拟芯片。实际上,SoC 不仅能制作很复杂的小型无线产品,而且也使实现直接变频结构接收机成为可能。正是由于收发机是由一个 IC 芯片的系统构建而成的,其射频系统设计与射频模拟集成电路的发展是紧密相关的。相关的集成电路需要根据选好的射频结构、给定的系统分区以及定义的不同阶段规范进行设计与发展。

射频系统实际上是整个无线数字收发机的一个子系统。显然数字基带的性能与收发机的射频模拟系统会相互影响。在给定灵敏度的前提下,基带的解调器性能与处理增益决定了射频接收机的噪声系数。在射频接收机的链路中,为了达到某个数据误码率(bit error rate,BER),信道滤波后的群延时失真会影响到信噪干扰比(signal-to-noise/interference ratio,SNIR)的最低要求。因为接收的信号强度是在数字区域测量的,而不是像过去一样使用模拟功率检测器来测量的,所以射频接收机的自动增益控制(automatic gain control,AGC)在数字基带(base-band)系统中是闭环的。在发射机端,发射功率完全受控于数字基带,通过调整基带数字信号在同相(in-phase,I)与正交(quadrature,Q)信道中的不同电平,直流偏移以及 I 与 Q 两信道的不均衡可互相补偿。在接收端,射频与数字基带间的接口是模数转换器(analog-to-digital converter,ADC),而在发射端,射频与数字基带间的接口是数模转换器(digital-to-analog converter,DAC)。ADC 与 DAC 的动态范围或分辨率影响着增益控制范围和射频接收与发射端的滤波条件。所以射频系统以及数字基带混合设计(或称为射频—基带联合设计)已变得很必要,一名合格的射频设计者一定要拥有数字基带以及现代通信理论等方面的知识储备。

在射频系统设计中,数字信号处理(digital signal processing,DSP)以及相关软件也是需要着重考虑的。现今,射频系统需要越来越多的 DSP 方面的支持。射频模块中的收发机自动增益控制环通过数字基带的嵌入式 DSP 执行。现在很多操作均由软件控制,例如操作模式的改变、频带的选择、多模多频段无线收发机的信道选择。在无线移动站中,DSP 也常用于电源管理,从而根据发射功率来动态控制功率放大器以及集成电路的偏移。一些射频架构,例如直接变频和低中频接收机与以往的超外差接收机相比更需要 DSP 的支持。没有 DSP 协助,这些接收机在直流偏移补偿、均衡 I/Q 信道或运行更加复杂的自动增益控制方面不会表现太好,在更糟糕的情况下甚至不能工作。DSP 在未来的软件无线电(software-defined radio,SDR)领域起着举足轻重的作用,ADC 和 DAC 更加接近天线,射频滤波器和天线等射频前端像数字基带一样均朝着可编程的方向发展。

我们正面临着射频系统融合设计的挑战,在本书中,无线收发机射频系统以高集成射频电路为基础快速发展。但是,本书所提到的基本方法以及公式同样适用于离散射频系统设计。为了处理设计的融合性,数字基带系统的基础将在接下来的章节中讨论。涉及 DSP 的综合设计在所需处均会被提及。

1.3　本书结构

本书由六章组成,系统地描述了用于各种无线系统收发机射频系统的设计方法,尤其是针对移动站的收发机。本书详细讨论了一些实用的无线电架构。射频接收机和发射机系统设计是以相关公式作为理论基础的,简单有效的射频接收机和发射机的设计工具可以通过 Excel 电子表格或 MATLAB 程序开发出来。书中几乎所有的例子都是基于不同协议无线系统的移动站。

第 2 章介绍了数字基带以及通用系统的基础。理解这些知识对于现今的射频系统设计很重要。线性系统理论是射频和数字基带系统分析和设计的基础。系统的分析和设计既可以在时域中进行也可以通过傅里叶变换在频域中讨论。本章同时提及了非线性建模与仿真方法,这些方法对功率放大器和其他非线性设备的性能评估很重要。在第 2 章还讨论了噪声和随机过程在通信技术中所发挥的相当重要的作用。本章最后一节提出了数字基带系统相关的主题,包括采样定理和过程、抖动和量化噪声、常用的调制方案、脉冲整形技术和码间干扰、错误检测概率以及为实现特定的误码或误帧率而产生的载波噪声率估计。

第 3 章主要讨论了不同的无线电架构及其设计要素。开发射频收发机第一件要做的事情是无线电架构的选择。本章中所讨论的体系结构是基于无线通信的移动站系统,如 GSM、CDMA 等,但它们通常也适用于其他无线收发机。最普遍使用的无线电架构是超外差收发机,它在接收灵敏度、选择性和功耗方面都性能优良,因此它常用于各种无线系统。现在,直接变频或所谓的零中频收发机架构比超外差收发机架构使用得更普遍。本章针对其非凡优点和技术挑战进行了讨论。现在的射频 IC 和 DSP 技术使直接变频架构的实现成为可能。本章中涉及的第三个无线电架构是低中频架构。这种架构克服了直接变频中的一些技术问题,但同时在抑制镜像干扰方面也变得更加困难。今天大多数的 GPS 接收机利用低中频架构,一些 GSM 移动站接收机在 DSP 的支持下同样采用这种结构。最后一种无线电架构是基于带通采样的架构,这种架构已经逐步推进到软件无线电了。在这种架构中,ADC 与 DAC 扮演着射频正交向下和向上变频器角色,并且除了射频前端结构,即接收机中的射频滤波器、低噪声放大器(low noise amplifier,LNA)以及发射机中的功率放大器外,其大多数模拟功能模块都已经移到数字区域了。

第 4 章主要讨论了接收机射频系统的分析和设计。接收机关键参数分析这一小节介绍并推导了接收机性能评估公式,这些是接收机系统设计的基础。本章首先分析了接收机的噪声系数,因为它决定了接收机灵敏度这一最重要的参数,同时也讨论了发射机功率泄漏和天线失配对接收机灵敏度的影响。接收机的线性度和互调杂散响应衰减之间的关系采用常用的方法来进行讨论。在 CDMA 移动站接收机中,由于接收机 LNA 三阶非线性的强干扰会对调幅发射功率泄漏的交叉调制,所以有一被称为单频去敏的特殊要求。在第四小节主要讨论了单频钝化近似估计方法。相邻和相间的选择性通道是在无线系统的一种常用的信道指标。它们是由本地振荡器在相邻和相间信道频率上的相位噪声和 4.5 节中分析的接收机滤波特征所决定的。自动增益控制系统对任何架构的接收机显得都很重要。本章对接收机 AGC 环路的基本设计原则进行了介绍。最后一节描述了接收机系统的设计方法和性能评估的方法。在本章的附录中给出了接收机性能评估的 MATLAB 程序。

第 5 章阐述了发射机系统的分析和设计。如前面的章节所述,针对发射机性能评价的公式穿插在发射机关键参数分析的各个部分中。但是,在发射机链路中对一些器件非线性效应方面评估参数的仿真比计算更有必要。本章首先讨论了发射功率及频谱。在接下来的部分,调制精准度即发射信号波形品质因数的计算方法以及影响调制精度的主要因素都会有所涉及。发射机的另一个关键参数是相邻或相间的信道功率。发射机链路的非线性决定了相邻和相间信道的功率。在本章的第四部分中提及了对相邻和相间信道功率的仿真方法与近似计算公式。带外噪声和发射机的杂散辐射对相邻信道的移动站和其他系统设备而言通常是干扰源,因此要严格限制它们的量级。在第五部分中将引入噪声和发射机杂散辐射的计算。发射机的 AGC 与电源管理控制通过调整器件偏移或开关设备开关来协同工作。5.6 节初步讨论了发射机 AGC 和电源管理。本章的最后一节介绍了发射系统设计所需考虑因素,包括架构比较和系统模块分区。附录 5C 给出了计算相邻或相间信道功率的 MATLAB 程序。

本书的最后一章提供了在无线移动收发机中射频系统设计实例。本章开始讨论了多模和多频段超外差收发的系统设计。所设计的移动收发机能够在 GSM(GPRS)、TDMA 和 AMPS 系统中工作,并能在 800MHz 蜂窝频带和 1900MHz PCS 频带上运行。第二个应用实例是专门为 CDMA 直接变频收发机而设计的射频系统。在所有的无线移动通信系统中,CDMA 系统由于其自身的复杂性和所分配的工作频带问题,因此具有最严苛的性能要求。本书同时详细介绍了如何通过适当的射频系统设计来克服 CDMA 直接变频收发机所带来的困难。

参考文献

[1]　F. Jay, ed., *IEEE Standard Directory of Electrical and Electronics Terms*, Fourth Edition, IEEE, Inc. New York, NY, Nov. 1988.

[2]　Bluetooth Special Interest Group (SIG), 'Specification of the Bluetooth System version 1.2, Part A: Radio Specification,' pp. 28 - 46, May 2003.

[3] Bob Heile, "Living in Harmony: Co-Existence at 2.4-GHZ," *Communication Systems Design*, vol. 7, no. 2, pp. 70–73, Feb. 2001.

[4] O. Eliezer and M. Shoemake, "Bluetooth and Wi-Fi Coexistence Schemes Strive to Avoid Chaos," *RF Design*, pp. 55–72, Nov. 2001.

[5] TIA-916, *Recommended Minimum Performance Specification for TIA/EIA/IS-801-1 Spread Spectrum Mobile Stations*, April 2002.

[6] R. Lesser, "GPS: The Next VCR or Microwave," *RF Design*, p. 57, Mar. 1998.

[7] S. Roy et al., "Ultrawideband Radio Design: The Promise of High-Speed, Short-Range Wireless Connectivity," *Proceedings of IEEE*, vol. 92, no. 2, pp. 295-311, Feb. 2004.

[8] A. Batra, "Multi-Band OFDM Physical Layer Proposal," *IEEE P80.15 Working Group for WPANs*, Sept. 2003.

[9] P. Mannion, "Ultrawideband Radio Set to Redefine Wireless Signaling," *EE Times*, Sept. 2002.

[10] J. Blyler, "Get a High-Level View of Wireless Design," *Wireless Systems Design*, vol. 7, no. 2, pp. 21–28, Feb. 2002.

[11] R. Bingham, "Managing Design-Chain Convergence Is a Must," *Wireless Systems Design*, vol. 7, no. 3, p. 17, Mar. 2002.

辅助参考文献

[1] M. J. Riezenmam, "The Rebirth of Radio," *IEEE Spectrum*, pp. 62–64, January 2001.

[2] J. Tomas et al., "A New Industrial Approach Compatible with Microelectronics Education: Application to an RF System Design," *1999 IEEE International Conference on Microelectronic Systems Education*, pp. 37 – 38, July 1999.

[3] B. Nair, "3G and Beyond: The Future of Wireless Technologies," *RF Design*, pp. 56–70, Feb. 2001.

[4] K. Hansen, "Wireless RF Design Challenges," *2003 IEEE Radio Frequency Integrated Circuits Symposium*, pp. 3–7, June 2003.

[5] A.A. Abidi, "RF CMOS Comes of Age," *IEEE Microwave Magazine*, pp. 47–60, Dec. 2003.

[6] K. Lim, S. Pinel et al., "RF-System-On-Package (SOP) for Wireless Communications," *IEEE Microwave Magazine*, pp. 88–99, March 2002.

[7] V. Loukusa et al., "Systems on Chips Design: System Manufacturer Point of View," *Proceedings of Design, Automation and Test in Europe Conference and Exhibition*, vol. 3, pp. 3–4, Feb. 2004.

[8] J. Lodge and V. Szwarc, "The Digital Implementation of Radio," *1992 IEEE Global Telecommunications Conference*, vol. 1, pp. 462 – 466, Dec. 1992.

[9] G. Miller, " Adding GPS Applications to an Existing Design," *RF Design*, pp. 50–57, March 1998.

[10] T. Rao, "High-Speed Packet Service Kick-Starts Migration to 3G," *Communication Systems Design*, vol. 9, no. 9, Sept. 2003.

[11] H. Honkasalo et al., "WCDMA and WLNA for 3G and Beyond," *IEEE Wireless Communications*, pp. 14–18, April 2002.

[12] R. Steele, "Beyond 3G," *2000 International Zurich Seminar on Broadband Communications*, pp. 1 – 7, Feb. 2000.

[13] J. Craninckx and S. Donnay, "4G Terminals: How Are We Going to Design Them?" *Proceedings of 2003 Design Automation Conference*, pp. 79–84, June 2002.

[14] J. Klein, "RF Planning for Broadband Wireless Access Network," *RF Design*, pp. 54–62, Sept. 2000.

[15] D. M. Pearson, "SDR (System Defined Radio): How Do We Get There from Here?" *2001 Military Communication Conference*, vol. 1, pp. 571–575, Oct. 2001.

[16] J. Sifi and N. Kanaglekar, "Simulation Tools Converge on Large RFICs," *Communication Systems Design*, vol. 8, no. 6, June 2002.

第 2 章

系统设计基础

2.1 线性系统与变换

2.1.1 线性系统

系统是对任何一个合理输入产生唯一一个输出的有机整体。在无线通信中,通信信道、基站、移动站、接收机、发射机、频率合成器甚至滤波器都是具有不同结构的物理系统。在数学上,一个系统可以被描述为

$$y(t) = \boldsymbol{T}[x(t)] \tag{2.1.1}$$

式中,$x(t)$ 是输入(或激励);$y(t)$ 是输出(或响应);t 是一个自变量,通常代表时间;而 $\boldsymbol{T}$ 是由系统执行的运算。

该系统也被看作一个 $x(t)$ 到 $y(t)$ 的变换(或映射)。

当且仅当叠加原理成立时,系统是线性的,例如其输出可以表示为针对各输入响应的线性组合:

$$\boldsymbol{T}[a_1 x_1(t) + a_2 x_2(t)] = a_1 \boldsymbol{T}[x_1(t)] + a_2 \boldsymbol{T}[x_2(t)] \tag{2.1.2}$$

式中,a_1 和 a_2 是任意的标量。

不满足式(2.1.2)的系统叠加关系被归类为非线性系统。

还有一类线性系统称为线性时不变(LTI)系统,其在通信系统理论与设计中扮演尤为重要的角色。如果系统对于输入一个存在时移 τ 的信号 $x(t-\tau)$,会产生存在相同的时间偏移的输出信号 $y(t-\tau)$,那么该系统就称为时不变系统。可表示为

$$y(t-\tau) = \boldsymbol{L}[x(t-\tau)] \tag{2.1.3}$$

式中,$\boldsymbol{L}$ 是 LTI 系统的运算。

LTI 系统为通信系统中大量模块提供精确的分析模型。很多在基站和移动站中使用的基本器件都是 LTI 系统,如滤波器、隔离器、双工器和工作在线性区域的放大器。

LTI 系统的特点可以用该系统的冲激响应来表征,即当输入为脉冲信号 $\delta(t)$ 时,系统的响应表达为

$$h(t) = \boldsymbol{L}[\delta(t)] \tag{2.1.4}$$

脉冲信号 $\delta(t)$ 也称为脉冲函数或 Dirac δ 函数,是由它对测试函数 $\phi(t)$ 的影响定义

的，即

$$\int_{-\infty}^{\infty} \phi(t)\delta(t)\mathrm{d}t = \phi(0) \tag{2.1.5a}$$

一般而言，延时 δ 函数的延时定义为

$$\int_{-\infty}^{\infty} \phi(t)\delta(t-t_o)\mathrm{d}t = \phi(t_o) \tag{2.1.5b}$$

$\delta(t)$ 函数具有以下特性：

$$\delta(t) = \begin{cases} 0 & t \neq 0 \\ \infty & t = 0 \end{cases} \tag{2.1.6}$$

以及

$$\int_{\epsilon \to 0}^{\epsilon} \delta(t)\mathrm{d}t = 1 \tag{2.1.7}$$

式中，ϵ 是一个接近于 0 的很小的值。

LTI 系统对输入的时间响应可以简单通过输入和系统脉冲响应的卷积来实现。在式（2.1.5b）中，输入 $x(t)$ 可以表示为

$$x(t) = \int_{-\infty}^{\infty} x(\tau)\delta(t-\tau)\mathrm{d}\tau \tag{2.1.8}$$

线性系统中，输出 $y(t)$ 可表示为

$$y(t) = \boldsymbol{L}\big[x(t)\big] = \boldsymbol{L}\bigg[\int_{-\infty}^{\infty} x(\tau)\delta(t-\tau)\mathrm{d}\tau\bigg] = \int_{-\infty}^{\infty} x(\tau)\boldsymbol{L}\big[\delta(t-\tau)\big]\mathrm{d}\tau$$

$$= \int_{-\infty}^{\infty} x(\tau)h(t-\tau)\mathrm{d}\tau = x(t) * h(t) \tag{2.1.9}$$

式中，$*$ 表示卷积。

值得注意的是，当输入为一个复指数信号 $x(t) = \mathrm{e}^{\mathrm{j}\omega t}$（$j = \sqrt{-1}$，$w = 2\pi f$），LTI 系统若为冲激响应 $h(t)$ 时，由式（2.1.9）得

$$y(t) = \boldsymbol{L}\big[\mathrm{e}^{\mathrm{j}\omega t}\big] = \int_{-\infty}^{\infty} h(\tau)\mathrm{e}^{\mathrm{j}2\pi f(t-\tau)}\mathrm{d}\tau$$

$$= \mathrm{e}^{\mathrm{j}2\pi ft}\int_{-\infty}^{\infty} h(\tau)\mathrm{e}^{-\mathrm{j}2\pi f\tau}\mathrm{d}\tau = H(f)\mathrm{e}^{\mathrm{j}2\pi ft} \tag{2.1.10}$$

式中

$$H(f) = |H(f)|\,\mathrm{e}^{\mathrm{j}\angle H(f)} = \int_{-\infty}^{\infty} h(\tau)\mathrm{e}^{-\mathrm{j}2\pi f\tau}\mathrm{d}\tau \tag{2.1.11}$$

式中，$|H(f)|$ 和 $\angle H(f)$ 分别为 $H(f)$ 的幅度与相位。

式（2.1.10）显示出对线性时不变系统输入一个复指数信号，得到的输出信号同样为相同频率的复指数信号。因此，$\mathrm{e}^{\mathrm{j}\omega t}$ 是 LTI 系统特征函数，$H(f)$ 是 $\boldsymbol{L}$ 关于 $\mathrm{e}^{\mathrm{j}\omega t}$ 的特征值。这一结果为傅里叶分析提供了基础。

2.1.2 傅里叶级数与变换

傅里叶级数将时域信号转换到频域信号，在许多情况下，这种变换为某些类型的系统提

供了更易理解的形式。基于傅里叶级数和变换,在频域分析 LTI 系统的方法称为傅里叶分析。这一方法比直接在时域分析线性系统简单很多。

在满足狄利克雷(Dirichlet)条件[①]下,以 T_0 为周期的周期信号 $x(t)$ 可以被拓展成复指数傅里叶级数:

$$x(t) = \sum_{k=-\infty}^{\infty} x_k e^{jk \cdot 2\pi f_o t}, \quad f_o = \frac{1}{T_o}, \tag{2.1.12}$$

式中,x_k 为复傅里叶系数,即

$$x_k = \frac{1}{T_o} \int_{T_o} x(t) e^{-jk2\pi f_o t} dt \tag{2.1.13}$$

式中,$\int_{T_0}$ 表示为任一周期的积分,复系数 x_k 可以表示为

$$x_k = | x_k | e^{j\varphi_k} \tag{2.1.14}$$

式中,$| x_k |$ 与 φ_k 分别为 $x(t) k$ 阶谐波的幅度与相位。$| x_k |$ 在频域中为幅度谱,φ_k 在频域中为相位谱,当 $x(t)$ 为实数时,由式(2.1.13)可得

$$x_{-k} = x_k^* \tag{2.1.15}$$

式中,x_k^* 为 x_k 的复共轭。

周期信号 $x(t)$ 在任一个周期内的平均功率可表示为

$$P = \frac{1}{T_o} \int_{T_o} | x(t) |^2 dt \tag{2.1.16}$$

将式(2.1.12)代入以上等式中,得到以下表达式:

$$\frac{1}{T_o} \int_{T_o} | x(t) |^2 dt = \sum_{k=-\infty}^{\infty} | x_k |^2 \tag{2.1.17}$$

上式称为帕塞瓦尔(Parseval)恒等式。周期函数 $x(t)$ 的平均功率等于各个谐波功率的总和。

对于非周期信号 $x(t)$,可以设想为 $T_o \to \infty$。假设 $x(t)$ 满足狄利克雷条件,引入一新变量 $df = 1/T_o$ 以及 $2\pi f = \omega = k\omega_o$ 到式(2.1.12)和式(2.1.13)中,得到

$$x(t) = \int_{-\infty}^{\infty} \left(\int_{-\infty}^{\infty} x(\tau) e^{-j2\pi f t} d\tau \right) e^{j2\pi f t} df \tag{2.1.18}$$

定义 $x(t)$ 的傅里叶变换为

$$X(f) = \int_{-\infty}^{\infty} x(t) e^{-j2\pi f t} dt = \boldsymbol{F}[x(t)] \tag{2.1.19}$$

那么式(2.1.18)为 $X(f)$ 的傅里叶反变换

$$x(t) = \int_{-\infty}^{\infty} X(f) e^{j2\pi f t} df = \boldsymbol{F}^{-1}[X(f)] \tag{2.1.20}$$

---

① $x(t)$ 在其周期内是绝对可积的,如 $\int_{T_o} | x(t) | dt < \infty$;$x(t)$ 的最大值与最小值的个数是有限的;$x(t)$ 在每一个周期内不连续点的个数是有限的。

式中，$\boldsymbol{F}$ 以及 $\boldsymbol{F}^{-1}$ 分别表示傅里叶变换以及傅里叶反变换。

式(2.1.19)与式(2.1.20)为傅里叶变换对。一般而言，$X(f)$ 为复函数，同时代表信号 $x(t)$ 电压谱。

对比式(2.1.8)和式(2.1.18)，可推导出

$$\delta(t-\tau) = \int_{-\infty}^{\infty} e^{j2\pi f(t-\tau)} \mathrm{d}f \tag{2.1.21a}$$

或通常表示为

$$\delta(t) = \int_{-\infty}^{\infty} e^{j2\pi ft} \mathrm{d}f \tag{2.1.21b}$$

式(2.1.21)表示脉冲信号 $x(t)=\delta(t)$ 可由频谱 $X(f)=1$ 的傅里叶变换得出，即 $\delta(t)$ 脉冲信号的频谱恒为1，如图2.1所示。

下面将介绍一些傅里叶变换特性，这在射频系统的设计中非常有用，而另一些属性可参考其他一些教科书[1-2]。

图 2.1　脉冲信号及其频谱

1. 线性

傅里叶变换遵从线性原则。如果 $x_1(t)$ 和 $x_2(t)$ 的傅里叶变换分别为 $X_1(f)$、$X_2(f)$，则必然存在两标量 α、β，使得

$$\boldsymbol{F}[\alpha x_1(t) + \beta x_2(t)] = \alpha X_1(f) + \beta X_2(f) \tag{2.1.22}$$

2. 卷积特性

如果时间函数 $x(t)$ 以及 $h(t)$ 均存在傅里叶变换，那么

$$\boldsymbol{F}[h(t) * x(t)] = \boldsymbol{F}[h(t)] \cdot \boldsymbol{F}[x(t)] = H(f) \cdot X(f) \tag{2.1.23}$$

两个时间函数卷积的傅里叶变换等于两频域函数的乘积。

3. 调制特性

如果已调载波 $x(t)e^{j2\pi f_o t}$ 的傅里叶变换为

$$\boldsymbol{F}[x(t)e^{j2\pi f_o t}] = X(f - f_o) \tag{2.1.24}$$

那么调幅信号 $x(t)\cos(2\pi f_o t)$ 的傅里叶变换就是

$$\boldsymbol{F}[x(t)\cos(2\pi f_o t)] = \frac{1}{2}\boldsymbol{F}[x(t)e^{j2\pi f_o t} + e^{-j2\pi f_o t}]$$

$$= \frac{1}{2}[X(f + f_o) + X(f - f_o)]$$

4. 时移性

如果原始信号中存在一时移 t_o，那么在经傅里叶变换后的频域内存在着 $-2\pi ft_o$ 的相移，即

$$\boldsymbol{F}[x(t - t_o)] = X(f)e^{-j2\pi ft_o} \tag{2.1.25}$$

5. 帕塞瓦尔关系

如果 $X(f)=\boldsymbol{F}[x(t)]$，$Y(f)=\boldsymbol{F}[y(t)]$，则

$$\int_{-\infty}^{\infty} x(t) y^*(t) \mathrm{d}t = \int_{-\infty}^{\infty} X(f) Y^*(f) \mathrm{d}f \tag{2.1.26}$$

如果 $y(t) = x(t)$，那么可以得到傅里叶变换的帕塞瓦尔恒等式

$$\int_{-\infty}^{\infty} |x(t)|^2 \mathrm{d}t = \int_{-\infty}^{\infty} |X(f)|^2 \mathrm{d}f \tag{2.1.27}$$

这一表达式与周期信号的(2.1.17 节)相似。它解释了信号 $x(t)$ 的能量可由对所有频段的能量谱密度 $|X(f)|^2$ 的积分获得。

2.1.3 LTI 系统的频率响应

对比式(2.1.11)与傅里叶变换式(2.1.19)可得，$H(f)$ 是 LTI 系统冲激响应 $h(t)$ 的傅里叶变换。如果一个 LTI 系统的输入信号 $x(t)$ 的傅里叶变换为 $X(f) = \mathbf{F}[x(t)]$，那么该系统时域响应 $y(t)$ 的傅里叶变换等于输入信号频域函数与 $H(f)$ 的乘积，即

$$Y(f) = \mathbf{F}[h(t) * x(t)] = H(f)X(f) \tag{2.1.28}$$

$H(f)$ 是线性时不变系统的传递函数，等于系统输出频响 $Y(f)$ 除以输入响应 $X(f)$，即

$$H(f) = |H(f)| \mathrm{e}^{\mathrm{j}\angle H(f)} = \frac{Y(f)}{X(f)} = \int_{-\infty}^{\infty} h(t) \mathrm{e}^{-\mathrm{j}2\pi ft} \mathrm{d}t \tag{2.1.29}$$

传递函数 $H(f)$ 唯一地表征了 LTI 系统特性，$|H(f)|$ 为系统的幅度响应或增益，而 $\angle H(f)$ 为相位响应。增益一般以 dB 为单位，定义为

$$G(f) = 20\log_{10} |H(f)| \tag{2.1.30}$$

系统带宽定义为幅度响应 $|H(f)|$ 为常数值的谱区间。在通信领域存在着许多不同的带宽定义，如接收机的噪声带宽、切比雪夫滤波器的等波纹带宽等。常用带宽为 3dB 带宽，即幅度响应 $|H(f)|$ 在最大值的 $1/\sqrt{2}$ 倍处所对应的频带宽度，如增益下降至小于等于 3dB 时的频率范围。

实际中的 LTI 系统，如滤波器或通信信道通常存在色散效应，使得相位响应 $\angle H(f)$ 成为频率的非线性函数。当信号通过系统后，系统的输出存在一定的延时。假设输入信号是一窄带信号，定义为

$$x(t) = m(t)\cos(2\pi f_o t)$$

式中，$m(t)$ 为低通携带信息的信号，它的频谱限制在 $|f| \leqslant W$，并且 $f_o \gg W$，则 $\angle H(f)$ 可近似表达为

$$\angle H(f) \cong \angle H(f_o) + (f - f_o) \frac{\partial \angle H(f)}{\partial f}\bigg|_{f \equiv f_o} \tag{2.1.31}$$

分别定义相位延时 τ_p 以及群延时 τ_g 为

$$\tau_p = -\frac{\angle H(f_o)}{2\pi f_o} \tag{2.1.32}$$

和

$$\tau_g = -\frac{1}{2\pi} \frac{\partial \angle H(f)}{\partial f}\bigg|_{f = f_o} \tag{2.1.33}$$

式(2.1.31)可转换为

$$\angle H(f) \cong -2\pi\tau_p - 2\pi(f - f_c)\tau_g \qquad (2.1.34)$$

如果器件的增益常数为 g_o，那么其传递函数为

$$H(f) = g_o e^{-j[2\pi f_o \tau_p + 2\pi(f - f_o)\tau_g]} \qquad (2.1.35)$$

那么可以证明器件对输入为 $x(t) = m(t)\cos(2\pi f_o t)$ 的输出响应有如下形式：

$$y(t) = g_o m(t - \tau_g)\cos[2\pi f_o(t - \tau_p)]$$

载波 $\cos(2\pi f_o t)$ 延时了 τ_p 秒，因此 τ_p 代表相位延时，携带信息的包络 $m(t)$ 延时 τ_g 秒，即 τ_g 代表群延时。

2.1.4 带通到低通的等效映射和希尔伯特变换

在射频系统设计中涉及的信号通常是在带通系统中的已调载波，窄带调幅和调相波信号可以通过同相和正交分量来表达，即

$$x(t) = a_I(t)\cos 2\pi f_o t - a_Q(t)\sin 2\pi f_o t \qquad (2.1.36)$$

式中，$a_I(t)$ 是同相分量；$a_Q(t)$ 是正交分量；f_o 是载波频率。

信号 $x(t)$ 的频谱被限制在载波频率 f_o 的 $\pm B$ 频带范围内，通常 $f_o \gg 2B$。例如在无线移动通信系统中，宽带 CDMA（WCDMA）信号具有最宽的带宽，即 $2B = 3.78\text{MHz}$，但是载波频率 f_o 处于手机频率 $1920\sim2170\text{MHz}$ 频段内。

无线通信中的系统通常是冲击响应为 $h(t)$、传递函数为 $H(f)$ 的带通系统。线性时不变系统的冲激响应脉冲响应 $h(t)$ 其频响被限于中心频率为 f_o 的 $\pm B$ 频带内，同样可以由两个正交分量表示为

$$h(t) = h_I(t)\cos 2\pi f_o t - h_Q(t)\sin 2\pi f_o t \qquad (2.1.37)$$

式中，$h_I(t)$ 和 $h_Q(t)$ 分别为同相分量和正交分量。

如果直接分析已调载波或直接进行带通系统的仿真，那么计算量就太大了。这是因为以现代计算机为基础的分析和仿真都是通过采样信号和离散系统模型实现的。根据采样定理[3]，我们知道当且仅当采样频率至少是频谱最高频率的两倍时，离散模型才能唯一地表示连续信号。在之前的例子中，带通信号频带为 $f_o - B \leqslant f \leqslant f_o + B$。因此采样频率至少为 $2f_o + 2B$ 才能保证不失真，这样即使可能也显然效率不高。

事实上，已调载波和带通系统的分析与仿真可通过低通等效来简化。例如，已载波信号式(2.1.36)可写成

$$x(t) = a(t)\cos[2\pi f_o t + \phi(t)] = \text{Re}[a(t)e^{j\phi(t)}e^{j2\pi f_o t}] \qquad (2.1.38)$$

式中，$a(t) = \sqrt{a_I^2 + a_Q^2}$ 为幅度调制；$\phi(t) = \tan^{-1}[a_Q(t)/a_I(t)]$ 为相位调制。

式(2.1.38)右边的调制信号为

$$\tilde{m}(t) = a(t) \cdot e^{j\phi(t)} \qquad (2.1.39)$$

上述式子包含了所有的信号信息，并且具有低通特性。它被称为复低通等效或信号的复包络。$\tilde{m}(t)$ 的带宽为 $2B$，且满足窄带条件 $f_o \gg 2B$。在相同条件下，具有冲击响应为 $h(t)$ 的带通系统可用一低通冲击响应来等效为

$$\tilde{h}_L(t) = h_I(t) + jh_Q(t) \tag{2.1.40}$$

对于低通信号和/或系统在分析或仿真中的采样率均在 $2B$ 这一量级上。

可以看到采用低通等效将极大简化带通信号和/或系统的分析或仿真。为了实现将诸如式(2.1.36)中的 $x(t)$ 带通信号等效为低通信号,需要一个与信号 $x(t)$ 相似,但是存在 $-90°$ 相移信号的信号 $\hat{x}(t)$,即

$$\hat{x}(t) = a_I(t)\sin 2\pi f_o t + a_Q(t)\cos 2\pi f_o t \tag{2.1.41}$$

使用复函数来作为 $x(t)$ 的分析信号或 $x(t)$ 的预包络[1]

$$x_+(t) = x(t) + j\hat{x}(t) \tag{2.1.42}$$

将式(2.1.36)与式(2.1.41)代入式(2.1.42),可获得如下形式的预包络:

$$x_+(t) = [a_I(t) + ja_Q(t)]e^{j2\pi f_o t} = a(t)e^{j\phi(t)}e^{j2\pi f_o t} \tag{2.1.43}$$

它与式(2.1.38)右侧方括号内的表达式一致。将式(2.1.43)中的载波 $e^{j2\pi f_o t}$ 去掉,可获得形如式(2.1.39)复低通等效信号, $x_+(t)$ 的频谱为

$$X_+(f) = A_I(f - f_o) + jA_Q(f - f_o) \tag{2.1.44}$$

时间函数的希尔伯特变换实现了函数的 $\pm 90°$ 相移,令 $\hat{x}(t)$ 为 $x(t)$ 的希尔伯特变换,即

$$\hat{x}(t) = \boldsymbol{H}[x(t)] = \frac{1}{\pi}\int_{-\infty}^{\infty}\frac{x(\tau)}{t-\tau}d\tau = x(t) * \frac{1}{\pi \cdot t} \tag{2.1.45}$$

将原始信号 $x(t)$ 从 $\hat{x}(t)$ 中恢复称为希尔伯特反变换,即

$$x(t) = \boldsymbol{H}^{-1}[x(t)] = -\frac{1}{\pi}\int_{-\infty}^{\infty}\frac{\hat{x}(\tau)}{t-\tau}d\tau \tag{2.1.46}$$

希尔伯特变化具有以下几种有用的特性。

1. 傅里叶变换

如果 $X(f)$ 是 $x(t)$ 的傅里叶变换,则希尔伯特变换的傅里叶变换为

$$\boldsymbol{F}[\hat{x}(t)] = \hat{X}(f) = -jX(f)\text{sgn}(f) \tag{2.1.47}$$

式中,$\text{sgn}(f)$ 是一符号函数

$$\text{sgn}(f) = \begin{cases} -1, & f < 0 \\ 1, & f \geqslant 0 \end{cases} \tag{2.1.48}$$

2. 正交滤波

函数 $x(t) = \cos 2\pi f_o t$ 的希尔伯特变换为

$$\hat{x}(t) = \boldsymbol{H}[\cos 2\pi f_o t] = \sin 2\pi f_o t \tag{2.1.49}$$

3. 希尔伯特双变换

$x(t)$ 希尔伯特变换的希尔伯特变换是 $-x(t)$,即

$$\boldsymbol{H}[\hat{x}(t)] = \hat{\hat{x}}(t) = -x(t) \tag{2.1.50}$$

则式(2.1.49)通过希尔伯特双变换可得

$$\boldsymbol{H}[\sin 2\pi f_o t] = -\cos 2\pi f_o t \tag{2.1.51}$$

4. 限带调制

如果调制信号 $a_I(t)$ 和 $a_Q(t)$ 存在限带频谱,即

$$A_f(f) = A_Q(f) = 0 \quad |f| \geqslant 2B$$

假定 $f_o \geqslant 2B$，那么调制信号 $x(t) = a_I(t)\cos 2\pi f_o t - a_Q(t)\sin 2\pi f_o t$ 的希尔伯特变换为

$$\hat{x}(t) = a_I(t)\sin 2\pi f_o t + a_Q(t)\cos 2\pi f_o t \qquad (2.1.52)$$

5. 正交特性

$x(t)$ 与其希尔伯特变换成正交关系，即

$$x(t) = \int_{-\infty}^{\infty} x(t)\,\hat{x}(t)\mathrm{d}t = 0 \qquad (2.1.53)$$

利用式(2.1.43)的预包络，则式(2.1.36)的调制信号可表示为

$$x(t) = \mathrm{Re}[x_+(t)] = \mathrm{Re}[\tilde{x}_L(t)\mathrm{e}^{\mathrm{j}2\pi f_o t}] \qquad (2.1.54)$$

定义低通等效信号或复包络为

$$\tilde{x}_L(t) = x_+(t)\mathrm{e}^{-\mathrm{j}2\pi f_o t} = a_I(t) + \mathrm{j}a_Q(t) = a(t)\mathrm{e}^{\mathrm{j}\phi(t)} \qquad (2.1.55)$$

比较式(2.1.55)与式(2.1.39)，可看到两式完全一致。低通等效信号即为调制信号。

低通等效信号谱 $\tilde{x}_L(t)$ 可通过预包络 $x_+(t)$ 谱推导出。利用式(2.1.42)和式(2.1.47)，可得到 $x(t)$ 的预包络谱为

$$\begin{aligned}X_+(f) &= X(f) + j\,\hat{X}(f) = X(f) + \mathrm{j}[-\mathrm{j}\mathrm{sgn}(f)]X(f) \\ &= \begin{cases} 2X(f), & f \geqslant 0 \\ 0, & f < 0 \end{cases}\end{aligned} \qquad (2.1.56)$$

因此，带通信号 $x(t)$ 的低通等效谱可根据推导有以下形式

$$\begin{aligned}X_L(f) &= A_I(f) + \mathrm{j}A_Q(f) = X_+(f + f_o) \\ &= \begin{cases} 2X(f + f_o), & f \geqslant -f_o \\ 0, & f < -f_o \end{cases}\end{aligned} \qquad (2.1.57)$$

假设带通信号 $x(t)$ 有如图 2.2(a)所示频谱，$x_+(t)$ 与 $\tilde{x}_L(t)$ 的频谱分别如图 2.2(b)与图 2.2(c)所示。

使用低通等效定义式(2.1.55)，可以非常容易推导出带通系统式(2.1.37)的低通等效，即

$$\begin{aligned}\tilde{h}_L(t) &= h_+(t)\mathrm{e}^{-\mathrm{j}2\pi f_o t} \\ &= h_I(t) + \mathrm{j}h_Q(t)\end{aligned} \qquad (2.1.58)$$

式中，$h_+(t)$ 是系统冲激响应 $h(t)$ 的预包络，即

$$h_+(t) = h(t) + \mathrm{j}\,\tilde{h}(t) \qquad (2.1.59)$$

这与带通信号的预包络 $x_+(t)$ 相似。$h_+(t)$ 的频谱可以表示为

$$\begin{aligned}H_+(f) &= H(f) + \mathrm{j}\,\hat{H}(f) \\ &= \begin{cases} 2H(f) & f \geqslant 0 \\ 0 & f < 0 \end{cases}\end{aligned} \qquad (2.1.60)$$

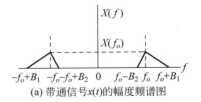

(a) 带通信号 $x(t)$ 的幅度频谱图

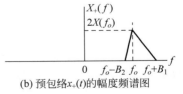

(b) 预包络 $x_+(t)$ 的幅度频谱图

(c) 低通等效 $\tilde{x}_L(t)$ 的幅度频谱图

图 2.2

低通等效冲激频率响应 $\tilde{h}_L(t)$ 的频谱与式（2.1.57）中 $\tilde{x}_L(t)$ 的频谱具有相同的形式。但为了简化低通等效卷积的表达式，$\tilde{h}_L(t)$ 的传递函数定义为

$$H_L(f) = H_I(f) + jH_Q(f) = \frac{1}{2}H_+ \ (f + f_o)$$

$$= \begin{cases} H(f + f_o), & f \geqslant -f_o \\ 0, & f < -f_o \end{cases} \tag{2.1.61}$$

图 2.3 所示为带通线性时不变系统的传递函数 $H(f)$ 及其低通等效系统 $H_L(f)$。实际上，低通等效传递函数是通过截去负频率部分的 $H(f)$，并将正频率部分向左移动 f_o 的频率得到。

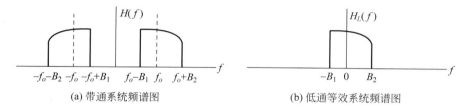

(a) 带通系统频谱图　　　　　　　　　　(b) 低通等效系统频谱图

图　2.3

当带通系统 $h(t)$ 存在实数输入 $x(t)$，则输出 $y(t)$ 等于 $h(t)$ 与 $x(t)$ 的卷积，即

$$y(t) = h(t) * x(t) = \int h(t - \tau)x(\tau)\mathrm{d}\tau \tag{2.1.62}$$

对应于频域表达为

$$Y(f) = H(f) \cdot X(f) \tag{2.1.63}$$

上式可以想象为输出频谱 $Y_+(f)$ 与 $Y(f)$ 的关系正如式（2.1.56）中 $X_+(f)$ 和 $X(f)$ 的关系。因此通过式（2.1.56）、式（2.1.60）与式（2.1.28）可得

$$Y_+ \ (f) = \frac{1}{2}H_+ \ (f)X_+ \ (f) \tag{2.1.64}$$

针对式（2.1.57），低通等效输出 $\tilde{y}_L(t)$ 频响的形式为

$$Y_L(f) = Y_+ \ (f + f_o) = \begin{cases} 2Y(f + f_o) & f \geqslant -f_o \\ 0 & f < -f_o \end{cases} \tag{2.1.65}$$

将式（2.1.57）、式（2.1.61）和式（2.1.63）代入式（2.1.62）可得

$$Y_L(f - f_o) = H_L(f - f_o)X_L(f - f_o) \tag{2.1.66}$$

在时域中，上述等式形式为

$$\tilde{y}_L(t)\mathrm{e}^{\mathrm{j}2\pi f_o t} = \mathrm{e}^{\mathrm{j}2\pi f_o t}\int_{-\infty}^{\infty} \tilde{h}_L(t - \tau) \ \tilde{x}_L(\tau)\mathrm{d}\tau = \mathrm{e}^{\mathrm{j}2\pi f_o t} \tilde{h}_L(t) * \tilde{x}_L(t)$$

或 LTI 系统的低通等效响应为

$$\tilde{y}_L(t) = \int_{-\infty}^{\infty} \tilde{h}_L(t - \tau) \ \tilde{x}_L(\tau)\mathrm{d}\tau = \tilde{h}_L(t) * \tilde{x}_L(t) \tag{2.1.67}$$

带通系统的输出响应可由此低通等效输出推导而得

$$y(t) = \mathrm{Re}\left[\tilde{y}_L(t)\mathrm{e}^{\mathrm{j}2\pi f_o t}\right]$$

这些推导结果的意义在于在带通系统中由于相乘因子 $\mathrm{e}^{\mathrm{j}2\pi f_o t}$ 的存在而使分析或仿真变得复杂,可以通过低通等效大大降低分析或仿真的计算复杂性。低通等效得出的结果与带通等效一致。

2.2　非线性系统表征与分析方法

一个不满足式(2.1.2)所给出叠加定律的系统是非线性的。在实际应用中,所有的物理系统都是非线性的。一个线性系统实际上是在某种特定情况下对于非线性系统的近似,比如说信号强度低于某个值。对于一个微弱期望信号,射频接收机通常认为是一个线性系统,但是当接收机工作在高增益模式的时候对于强干涉信号就会呈现非线性特性。在移动站中,一个典型的非线性器件是发射机中的功率放大器。发射机中的功率放大器在满足系统所需求的线性度的条件下,通常有设计高效率的要求。

分析非线性系统比分析线性系统要困难得多,但如果采取一些简化和理想化也可以完成的,尤其对于像射频接收机这样非线性适度的系统。但是,对于另外一些像移动站的发射机这样的非线性系统来说,最好使用仿真的方法。

在本书中,仅仅考虑无记忆的非线性系统。这不仅是一种简化,更重要的是设计和分析的非线性系统可以近似认为是无记忆的。对于有记忆非线性系统的分析会用到伏尔特拉级数,其在时域是由一组非线性冲激响应的时域函数来表征,而在频域是由一组非线性传递函数的频域函数来表征。但是,本书不涉及这方面内容,有兴趣的读者可以参阅参考文献[4-7]。

2.2.1　无记忆非线性系统的表征

一个无记忆系统的输出 $y(t)$ 只取决于当前的输入 $x(t)$。对于一个无记忆非线性系统来说,它的输出可以简单地表示为输入的函数,即

$$y(t) = F[x(t)] \tag{2.2.1}$$

在处理无记忆非线性系统时,通常的做法是将式(2.2.1)的右边展开为幂级数,即

$$y(t) = F[x(t)] = \sum_{n=1}^{\infty} a_n x^n(t) \cong \sum_{n=1}^{N} a_n x^n(t) \tag{2.2.2}$$

基于这些展开式,可以使用一些方法来开始分析,透过非线性现象得到一些内在有用的信息,如互调制、交叉调制、压缩效应、去敏效应。

2.2.2　多输入对于非线性系统的影响

在无线系统和其他的通信系统中,接收机的输入通常是期望信号与一个或者多个干扰信号(也称为干扰)的组合信号。这些信号与系统的非线性互相影响产生了原始输入信号中

没有的频谱成分。这些额外的频谱成分或者不同类型非线性效应导致的相应结果被分类为互调制、交叉调制、压缩效应、钝化效应和阻塞效应。

假设输入信号 $x(t)$ 包含一个期望信号 $s_d(t)$ 以及两个干扰信号 $s_{I1}(t)$ 和 $s_{I2}(t)$，非线性系统的输出 $y(t)$ 为

$$y(t) = a_1[(s_d(t) + s_{I1})(t) + s_{I2}(t)] + a_2[s_d(t) + s_{I1}(t) + s_{I2}(t)]^2$$
$$+ a_3[s_d(t) + s_{I1}(t) + s_{I2}(t)]^3 + \cdots \tag{2.2.3}$$

1. 增益压缩和钝化效应

先来考虑一个简单的情况。输入 $x(t)$ 包含一个未调制的期望信号 $s_d(t)$ 与一个单频干扰信号 $s_{I1}(t)$，即

$$\left.\begin{array}{l} s_d(t) = A_d \cos 2\pi f_o t \\ s_{I1}(t) = A_{I1} \cos 2\pi f_1 t \\ S_{I2}(t) = 0 \end{array}\right\} \tag{2.2.4}$$

将式(2.2.4)代入式(2.2.3)，可以得到

$$\begin{aligned} y(t) = & a_1[A_d \cos 2\pi f_o t + A_{I1} \cos 2\pi f_1 t] \\ & + a_2[A_d^2 \cos^2 2\pi f_o t + A_{I1}^2 \cos^2 2\pi f_1 t + 2A_d A_{I1} \cos 2\pi f_o t \cos 2\pi f_1 t] \\ & + a_3[A_d^3 \cos^2 2\pi f_o t + A_{I1}^3 \cos^2 2\pi f_1 t + 3A_d^2 A_{I1} \cos^2 2\pi f_o t \cos 2\pi f_1 t \\ & + 3A_d A_{I1}^2 \cos 2\pi f_o t \cos^2 2\pi f_1 t] + \cdots \\ = & a_1 A_d\left[1 + \frac{3a_3}{4a_1}A_d^2 + \frac{3a_3}{2a_1}A_{I1}^2\right]\cos 2\pi f_o t + \cdots \end{aligned} \tag{2.2.5}$$

当干扰不是实时的而且期望信号比较小 $A_d \ll 1$ 时，系统的小信号增益就等于 a_1。这是因为对于一个非线性适度的系统来说，式(2.2.5)右边所有项相比于第一项期望信号 $a_1 A_d \cos(w_o t)$ 都会很小。但是，随着输入期望信号幅度的增加，系统的增益会随着输入信号的变化而变化。式(2.2.5)右边括号中第二项 $\frac{3a_3}{4a_1}A_d^2$ 会逐渐变大。如果 a_3 的符号与 a_1 相反，那么输出会比根据线性理论预估的结果要小。这种现象叫作增益压缩，增益压缩以 dB 形式表示为

$$G_c = 20\log\left|a_1\left(1 + \frac{3a_3}{4a_1}A_d^2\right)\right| \tag{2.2.6}$$

压缩的增益随着 A_d 的增加而降低，且信号幅值 $A_d = A_{-1}$，其中增益比小信号低 1dB，所以 A_{-1} 称为 1dB 压缩点。从上述增益压缩的表达式可以看出，1dB 压缩点 A_{-1} 需要满足如下等式：

$$20\log\left|\left(1 + \frac{3a_3}{4a_1}A_{-1}^2\right)\right| = -1$$

因此，A_{-1} 可表达为

$$A_{-1} = \sqrt{\left(1 - 10^{-1/20}\right)\frac{4}{3}\left|\frac{a_1}{a_3}\right|} = \sqrt{0.145\left|\frac{a_1}{a_3}\right|} \tag{2.2.7}$$

在存在干扰的情况下，假如 $a_3 < 0$ 当干扰幅度 A_{I1} 增加，那么期望信号的输出将会降低。从式(2.2.5)可以看出，干扰将引起增益的下降。这一非线性影响称为钝化效应。在这种情况下，微弱的期望信号仅得到较小增益。对比于增益压缩的情况，增益随着较强干扰的衰减速度是前者的两倍。因此如果干扰足够强，增益降低到 0 时，期望信号将完全被阻塞。

2. 交叉调制

假设输入 $x(t)$ 由一个微弱期望信号 $S_d(t)$ 与一个幅度调制为 $1+m(t)$ 的较强干扰 $s_{I1}(t)$ 组成，即

$$\left.\begin{array}{l} s_d(t) = A_d \cos 2\pi f_o t \\ s_{I1}(t) = A_{I1}[1+m(t)]\cos 2\pi f_1 t \\ s_{I2}(t) = 0 \end{array}\right\} \tag{2.2.8}$$

则非线性系统的输出 $y(t)$ 为

$$y(t) = a_1 A_d \left\{ 1 + \frac{3a_3}{4a_1}A_d^2 + \frac{3a_3}{2a_1}A_{I1}^2[1+m^2(t)+2m(t)] \right\} \cos 2\pi f_1 t + \cdots \tag{2.2.9}$$

式(2.2.9)包含了钝化效应、压缩效应以及 $(3a_3/2a_1)A_{I1}^2 m^2(t)$ 和 $(3a_3/a_1)A_{I1}^2 m(t)$ 这两个新增的部分。这些新增部分意味着强干扰的幅度调制通过系统非线性转嫁到期望信号中。这一非线性现象称为交叉调制。

在 CDMA 移动站中，交叉调制是一个很严重的问题。从移动站发射的信号不仅是 OQPSK 相位调制信号，同时也有幅度调制。由于系统在强干扰下的非线性，发射信号与强单频干扰可能在接收前端产生交叉调制项。如果交叉调制刚好处于接收频带内，则它们将极大地影响接收性能。

3. 互调制

考虑系统存在不止一种干扰，假设两个干扰 $s_{I1}(t)$ 与 $s_{I2}(t)$ 伴随期望信号 $s_d(t)$ 一起作为输入信号 $x(t)$，假设所有信号均为单频信号，形式为

$$\left.\begin{array}{l} s_d(t) = A_d \cos 2\pi f_o t \\ s_{I1}(t) = A_{I1} \cos 2\pi f_1 t \\ s_{I2}(t) = A_{I2} \cos 2\pi f_2 t \end{array}\right\} \tag{2.2.10}$$

根据式(2.2.4)重新整理输出，可得

$$\begin{aligned} y(t) =& a_1 A_d \left[1 + \frac{3a_3}{4a_1}A_d^2 + \frac{3a_3}{2a_2}(A_{I1}^2 + A_{I2}^2) \right] \cos 2\pi f_o t \\ &+ a_2 A_{I1} A_{I2} [\cos 2\pi(f_1+f_2)t + \cos 2\pi(f_1-f_2)\cdot t] \\ &+ \frac{3}{4}a_3 [A_{I1}^2 A_{I2} \cos 2\pi(2f_1 \pm f_2)t \\ &+ A_{I1} A_{I2}^2 \cos 2\pi(2f_2 \pm f_1)\cdot t] + \cdots \end{aligned} \tag{2.2.11}$$

式中，频率为 $(f_1 \pm f_2)$ 的项为二阶互调制产物，而频率为 $2f_1 \pm f_2$ 与 $2f_2 \pm f_1$ 的项为三阶互调制产物。实际上，式(2.2.11)也包含频率为 $|nf_1 \pm mf_2|$ 的第 $n+m$ $(n,m=2,3,\cdots)$ 阶互调制产物。这些项通常比二、三阶互调量小很多，所以对于中度非线性系统这些项通常可以

忽略。如果干扰频率与接收机工作频率相近,那么二、三阶互调产物可能在接收机中产生很严重的问题。

2.2.3 无记忆带通非线性系统与低通等效

在无线通信系统中的一些非线性器件通常具有带通频率响应,如功率放大器。这些非线性器件通常认为是无记忆的,并且可由非线性增益(AM-AM)以及相位失真(AM-PM)表征。这些表征对于带宽足够小的带通信号均有效,并且带外器件特性与频率无关。

大多数情况下,对载波频率为 f_o 的窄带信号 $x(t)$ 的无记忆带通非线性器件

$$x(t) = A(t)\cos[2\pi f_o t + \phi(t)] \tag{2.2.12}$$

具有如下响应:

$$y(t) = f[A(t)]\cos\{2\pi f_o t + \phi(t) + g[A(t)]\} \tag{2.2.13}$$

式中,$f[A(t)]$ 是非线性增益(AM-AM 转换);$g[A(t)]$ 为幅度—相位转换(AM-PM 转换)。

从式(2.2.13)可以看出,器件输出的非线性部分仅依靠输入 $x(t)$ 的幅度 $A(t)$。这一非线性特性称为包络非线性。典型固态功率放大器的 AM-AM 以及 AM-PM 特性如图 2.4 所示。

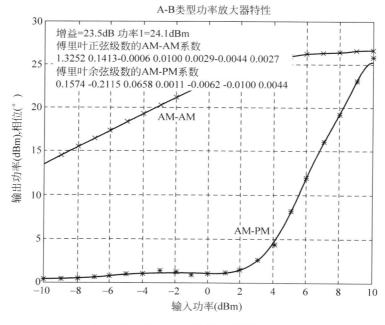

图 2.4　功率放大器典型幅值特性及相位特性

通常,使用复数形式或解析形式会很方便[8],所以将输入信号式(2.2.12)转换为

$$x_+(t) = A(t)e^{j[2\pi f_o t + \phi(t)]} \tag{2.2.14}$$

非线性无记忆系统的解析输出可由式(2.2.13)推出,形式为

$$y_+(t) = f[A(t)]e^{j\{2\pi f_o t + \phi(t) + g[A(t)]\}} \tag{2.2.15}$$

基于式(2.2.15)，非线性无记忆系统可通过框图模型图 2.5 描述[8]。式(2.2.15)中 AM-AM 与 AM-PM 非线性可根据两瞬时振幅非线性来建模。整理式(2.2.15)的右边可得

$$y_+(t) = \tilde{s}(t) e^{j[2\pi f_o t + \phi(t)]} = [s_I(t) + js_Q(t)] e^{j[2\pi f_o t + \phi(t)]} \tag{2.2.16}$$

式中，$\tilde{s}(t)$、$s_I(t)$、$s_Q(t)$ 分别定义为

$$\tilde{s}(t) = f[A(t)] e^{jg[A(t)]} \tag{2.2.17}$$

$$s_I(t) = f[A(t)] \cos\{g[A(t)]\} \tag{2.2.18a}$$

和

$$s_Q(t) = f[A(t)] \sin\{g[A(t)]\} \tag{2.2.18b}$$

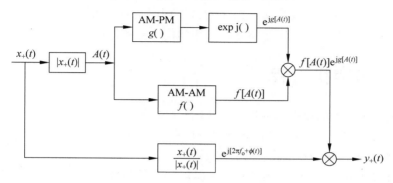

图 2.5　非线性无记忆系统框图模型

对非线性无记忆模型的正交表征的框图模型如图 2.6 所示。非线性包络的输出为 $y_+(t)$ 的实数部分，它的正交形式为

$$y_+(t) = s_I(t)\cos[2\pi f_o t + \phi(t)] - s_Q(t)\sin[2\pi f_o t + \phi(t)] \tag{2.2.19}$$

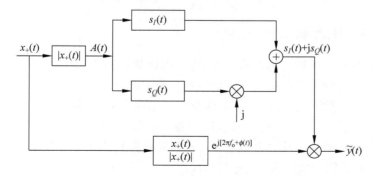

图 2.6　非线性无记忆系统正交表征的框图模型

如前面所述，在系统仿真中采用低通等效来替代带通系统可以提高效率。式(2.2.14)中解析输入信号 $x_+(t)$ 的复包络为

$$x_L(t) = \tilde{x}(t) e^{-j2\pi f_o} = A(t) e^{j\phi(t)} \tag{2.2.20}$$

根据式(2.2.15)以及式(2.2.16)，低通等效非线性系统的输出为

$$\tilde{y}_L(t) = y_+(t)e^{-j2\pi f_o t} = f[A(t)]e^{j(\phi(t)+g[A(t)])}$$
$$= \tilde{s}(t)e^{j\phi(t)} = [s_I(t) + js_Q(t)]e^{j\phi(t)} \qquad (2.2.21)$$

根据式(2.2.21)可知,如果 $x_+(t)$、$y_+(t)$ 相应地被 $\tilde{x}_L(t)$、$\tilde{y}_L(t)$ 取代,低通等效非记忆非线性的框图模型与图2.5和图2.6一致。在这些情况下,从图2.5或图2.6的输出 $x_+(t)/|x_+(t)|$ 将会是 $e^{j\phi(t)}$ 而不带载波部分 $e^{j2\pi f_o t}$。

对非线性系统输入一个带通信号,则其输出的带宽会比输入信号的带宽宽,并且在中心频率 $\pm nf_o(n=0,1,2,\cdots)$ 周边存在额外的频谱分量。在频率 $\pm nf_o$ 的带宽比在载波频率 $\pm f_o$ 的带宽宽 n 倍。大多数情况下,只关注载波频率 $\pm f_o$ 的输出带宽。非线性带通的低通等效输出仅对于输出部分载波频率 $\pm f_o$ 的有效。同时也可以看出,非线性无记忆系统的低通等效模型将用于发射机系统设计与分析中相邻信道功率计算上。

2.3　噪声与随机过程

通信系统中最重要的噪声是热噪声。热噪声的产生是由于收发信机中电子的布朗运动产生的随机电流,如电阻器和其他有耗元件。热噪声在很宽的频带内均有恒定的功率谱密度,因此称为白噪声。热噪声只由温度决定。

其他形式的噪声如下:闪烁噪声是半导体器件在低频处产生,并且谱密度正比于 $1/f$;脉冲噪声是随机出现的尖峰电脉冲;量化噪声是由连续波形采样并转换成离散时间信号时产生的,如模数转换器(ADC);散弹噪声是由真空管或者半导体耗尽区电子散射的变化或由光学器件中光子到达率的起伏而产生的。

物理系统总是伴随有噪声,因此学习并理解噪声的规律以及对系统性能的影响极其重要。在本节将简单地回顾一下噪声与随机过程,从而为射频系统的分析与设计做准备。

2.3.1　噪声功率与谱表征

准确了解噪声对系统性能的影响非常重要,因此需要知道如何来表示与测量噪声。噪声的谱表征在分析系统噪声中扮演着重要角色。噪声的频率分析与随机信号不同于确定的信号,噪声与随机信号的分析是以功率频谱分布为基础而不是幅度频谱。

噪声函数 $n(t)$ 是一个随机时变的波,即为随机过程。典型的噪声如图2.7所示。在任意时间对 $n(t)$ 采样可获得概率密度函数 $p_n(n)$ 的随机变量。概率密度函数决定了位于 $n < n_x < n+dn$ 区间采样值的概率为 $p_n(n_x)dn$,即

$$P(n < n_x < n+dn) = p_n(n_x)dn \qquad (2.3.1)$$

在通信系统中,通常加性噪声的概率密度函数是高斯概率密度函数,形式如下

$$p_n(n) = \frac{1}{\sigma\sqrt{2\pi}}\exp\frac{-(n-m)^2}{2\sigma^2} \qquad (2.3.2)$$

式中,m 是 $E[n(t)]$ 的均值或者称为分布均值;

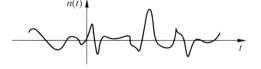

图2.7　随机噪声波形

σ^2 和 σ 分别是随机分布的方差和标准差。

下面来分析方差 σ^2 的物理意义。

使用不同时间间隔来测量时,将会得到不同噪声—时间波形。要得到随机过程的全部特征,需要使用无限长度的时域函数 $n_k(t)(k=1,2,\cdots)$ 来进行采集,这里 $n_k(t)$ 是第 k 个采样时间噪声 $n(t)$ 的波形。这样一组非常大的 $\{n_k(t)\}$ 构成了一个集合,每一个采样波形称为样本函数。

如果一次噪声采样的时间间隔是 T,那么噪声波形的均值计算方式为

$$\overline{n(t)} = \lim_{T \to \infty} \frac{1}{T} \int_{-T/2}^{T/2} n(t) dt \tag{2.3.3}$$

均值在时间间隔 T 上进行计算,因此也可以称为时间均值。通常来说,当 $n(t)$ 随机变化的时候 $\overline{n(t)}$ 也是一个随机量。如果在不同的时间来进行均值计算,则可以得到不同的 $\overline{n(t)}$。对于一个固定的随机过程(如恒定温度的热噪声)来说,它的统计特性具有时移不变性。在这里,$\overline{n(t)}$ 取决于什么时间进行均值计算。在射频系统中,要处理的大多数随机过程都是固定的。

另外,一个随机噪声过程可以使用上面提到的噪声波形集合来表示。在瞬时点 t_1 同时在所有波形中进行采样(如图2.8所示),可以得到一组随机变量,具有相同概率密度函数 $p_n(n)$ 的采样样本集合,就如在任意时刻 t 对噪声函数 $n(t)$ 的采样值是一样的。所有样本值的总和除以样本个数的结果称为随机噪声的全体均值或者统计均值,记为 $E[n(t_1)]$。在时间 t_2 或者其他时间 t 对集合进行采样得到的均值将和 $E[n(t_1)]$ 一样。因此可以根据概率密度函数 $p_n(n)$ 来定义集合均值:

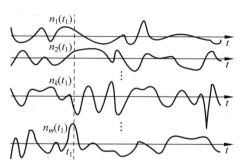

图 2.8 包含一组随机噪声波形的集合

$$E[n(t)] = \int_{-\infty}^{\infty} n(t) p_n(n) dn \tag{2.3.4}$$

射频系统中的大多数随机过程 $n(t)$ 有下面的性质:

$$\overline{n(t)} = \lim_{T \to \infty} \frac{1}{T} \int_{-T/2}^{T/2} n(t) dt = E[n(t)] \tag{2.3.5}$$

这种随机过程称为遍历过程。

噪声 $n(t)$ 在时域的平均功率定义为

$$P_N = \overline{n^2(t)} = \lim_{T \to \infty} \frac{1}{T} \int_{-T/2}^{T/2} n^2(t) dt \tag{2.3.6}$$

$n^2(t)$ 的集合平均为

$$E[n^2(t)] = \int_{-\infty}^{\infty} n^2(t) p_n(n) dn \tag{2.3.7}$$

对于一个随机遍历过程(本书中所假设的),可以得到

$$P_N = E[n^2(t)] \tag{2.3.8}$$

随机噪声过程的直流功率为

$$\overline{n(t)}^2 = E^2[n(t)] \tag{2.3.9}$$

用 N 表示的时域平均波动功率等于 $n^2(t)$ 的集合平均的方差 σ^2，即

$$P_N - \overline{n(t)}^2 = \lim_{T \to \infty} \frac{1}{T} \int_{-T/2}^{T/2} [n(t) - \overline{n(t)}]^2 \mathrm{d}t$$

$$= E[n^2(t)] - E^2[n(t)] = \sigma^2 = N \tag{2.3.10}$$

一种判断随机变量（如图 2.9 所示）$n(t_1)$ 与 $n(t_2)$ 相关程度的方法叫作自相关函数，定义为

$$R_n(t_1, t_2) = E[n(t_1)n(t_2)] \tag{2.3.11}$$

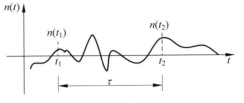

图 2.9　自相关函数图形

显然，如果 $t_2 \to t_1$，那么 $R_n \to E(n^2)$。如果当 $t_2 - t_1$ 的值超过某一固定值，例如比带宽分之一大，$n(t_1)$ 与 $n(t_2)$ 趋向统计独立，那么 $R_n \to E^2(n)$，或者 $E(n)$ 为 0 时 $R_n \to 0$。

对于一个平稳过程而言，自相关函数是时间独立的，形式为

$$R_n(\tau) = E[n(t)n(t + \tau)] \tag{2.3.12}$$

自相关函数的时域表达为

$$R_n(\tau) = \lim_{T \to \infty} \frac{1}{T} \int_{-T/2}^{T/2} n(t)n(t + \tau) \mathrm{d}t \tag{2.3.13}$$

$R_n(\tau)$ 的傅里叶变换被称为功率谱密度或频率功率谱。功率谱由 $S_n(f)$ 表示为

$$S_n(f) = \int_{-\infty}^{\infty} R_n(\tau) \mathrm{e}^{-\mathrm{j}2\pi f \cdot \tau} \mathrm{d}\tau \tag{2.3.14}$$

如果 $S_n(f)$ 的傅里叶反变换存在，那么 $R_n(\tau)$ 可以通过如下关系得到：

$$R_n(\tau) = \int_{-\infty}^{\infty} S_n(f) \mathrm{e}^{\mathrm{j}2\pi f \cdot \tau} \mathrm{d}f \tag{2.3.15}$$

如果 $\tau = 0$，那么由式（2.3.15）可得

$$R_n(0) = E(n^2) = \int_{-\infty}^{\infty} S_n(f) \mathrm{d}f \tag{2.3.16}$$

从以上式子可以看出，$R_n(0)$ 等于随机过程的总功率，且式（2.3.16）解释了 $S_n(f)$ 被称为功率谱密度的原因。在特殊情况下，$n(t)$ 为零均值，即 $E(n) = 0$，因此噪声功率等于方差 N，即

$$N = \int_{-\infty}^{\infty} S_n(f) \mathrm{d}f \tag{2.3.17}$$

存在一种特殊的谱密度，其在通信领域具有很高的价值。它的特性为其谱密度 $S_n(f)$ 为一常数且在整个频谱中均为定值 $n_o/2$，即

$$S_n(f) = \frac{n_o}{2} \tag{2.3.18}$$

严格地讲，这种谱密度物理上不可实现，因为这意味着噪声功率值是无限的。但是对一些噪声带宽比我们感兴趣的工作频带要宽的情况，这是一种很好的模型。具有式（2.3.18）

特征的噪声称为白噪声。

白噪声可以被认为是一带限噪声,如图 2.10 所示。带限噪声的变换对自相关函数与谱密度函数为

$$R_n(\tau) = N \frac{\sin 2\pi B\tau}{2\pi B\tau} \tag{2.3.19}$$

和

$$S_n(f) = \begin{cases} n_o/2 & |f| \leqslant B \\ 0 & |f| > B \end{cases} \tag{2.3.20}$$

图 2.10 所示的噪声通常叫作带限白噪声,因为它的谱密度在 $|f| \leqslant B$ 区间具有恒定值。因为在负半轴 $-B$ 频带内也存在相同的谱,所以式(2.3.20)的谱密度也被称为双边带功率谱密度。从式(2.3.19)与式(2.3.20)可知,白噪声的自相关是一个以原点为中心的冲激函数,即

$$R_n(\tau) = \frac{n_o}{2}\delta(\tau) \tag{2.3.21}$$

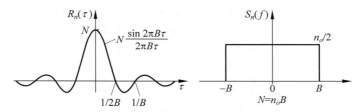

图 2.10 相关函数以及带限噪声频谱密度

白噪声的谱密度函数以及自相关函数如图 2.11 所示。

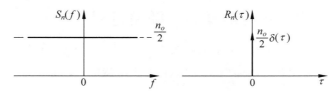

图 2.11 白噪声频谱以及自相关函数

在接收天线输入端出现的热噪声也是白噪声。尽管白噪声模型物理上不可实现,但实际中,如果该系统的噪声响应时间远大于 $1/B$,那么可以把实际的物理噪声看作带宽为 B 的白噪声处理。如果白噪声带宽远大于系统频响范围,那么带限白噪声均可以作为白噪声。

例如,计算一个跨越阻值为 R 电阻的白噪声功率谱密度 $S_n(f)$,在带宽为 B 内电阻的均方根噪声电压为

$$\overline{v_n^2} = 4kTR \cdot B \tag{2.3.22}$$

式中,T 为电阻的绝对温度,单位为 °K(Kelvin);电阻 R 单位为欧姆;k 为玻耳兹曼常数,即 1.38×10^{-23} J/°K。带宽为 B 的白噪声 $\overline{v_n^2}$ 可表示为双边带谱密度为 $n_o/2$ 的 N_oB,单位为伏

平方。因此根据式(2.3.22)，双边带热噪声谱密度为

$$S_n(f) = \frac{\overline{v_n^2}}{2B} = 2kTR \tag{2.3.23}$$

实际上，白噪声源与负载需要实现共轭匹配。例如，具有恒定温度的移动站天线与接收机的输入阻抗之间就是共轭匹配的，如图 2.12 所示。在这种情况下，与 R_1 串联的等效电压源 $\overline{v_n^2}$ 传输到 R_2 的噪声功率为

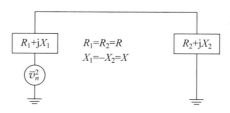

$$\frac{\overline{v_n^2}R_2}{(R_1 + R_2)^2 + (X_1 + X_2)^2} = \frac{\overline{v_n^2}}{4R} = kT \cdot B \tag{2.3.24}$$

图 2.12　热噪声电路模型以及共轭匹配负载

通过上述表达式，可获得热噪声双边带功率谱密度为.

$$S_n(f) = \frac{kT}{2} \tag{2.3.25}$$

实际上，热噪声的单边带功率谱密度在射频系统设计中更常用。在负频率的谱是由于傅里叶分析产生的，而实际上不存在负频率。单边频带通过沿零点折叠负频域部分的谱，并加载到正频率上而得到。单边热噪声功率密度（W/Hz）为

$$S_{n\_oneside} = n_o = kT \tag{2.3.26}$$

将 $k = 1.38 \times 10^{-23}$ J/°K 与 $T = 290$°K 代入，可得 $n_o = 4.002 \times 10^{-21}$ W $= 4.002 \times 10^{-18}$ mW。在射频系统设计中，通常采用 dBW 或 dBm 作为功率单位。因此，单边热噪声频谱密度等于

$$N_o = 10\log n_o = 10\log kT = -173.98 = -174 \text{dBm/Hz} \tag{2.3.27}$$

这就是在室温（$T = 290$°K）下热噪声频谱密度的量级。

2.3.2　通过线性系统的噪声与随机过程

谱密度为 $S_{n_i}(f)$ 的噪声 $n_i(t)$ 与相关函数 $R_{n_i}(\tau)$ 通过一个传递函数为 $H(f)$ 冲激响应为 $h(t)$ 的线性系统。线性系统的输出响应 $n_o(t)$ 等于冲激响应与输入噪声的卷积，即

$$n_o(t) = \int_{-\infty}^{\infty} h(t-\tau)n_i(\tau)\mathrm{d}\tau \tag{2.3.28}$$

输入与输出噪声的谱密度存在如下关系：

$$S_{n_v}(f) = |H(f)|^2 S_{n_f}(f) \tag{2.3.29}$$

如果输入噪声 $n_i(t)$ 的带宽 B 远小于系统带宽 W，输出噪声 $n_o(t)$ 的频谱与输入噪声 $n_i(t)$ 除了在幅度上不同，其他方面都差不多。另外，如果 $W \ll B$，系统响应不能跟上输入噪声 $n_i(t)$ 的快速波动，输出 $n_o(t)$ 仅以 W 速率改变。

举个式(2.3.29)的应用例子。谱密度为 $n_o/2$ 的白噪声应作为低通系统的输入，该系统的传递函数为

$$|H(f)|^2 = \frac{1}{1 + (2\pi RCf)^2} \tag{2.3.30}$$

滤波器输出噪声的谱密度为

$$S_{n_o} = \frac{n_o/2}{1 + (2\pi RCf)^2} = \frac{n_o/2}{1 + (f/f_1)^2} \tag{2.3.31}$$

式中，$f_1 = 1/2\pi RC$。RC 滤波器输出噪声谱如图 2.13 所示，输出噪声的带宽与滤波器时间常数 RC 呈反比。滤波后噪声 $n_o(t)$ 的相关函数由式(2.3.31)的傅里叶变换产生。

$$R_{n_o} = \frac{n_o}{4RC} e^{-|\tau|/RC} \tag{2.3.32}$$

当 $\tau = 2.3RC$ 时，相关函数将下降到最大值 $n_o/4RC$ 的 $1/10$。因此，相关时间近似于 $2.3RC$。

对于低通线性系统，噪声等效带宽定义如下：假设有一个零均值的白噪声源，并且功率谱密度为 $n_o/2$，输入至传递函数为 $H(f)$ 的低通系统中，平均输出噪声功率为

$$N_{\text{out}} = \frac{n_o}{2} \int_{-\infty}^{\infty} |H(f)|^2 \mathrm{d}f$$

$$= n_o \int_0^{\infty} |H(f)|^2 \mathrm{d}f \tag{2.3.33}$$

式中，已用到传递函数 $|H(f)|$ 是关于频率原点对称的。

考虑如果相同白噪声源输入到理想低通滤波器，且该滤波器的零频率响应为 $H(0)$，带宽为 B。这种情况下，平均输出噪声功率为

$$N_{\text{out}} = n_o B H^2(0) \tag{2.3.34}$$

假设这一输出噪声功率等于式(2.3.33)，那么等效噪声带宽可以定义为

$$B = \frac{\int_0^{\infty} |H(f)|^2 \mathrm{d}f}{H^2(0)} \tag{2.3.35}$$

等效噪声带宽的计算如图 2.14 所示。

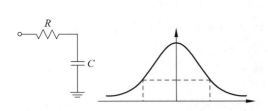

图 2.13　通过 RC 滤波器白噪声的输出频谱

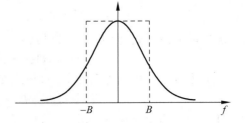

图 2.14　等效噪声带宽

2.3.3　窄带噪声表征

在通信系统中的噪声通常是窄带噪声。典型射频接收机的带宽刚刚容许期望信号在不失真的情况下通过，但却无法允许大于该带宽的噪声通过接收机。在射频接收机中，窄带带通滤波器用来控制并限制噪声带宽。尽管接收机的输入噪声可能是宽带的，但噪声 $n(t)$ 从接收机的窄带带通滤波器输出后为窄带。假设滤波器传递函数为 $H(f)$，窄带噪声 $n(t)$ 功

率谱密度 $S_n(f)$ 有如下关系式：

$$S_n(f) = |H(f)|^2 \qquad (2.3.36)$$

窄带噪声频谱分量通常集中在中心频率 $\pm f_o$ 内，如图 2.15 所示。

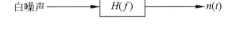

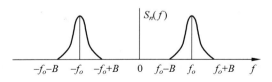

图 2.15　窄带噪声的生成以及窄带噪声频谱密度

利用 2.1.4 小节的预包络以及复包络概念，可用中心频率 f_o 来表征窄带噪声 $n(t)$。窄带噪声 $n_+(t)$ 解析形式为

$$n_+(t) = n(t) + j\hat{n}(t) \qquad (2.3.37)$$

式中，$\hat{n}(t)$ 是 $n(t)$ 的希尔伯特变换。

复低通等效或复包络 $\tilde{n}(t)$ 通过 $n_+(t)$ 乘 $e^{-j2\pi f_o t}$ 而得

$$\tilde{n}(t) = n_+(t)e^{-j2\pi f_o t} \qquad (2.3.38)$$

复低通等效也可表示为同相分量 $n_I(t)$ 和正交分量 $n_Q(t)$ 之和，即

$$\tilde{n}(t) = n_I(t) + jn_Q(t) \qquad (2.3.39)$$

从式(2.3.37)到式(2.3.39)，同相分量 $n_I(t)$ 以及正交分量 $n_Q(t)$ 分别与窄带噪声 $n(t)$ 以及其希尔伯特变换 $\hat{n}(t)$ 相关，分别为

$$n_I(t) = n(t)\cos(2\pi f_o t) + \hat{n}(t)\sin(2\pi f_o t) \qquad (2.3.40)$$

和

$$n_Q(t) = \hat{n}(t)\cos(2\pi f_o t) - n(t)\sin(2\pi f_o t) \qquad (2.3.41)$$

通过以上两等式，消去 $\hat{n}(t)$ 可得到 $n(t)$ 以 $n_I(t)$ 与 $n_Q(t)$ 为分量的规范窄带噪声，即

$$n(t) = n_I(t)\cos(2\pi f_o t) - n_Q(t)\sin(2\pi f_o t) \qquad (2.3.42)$$

窄带噪声 $n(t)$ 的同相分量 $n_I(t)$ 与正交分量 $n_Q(t)$ 均值为零，两者的方差 σ^2 相同，即

$$E[n_I^2(t)] = E[n_Q^2(t)] = E[n^2(t)] = \sigma^2 \qquad (2.3.43)$$

将式(2.3.37)与式(2.3.38)、式(2.3.39)对比，可知由于将原始噪声 $n(t)$ 的频谱平移到零频率处，$n_I(t)$ 与 $n_Q(t)$ 的功率谱密度更加直观。并不像 $n(t)$ 的频谱在以 f_o 为中心，带宽为 B 的 $n_I(t)$ 与 $n_Q(t)$ 的功率谱以直流(0 频率)为中心。功率谱密度 $S_{n_I}(f)$ 与 $S_{n_Q}(f)$ 相等，且与原始带通噪声 $n(t)$ 的频谱 $S_n(f)$ 有如下关系：

$$S_{n_I}(f) = S_{n_Q}(f) = \begin{cases} S_n(f-f_o) + S_n(f+f_o), & -B \leqslant f \leqslant B \\ 0, & \text{其他} \end{cases} \qquad (2.3.44)$$

$n_I(t)$ 与 $n_Q(t)$ 的低通功率谱密度和以载波为 f_o 的带通窄带噪声 $n(t)$ 的功率谱如图 2.16 所示。

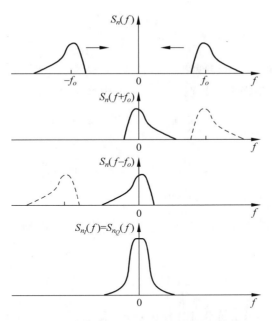

图 2.16　窄带噪声带通功率谱密度和正交分量低通功率谱

在特殊情况下，$S_n(f)$ 关于载波 f_o 对称，则 $S_{n_I}(f)$ 与 $S_{n_Q}(f)$ 形式为

$$S_{n_I}(f) = S_{n_Q}(f) = 2S_n(f+f_o) = 2S_n(f-f_o) \qquad (2.3.45)$$

如果对称频谱的窄带噪声 $n(t)$ 是零均值的高斯噪声，那么 $n_I(t)$ 与 $n_Q(t)$ 统计独立。在这种情况下，随机变量 $n_I(t_k+\tau)$ 与 $n_Q(t_k)$ 联合概率密度函数等于各个独立概率密度函数的乘积，即

$$f_{n_I n_Q}(n_I, n_Q) = \frac{1}{2\pi\sigma^2} e^{-\frac{n_I^2+n_Q^2}{2\sigma^2}} \qquad (2.3.46)$$

式中，σ^2 是原始噪声 $n(t)$ 的方差，如式(2.3.43)所述。

窄带噪声 $n(t)$ 也可由包络 $r(t)$ 以及相位 $\varphi(t)$ 表示为

$$n(t) = r(t)\cos[2\pi f_c t + \varphi(t)] \qquad (2.3.47)$$

式中

$$r(t) = [n_I^2 + n_Q^2]^{1/2} \qquad (2.3.48)$$

和

$$\varphi(t) = \tan^{-1}\left[\frac{n_Q(t)}{n_I(t)}\right] \qquad (2.3.49)$$

将式(2.3.47)展开并与式(2.3.42)比较可得

$$n_I(t) = r(t)\cos\varphi(t) \qquad (2.3.50)$$

和

$$n_Q(t) = r(t)\sin\varphi(t) \qquad (2.3.51)$$

随机过程 $r(t)$ 的概率密度函数服从瑞利分布，即

$$f_r(r) = \begin{cases} \dfrac{r}{\sigma^2}\mathrm{e}^{-\frac{r^2}{2\sigma^2}}, & r \geqslant 0 \\ 0 & \text{其他} \end{cases} \tag{2.3.52}$$

式中，σ^2 为原始噪声信号 $n(t)$ 的方差。

相位噪声 $\varphi(t)$ 的概率密度函数在 $0\sim2\pi$ 范围内均匀分布，即

$$f_\varphi(\varphi) = \begin{cases} \dfrac{1}{2\pi}, & 0 \leqslant \varphi \leqslant 2\pi \\ 0 & \text{其他} \end{cases} \tag{2.3.53}$$

随机过程 $r(t)$ 与 $\varphi(t)$ 统计独立，两者联合概率密度函数为

$$f_{r\varphi}(r,\varphi) = \frac{r}{2\pi\sigma^2}\mathrm{e}^{-\frac{r^2}{2\sigma^2}} \tag{2.3.54}$$

我们期待窄带噪声的包络 $r(t)$ 与相位 $\varphi(t)$ 在 B Hz 内以随机的方式变化，如图 2.17 所示。

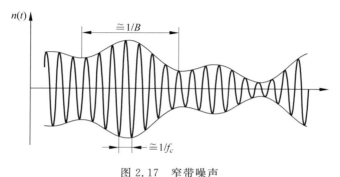

图 2.17　窄带噪声

2.3.4　噪声系数与噪声温度

任何物理系统都存在固有噪声，例如接收机的噪声可通过不同的方法测量。对于通信系统而言，噪声系数或噪声温度均可用内部噪声影响来表示。

噪声系数（noise figure，NF）定义为总体系统的噪声与在 $T=297\,^\circ\mathrm{K}$ 温度条件下由噪声源加于无噪系统中所得噪声的比值（以 dB 表示）。该比值也叫作噪声因子（noise factor，F），噪声因子也等于输入信噪比 $SNR_i = P_{S_i}/P_{N_i}$ 与输出信噪比 $SNR_o = P_{S_o}/P_{N_o}$ 的比值，即

$$F = \frac{SNR_i}{SNR_o} \tag{2.3.55}$$

系统噪声系数也可以写成将输出噪声 P_{N_o} 转换为输入等效噪声后与输入噪声的比值。

系统输出噪声转换而得的输入等效为

$$P_{N_i} = \frac{P_{N_a}}{g} = \frac{g(P_{N_i} + P_{N\_system})}{g} = P_{N_i} + P_{N\_system} \tag{2.3.56}$$

式中，g 是系统功率增益；P_{N_system} 为系统内部噪声转换为输入等效噪声。

因此，系统的噪声因子表达式为

$$F = \frac{P_{N_t}}{P_{N_i}} = \frac{P_{N_i} + P_{N\_system}}{P_{N_i}} = 1 + \frac{P_{N\_system}}{P_{N_i}} \tag{2.3.57}$$

系统的噪声系数以 dB 为单位的表达式为

$$NF = 10\log \frac{SNR_i}{SNR_o} = 10\log \left(1 + \frac{P_{N\_system}}{P_{N_i}}\right) \text{dB} \tag{2.3.58}$$

噪声系数的物理意义是:当信号通过一个系统,噪声系数可以用来衡量信噪比的下降。

大多数的射频系统,无论有源的还是无源的都有一个输入端口和一个输出端口,因此可以定义为二端口系统(或二端口网络)。线性二端口系统可等效为两输入噪声源(一串联电压源 E_n 与一并联电流源 I_n)后面连着一个无噪系统[9],而该无噪系统的增益与输出阻抗由二端口系统的参数和输入阻抗所决定。一般而言,两噪声源互相关,为了表征它内部噪声影响,两端口系统的等效模型如图 2.18 所示。其中,假设 E_g 为输入端的噪声源,Z_g 为噪声源的阻抗。

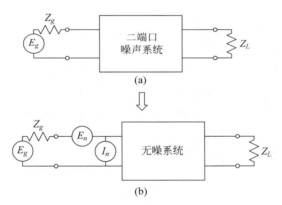

图 2.18 二端口噪声系统等效表示

在 E_n 与 I_n 两者间没有关系的情况下,无噪系统的总噪声功率与 $[E_g^2 + E_n^2 + (I_n Z_g)^2]$ 成正比,而源噪声功率与 E_g^2 成正比。从式(2.3.58)可知,二端口系统的噪声系数为

$$F = 1 + \frac{E_n^2 + (I_n Z_g)^2}{E_g^2} \tag{2.3.59}$$

考虑 $Z_g = R_g + jX_g$ 以及 $E_g^2 = 4kTBR_g$,则

$$F = 1 + \frac{E_n^2}{4kTBR_g} + I_n^2 \frac{R_g^2 + X_g^2}{4kTBR_g} \tag{2.3.60}$$

总体而言,源电抗 X_g 可通过匹配电路来消除。容易证明,当源电阻 R_g 等于系统等效噪声电压与电流之比时或者等于式(2.3.61)时,噪声系数 F 存在最小值。

$$R_{go}^2 = \frac{E_n^2}{I_n^2} = \frac{R_n}{G_n} \tag{2.3.61}$$

式中,$E_n^2 = 4kTBR_n$,$I_n^2 = 4kTBG_n$。

最小的噪声系数为

$$F_o = 1 + 2\sqrt{R_n G_n} \tag{2.3.62}$$

当 E_n 与 I_n 是相关时,噪声系数表达式为[9]

$$F = 1 + \frac{(E_n + I_n Z_g)(E_n^* + I_n^* Z_g^*)}{E_g^2} \tag{2.3.63}$$

由于 E_n 与 I_n 互相关,所以它们的交叉乘积不等于 0。$E_n I_n^*$ 与 $E_n^* I_n$ 在时间上平均后产生复数值,$C_n = C_{n,r} + jC_{n,x}$ 与 $C_n^* = C_{n,r} - jC_{n,x}$。噪声系数变为

$$F = 1 + \frac{E_n^2 + I_n^2(R_g^2 + X_g^2) + 2(C_n Z_g^* + C_n^* Z_g)}{4kTBR_g} \tag{2.3.64}$$

另一种噪声系数的表达式可由与 I_n 不相关的 E_u 和相关的 E_c 来表示,其中 $E_n = E_u + E_c = E_u + I_n Z_c$,而 Z_c 为复常数,被称为相关阻抗。使用这一假设以及噪声阻抗和式(2.3.61),可得

$$F = 1 + \frac{R_u + G_n[(R_c + R_g)^2 + (X_c + X_g)^2]}{R_g} \tag{2.3.65}$$

如果电源阻抗 Z_g 与系统输入噪声阻抗有如下关系式,$X_{go} = -X_c$ 和 $R_{go}^2 = R_u/G_n + R_C^2$,噪声因子 F 将得到最优值,即

$$F = 1 + 2R_c G_n + 2\sqrt{R_u G_n + R_c^2 G_n^2} \tag{2.3.66}$$

在卫星通信系统与其他低噪声系统中,工程师喜欢使用噪声温度而不是噪声系数来衡量系统产生的热噪声。增益为 G 的低噪声系统可等效为一无噪系统和一温度为 T_e 的等效噪声源,如图 2.19 所示。假设系统内部噪声在输出端为 $P_{N\_internal} = kT_e BG$,其中 B 为系统噪声带宽,系统噪声温度 T_e 定义为[13]

$$T_e = \frac{P_{N\_internal}}{kBG} \tag{2.3.67}$$

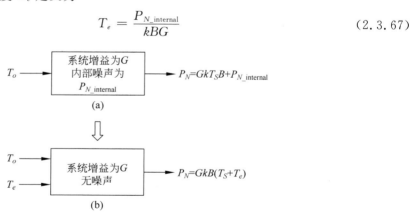

图 2.19　有效噪声温度的定义

噪声温度与噪声系数的关系可由如下推导。根据式(2.3.57)可知,系统噪声系数由系统噪声 P_{N_system} 与输入噪声 P_{N_i} 的比值决定。在测量噪声系数过程中,输入为一标准噪声源,其功率为 $kT_o B$,其中 $T_o = 290\,\text{K}$,系统噪声为

$$P_{N\_system} = P_{N\_internal}/G = kT_e B$$

因此,噪声系数可通过系统等效噪声温度表示为

$$F = 1 + \frac{P_{N\_system}}{P_{N_i}} = 1 + \frac{T_e}{T_o} \tag{2.3.68}$$

或者,系统噪声温度表达式为

$$T_e = (F - 1)T_o \tag{2.3.69}$$

当 $T_e = 0$ 或 $F = 1$ 时为理想无噪系统。

2.4 数字基带系统单元

在这一节中介绍一些对理解和分析数字基带系统以及收发机射频系统设计有很大帮助的主题。用于无线通信系统收发机的数字基带系统是收发机的这样一部分,即从源信息(语音与数据)的输入端口到发射机的数模转换器(DAC)和从模数转换器(ADC)到估计信息(语音与数据)的接收机输出端。

源信息(如语音或数据),通常是从直流到几兆赫兹的基带低通信号。为了传输信息,基带信号必须变换为数字符号,然后再转换为数字波形,最终数字波形调制到射频载波上用于发射。在接收链路中,通过使用以上相反的变换流程来获得检测接收到的信息。

下面将讨论采样原理、量化效应、脉冲整形、码间干扰、误码概率检测、信噪比和载噪比。

2.4.1 采样原理与采样过程

在数字通信系统中,模拟信号首先要变换为数字形式。首先要进行采样处理,这一过程包括采样和保持两部分。采样的输出为一系列不同幅度的脉冲。接下来讨论使用类似于参考文献[10]的直观方法。

在最大频率以外没有频谱分量的带限信号可完全由一系列均衡的空间离散时间采样来重构,前提是采样频率满足如下关系:

$$f_s \geqslant 2f_{\max} \tag{2.4.1}$$

这一特定的表达被称为均匀采样定理,$f_s = 2f_{\max}$ 采样率被称为奈奎斯特速率。

假设一模拟信号 $x(t)$ 与频谱 $X(f)$ 分别如图 2.20(a)与图 2.20(b)所示。其中,$X(f)$ 在 $|f| \geqslant f_{\max}$ 的频谱分量均为零。

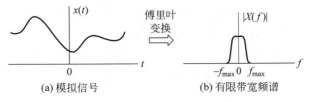

(a) 模拟信号   (b) 有限带宽频谱

图 2.20

对 $x(t)$ 的理想采样可以看作 $x(t)$ 与一周期序列冲激函数 $x_\delta(t)$ 的乘积,即

$$x_\delta(t) = \sum_{n=-\infty}^{\infty} \delta(t - nT_s) \tag{2.4.2}$$

式中,采样周期 $T_s = 1/f_s$;$\delta(t)$ 为单位脉冲或 Dirac δ 函数。

采样后的 $x(t)$ 以 $x_s(t)$ 来表示且表示为

$$x_s(t) = x(t)x_\delta(t) = \sum_{n=-\infty}^{\infty} x(t)\delta(t - nT_s) = \sum_{n=-\infty}^{\infty} x(nT_s)\delta(t - nT_s) \tag{2.4.3}$$

其中,冲激函数的时移特性为

$$x(t)\delta(t - t_o) = x(t_o)\delta(t - t_o) \tag{2.4.4}$$

采样信号 $x_s(t)$ 的频谱可由式(2.4.3)的傅里叶变换得到。考虑到傅里叶变换的卷积性质,采样信号的傅里叶变换可由 $X(f)$ 和 $x_\delta(t)$ 的傅里叶变换 $X_\delta(f)$ 卷积得到,即

$$X_s(f) = X(f) * X_\delta(f) = X(f) * \left[\frac{1}{T} \sum_{n=-\infty}^{\infty} \delta(f - nf_s) \right]$$

$$= \frac{1}{T} \sum_{n=-\infty}^{\infty} X(f - nf_s) \tag{2.4.5}$$

其中,脉冲序列的频域形式为

$$X_\delta(f) = \frac{1}{T_s} \sum_{n=-\infty}^{\infty} \delta(f - nf_s) \tag{2.4.6}$$

采样信号 $x_s(t)$ 的频谱 $X_s(f)$ 在一个周期内和原始信号 $x(t)$ 的傅里叶变换 $X(f)$ 一样。而且,其频谱以 f_s 为周期变化,如图 2.21(b)所示。

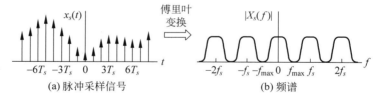

(a)脉冲采样信号   (b)频谱

图 2.21

如图 2.22(a)所示,如果采样频率 $f_s > 2f_{max}$,可使用低通滤波器将基带频谱从其他频谱分量中分离出来。当采样频率小于奈奎斯特速率时,即在 $f_s < 2f_{max}$ 的欠采样情况下,如图 2.22(b)所示会发生重叠,在频谱上的重叠称为混叠。当发生混叠时,部分原始信号的信息将会丢失。在这种情况下,用抗混叠滤波器可以消除混叠现象,如图 2.22(c)所示。模拟信号进行预滤波,从而使得新的最大频率 f'_{max} 等于或者小于 $f_s/2$。混频部分也可由后置滤波消除,滤波器的截止频率 f''_{max} 应小于 $f_s - f_{max}$。但是使用抗混频滤波器也会将一些有用信息丢失。对于工程应用而言,一般最佳的最低采样速率为

$$f_s \geqslant 2.2 f_{max} \tag{2.4.7}$$

从原理上来说,瞬时脉冲采样是一种方便的模型。完成采样最实际的方法是使用矩形脉冲序列或开关波形 $x_p(t)$,如图 2.23(a)所示。$x_p(t)$ 中的每一矩形脉冲宽度为 T,幅度为

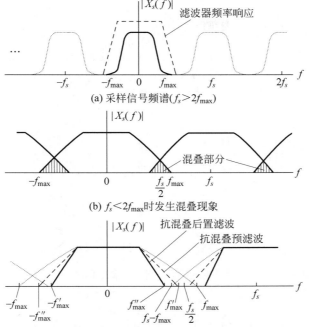

(a) 采样信号频谱($f_s > 2f_{max}$)

(b) $f_s < 2f_{max}$时发生混叠现象

(c) 使用抗混叠滤波器去除混叠(预滤波$f'_{max} < f_s/2$或后置滤波$f''_{max} < f_s - f_{max}$)

图 2.22

$1/T$。脉冲序列的傅里叶级数形式为

$$x_p(t) = \sum_{n=-\infty}^{\infty} a_n e^{j2\pi nf_s t} \tag{2.4.8}$$

式中,a_n为辛格(sinc)函数,即

$$a_n = \frac{1}{T_s} \text{sinc}\left(\frac{\pi \cdot nT}{T_s}\right) = \frac{1}{T_s} \frac{\sin(\pi \cdot nT/T_s)}{\pi \cdot nT/T_s} \tag{2.4.9}$$

式中,$T_s = 1/f_s$。周期脉冲序列的幅频特性如图 2.23(b)所示,谱的包络形如 sinc 函数。带限模拟信号 $x(t)$ 的采样序列 $x_s(t)$ 可表示为

$$x_s(t) = x(t)x_p(t) = x(t) \sum_{n=-\infty}^{\infty} a_n e^{j2\pi nf_s t} \tag{2.4.10}$$

如图 2.23(c)所示,因为 $x_s(t)$ 中每个脉冲的最高点保持了相应的模拟波形形状,所以这类采样称为自然采样法。采样信号的傅里叶变换 $X_s(f)$ 为

$$X_s(f) = F\left\{x(t) \sum_{n=-\infty}^{\infty} a_n e^{j2\pi nf_s t}\right\} = \sum_{n=-\infty}^{\infty} a_n X(f - f_s) \tag{2.4.11}$$

自然采样信号的频谱如图 2.23(d)所示。

实际上,最通用的采样方法为采样保持。可由式(2.4.3)所示的采样脉冲序列$[x(t)x_\delta(t)]$与单位幅度矩形脉冲 $p(t)$ 的卷积表示为

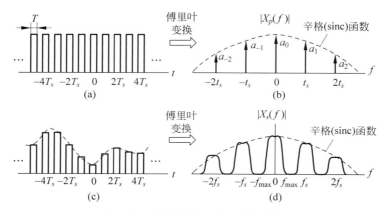

图 2.23 有限脉冲采样信号及频谱

$$x_s(t) = p(t) * \left[x(t) x_\delta(t) \right] = p(t) * \left[x(t) \sum_{n=-\infty}^{\infty} \delta(t - nT_s) \right] \tag{2.4.12}$$

卷积后得到平顶采样序列,傅里叶变换是矩形脉冲傅里叶变换 $P(f)$ 与式(2.4.5)所示脉冲采样信号的频谱乘积,即

$$X_s(f) = P(f) \frac{1}{T_s} \sum_{n=-\infty}^{\infty} X(f - nf_s) \tag{2.4.13}$$

式中,$P(f) = T_s \text{sinc}(fT_s)$。采样保持序列的谱与图 2.23(d)类似。保持过程极大地消减了高频重复部分。通常后置滤波器用于进一步抑制高频的剩余重复频谱。

典型的采样与保持电路如图 2.24 所示。在模数转换过程中,电路的采样模拟电压由电容 C_H 保持。采样保持电路之后通常会接一模数转换器。

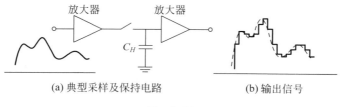

(a) 典型采样及保持电路   (b) 输出信号

图 2.24

图 2.23(c)所示的脉冲称为量化样本。采样保持电路输出波形如图 2.24(b)所示。当采样电压量化为有限定值时,电路可与数字系统相连接。量化后,模拟波形仍可以恢复到一定精度。但重构保真度可由增加量化的量级来提高。

2.4.2 采样抖动效应与量化噪声

基于相同的信号间隔采样,采样理论能够精确地重构信号。如果在采样期间采样位置存在轻微抖动,那么采样变得不再均匀。抖动通常为一随机过程,采样的位置不确定。抖动的影响等效于基带信号的 FM 调制。如果抖动随机,则将引入一个低幅度宽带宽的噪声;

如果抖动以周期方式出现,则将会产生低电平离散频谱的 FM 干扰。

抖动效应可以通过信噪比(signal-to-noise ratio,SNR)来衡量,如果输入信号为

$$v(t) = A\sin(2\pi ft) \tag{2.4.14}$$

式中,A 与 f 分别为信号的幅度与频率。

信号的时间导数为

$$\frac{\mathrm{d}v(t)}{\mathrm{d}t} = 2\pi fA\cos 2\pi ft \tag{2.4.15}$$

导数的均方根(rms)为

$$\frac{\Delta v_{j\_\mathrm{rms}}}{\Delta t_{j\_\mathrm{rms}}} = 2\pi fA\sqrt{\int_{-1/2f}^{1/2f}\cos^2(2\pi ft)\mathrm{d}t} = \sqrt{2}\,\pi fA \tag{2.4.16}$$

式中,$\Delta v_{j\_\mathrm{rms}}$ 为均方根抖动噪声;$\Delta t_{j\_\mathrm{rms}}$ 为抖动时间的均方根值。

如果抖动服从零均值的正态分布,方差为 $\sigma_j^2 = \Delta t_{j\_\mathrm{rms}}^2$,均方根噪声电压形式为[11]

$$\Delta v_{j\_\mathrm{rms}} = \sqrt{2}\,A\pi f\sigma_j \tag{2.4.17}$$

那么,信号抖动噪声比可写为

$$(SNR)_{\mathrm{jitter}} = 20\log\left(\frac{A/\sqrt{2}}{\Delta v_{j\_\mathrm{rms}}}\right) = 20\log\left(\frac{1}{2\pi f \cdot \Delta t_{j\_\mathrm{rms}}}\right)$$

$$= 20\log\left(\frac{1}{2\pi f \cdot \sigma_{j\_\mathrm{rms}}}\right) \tag{2.4.18}$$

在量化过程中,固有的失真是因为截断误差造成的,我们将这类失真称为量化噪声。量化的步长称为量化间隔,由 Δq 表示。当量化幅度统一地分布在整个范围内,该量化器称为均匀量化器。模拟信号的每一量化采样幅度为实际值的近似值。近似值与真实值的误差范围在 $\pm\Delta q/2$ 内。假设量化误差均匀地分布在量化间隔 Δq 内。因此,量化噪声的概率密度函数为 $1/\Delta q$。量化噪声或者误差方差可通过下式得到:

$$P_{N_q} = \sigma_q^2 = \int_{-\Delta q/2}^{\Delta q/2}\frac{x^2}{\Delta q}\mathrm{d}x = \frac{\Delta q^2}{12} \tag{2.4.19}$$

如果模拟信号的峰峰最大电压摆幅 $V_{p\text{-}p}$ 可量化为 L_q 级(即 $V_{p\text{-}p} = L_q \times \Delta q$),那么正弦信号的峰值功率可表达为

$$P_{\mathrm{peak}} = \frac{1}{2Z}\left(\frac{V_{p\text{-}p}}{2}\right)^2 = \frac{1}{2Z}\left(\frac{L_q\Delta q}{2}\right)^2 = \frac{L_q^2 \cdot \Delta q^2}{8 \cdot Z} \tag{2.4.20}$$

式中,Z 为量化器的输入阻抗。

信号峰值功率与量化噪声 SNR_q 之比为

$$SNR_q = \frac{L_q^2\Delta q^2/8}{\Delta q^2/12} = \frac{3L_q^2}{2} \tag{2.4.21}$$

当考虑到抖动噪声与量化噪声时,整个量化器的噪声为

$$P_{N_{j9}} = \frac{\Delta q^2}{12} + 2(A\pi f\sigma_j)^2 \tag{2.4.22}$$

对于幅度为 A 的正弦信号,信噪比为

$$SNR_{jq} = 10\log\left[\frac{A^2}{2\left(\frac{\Delta q^2}{12} + 2(\pi f A\sigma_j)^2\right)}\right] = 10\log\left[\frac{3L_q^2}{2 + 3(2\pi f L_q\sigma_j)^2}\right] \quad (2.4.23)$$

量化的级数 L_q 通常用比特(bit)表示为

$$L_q = 2^b \quad (2.4.24)$$

式中,b 为量化器比特数量,例如 4 比特量化器有 16 个量化级数。

2.4.3　常用调制方法

为了通过无线系统传输语音和数据信息,源消息必须以适合传播的方法进行编码。从基带信息源到适合传输带通信号的转换过程称为调制。信号可以通过幅度、频率和相位的变化来进行调制。无线系统的载波频率可达到几百或几千 MHz。解调是调制的相反过程。在接收机端,基带信号可通过已调载波的解调来提取。

这一小节主要介绍无线移动系统最常用的调制方法。调频(frequency modulation, FM)是模拟无线系统中最常用的调制方式,如 AMPS 系统。但是,二代和三代的移动系统采用数字调制方式。数字调制具有很多优势,包括很强的抗干扰性;更高的信道衰减鲁棒性;更简单的语音、数据以及图片信息的多路复用;更好的安全性。多进制相移键控(binary phase shift keying, BPSK; quadrature phase shift keying, QPSK; offset quadrature phase shift keying, OQPSK 等)、最小频移键控(minimum shift keying, MSK)和多进制正交调制(quadrature amplitude modulation, QAM; 16QAM 和 64QAM)都是很通用的数字调制方式,用于不同无线系统协议中。

选择调制方案的两大评判标准为功率效率与带宽效率。功率效率 η_p 为信号每比特的能量 E_b 与噪声功率谱密度 N_o 的比值。具有特定误差概率的接收端对 E_b/N_o 值有特定的要求。带宽效率 η_{BW} 表示为

$$\eta_{BW} = \frac{R}{BW}\text{bps/Hz} \quad (2.4.25)$$

式中,R 为数据速率,单位为 bps;BW 为调制后射频信号的带宽。

在信道中加入高斯白噪声后,香农容量定理[12]限制了最大带宽效率。下式给出了信道容量关系以及带宽效率的局限性:

$$\eta_{BW\_max} = \frac{C}{BW} = \log_2\left(1 + \frac{S}{N}\right)\text{bps/Hz} \quad (2.4.26)$$

式中,C 为信道容量,单位为 bps;S/N 为信噪比。

在数据速率等于信道容量的情况下,即 $R=C$,考虑每比特信道能量 $S/C=E_b$,式(2.4.26)可以写成如下形式:

$$\eta_{BW\_max} = \log_2\left(1 + \frac{E_b}{N_o}\eta_{BW\_max}\right) \quad (2.4.27)$$

式中,N_o 是噪声功率密度。

显然,根据式(2.4.27),E_b/N_o 可以写成以 η_{BW_max} 表示为

$$\frac{E_b}{N_o} = \frac{(2^{\eta_{BW\_max}} - 1)}{\eta_{BW\_max}} \tag{2.4.28}$$

通过式(2.4.28)，在无错通信中，$\eta_{BW\_max} \to 0$，可推导出 E_b/N_o 的极限值等于 0.639 或者 -1.59dB。

在无线通信系统设计中，调制方式的选择需要在带宽效率与功率效率之间折中。例如，GSM 系统选择高斯最小移频键控调制（Gaussian filtered minimum shift keying，GMSK），这样会在载波上形成恒定值包络，这种调制允许发射功率放大器工作在较高的效率。GSM 系统原始速率为 22.8kbps，工作带宽约为 200kHz。为了提高数据速率超过 300kbps，并保持与 GSM 相同的带宽，EDGE 系统应运而生。EDGE 系统使用八进制相移键控（phase shift keying，PSK）调制来得到更高的带宽效率。但是，高带宽效率的代价为低功率效率，因为载波包络的波动在 3dB 区间变化（其中 3dB 为峰值与平均值的比值）。这意味着在 EDGE 系统的发射端，需要一低效率线性功率放大器。

1. 模拟频率调制（FM）

频率调制（FM）普遍应用在模拟移动通信系统中，如美国的 AMPS 系统、欧洲的 TACS 系统。FM 为角度调制方法之一，其瞬时的载波频率随着基带信号 $m(t)$ 线性变化。FM 信号形式为

$$v_{\text{FM}}(t) = A_o \cos\left(2\pi f_o t + 2\pi k_f \int_{-\infty}^{t} m(x)\,dx + \theta\right) \tag{2.4.29}$$

式中，A_o 为载波幅度；f_o 为载波频率；k_f 为频率偏移常数；θ 为任意相移。

FM 调制的正交形式为

$$v_{\text{FM}}(t) = I(t)\cos(2\pi f_o t + \theta) - Q(t)\sin(2\pi f_o t + \theta) \tag{2.4.30}$$

式中

$$I(t) = A_o \cos\left(2\pi k_f \int_{-\infty}^{t} m(x)\,dx\right) \text{和} \ Q(t) = A_o \sin\left(2\pi k_f \int_{-\infty}^{t} m(x)\,dx\right) \tag{2.4.31}$$

因为载波的幅度是常数，所以 FM 为恒定包络的调制方式。这种调制方法具有较高的功率效率。在模拟移动系统中，正弦信号通常作为测试信号来检测移动站接收机的性能。例如，在 AMPS 系统中最大频率偏差为 8～12kHz，且频率为 1kHz 的正弦信号作为检测信号。假设检测信号的幅度为 A_m，频率为 f_m，即 $m(t) = A_m \cos(2\pi f_m t)$，FM 信号形式为[13]

$$v_{\text{FM}}(t) = A_o \cos(2\pi f_o t + \beta_f \sin(2\pi f_m t) + \theta) \tag{2.4.32}$$

式中，β_f 为频率调制指数，即峰值频率偏移 Δf_p 与调制频率 f_m 的比值，即

$$\beta_f = \frac{A_m k_f}{f_m} = \frac{\Delta f_p}{f_m} \tag{2.4.33}$$

根据经验法则，FM 调制的射频带宽为

$$BW = 2\Delta f_p + 2B \tag{2.4.34}$$

式中，B 为调制信息的基带带宽，在正弦调制信号例子中，$B = f_m$。

AMPS 系统的测试信号的频率为 1kHz，峰值频率偏移为 8～12kHz，带宽大约为 18～26kHz。

2．数字调制

在数字通信中,语音与数字信息的形式为二进制源数据流$\{m_i\}$,源数据流再转换到同相二进制比特流$\{m_{I,i}\}$与正交二进制比特流$\{m_{Q,i}\}$,它们就是数字调制信号。在数字调制中,调制信号可以表示为符号的时间序列。M进制键控调制中的每个符号具有M个有限的状态,包含了$n_b = \log_2 M$比特的源数据流。

常用于无线移动系统的数字调制波形可由复数包络形式表达为

$$M(t) = I(t) + \mathrm{j}Q(t) = A(t)\mathrm{e}^{\mathrm{j}\varphi(t)} \tag{2.4.35}$$

式中,$I(t)$与$Q(t)$分别为同相与正交包络波形,其形式为

$$I(t) = \sum_k I_k p_I(t - kT_s - \tau) \tag{2.4.36a}$$

和

$$Q(t) = \sum_k Q_k p_Q(t - kT_s - \tau) \tag{2.4.36b}$$

式中,I_k与Q_k为离散变量序列,由信息数据以速率$1/T_s$映射而来;$p_I(t)$与$p_Q(t)$为有限能量脉冲(如矩形脉冲、滤波后脉冲或高斯脉冲);τ为可能的延时。

包络幅度$A(t)$以及相位$\varphi(t)$函数分别为

$$A(t) = \sqrt{I^2(t) + Q^2(t)} \tag{2.4.37}$$

和

$$\varphi(t) = \tan^{-1}\frac{Q(t)}{I(t)} \tag{2.4.38}$$

MPSK、QPSK、OQPSK、$\pi/4$QPSK、MSK以及MQAM等调制方式的I_k与Q_k序列如表2.1所示[8]。除了MSK调制外,表2.1中大部分的有限能量脉冲$p_I(t)$和$p_Q(t)$均为矩形脉冲。在接下来的部分将讨论脉冲整形技术(除了为提高带宽效率的矩形整形脉冲)。通常I_k与Q_k序列符号率为$1/T_s$或符号间隔为T_s。M进制键控调制的符号间隔T_s与原始二进制数据流T_b的关系为

$$T_s = \log_2 M \cdot T_b \tag{2.4.39}$$

因此,在QPSK、OQPSK、$\pi/4$QPSK以及MSK调制方式中,$T_s = 2T_b$。

表 2.1　通用于移动无线系统的调制方式参数

调 制 方 式	(I_k, Q_k)	$p_I(t), p_Q(t)$
MPSK	$I_k + \mathrm{j}Q_k = \mathrm{e}^{\mathrm{j}\varphi_k}$ $\varphi_k = 2n_k\pi/M, n_k = 0, 1, \cdots, M-1$	$p_I(t) = 1, 0 \leqslant t \leqslant T_s$ $p_I(t) = p_Q(t)$
QPSK	$(I_k, Q_k) = (\pm 1, \pm 1)$ 或 $\varphi_k = \pm\pi/4, \pm 3\pi/4$	$P_I(t) = 1, 0 \leqslant t \leqslant T_s$ $p_I(t) = p_Q(t)$
OQPSK	$(I_k, Q_k) = (\pm 1, \pm 1)$ 或 $\varphi_k = \pm\pi/4, \pm 3\pi/4$	$p_I(t) = 1, 0 \leqslant t \leqslant T_s$ $p_Q(t) = 1, T_s/2 \leqslant t \leqslant 3T_s/2$

续表

调 制 方 式	(I_k, Q_k)	$p_I(t), p_Q(t)$
$\pi/4$QPSK	$I_k + \mathrm{j}Q_k = \mathrm{e}^{\mathrm{j}\theta_k}$ $\theta_k = \theta_{k-1} + \varphi_k$ $\varphi_k = \pm\pi/4, \pm 3\pi/4$	$p_I(t) = 1, 0 \leqslant t \leqslant T_s$ $p_I(t) = p_Q(t)$
MSK	$(I_k, Q_k) = (\pm 1, \pm 1)$	$p_I(t) = \cos(\pi T/T_s), 0 \leqslant T \leqslant T_s$ $p_Q(t) = \sin(\pi t/T_s), 0 \leqslant t \leqslant T_s$
MQAM	$(I_k, Q_k) = [\pm 1, \pm 3, \cdots, \pm(\sqrt{M}-1)]$	$p_I(t) = 1, 0 \leqslant t \leqslant T_s$ $p_I(t) = p_Q(t)$

MPSK 调制方式的同相与正交基带波形有如下形式:

$$I_{\mathrm{MPSK}}(t) = \sum_k \cos\left(\frac{n_k 2\pi}{M}\right) \tag{2.4.40a}$$

和

$$Q_{\mathrm{MPSK}}(t) = \sum_k \sin\left(\frac{n_k 2\pi}{M}\right) \tag{2.4.40b}$$

在对应间隔 m_I 与 m_Q 的值决定了 $n_k = 0, 1, 2, \cdots, M-1$。QPSK 的 $I(t)$ 与 $Q(t)$ 以及 OQPSK 在式(2.4.40)中为 $M=4$ 的特殊情况,可表示为 $45°$ 相移:

$$I_{\mathrm{QPSK}}(t) = \sum_k \cos\left(\frac{n_k \pi}{2} + \frac{\pi}{4}\right) \tag{2.4.41a}$$

和

$$Q_{\mathrm{MPSK}}(t) = \sum_k \sin\left(\frac{n_k \pi}{2} + \frac{\pi}{4}\right) \tag{2.4.41b}$$

尽管 OQPSK 的 $I(t)$ 与 $Q(t)$ 表达式与 QPSK 相同,但在 OQPSK 的 $I(t)$ 与 $Q(t)$ 和 QPSK 相差半个符号周期。OQPSK 方式的相位切换比 QPSK 频繁得多,因此与 QPSK 相比则 OQPSK 减少了 $180°$ 相位变换。OQPSK 信号非线性放大没有像 QPSK 的再生高频部分,所以这样的调制方式对于带宽效率与功耗要求很高的移动通信系统非常有吸引力。这些数字调制方式应用于 CDMA 无线通信系统。

$\pi/4$QPSK 调制方案最大的特点为非相干检测,其大大简化了接收机的设计。该方案应用于 TDMA(IS-54/136)与 PHS 移动通信系统。基带 $I(t)$ 与 $Q(t)$ 可表示为

$$I_{\pi/4\mathrm{QPSK}}(t) = \sum_k I_k = \sum_k (I_{k-1}\cos\varphi_k - Q_{k-1}\sin\varphi_k) \tag{2.4.42a}$$

和

$$Q_{\pi/4\mathrm{QPSK}}(t) = \sum_k Q_k = \sum_k (I_{k-1}\sin\varphi_k - Q_{k-1}\cos\varphi_k) \tag{2.4.42b}$$

式中,$\varphi_k = \pi/4, -\pi/4, 3\pi/4$ 或 $-3\pi/4, \varphi_k$ 的值取决于在相关的符号间隔信息数据流的值。

最小相位移频键控(MSK)调制方式应用于 GSM 移动通信系统中。MSK 是调制指数为 0.5 的连续相位频移键控(FSK)。其中调制指数定义为 $k_{\mathrm{FSK}} = 2\Delta F_{\mathrm{max}}/R_b, \Delta F_{\mathrm{max}}$ 为频率峰值偏移度,R_b 为比特速率。在 MSK 调制方案中,基带 $I(t)$ 与 $Q(t)$ 表示为

$$I_{\mathrm{MSK}}(t) = \sum_k I_k \cos\left(\frac{\pi(t - k \cdot 2T_b)}{2T_b}\right) \tag{2.4.43a}$$

和

$$Q_{\mathrm{MSK}}(t) = \sum_k Q_k \sin\left(\frac{\pi(t - k \cdot 2T_b)}{2T_b}\right) \tag{2.4.43b}$$

式中，I_k 与 Q_k 是由消息数据所决定的，等于 $+1$ 或 -1 且每 $2T_b$ 秒变换一次。

以式(2.4.35)和式(2.4.36)为基础，数字调制信号可由二进制星座图表示。例如，QPSK、$\pi/4$QPSK 以及 16QAM 的星座图如图 2.25 所示。

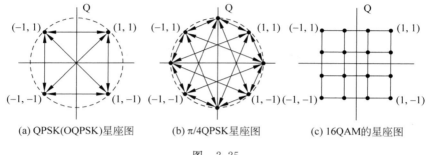

(a) QPSK(OQPSK)星座图   (b) π/4QPSK星座图   (c) 16QAM的星座图

图　2.25

由数字调制方式调制的射频载波形式与式(2.4.30)相似：

$$v_{\mathrm{RF}}(t) = I(t)\cos(2\pi f_o t + \theta) - Q(t)\sin(2\pi f_o t + \theta) \tag{2.4.44}$$

式中，$I(t)$ 和 $Q(t)$ 如式(2.4.36)所示，根据调制方案的不同，其表达方式也相应变化为式(2.4.40)、式(2.4.41)、式(2.4.42)和式(2.4.43)；f_o 为射频载波频率；θ 为射频载波任意相移。

3. 扩频调制

扩频技术的传输带宽远大于传输信息所需的最小带宽。其优势在于很多用户可以共同使用相同带宽且没有相互间的干扰。扩频调制拥有抗内部干扰的能力，调制后的信号可从其他扩频信号中识别出来，而且在其他几种干扰下(如窄带干扰)仍可恢复出来。扩频信号的另一特性是对多径衰减不敏感。上述特性使得扩频调制技术非常适用于无线通信领域。

频谱扩展的主要技术是直接序列扩频(direct sequence，DS)以及跳频技术(frequency hopping，FH)。其中，伪随机噪声(pseudo noise，PN)序列用于扩频与解扩。伪随机噪声并非一真实随机信号，而是确定的周期信号。但与数字信息数据相比具有类噪声性能。

伪随机噪声 PN 序列为一周期二进制序列，可由反馈相移寄存器产生。反馈相移寄存器由 k 阶存储器和多路反馈逻辑电路组成，如图 2.26 所示。二进制 PN 序列可映射到两级 PN 波形，表示为

$$c(t) = \sum_{n=-\infty}^{\infty} c_n p(t - nT_c) \tag{2.4.45}$$

式中，$\{c_n\}$ 为二进制 PN 序列的 ±1；$p(t)$ 是间距为 T_c 的矩形脉冲。

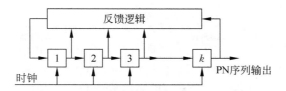

图 2.26　k 阶反馈相移寄存器框图模型

每一 PN 波形的信号脉冲称为码片(chip)。

当反馈逻辑电路完全由模 2 加法器组成时,反馈相移寄存器为线性。如果由反馈寄存器产生的 PN 序列周期为 $N = 2^k - 1$,则该 PN 序列称为最长序列。最长序列应用广泛,并且具有很多重要的特性。在每个周期里 1 的数量总是比 0 的数量要多,并且自相关总是周期性的且为二进制数值。最长序列的自相关表达式为(其周期为 $T_{PN} = NT_c$)

$$R_p(\tau) = \begin{cases} 1 - \dfrac{N+1}{NT_c} \mid \tau \mid, & \mid \tau \mid \leqslant T_c \\ -\dfrac{1}{N}, & \text{周期内其他时间} \end{cases} \tag{2.4.46}$$

式中,τ 为两交叉相关 PN 序列的时移。

式(2.4.46)形如图 2.27 所示,这类自相干函数为 PN 序列最大特点之一。

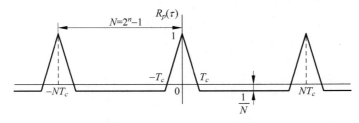

图 2.27　最大长度 PN 波形自相关函数

直接序列扩频系统(direct-sequence spread-spectrum,DS-SS)通过直接将基带数据与二进制 PN 波形相乘,从而扩展调制基带数据信号。基带数据信号 $m(t)$ 表示成

$$m(t) = \sum_{m=-\infty}^{\infty} a_m p_m(t - mT_b) \tag{2.4.47}$$

式中,$\{a_m\}$ 为数据系列 ± 1;$p_m(t)$ 为间距为 T_b 的矩形脉冲。

扩展 PN 序列 $c(t)$ 形式如式(2.4.45)。扩频信号表示为

$$v_{DS}(t) = A \cdot m(t)c(t) \cdot \cos(2\pi f_o t + \varphi) \tag{2.4.48}$$

式中,$A \cdot \cos(2\pi f_o t + \varphi)$ 为射频载波;φ 为任意相移。

处理直接序列扩展频谱的增益定义为

$$PG_{DS} = \frac{T_b}{T_c} = \frac{R_c}{R_b} \tag{2.4.49}$$

它表示由非扩展信号通过处理得到扩展频谱信号时所获得的增益。另外,R_c/R_b 的值

也是抗干扰能力的近似估计。

只要每个信号具有自己的 PN 序列,那么许多 DS 扩频信号能够共用相同的信道带宽。因此,它可以让许多用户在相同信道带宽下同时发送信息。在相同信道带宽中,每个用户拥有自身签名编码的数字通信系统叫作码分多址(code division multiple access,CDMA)。用于 CDMA IS-2000 以及 WCDMA 系统的扩频编码不仅为 PN 序列也是 64 位正交 Walsh 编码[14-15]。

在无线通信系统中,跳频扩频系统(frequency-hopping spread-spectrum,FH-SS)是另一种通用的扩频系统。跳频就是在可用频带内发射频率的周期性改变。可用频带被分为很多非重叠频率槽(slot),称为跳频带(hopset)。每个频率槽具有足够的带宽来包含突发窄带调制的大部分功率(通常为多频移键控 MFSK),它的中心频率为突发调制数据的载波频率。频率槽或每个突发调制信号的载波是根据 PN 序列伪随机选择的。因此,跳频信号可看作伪随机改变载波频率的突发调制数据序列。跳频信号产生的原理框图如图 2.28 所示。图 2.29 所示是跳频模式图。

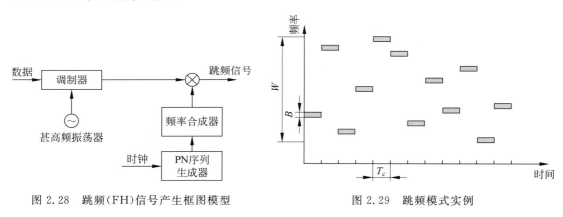

图 2.28 跳频(FH)信号产生框图模型   图 2.29 跳频模式实例

频率槽的带宽称为瞬时带宽 B。在跳频区间带宽称为总跳频带宽 W。跳频系统的处理增益定义为

$$PG_{\mathrm{FH}} = \frac{W}{B} \qquad (2.4.50)$$

跳频可分为快速跳频与慢速跳频。如果跳频速率 R_{FH} 等于或者小于符号速率 R_s,那么该跳频叫作慢速跳频;如果每个符号多次跳频,如 $R_{\mathrm{FH}} > R_s$,那么该跳频叫作快速跳频。

在 GSM 移动系统与蓝牙无线短距连接系统中采用跳频技术,在这两种系统中的跳频都是慢速跳频。

2.4.4 脉冲整形技术和码间干扰

移动通信系统的可用频率带宽是受限的。因此希望让调制后的数字信号占据较小带宽,这样才能更有效率地使用可用带宽。在 2.4.3 节,假设在数字调制波形中每个符号的独立脉冲均为简化的矩形脉冲。而实际上除了 GPS 系统(因为它的频谱为辛格函数,其具有较高且衰落较慢的旁瓣),在无线通信系统中很少使用矩形脉冲。调制波形中的矩形脉冲需要通过整形,从而降低调制带宽与抑制相邻信道的扩散。在脉冲整形技术中,带限滤波器通常用作矩形脉冲的整形。但是脉冲整形后,每个符号的独立脉冲将在时域内扩展,其尾部会扩散到相邻符号的间隙内,这一干扰叫作码间干扰。

脉冲整形技术中,两个重要的准则用于降低调制数字信号的带宽,同时减少码间干扰的影响。奈奎斯特[16]显示如果系统的整体响应(包括发射机、信道和接收机)设计为在每个采样瞬间内除了当前符号其他响应等于零,那么码间干扰为零。假设整个系统的冲激响应为 $h_{sys}(t)$,则以上表述的数学表达式为

$$h_{sys})(kT_s) = \begin{cases} A & k = 0 \\ 0 & k \neq 0 \end{cases} \tag{2.4.51}$$

式中,T_s 为符号周期;k 为整数;A 为非零常数。

式(2.4.52)的冲激响应满足式(2.4.51)的条件:

$$h_{sys}(t) = \frac{\sin(\pi t/T_s)}{\pi t/T_s} \tag{2.4.52}$$

这是在 $kT_s(k = \pm 1, \pm 2, \cdots, \pm n, \cdots)$ 处过零点的辛格(sinc)函数。但是,辛格冲激响应并不能在物理上实现,因为它意味着无限时间延迟以及矩形的频响,即

$$H_{sys}(f) = \frac{1}{R_s} \prod \left(\frac{f}{R_s} \right) \tag{2.4.53}$$

式中,$\prod (f/R_s)$ 为矩形函数,且当 $f \leqslant R_s/2$ 时值为 1,$f > R_s/2$ 时值为 0。

以下所列的冲激响应也能满足式(2.4.51)的条件,通常可在实际中应用。

$$h_{sys}(t) = \frac{\sin(t/T_o)}{T} \cdot z(t) \tag{2.4.54}$$

式中,$z(t)$ 为偶函数,其频率响应在 $sinc(t/T_0)$ 的傅里叶变换后的矩形频谱外幅度为 0,且 $1/(2T_o) \geqslant 1/(2T_s)$ 为矩形频谱的带宽。

如果整个系统可建模为脉冲整形滤波器,那么式(2.4.54)为滤波器的脉冲响应,其傅里叶变换为传递函数或滤波器的频响。

1. 升余弦脉冲整形

在移动通信系统中普遍应用的一种脉冲整形滤波器为升余弦滤波器。其满足式(2.4.51)的标准,并且拥有式(2.4.54)类型的脉冲响应。相应的冲激响应为

$$h_{RC}(t, \alpha) = \frac{\sin(\pi t/T_s)}{\pi t/T_s} \cdot \frac{\cos(\pi \alpha t/T_s)}{1 - (2\alpha t/T_s)^2} \tag{2.4.55}$$

式中,α 为滚降因子,取值区间为 0~1。

α 为 1、0.5 和 0.2 的升余弦滤波器冲激响应如图 2.30 所示。

升余弦的频率响应或传递函数可从式(2.4.55)的傅里叶变换得到,形式为

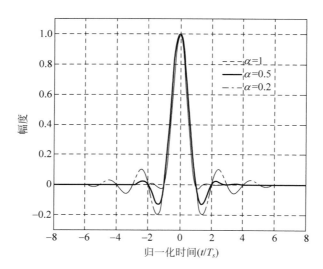

图 2.30 升余弦滤波器冲激响应

$$H_{\mathrm{RC}}(f,\alpha) = \begin{cases} 1 & 0 \leqslant \mid f \mid \leqslant (1-\alpha)/2T_s \\ \dfrac{1}{2}\left[1+\cos\left(\dfrac{\pi(2T_s \mid f \mid -1+\alpha)}{2\alpha}\right)\right] & (1-\alpha)/2T_s < \mid f \mid \leqslant (1+\alpha)/2T_s \\ 0 & \mid f \mid > (1+\alpha)/2T_s \end{cases}$$

(2.4.56)

图 2.31 给出了三种升余弦滤波信号的功率谱,其滚降因子分别为 α 为 1、0.5 和 0.2。当 α 为 0 时,频谱为矩形。基带升余弦滤波器的绝对带宽 B 与符号速率 R_s 关系式为

$$B = \frac{1}{2}(1+\alpha)R_s$$

(2.4.57)

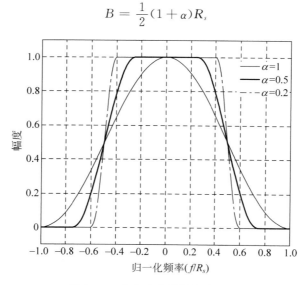

图 2.31 升余弦滤波器频率响应

用升余弦滤波器整形的带通射频信号,带宽 BW 是基带带宽的两倍,可由 R_s 表示为

$$BW = (1+\alpha)R_s \tag{2.4.58}$$

当 $\alpha=0.5$ 时,为了以符号速率 R_s 发射射频信号,升余弦滤波器基带带宽应为 $B=3R_s/4$,射频带宽 $BW=1.5R_s$。

由式(2.4.55)与式(2.4.56)给出的冲激响应与频率响应为整个系统的响应。在移动通信系统中通常包含发射机、信道和接收机,且发射机和接收机中都用到了根升余弦滤波器。相同滚降因子的两个根升余弦滤波器的组合特性与升余弦滤波器一致。根升余弦滤波器的冲激响应为

$$h_{\mathrm{RRC}}(t,\alpha) = \begin{cases} 1-\alpha+4\dfrac{\alpha}{\pi} & t=0 \text{ 时} \\[2mm] \dfrac{1}{1-16\alpha^2(t/T_s)^2}\left[\dfrac{\sin[(1-\alpha)\pi t/T_s]}{\pi t/T_s}+4\alpha\dfrac{\cos[(1+\alpha)\pi t/T_s]}{\pi}\right] & \\[2mm] \dfrac{\alpha}{\sqrt{2}}\left[\left(1+\dfrac{2}{\pi}\right)\sin\dfrac{\pi}{4\alpha}+\left(1-\dfrac{2}{\pi}\right)\cos\dfrac{\pi}{4\alpha}\right] & t=\dfrac{T_s}{4\alpha} \text{ 时} \end{cases} \tag{2.4.59}$$

如图 2.32 所示,根升余弦滤波器冲激响应在相邻符号脉冲峰处有非零交点。但在通信系统中根升余弦滤波器通常成对应用,因此整个系统时间响应没有码间干扰问题存在。

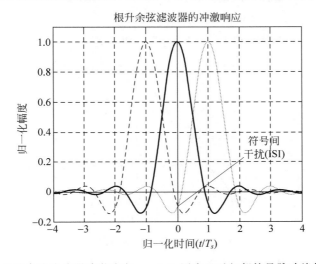

图 2.32 根升余弦滤波器冲激响应,$\alpha=0.5$,图中显示相邻符号脉冲峰值非零交点

根升余弦滤波器频率响应形式为

$$H_{\mathrm{RRC}}(f,\alpha) = \begin{cases} 1 & 0\leqslant |f| < (1-\alpha)/2T_s \\[2mm] \cos\left[\dfrac{T_s}{4\alpha}\left(2\pi|f|-\dfrac{\pi(1-\alpha)}{T_s}\right)\right] & (1-\alpha)/2T_s \leqslant |f| \leqslant (1+\alpha)/2T_s \\[2mm] 0 & (1+\alpha)/2T_s \leqslant |f| \end{cases} \tag{2.4.60}$$

2. 高斯脉冲整形

在通信系统中另一种常用的基带整形滤波器是高斯脉冲整形滤波器,高斯滤波器具有非零交点的平滑传递函数。高斯滤波器的冲激响应为

$$h_G(t,\sigma) = \frac{1}{\sqrt{2\pi}\,\sigma} \exp\left(-\frac{t^2}{2\sigma^2}\right) \tag{2.4.61}$$

式中,参数 σ 与 3dB 带宽、比特和时间的乘积 BT_b 有关,形式为

$$\sigma = \frac{\sqrt{\ln 2}}{2\pi BT_b} \tag{2.4.62}$$

相应的高斯脉冲频响仍为高斯函数,形式为

$$H_G(f,\sigma) = \exp(-2\pi^2\sigma^2 f^2) \tag{2.4.63}$$

在 MSK 调制的基带脉冲整形中专门用到了高斯脉冲整形滤波器,有基带高斯脉冲数据的 MSK 调制称为 GMSK。GMSK 最受关注的特性是很高的功率效率与频谱效率,这是由于它恒定值的包络以及高斯脉冲整形技术降低了 MSK 信号频谱的旁瓣。可是,高斯脉冲整形引入了码间干扰,但当 $BT_b \geqslant 0.5$ 时,码间干扰的影响不严重;当 $BT_b = 0.5887$ 时,信噪比(E_b/N_o)大约下降 0.14dB。尽管频谱十分紧凑,但码间干扰仍随 BT_b 的降低而增长。

在 GSM 移动系统中,GMSK 调制采用 $BT_b = 0.3$。GSM 信号的功率谱密度如图 2.33 所示。GSM 移动系统中 T_b 和 σ 参数分别为

$$T_b = 48/13 = 3.69\mu s \quad \text{和} \quad \sigma = 0.4417$$

$BT_b = 0.3$ 高斯脉冲整形 MSK 频谱

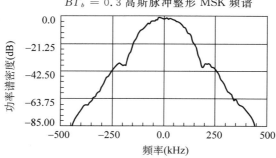

图 2.33 GSM 信号功率频谱密度

3. 用于 CDMA 系统的脉冲整形

在 CDMA 系统中,发射机基带扩充 PN 序列通过冲激响应 $h_c(t)$ 来整形,其满足均方误差等式[17]:

$$\sum_{k=0}^{\infty} [a \cdot h_c(kT_c/4) - h(k)]^2 \leqslant 0.03 \tag{2.4.64}$$

式中,常数 a 和 h_c 用于均方误差最小化;T_c 为 PN 序列的间距;系数 $h(k)$ 在 $k < 48$ 时的数值列于表 2.2 中,当 $k \geqslant 48$ 时,$h(k) = 0$。

表 2.2　系数 $h(k)$

k	$h(k)$	k	$h(k)$	k	$h(k)$
0,47	−0.025 288 315	8,39	0.037 071 157	16,31	−0.012 839 661
1,46	−0.034 167 931	9,38	−0.021 998 074	17,30	−0.143 477 028
2,45	−0.035 752 323	10,37	−0.060 716 277	18,29	−0.211 829 088
3,44	−0.016 733 702	11,36	−0.051 178 658	19,38	−0.140 513 128
4,43	−0.021 602 514	12,35	0.007 874 526	20,27	0.094 601 918
5,42	0.021 602 514	13,34	0.084 368 728	21,26	0.441 387 140
6,41	0.091 002 137	14,33	0.126 869 306	22,25	0.785 875 640
7,40	0.081 894 974	15,32	0.094 528 345	23,24	1.000 000 000

$h_c(t)$ 的冲激响应如图 2.34 所示。从该图中可以看出，扩展 PN 序列的矩形脉冲通过基带脉冲整形滤波器后，整形脉冲的尾部在相邻脉冲的峰值处不再过零点，例如存在码片间干扰(interchip interference, ICI)。

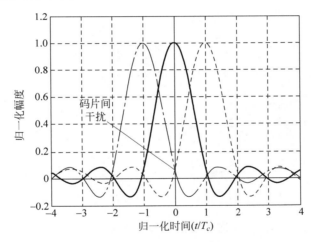

图 2.34　用于 CDMA 系统的 $h_c(t)$ 冲激响应

基带滤波后扩频 PN 序列的功率谱密度如图 2.35 所示。其旁瓣很低，即以增加码片间干扰为代价的频谱效率较高。可是，在 CDMA 系统的接收机中，一对互补滤波器用于去除或最小化码片间干扰。互补滤波器的冲激响应由发射机基带滤波器和接收机互补滤波器组成，其应当满足零码片间干扰的奈奎斯特准则(或者换句话说，非零交点的值必须比峰值小 50dB)。

合成互补滤波器的一种方法涉及均衡。$2n+1$ 阶的横向均衡器如图 2.36 所示，其延时为 $2n\tau$，可用来实现互补滤波器[18]。CDMA 基带脉冲整形滤波器在互补滤波器输入处的脉冲 $h_c(t)$ 假设在 $t=0$ 处拥有峰值，并在两端有码片间干扰。互补滤波器的输出脉冲表示为

$$h_{Nq}(t) = \sum_{m=-n}^{n} c_m h_c(t - mT_c - nT_c) \qquad (2.4.65)$$

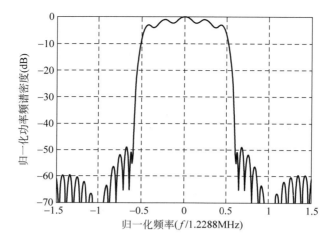

图 2.35　CDMA 基带整形脉冲功率频谱密度

或在 $t_k = kT_c + nT_c$ 处采样的离散形式为

$$h_{sys}(t_k) = \sum_{m=-n}^{n} c_m h_c(kT_c - mT_c) = \sum_{m=-n}^{n} c_m h_{c,k-m} \quad (2.4.66)$$

式中，$h_{c,k-m} = h_c(kT_c - mT_c)$；$c_m(m = 0, \pm 1, \pm 2, \cdots, \pm n)$ 称为分支增益。

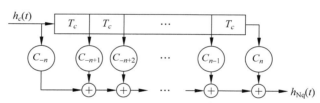

图 2.36　CDMA 基带整形滤波器的互补滤波器

为了最小化码片间干扰，分支增益需满足以下等式：

$$h_{sys}(t_k) = \begin{cases} 1 & k = 0 \\ 0 & k = \pm 1, \pm 2, \cdots, \pm n \end{cases} \quad (2.4.67)$$

相关的分支增益可由求解矩阵方程(2.4.68)获得：

$$\begin{bmatrix} h_{c,0} & \cdots & h_{c,-2n} \\ \vdots & & \vdots \\ h_{c,n-1} & \cdots & h_{c,-n-1} \\ h_{c,n} & \cdots & h_{c,-n} \\ h_{c,n+1} & \cdots & h_{c,-n+1} \\ \vdots & & \vdots \\ h_{c,2n} & \cdots & h_{c,0} \end{bmatrix} \begin{bmatrix} c_{-n} \\ \vdots \\ c_{-1} \\ c_0 \\ c_1 \\ \vdots \\ c_n \end{bmatrix} = \begin{bmatrix} 0 \\ \vdots \\ 0 \\ 1 \\ 0 \\ \vdots \\ 0 \end{bmatrix} \quad (2.4.68)$$

式中，$h_{c,i}(i = 0, \pm 1, \cdots, \pm 2n)$ 由式(2.4.66)所得。

实际上,均衡器用在 CDMA 接收机不仅是为了去除来自基带滤波器发射机的码片间干扰,而且也是为了最小化产生于接收链路中的中频声表面波(IF SAW)滤波器、模拟基带低通滤波器和隔直流电路的码片间干扰。这种情况下,式(2.4.66)的右边冲激响应可由 $h_c(t)$ 与滤波器冲激响应的卷积取代:

$$h(t) = h_c(t) * h_{SAW}(t) * h_{A\_BBF}(t) * h_{DC\_block}(t) \tag{2.4.69}$$

式中,$h_{SAW}(t)$、$h_{A\_BBF}(t)$ 和 $h_{DC\_block}(t)$ 分别为声表面波滤波器、模拟基带滤波器和隔直电路的冲激响应。

2.4.5 误码概率检测、信噪比与载噪比

数字通信系统的误码性能是衡量系统性能的重要参数,普遍应用的方法是符号的平均误码或在接收机的比特检测,它称为符号误码率(symbol error rate,SER)或比特误码率(bit error rate,BER)。

在通信系统接收机检测前的信号通常已被噪声或干扰污染。假设 N 个符号数据序列(由 $M = 2^k$ 个符号波形组成,间距为 T_s 的 $s_i(t)(i=1,2,\cdots,M)$,其对应为 MSK 调制中的值被发射,信号路径中的噪声由 $n(t)$ 表示,接收到的信号 $r(t)$ 可由符号波形与噪声相加所得:

$$r(t) = \sum_{k=1}^{N} s_i(t - kT_s) + n(t - kT_s) \quad i = (1,2,\cdots,M) \tag{2.4.70}$$

如果接收检测基于相关性,在检测机中存在 M 个相关器,检测机的决策规则为从一系列的 M 个相关器输出的 $\{x_i(T_s)\}$ 中选择最大的一个,即

$$\max\{x_i(T_s)\} = \max\left\{\int_{kT_s}^{(k+1)T_s} r(t)s_i(t)\,\mathrm{d}t\right\} (i = 1,2,\cdots,M) \tag{2.4.71}$$

因为接收的信号被噪声或干扰所污染,所以接收机检测的结果不总是正确的。错误检测产生了检测错误。如果 $n_e(N_s)$ 为检测错误的数量,错误概率通常定义为 $P_e = \lim_{N \to \infty} n_e(N_s)/N_s$。在这种系统使用多进制调制的情况下,如果 M 个符号的发射概率 $s_i(t)(i=1,2,\cdots,M)$ 是相等的,符号错误的平均概率 P_e 可表达为

$$P_e = \frac{1}{M}\sum_{i=1}^{M} P(\text{基于最大}\{x_i\} \mid s_i \text{ 传输的错误判决})$$

$$= 1 - \frac{1}{M}\sum_{i=1}^{M} P(\text{基于最大}\{x_i\} \mid s_i \text{ 传输的正确判决}) \tag{2.4.72}$$

显然,比特误码概率 P_b 小于符号误码概率 P_e,因为符号通常由多比特组成。对于正交调制,如 MFSK,P_b 和 P_e 的关系为[19]

$$\frac{P_b}{P_e} = \frac{2^{k-1}}{2^k - 1} = \frac{M/2}{M - 1} \tag{2.4.73}$$

对于非正交调制,如 MPSK 调制使用将二进制映射到多进制的格雷(Gray)码[21],使得那些相邻符号的二进制序列只有一位不同。因此当一符号发生错误时,很有可能使最近的符号发生错误。Gray 码多进制调制的比特错误概率与符号误码概率的关系为

$$P_b = \frac{P_e}{\log_2 M} = \frac{P_e}{k} \tag{2.4.74}$$

符号或比特错误概率直接由接收信号的信噪比（signal-to-noise ratio，SNR）决定。SNR 通常定义为平均信号功率与平均噪声功率之比，即

$$SNR = \frac{信号功率}{噪声功率} = \frac{S}{N} \tag{2.4.75}$$

可是，在错误概率表达上，在加性高斯白噪声（additive white Gaussian noise，AWGN）信道中的 P_b 或 P_e，每比特信号能量 E_b 与单边热噪声密度 n_o（W/Hz）之比（如 E_b/n_o）通常用于替代 SNR。两者关系为

$$\frac{E_b}{n_o} = \frac{ST_b}{n_o} = \frac{SB}{R_b n_o B} = \frac{S}{N}\left(\frac{B}{R_b}\right) \tag{2.4.76}$$

式中，T_b 为比特时间间隔；$R_b = 1/T_b$ 为比特率；B 为基带信号带宽；$N = n_o B$。

1. 常用调制信号的误差概率公式

在本小节中，高斯随机噪声环境下的 FSK、PSK、DPSK、MSK 和 QAM 调制信号的比特或位误差概率在参考文献[8,10,20]中给出。$erfc(x)$ 和 $Q(x)$ 常用作误差概率的表达式：

$$erfc(x) = \frac{2}{\sqrt{\pi}} \int_x^\infty e^{-u^2} \, du \tag{2.4.77}$$

和

$$Q(x) = \frac{1}{\sqrt{2\pi}} \int_x^\infty e^{-u^2/2} \, du \tag{2.4.78}$$

上面的两个函数有下列的关系：

$$Q(x) = \frac{1}{2} erfc\left(\frac{x}{\sqrt{2}}\right) \tag{2.4.79}$$

或者也可以表达为

$$\frac{1}{2} erfc(x) = Q(\sqrt{2}\,x) \tag{2.4.80}$$

在下面针对不同调制信号的比特或者符号误差概率表达式中，使用的都是 $Q(x)$ 函数表达式，当然也可以很容易地将这些公式转换为使用 $erfc(x)$ 函数的表达形式。

1）M 进制相干 PSK

$M = 2$：
$$P_b = Q\left(\sqrt{\frac{2E_b}{n_o}}\right) \tag{2.4.81}$$

$M = 4$：
$$P_e(4) = 2Q\left(\sqrt{\frac{2E_b}{n_o}}\right)\left[1 - \frac{1}{2}Q\left(\sqrt{\frac{2E_b}{n_o}}\right)\right] \tag{2.4.82}$$

$M > 4$：
$$P_e(M) \cong 2Q\left(\sqrt{\frac{2E_b\log_2 M}{n_o}}\sin\frac{\pi}{M}\right) \tag{2.4.83}$$

2）M 进制非相干 DPSK：

$M = 2$：
$$P_b = \frac{1}{2}\exp\left(-\frac{E_b}{2n_o}\right) \tag{2.4.84}$$

$$M = 4: \quad P_b = \left[\sum_{k=0}^{\infty} \left(\frac{b}{a} \right)^k I_k(ab) - \frac{1}{2} I_o(ab) \right] \exp\left(-\frac{a^2 + b^2}{2} \right)$$

$$a = \sqrt{2\left(1 - \sqrt{\frac{1}{2}}\right) \frac{2E_b}{n_o}} \quad \text{和} \quad b = \sqrt{2\left(1 + \sqrt{\frac{1}{2}}\right) \frac{2E_b}{n_o}} \quad (2.4.85)$$

式中，I_k 为 k 阶修正的贝塞尔函数。

$$M > 4: \quad P_e(M) \cong 2Q\left[\sqrt{\frac{2E_b \log_2 M}{n_o}} \sin\frac{\pi}{\sqrt{2}M} \right] \quad (2.4.86)$$

3）M 进制正交 FSK：

$$M = 2: \quad P_b = \frac{1}{2} \exp\left(-\frac{1}{2} \frac{E_b}{n_o} \right) \quad (2.4.87)$$

$$M > 2: \quad P_e(M) = \frac{1}{M} \sum_{i=2}^{M} (-1)^i \frac{M!}{i!(M-i)!} \exp\left(\frac{(i-1)E_s}{i \cdot n_o} \right) \quad (2.4.88)$$

$$E_s = E_b \cdot \log_2 M$$

4）GMSK：

$$P_e = Q\left(\sqrt{\frac{2\alpha E_b}{n_o}} \right) \quad (2.4.89)$$

$$\alpha = 0.68 \quad \text{当 } BT = 0.25$$

$$\alpha = 0.85 \quad \text{当 } BT = \infty(\text{MSK})$$

5）M 进制 QAM：

$$P_e(M) = 2P_{e\_\sqrt{M}} \left(1 - \frac{1}{2} P_{e\_\sqrt{M}} \right) \quad (2.4.90)$$

$$P_{e\_\sqrt{M}} \cong \frac{2(\sqrt{M} - 1)}{\sqrt{M}} Q\left(\sqrt{\frac{3\log_2 M}{M-1} \cdot \frac{E_b}{n_o}} \right)$$

$$P_b = \frac{P_e}{\log_2(M)}$$

上面的公式可以用来估计在 AWGN 信道中所传输调制信号的位或者比特误差率。图 2.37 所示是比特误码率与无线通信系统中较常用调制信号的 E_b/n_o 关系图。

2. 实际系统中误码率的衰减

之前分析的不同调制方式的比特或符号误码率是基于调制信号通过 AWGN 信道且信道没有受到其他干扰的基础上进行估计的。在无线系统中，信号信道可能是一个多径衰减信道，由于带通和低通滤波器在接收机中的应用，接收机的信号通道通常是一个频率选择的信道，来抑制不需要的信号和干扰信号。不管衰减信道还是频率选择通道，它们都会恶化调制信号的误差率，这意味着在真实系统中的比特或符号误码率比之前部分使用公式计算得到的误码率要高。对于使用不同无线协议系统的移动基站来说，大多数情况下接收机的最低工作要求是静态环境或者 AWGN，因此射频系统设计中的频率选择通道对于接收机性能的影响要远远大于多通道衰减信号的影响。在本小节中，通过实际的例子来讨论一下接收

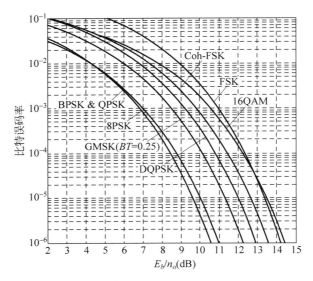

图 2.37　误码率与不同调制信号的 E_b/n_o 图

机中模拟滤波器和其他的频率选择器件是如何影响调制信号的误码率的。

模拟滤波器(尤其是带通和低通滤波器)通常应用在通信接收机中用来将接收信号从噪声和干扰中提取出来。模拟滤波器的频率响应,如声表面波(SAW)滤波器和陶瓷滤波器通常不是很理想。它们的幅度大小变化可能会超过 2dB,而且它们的群延时可能会随着滤波器带宽的不同而严重失真。使用这些滤波器最直接的后果是会使得通过它们的信号增加码间干扰(ISI)。因此,在相同的信噪比之下,信号的符号误码率会增加。由于在参考文献[22-23]中有 π/4DQPSK 调制信号误码率下降的近似表达式,因此首先讨论一个采用 π/4DQPSK 调制信号通过带通滤波器之后比特误码率的下降情况。

一个窄带接收机中的噪声干扰 DQPSK 调制的信号可以表示为

$$s(t) = A(t)\cos[2\pi f_o t + \phi(t)] + n_c(t)\cos(2\pi f_o t) - n_s(2\pi f_o t)$$
$$= R(t)\cos[2\pi f_o t + \theta(t)] \qquad (2.4.91)$$

式中,$n(t)$ 是一个广义平稳的窄带高斯噪声,它的单边带噪声谱密度是 n_o,它的同步分量和正交分量分别是 $n_c(t)$ 和 $n_s(t)$,有

$$R(t) = \sqrt{[A(t)\cos\phi(t) + n_c(t)]^2 + [A(t)\sin\phi(t) + n_s(t)]^2}$$

且

$$\theta(t) = \tan^{-1}\frac{A(t)\sin\phi(t) + n_s(t)}{A(t)\cos\phi(t) + n_c(t)}$$

对于第 m 个符号位,使用 π/4DQPSK 调制的信号在一个符号间隔 $(m-1)T_s < t \leqslant mT_s$ 中的相位是

$$\phi(t) = \phi_m = \phi_{m-1} + \phi_o + 2k_m \cdot \pi/4 \qquad (2.4.92)$$

式中，$k_m=0,1,2,3$，$\phi_o=\pi/4$。信号幅度 $A(t)$ 会由于干扰、多径衰减或窄带滤波而起伏，但这里仅讨论由于接收机中滤波器和其他器件而产生的幅度起伏，如隔直电路和模数转换器。符号间的 ISI 使得符号间的幅度发生改变，因为带内群延时失真和窄带滤波器的幅响波纹使得信号脉冲波形失真。在下面的分析中，由之前的和后续的符号脉冲产生的 ISI 将考虑进去，归一化的 ISI $\Delta I_{p,s}$ 表示为

$$\Delta I_{p,s} = \frac{\displaystyle\int_{t_o-\delta t}^{t_o+\delta t} s(t \pm T_s)\,\mathrm{d}t}{\displaystyle\int_{t_o-\delta t}^{t_o+\delta t} s(t)\,\mathrm{d}t} \tag{2.4.93}$$

式中，下标 p 和 s 分别表示之前的和后续的符号；分子中被积函数的加减号对应于 ΔI_p 和 ΔI_s；t_o 为采样瞬间；$2\delta t$ 为采样时间间隔。

第 m 个符号的基带信号也可以表示为向量形式，即

$$\begin{aligned}
\bar{r}_m(t) &= r_{mI}(t) + \mathrm{j} \cdot r_{mQ}(t) \\
&= \bar{a}_m(t) + \bar{n}_m(t)
\end{aligned} \tag{2.4.94}$$

式中，$\bar{a}_m(t)$ 是第 m 个符号基带向量；$n_m(t)$ 是第 m 个信号的噪声向量，并且

$$r_{mI}(t) = a_{mI}(t) + n_c(t) \tag{2.4.95a}$$

$$r_{mQ}(t) = a_{mQ}(t) + n_s(t) \tag{2.4.95b}$$

$$a_{mI}(t) = A(t)\cos\phi_m + \Delta I_p\cos\phi_{m+1} + \Delta I_s\cos\phi_{m-1} \tag{2.4.96a}$$

$$a_{mQ}(t) = A(t)\sin\phi_m + \Delta I_p\sin\phi_{m+1} + \Delta I_s\sin\phi_{m-1} \tag{2.4.96b}$$

对于 DQPSK 信号的相位检测统计数值为

$$\psi = \angle\,\bar{r}_m - \angle\,\bar{r}_{m-1} \tag{2.4.97}$$

式中，$\angle$ 表示向量角度，决定规则为

$$\psi_{o(k_{m-1},k_m)} < \psi - \phi_o \leqslant \psi_{o(k_m,k_{m+1})} \qquad 发射的\ k_m \tag{2.4.98}$$

式中，$\psi_{o(k_{m-1},k_m)}$（$=\pi/4,3\pi/4,5\pi/4,7\pi/4$）为第 $m-1$ 个符号和第 m 个符号间的决定边界角度。

对给定符号序列的第 m 个数据符号的符号误码率为

$$P_e(m \mid 符号序列) = F(\psi_{o(k_m,k_{m+1})} + \phi_o \mid \Delta\phi_m) - F(\psi_{o(k_{m-1},k_m)} + \phi_o \mid \Delta\phi_m) \tag{2.4.99}$$

式中

$$\begin{aligned}
F(\psi \mid \Delta\phi_m) = {} & \frac{W\sin(\Delta\phi_m - \psi)}{4\pi} \int_{-\pi/2}^{\pi/2} \frac{\mathrm{e}^{-E_1}\,\mathrm{d}t}{U - V\sin t - W\cos(\Delta\phi_m - \psi)\cos t} \\
& + \frac{r\sin\psi}{4\pi} \int_{-\pi/2}^{\pi/2} \frac{\mathrm{e}^{-E_1}\,\mathrm{d}t}{1 - r\cos\psi\cos t}
\end{aligned} \tag{2.4.100}$$

$$E_1 = \frac{U - V\sin t - W\cos(\Delta\phi_m - \psi)}{1 - r\cos\psi\cos t} \tag{2.4.101}$$

$$\Delta\phi_m = \angle\,\bar{a}_m - \angle\,\bar{a}_{m-1} \tag{2.4.102}$$

$$U = \frac{1}{2}[\rho(1 + T_s) + \rho(t)] \tag{2.4.103}$$

$$V = \frac{1}{2}\big[\rho(t+T_s) - \rho(t)\big] \qquad (2.4.104)$$

$$W = \sqrt{\rho(t+T_s) + \rho(t)} = \sqrt{U^2 - V^2} \qquad (2.4.105)$$

$$\rho(t) = \frac{|\bar{a}_m|^2}{2n_o} \qquad (2.4.106)$$

$$r = \frac{E\big[\bar{n}_m(t)\,\bar{n}_{m-1}(t)\big]}{n_o} \qquad (2.4.107)$$

式中，$E[\cdot]$表示期望值。

考虑到长为 L 的所有符号序列，通过 S_k^L 表示第 k 个序列。平均符号误码率 $P_e(M)$ 可表示为

$$P_e(M) = \frac{1}{M^L}\sum_{k=1}^{M^L} P_e(M \mid S_k^L) \qquad (2.4.108)$$

在 $\pi/4$DQPSK 情况下，只考虑相邻符号间的 ISI，有 $M=4, L=3$。事实上，式(2.4.92)～式(2.4.108)不仅用于 $\pi/4$DQPSK 符号误码率计算，而且可用于其他相邻符号间 ISI 与相关相位噪声的多进制 DPSK 误码率计算。

应用式(2.4.92)～式(2.4.108)，分析当一升余弦滤波的 $\pi/4$DQPSK 信号以符号速率为 192ksps 通过一声表面波和陶瓷中频滤波器后 BER 的衰减特征。图 2.38 所示是声表面波和陶瓷中频滤波器级联后的冲击响应和频率响应。

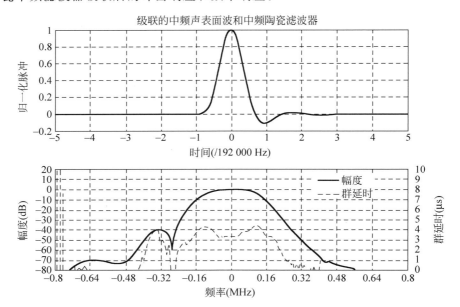

图 2.38　级联的声表面波与陶瓷带通滤波器冲激响应和频率响应

复合滤波器的噪声带宽近似为 206kHz。由复合滤波器产生的 ISI 可通过使用式(2.4.55)中的升余弦滤波器的冲激响应和级联滤波器的冲激响应计算出来，其中式(2.4.55)中滚降

因子 $\alpha=0.5$，$T_s=(1/192)\times10^{-3}\,s$。失真符号脉冲可由两个冲激响应的卷积而得，然后利用式(2.4.93)，可计算 ISI。由之前的与后续的符号计算所得的归一化 ISI 大约为 0.075 和 0.066。BER 与 E_b/n_o 连同 ISI 如图 2.39 所示。E_b/n_o 和符号能量与噪声密度 ρ 的关系为

$$\frac{E_b}{n_o}=\frac{\rho}{\log_2 M}=\frac{\rho}{2} \tag{2.4.109}$$

从图 2.39 可以看出，在有码间干扰时还需增加 0.55dB 的 E_b/n_o 来获得与有 ISI 情况相同 BER 的值 1％。

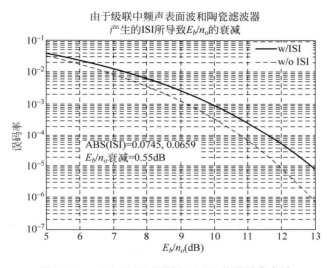

图 2.39 $\pi/4$DQPSK 调制由于 ISI 的误码率衰减

在 CDMA 无线系统中，扩频 QPSK 信号用于从基站到移动站之间的前向连接。在移动站接收机的变频通道中扩频信号通常通过中频声表面波带通滤波器或者模拟基带低通滤波器来滤波。CDMA 射频信号载波带宽为 869～894MHz 或 1930～1990MHz，转换为 I/Q 基带信号，其低通带宽为 615kHz。中频声表面波滤波器带内群延时失真在 $1\mu s$ 左右，根据滤波器类型与阶数的不同，模拟基带滤波器的群延时波动通常在 $2\sim4\mu s$ 之间。此外，采用在模拟基带和数字基带单元且截止频率为 1kHz 的交流耦合电路用于去除直流偏移以及简化直流偏移补偿电路。滤波器和交流耦合电路的组合群延时失真均会产生码片间干扰的增加，从而降低 CDMA 信号误码率检测的性能。误帧率（frame error rate，FER）在 CDMA 系统中用来衡量接收机检测能力。

图 2.40 所示是加性高斯白噪声（AGWN）后的 CDMA 前向链路基本通道信号通过滤波器和交流耦合电路的误帧率仿真结果。为了比较，使用匹配滤波器来代替声表面波滤波器和模拟基带滤波器，直流耦合替代交流耦合后，给出了相同信号的误帧率结果。在仿真中，数据速率为 9.6kbps，无线配置为 3[17]。值得注意的是，这里用到了接收机输入端的有效噪声密度 N_t。从图 2.40 可以看出，接收链路中的滤波器和交流耦合降低了误帧率性能，这样的话，与使用匹配滤波器时的误帧率相比，需要增加 0.4dB 的信噪比和 E_b/N_t 来实现

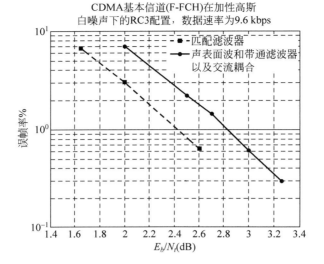

图 2.40　CDMA 前向链路基本信道在高斯白噪声下的 FER

（其中数据速率为 9.6kbps，RC3 配置）

1%的误帧率。

　　一般而言，除了滤波器和交流耦合，I 和 Q 信道输出幅度和相位不均衡，ADC 输出处存在直流（direct current，DC）偏移外，接收机也产生信噪比的降低，从而影响误码率的性能。在表 2.3 中列出了 CDMA 系统中导致 E_b/N_t 衰减的因素。如果用到了交流耦合，则不用将直流补偿考虑在内。E_b/N_t 的衰减值仅仅是原始射频接收机系统的一个参考，也会随着接收机的配置、子系统的设计尤其是接收机内部器件的选择而改变。

表 2.3　CDMA 接收机中 FER 性能降低贡献值

因　　　素	数　　　值	E_b/N_t 的下降（dB）
声表面波和带通滤波器群延迟畸变（μs）	2.5～4	0.3～0.4
隔直电路（截止频率为 kHz）	1.5～3	0.1～0.15
直流偏移（4bit ADC LSB）	0.25	0.1
I/Q 不均衡（dB，度）	1,10	0.1～0.2

3. 载波噪声比和基带信噪比

　　载波噪声比是在信号带宽为 BW 情况下，已调信号 C 与噪声 N 的平均功率之比。C/N 与载波噪声比（carrier to noise ratio，CNR）和 E_b/n_o 关系式为

$$\frac{C}{N} = \frac{C \cdot T_b}{BW \cdot n_o \cdot T_b} = \frac{R_b}{BW}\frac{E_b}{n_o} \qquad (2.4.110a)$$

且

$$CNR = 10\log(C/N) = 10\log(E_b/n_o) + 10\log(R_b/BW)\text{dB} \qquad (2.4.110b)$$

式中，T_b 为数据比特间隔；$R_b=1/T_b$ 为比特率；n_o 为信道带宽内的噪声密度。

通常，C/N 内的信号带宽指定为符号速率带宽，即双边奈奎斯特带宽。

$$BW = R_s = \frac{R_b}{\log_2 M} \qquad (2.4.111)$$

式中，R_s 为符号速率；M 为每符号比特数量。

值得注意的是，实际接收机噪声带宽由接收机中带通或低通滤波器的性能决定，通常不等于符号速率带宽。

对于一个 $M=4$ 的 $\pi/4$DQPSK 信号而言，有

$$CNR = 10\log(E_b/n_o) + 3\text{dB}$$

在 CDMA 信号情况中，信号带宽等于扩频码片（chip）速率 R_c，前向链路所需信号 C 既包含了所需信号功率的 $1/\alpha$ 的流量数据，还包含其他的信号，如先导信号。因此式（2.4.110）转换为

$$\frac{C}{N} = \frac{R_b}{R_c} \cdot \frac{E_{b\_\text{traffic}} \cdot \alpha}{n_t} = \frac{E_{b\_\text{traffic}}}{n_t} \cdot \frac{\alpha}{PG_{\text{DS}}} \qquad (2.4.112\text{a})$$

和

$$CNR = 10\log\left(\frac{E_{b\_\text{traffic}}}{n_t}\right) + 10\log\alpha - 10\log(PG_{\text{DS}}) \qquad (2.4.112\text{b})$$

式中，E_{b_traffic} 为流量信道的比特能量；n_t 为有效的噪声密度，因为在 CDMA 中噪声通常包含从其他移动站发送过来类似噪声的 CDMA 信号，PG_{DS} 为式（2.4.48）给出的处理增益。

对于 IS-98D CDMA 移动站系统而言，码片速率为 1.2288×10^6 cps。在加性高斯白噪声下接收机灵敏度在如下条件下定义：流量数据速率为 9600bps，数据信号为 $10\log(1/\alpha) = -15.6$dB，所需信号的总功率低。E_{b_traffic}/n_t 的值在 0.5% 误帧率情况下等于 4.5dB 或更低，即在 1.23MHz 内总的有效噪声为 -54dBm。从扩展码片速率 1.2288×10^6 cps 和流量数据速率 9600bps 中，可以得到处理增益 $PG_{\text{DS}}=128$。因此 CNR 可由式（2.4.112b）计算得到：

$$CNR_{\text{CDMA}} = 4.5 + 15.6 - 21.1 = 20.1 - 21.1 = -1\text{dB}$$

在实际 CDMA 移动站中的接收机，对于 FER 为 0.5% 情况下，E_{b_traffic}/n_t 范围大约在 3.0~4.0dB 之间。对于 CDMA 移动站接收机灵敏度而言，相应的 CNR 在 -2.5~-1.5dB 之间。

WCDMA 接收机灵敏度定义为用户接收到的信号强度数据率为 12.2kbps 情况下，在 BER 为 0.001 时扩展码片速率为 3.84Mbps。在这种情况下，系统的处理增益 PG_{DS} 为 $3.84 \times 10^6/12.2 \times 10^3 \cong 314.3$ 或约 25dB。专用物理信道的比特能量与总噪声的比值 E_{b_DPCH}/n_t 在误码率为 0.001 时等于 7.2dB，其中包括 2dB 的实现余量[24]。专用的物理信道数据信号比总接收信号低 10.3dB，如 $10\log(1/\alpha) = -10.3$dB。WCDMA 接收机灵敏度的最小 CNR 应为

$$CNR_{\text{WCDMA}} = 7.2 + 10.3 - 25 = -7.5\text{dB}$$

在模拟无线系统 AMPS 中调制方式为 FM，衡量接收机性能是基于信号—噪声及失真比（signal to noise and distortion ratio，SINAD）而不是误码率检测。SINAD 的 dB 形式定义为

$$SINAD = 10\log\frac{S+N+D}{N+D} \tag{2.4.113}$$

式中，S 为信号；N 为噪声；D 为失真，在基带中这些参数均为变量。

$SINAD$ 与 CNR 两者间变换可由式（2.4.113）和下面的 S/N 与 D/S 表达式得到。

基于最大频率偏差 Δf 的正弦 FM 信号调制信号其基带的信噪比与射频或中频载噪比 C/N 关系为[25]

$$(S/N)_o = \frac{\frac{3}{2}\left(\frac{\Delta f}{B}\right)^2\left(\frac{BW}{B}\right)(C/N)}{1+\sqrt{\frac{3}{\pi}}\,\dfrac{(BW/B)^2\,\sqrt{(C/N)}\,\mathrm{e}^{-(C/N)}\left[1+12(\Delta f/BW)^2(C/N)\right]}{(1-\mathrm{e}^{-(C/N)})^2}} \tag{2.4.114}$$

式中，B 为基带带宽；BW 为调制射频或中频信号的带宽。

语音信道最终输出信号噪声比 SNR 表达式为

$$SNR = 10\log(S/N) = 10\log(S/N)_o + G_p \tag{2.4.115}$$

式中，G_p 为输出信噪比所有语音信号处理增益。

经验公式以信噪比来表示失真信号之比为

$$D/S = 10^{-\frac{SNR-[6-(G_p-SNR)/2]}{20}} \tag{2.4.116}$$

考虑式（2.4.115）和式（2.4.116），$SINAD$ 也可写成

$$SINAD = 10\log\frac{1+10^{-[SNR-6+(G_p-SNR)/2]/20}+10^{-SNR/10}}{10^{-[SNR-6+(G_p-SNR)/2]/20}+10^{-SNR/10}} \tag{2.4.117}$$

值得注意的是，在式（2.4.117）中的 SNR 是 CNR 的函数。因此，式（2.4.117）为 $SINAD$ 与 CNR 之间的隐含关系。从该公式中给定 $SINAD$ 并不能直接算出 CNR 的值。但图 2.41 所示的图表方法可应用于给定 $SINAD$ 来确定 CNR。

图 2.41 给出了 $SINAD$ 与 CNR 曲线，其相关参数为 $\Delta f=8\text{kHz}$，$B=3\text{kHz}$，$BW=30\text{kHz}$，$G_p=24.5\text{dB}$。当 $SINAD=12\text{dB}$ 时，$CNR_{\text{AMPS}}=2.48$，而在 AMPS 移动站实际接收机中，相同 $SINAD$ 时，CNR_{AMPS} 在 $2.0\sim3.5\text{dB}$ 之间。

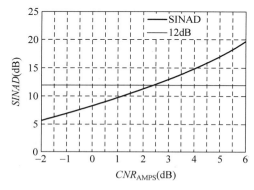

图 2.41 $SINAD$ 和 AMPS 移动站接收机的 CNR

表 2.4 给出了不同协议无线系统中接收机静态灵敏度所需的 CNR 最大值。这些移动基站实际接收机中，AWGN 中相关灵敏度相应的 CNR 值比表中给的值低。接收系统的载

波噪声比主要由调制方式、符号速率、接收机使用的编码和接收误码率所决定。但是，中频带通信道滤波器以及模拟基带低通滤波器的群延时失真也对 CNR 有很大影响。CNR 是射频接收机设计与性能分析最重要的参数之一。它不仅用于接收机灵敏度计算，而且也可用于其他的性能估计，如相邻信道选择、互调杂散衰减等。

表 2.4　不同协议移动站接收机参考静态灵敏度的 CNR 估计最大值

系统	最大 CNR(dB)	参考灵敏度 (dBm)	调制方式	符号率 (ksps)	最大误码率 (%)	备注
AMPS	3.5	−116	FM			
TDMA	10	−110	$\pi/4$DQPSK	24.3	3(BER)	
PHS	11	−97	$\pi/4$DQPSK	192	1(BER)	
GSM	8	−102	GMSK	270.833	4(RBER)	TCH/FS 类型Ⅱ
CDMA	−1	−104	QPSK	1228.8 (kcps)	0.5(FEF)	9.6kbps 声音数据速率
GPRS	10	−102/−99	GMSK	270.833	10(BLER)	CS1编码/非编码
Edge	12	−98	8PSK	271	10(BLER)	
WCDMA	−7.5	−106.7	QPSK	3840.0 (kcps)	0.1(BER)	12.2kbps 声音数据速率

2.4.6　RAKE 接收机

在扩频系统中，如 CDMA 和 GPS 系统，RAKE 接收机用于分别检测多路信号或来自不同基站或卫星的信号。这里只讨论用于 CDMA 移动基站的 RAKE 理论基础。更多细节可参考文献[20]和文献[26-28]。

CDMA 扩频代码在连续码片中具有很低的相关度。在无线电信道扩展的多路传播时延产生了发射 CDMA 信号的多时延重复。在无线通道中的多径传输时延使得在接收机端收到的 CDMA 信号出现多路重合，如果相对延时超过码片的间隔，那么多径的分量是不相关的。因为这些多径分量携带有用信息，CDMA 接收机将这些延时的原始信号组合来增加信噪比，而且也提高了接收机的性能。RAKE 接收机就是为了实现该目的而设计出来的。

图 2.42(a)显示了 RAKE 接收机和相关单元的简化框图，其中相关单元用来检测 L 个最强多路组成部分。每个多路组成检测器称为 RAKE 接收机的指针。第 k 个指(finger)的基本配置如图 2.42(b)所示，其目的是检测第 k 个发射 CDMA 信号的延时。

第 k 个指通过相关接收机在接收信号 $X_I(t)$ 和 $X_Q(t)$ 中具有第 k 个延时的先导序列的 $u_I(t-\tau_k)$ 和 $u_Q(t-\tau_k)$ 的本地 PN 序列来搜寻第 k 个延时的先导伪随机(PN)序列。第 k 个延时 PN 序列得到之后，前后期锁相环用于跟踪任意时刻的延时或相位改变。在第 $q(q=1,2,\cdots,m)$ 个移动站中，RAKE 接收机也可以通过 Walsh 编码($W_q(t-\tau_k)$)的相关性来识别相关数据信号。第 k 个指针 Y_k 的输出表示为

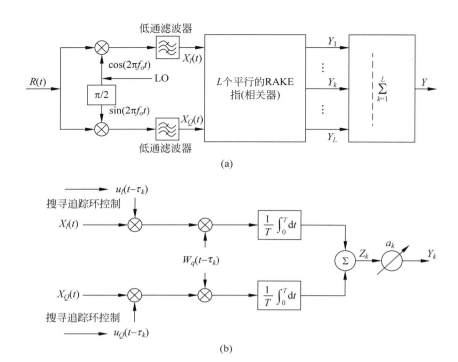

图 2.42　简化版 RAKE 接收机框图模型以及第 $k(k=1,2,\cdots,L)$ 个 RAKE 指参数

$$Y_k = \frac{a_k}{T}\int_o^T \left[X_I(t)u_I(t-\tau_k) - X_Q(t)u_Q(t-\tau_k)\right] \cdot W_q(t-\tau_k)\mathrm{d}t = a_k \cdot Z_k \quad (2.4.118)$$

式中，a_k 为权重系数。

第 k 阶多路信号电压 V_k 为 Z_k 的期望值。由其他延迟分量和 CDMA 信号产生的干扰功率等于 Z_k 变化值。其相应表示为

$$V_k = E\{Z_k\} \quad 和 \quad I_k = \mathrm{Var}\{Z_k\} \quad (2.4.119)$$

L 个 RAKE 指的输出基于一定的方式组成，其方式决定了权重系数 $a_k(k=1,2,\cdots,L)$ 的生成。当把独立的输出与权重系数 $a_k = V_k/I_k$ 结合，可获得最大信噪比。结合后的输出 Y 表达式为

$$Y = \sum_{k=1}^{L}Y_k = \sum_{k=1}^{L}a_kZ_k = \sum_{k=1}^{L}\frac{V_k}{I_k}Z_k \quad (2.4.120)$$

总的输出信号干扰比 S/I_o 为

$$S/I_o = E^2\{Y\}/\mathrm{Var}\{Y\} = \sum_{k=1}^{L}V_k^2/I_k = \sum_{k=1}^{L}S_k/I_k \quad (2.4.121)$$

总输出信号干扰比 S/I_o 等于多径分量的独立信号干扰比 S_k/I_k 之和。即使每个独立 S_k/I_k 大小使接收机无法正常工作，但是组合后的比值对于可靠接收而言足够大。

因为存在多路干扰，所以具有强多路幅度的 RAKE 指组合后不一定能提供很高输出。为了获得更好的 RAKE 接收机性能，权重系数应基于单个值实际输出而产生。较大权重分

配到较大输出指针,反之亦然。

RAKE 接收机的每个值独立地跟踪相关分量,并能在已给定时刻通过调整展开序列的延迟重新分配到不同的分量。RAKE 接收机值的数量近似由信号的带宽 BW 和 rms 延迟扩展 σ_τ 所决定,其表达式为[27-28]

$$n_{\text{finger}} \cong 1 + \sigma_\tau \cdot BW \tag{2.4.122}$$

式中,延迟扩展 σ_τ 表示为

$$\sigma_\tau = \sqrt{\overline{\tau^2} - \mu_\tau} \tag{2.4.123}$$

在上述表达式中,平均超量延迟 μ_τ 以及平均超量延迟平方 $\overline{\tau^2}$ 分别为

$$\mu_\tau = \frac{\sum\limits_{i=1}^{J} \alpha_i \cdot \tau}{\sum\limits_{i=1}^{J} \alpha_i} \quad \text{和} \quad \overline{\tau^2} = \frac{\sum\limits_{i=1}^{J} \alpha_i \cdot \tau^2 \sum\limits_{i}}{\sum\limits_{i=1}^{J} \alpha_i} \tag{2.4.124}$$

式中,$\alpha_i(i=1,2,\cdots,J)$ 为信道权重,$\alpha_1 \geqslant \alpha_2 \geqslant \cdots \geqslant \alpha_J$;$\tau_i(i=1,2,\cdots,J)$ 为图 2.43 展示的超量延迟。

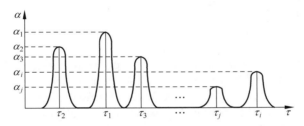

图 2.43 相对幅度和多路分量的超量延迟

因为 RAKE 接收机的工作原理基于多路分量互不相干的事实,所以它是分集接收机。CDMA 移动站中 RAKE 接收机同样用于软切换。RAKE 接收机从相同小区的不同部分检测信号,并将信号组合来提供更可靠的接收。如果检测信号来自不同小区,则它可选择信号。

参考文献

[1] S. *Haykin, Communication System*, 3rd ed., John Wiley & Sons, Inc., 1994.

[2] H. P. Hsu, *Signals and Systems*, Schaum's Outline Series, McGraw-Hill, 1995.

[3] H. S. Black, *Modulation Theory*, D. Van Nostrand Company, Princeton, N.J., 1953.

[4] M. C. Jeruchim, P. Balaban, and K. S. Shanmugan, *Simulation of Communication System*, Kulwer Academic/Plenum Publishers, New

York, 1992.

[5] D. D. Siljak, *Nonlinear Systems*, Wiley, New York, 1969.

[6] A. A. M. Saleh, *Frequency Independent and Frequency-dependent Nonlinear Models of TWT Amplifiers*, IEEE Trans. Commun. COM-29(11), 1715–1720 (1981).

[7] S. A. Maas, *Microwave Mixers*, Artech House, Inc., 1993.

[8] M. C. Jeruchim, P. Balaban, and K. S. Shanmugan, *Simulation of Communication Systems*, Kluwer Academic/Plenum Publishers, 1992.

[9] U. L. Rohde, J. Whitaker, and T.T.N. Bucher, *Communications Receivers*, 2nd ed., McGraw-Hill, 1996.

[10] B. Sklar, *Digital Communications Fundamentals and Applications*, PTR Prentice Hall, 1988.

[11] T. Tsui, *Digital Techniques for Wideband Receivers*, Artech House,

[12] C. E. Shannon, "A Mathematical Theory of Communication," *Bell Syst. Tech. J.*, vol. 27, 1948, pp. 379–423.

[13] M. Schwartz, *Information Transmission, Modulation, and Noise*, 4th ed., McGraw-Hill Publishing Co., 1990.

[14] IS-2000.2, *Physical Layer Standard for cdma2000 Spread Spectrum Systems*, July 1999.

[15] WCDMA, *Specifications of Air-Interface for 3 G Mobile System*, ARIB, Jan. 1999.

[16] H. Nyquist, "Certain Topics in Telegraph Transmission Theory," *AIEE Transaction of AIEE*, vol. 47, pp. 617–644, Feb. 1928.

[17] IS-98D, *Recommended Minimum Performance Standards for cdma2000 Spread Spectrum Mobile stations*, Release A, March 2001.

[18] A. B. Carlson, *Communication Systems*, McGraw-Hill Book Company, 1986.

[19] A. J. Viterbi, *Principle of Coherent Communications*, McGraw-Hill Book Company, New York, 1966.

[20] T. S. Rappaport, *Wireless Communications Principles and Practice*, Printice Hall PTR, 1996.

[21] I. Korn, *Digital Communications*, Van Nostand Reinhold Company, Inc., New York, 1985.

[22] R. F. Pawula, "On M-ary DPSK Transmission Over Terrestrial and Satellite Channels," *IEEE Trans. Commun.* Vol. COM-32(7), pp. 752–761, July 1984.

[23] J. H. Winters, "On Differential Detection of M-ary DPSK with Intersymbol Interference and Noise Correlation," *IEEE Trans. Commun.* Vol. COM-35(1), pp. 117 – 120, Jan., 1987.

[24] T. Gee, "Suppressing Error in W-CDMA Mobile Devices,' *Communication System Design*," vol. 7, no. 3, pp. 25–34, March 2001.

[25] A. Mehrotra, *Cellular Radio Performance Engineering*, Artech House, Inc., 1994.

[26] A. J. Viterbi, *CDMA Principles of Spread Spectrum Communication*,

Addison Wesley Longman, Inc, 1995.

[27] D. V. Nicholson, *CDMA IS-95: Communication System Performance and Optimization*, Continuing Engineering Education Program, George Washington University, 1996.

[28] *cdma2000 notes* by CDMA Wireless Academy, Inc.

辅助参考文献

[1] B. Lindoff and P. Malm, "BER Performance Analysis of a Direct Conversion Receiver," *IEEE Trans. Communications*, vol. 50, no.5, pp. 856–865, May 2002.

[2] M. Juntti and M. Latva-aho, "Bit Error Probability Analysis of Linear Receivers for CDMA Systems," *1999 IEEE International Conference on Communications*, vol. 1, pp. 51–56, June 1999.

[3] B. Debaillie, B. Come, et al., "Impact of Front-End Filters on Bit Error Rate Performances in WLAN-OFDM Transceiver," *2001 IEEE Radio and Wireless Conference*, pp. 193–196, Aug. 2001.

[4] J. S. Pattavina, "Estimating BER in Broadband Design," *Communication System Design*, vol. 7, no. 2, Feb. 2001.

[5] A. Smokvarski, J. S. Thompson, and B. Popovski, "BER Performance of a Receiver Diversity Scheme with Channel Estimation," *ICECom 2003 17th International Conference on Application Electromagnetic and Communications*, pp.87–90, Oct. 2003.

[6] Y. Zhao and S. G. Hagman, "BER Analysis of OFDM Communication Systems with Intercarrier Interference," *1998 International Conference on Communication Technology*, pp. S38-02-1–S38-02-5, Oct. 1998.

[7] H. G. Ryu et al., "BER Analysis of Clipping Process in the Forward Link of the OFDM-FDMA Communication System," *IEEE Trans. on Consumer Electronics*, vol. 50, no. 4, pp. 1058–1064, Nov. 2004.

[8] E. Biglieri et al., "How Fading Affects CDMA: An Asymptotic Analysis with Linear Receiver," *IEEE Journal on Selected Area in Communications*, vol. 19, no. 2, pp. 191–201, Feb. 2001.

[9] T. Gee, "Suppressing Errors in W-CDMA Mobile Devices," *Communication Systems Design*, vol. 7, no. 3, March 2001.

[10] K. B. Huang et al., "A Novel DS-CDMA Rake Receiver: Architecture and Performance," *2004 IEEE International Conference on Communications*, vol. 5, pp. 2904–2908, June 2004.

[11] T. W. Dittmer, "Advances in Digitally Modulated RF Systems," *1997 IEE International Broadcasting Convention*, pp. 427–435, Sept. 1997.

[12] K. Matis, "Improving Accuracy in Edge-Based Designs," *Communication Systems Design*, vol. 7, no. 4, April 2001.

[13] M. LeFevre and P. Okrah, "Making the Leap to 4G Wireless," *Communication Systems Design*, vol. 7, no. 7, July 2001.

[14] J. Yang, "Diversity Receiver Scheme and System Performance Evaluation for a CDMA System," IEEE Trans. on Communications, vol. 47, no. 2, pp. 272–280, Feb. 1999.

[15] S. N. Diggavi, "On Achievable Performance of Spatial Diversity Fading Channels," *IEEE Trans. on Information Theory*, vol. 47, no. 1, pp. 308–325, Jan. 2001.

[16] L. Litwin and M. Pugel, "The Principle of OFDM," *RF Design*, pp. 30–48, Jan. 2002.

[17] H. G. Ryu and Y. S. Lee, "Phase Noise Analusis of the OFDM Communication System by the Standard Frequency Deviation," *IEEE Trans. on Consumer Electronics*, vol. 49, no. 1, pp. 41–47, Feb. 2003.

[18] M. Speth et al., "Optimum Receiver Design for Wireless Broad-Band Systems Using OFDM — Part I," *IEEE Trans. Communications*, vol. 47, no. 11, pp. 1668–1677, Nov. 1999.

[19] M. Speth et al., "Optimum Receiver Design for OFDM-Based Broad-Band Transmission — Part II, A Case Study," *IEEE Tran. Communications*, vol. 49, no. 4, pp. 571–578, April 2001.

[20] P. Banelli and S. Caeopardi, "Theoretical Analysis and Performance of OFDM Signals in Nonlinear AWGN Channels," *IEEE Trans. Communications*, vol. 48, no. 3, pp. 430–441, March 2000.

[21] L. Piazzo and P. Mandarini, "Analysis of Phase Noise Effects in OFDM Modems," *IEEE Trans. Communications*, vol. 50, no.10, pp. 1696–1705, Oct. 2002.

[22] M. S. Baek et al., "Semi-Blind Channel Estimation and PAR Reduction for MIMO-OFDM System with Multiple Antennas," IEEE Trans. on Broadcasting, vol. 50, no. 4, pp. 414–424, no. 4, Jan. 2004.

[23] D. J. Love et al., "What Is the Value of Limited Feedback for MIMO Channels?" *IEEE Communications Magazine*, pp. 54–59, Oct. 2004.

[24] J. McCorkle, "Why Such Uproar Over Ultrawideband?" *Communication Systems Design*, vol. 8, no. 3, March 2002.

[25] B. Kull and S. Zeisberg, "UWB Receiver Performance Comparison," *2004 International Workshop on Ultra Wideband Systems Joint with Conference on Ultrawideband Systems and Technologies*, pp. 21–25, May 2004.

[26] M. Weisenhorn and W. Hirt, "Robust Noncoherent Receiver Exploiting UWB Channel Properties," *2004 International Workshop on Ultra Wideband Systems Joint with Conference on Ultrawideband Systems and Technologies*, pp. 156–160, May 2004.

[27] E. Saberinia and A. H. Tewfik, "Receiver Structures for Multi-Carrier UWB Systems," *2003 Proceedings of 7th International Symposium on Signal Processing an Its Applications*, vol. 1, pp. 313–316, July 2003.

[28] S. Gezici et al., "Optimal and Suboptimal Linear Receivers for Time-Hopping Impulse Radio Systems," *2004 International Workshop on*

Ultra Wideband Systems Joint with Conference on Ultrawideband Systems and Technologies, pp. 11–15, May 2004.

[29] E. Grayver and Daneshrad, "A Low-Power All-Digital FSK Receiver for Space Applications," *IEEE Trans. Communications*, vol. 49, no. 5, pp. 911–921, May 2001.

[30] M. S. Braasch and A. J. Van Dierendonck, "GPS Receiver Architectures and Measurements," Proceedings of the IEEE, vol. 87, no. 1, Jan. 1999.

第 3 章

无线电架构与设计

为无线移动通信系统设计和制造射频收发机时,应当首先基于性能、成本、能量损耗和鲁棒性等来决定使用什么样的架构。在本章中,将介绍在无线通信系统移动站中所广泛使用的射频接收机和发射机。

总的来说,射频接收机定义为从接收天线端口到模数转换器(analog-to-digital converter,ADC)的部分,而射频发射机则定义为从数模转换器(digital-to-analog converter,DAC)到发射天线端口的部分。射频接收机和发射机通常不仅使用了射频电路和器件,还使用中频(intermediate frequency,IF)块以及模拟基带电路和器件。模数转换器和数模转换器通常用作射频收发机和它对应数字部分的边界。然而随着数模/模数转换器采样频率的日益提高,以及其对应数字信号处理器的工作频率变为中频甚至射频,这个边界正在渐渐模糊。在这些例子中,数模/模数转换器以及一些数字信号系统也都将当作射频收发机的一部分。

射频收发机的组成可以被大概归为以下几个种类:滤波器、放大器、变频器、调制/解调器、振荡器、合成器、数模/模数转换器、信号耦合/功分器/合成器/衰减器、转换器、功率/电压检测器等。一个射频收发机将使用大部分以上提到的功能模块。关于以上这些功能模块的特征将在本章的最后一节进行详述。

如今,大部分无线通信系统中所使用的射频收发机都采用了超外差结构。这种结构相对于其他结构来说有着最好的性能表现,所以自其于 1918 年发明以来就是最常用的收发机结构。本章中将首先讨论这种结构。为了节省成本和最大限度地利用多模而不增加额外器件,自从 1980 年使用直接变频结构的无线电寻呼接收器复苏以来,直接变频结构和超外差结构成为了无线移动通信领域里的宠儿。直接变频结构的关键问题以及其相对应的解决方案将在第二节中叙述。为了解决一些直接变频结构的问题,工程界发明了一种称作低中频的改良结构。无线通信接收机,尤其是一些基于 CMOS 技术的接收机,开始使用这种结构以解决直接变频结构的闪烁噪声以及直流补偿等问题。在第三节中将介绍低中频结构。因为在可接受能耗的前提下,现代数模/模数转换器的采样率以及分辨率已经提高到可以实际应用这种结构的程度,所以在最后介绍了一种基于中频带通采样技术的无线电结构。

读者也许对于一些直接在射频采样的无线电结构，或者是所谓的软件无线电感兴趣，但在这里并不讨论这些结构，因为对于目前的无线移动站应用来说，真正的软件无线电并不足够成熟。

3.1　超外差结构

超外差结构是在通信收发机中最为广泛使用的一种结构，其外差过程在接收机中是从天线接收的信号与本地振荡器（local oscillator，LO）产生的信号一起输入到一非线性器件得到中频信号，或在发射机中将中频变为射频信号。这个执行外差过程的非线性器件称为混频器或者变频器。在超外差收发机中，频率的搬移过程可能不止发生一次，因此它或将拥有多个中频频率和多个中频模块。

显然，同一个中频信号可以由高于或者低于本振频率的输入信号所产生。在这两种频率中，由不需要的频率所产生的一个叫作镜像频率，在这个频率上的信号称为镜像。所需要的信号和其镜像的频率差为中频的两倍。为了阻止可能发生的镜像对期望信号的干扰，以及其他更强干扰信号阻塞超外差接收机，在变频器之前必须进行充分的滤波。这个前置滤波器的带宽通常是非常宽的，通常覆盖了无线移动收发机的整个接收频带。超外差接收机的信道滤波是通过高选择性的无源滤波器来实现的。接收信道的调谐通常是通过一个射频合成器的编码实现的，每个中频块的频率可以保持固定。

在超外差收发机中，大部分所需信号增益是由中频模块所提供的。在固定的中频频点上，相对更为容易取得足够高且稳定的增益。在中频取得较高增益所需要的功耗比在射频取得同样增益所需要的功耗要低得多。这是由于信道滤波在放大前有效地抑制了非期望信号和干扰，因此中频放大器并不需要有很大的动态范围。而且，中频放大器和电路的阻抗更高。因为信道滤波之前所取得的足够高增益，使得它可以取得最佳的灵敏度而仍然不使后级放大器饱和，所以信道高选择性也有助于接收机实现更高的灵敏度。可以通过使用有源低通滤波器在模拟基带中进一步滤除非期望信号或干涉。

由于这种结构通常适用于无线通信系统中，它的具体结构将在一个全双向收发机中进行描述。然而正如所预料的，在系统中使用多个中频将导致虚假响应的问题。必须有良好的频率规划使得超外差收发机工作在指定的频带。将在第二节中讨论频率规划的方法。在最后一节中将介绍超外差收发机系统设计的总则。

3.1.1　超外差无线电结构

以 CDMA、WCDMA 和 AMPS 为代表的无线系统，都使用了全双工收发机。在这些收发机中，发射机和接收机同时在偏移频率工作。全双工收发机的结构通常比半双工收发机更为复杂，因为其需要使用一些方法在大功率发射中保护接收机或者避免可能的发射机杂散辐射。图 3.1 给出了典型的超外差收发机结构。

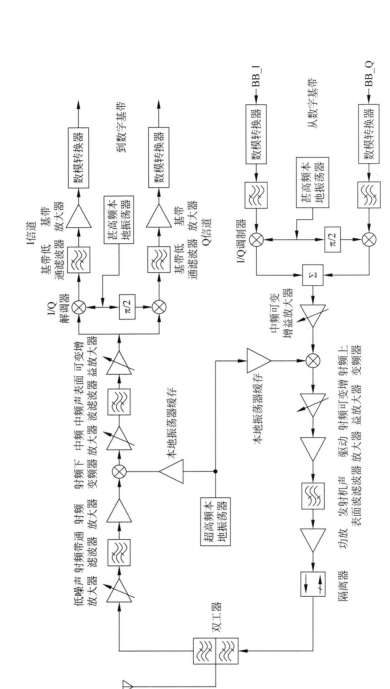

图 3.1　超外差全双工收发机框图

在接收机与发射机中共有两个射频到基带的变频器,并各有一个中频模块。这是在不同协议通信系统无线移动站中使用的超外差收发机的典型结构。在图 3.1 中,上部分为接收机框图,下部分为发射机框图。发射机和接收机共用的双工器和频率合成器在超高频(ultrahigh frequency,UHF)频带工作。

双工器由两个带通滤波器构成,有一个输入端口和两个输出端口。一个滤波器的中心频率在接收机器的频带内。它作为接收机的前置滤波器,用来抑制向接收机泄漏的发射能量。另一个是发射机滤波器,用来抑制通带噪声和杂散辐射。对接收机和发射机共用天线的收发机而言必须要有全双工器。对全双工来说,不一定要共用频率合成器,但是共用频率合成器可以降低电流损耗并降低整个收发机的成本。UHF 频率合成器不只在发射机和接收机中向射频转换器提供了本振功率,并且在收发机中起到了信道调谐的作用。

在超外差接收机中,通常包含三个部分,即射频、中频、基带。中频部分可能有多个模块,分别工作在不同的中频频率上,然而如大部分在无线移动站中使用的接收机那样,在图 3.1 中仅有一个中频块。射频部分包含了一部分的双工器作为其前级频率选择器,一个低噪声放大器(low noise amplifier,LNA)、一个射频带通滤波器(band-pass filter,BPF)、一个射频放大器作为混频器的前级放大器,以及一个射频—中频下变频器(混频器)。低噪声放大器在接收灵敏度上起到了重要的作用,在接收机动态范围内它的增益可以阶梯式地控制。射频带通滤波器通常是一个声表面波滤波器(surface acoustic wave,SAW),作用是进一步抑制发射泄漏、镜像以及其他的干扰。并非所有的超外差接收机都会使用声表面波滤波器,如果前级预选能够有效抑制发射功率,或者接收机是半双工的,那么就不需要使用声表面波滤波器。射频放大器(RF amplifier,RFA)或者混频器的前级放大器为接收链路提供了足够大的增益,使得下变频器和后级的噪声对于接收机的噪声系数和灵敏度仅有轻微的影响。当使用无源混频器作为下变频器时,必须要有射频放大器。下变频器起到了将射频信号转换为中频信号的作用。在下变频器之后是中频放大器(IF amplifier,IFA)与中频带通滤波器,用来进行信道选择以及抑制不想要的变频结果。现今,高选择性的中频声表面波滤波器或者晶体滤波器通常被用来进行信道滤波。如上面所述,中频模块为接收链路和中频可变增益放大器(variable gain amplifier,VGA)提供了大部分增益。而中频可变增益放大器是由多级放大器组成的,是中频部分的主要增益模块。I/Q 解调器是第二个频率转换器,将中频信号向下变频到基带。解调器含有两个混频器,它们将中频信号转换为 I 信号和 Q 信号——两种正交基带信号。90°的相移是通过一个多相滤波器将进入混频器的 I/Q 信道的甚高频(very-high frequency,VHF)本振信号进行移相或者通过使用频率是中频两倍的特高频压控振荡器(voltage controlled oscillator,VCO)以及一个二分频器来产生两个相差为 90°的中频本地振荡器信号。在混频器之后是一个低通滤波器(low-pass filter,LPF)滤除掉不想要的信号,进一步抑制干扰。I 和 Q 信道中的基带信号被放大器放大,然后模数转换器将其转换为数字信号,以便于在数字基带中处理。

超外差发射机类似于接收机,由射频、中频、基带三个部分组成。图 3.1 中的下半部分是典型的无线移动站中使用的超外差发射机。I/Q 信道中带有发射信息的数字基带信号在基带模块中由数模转换器转换为对应的模拟基带信号。基带滤波之后,基带信号上变频到中频信号,在 I/Q 调制器中 Q 信道中的中频信号比 I 信道中的信号在上变频过程中多移相 $90°$。I/Q 调制器的输出是 I 和 Q 中频信号的混合。混合中频信号通过含有多级放大器的可变增益放大器放大。可变增益放大器之后又是一个上变频器将信号变换到射频频段。之后信号被射频可变增益放大器和驱动放大器再次放大以使其达到能够驱动功放的功率水平。在功放和驱动放大器(PA)中插入一个射频带通滤波器(声表面波滤波器),用以选择所需的射频信号以及抑制上变频器中产生的其他信号。把滤波器放在上变频器之后是一个更好的选择,然而通常情况下,由数模转换器到驱动放大器的整个模块都集成在一块芯片上。功放将射频信号放大到可以在扣除隔离器和双工器的插入损耗之后,仍能满足天线端口的最低要求。功放可以是传统的 AB 类功放,就像在 TDMA、CDMA 和 WCDMA 中使用的那样;或者是 GSM 和 AMPS 中使用的 C 类放大器。然而这两种情况中功放都会有一些非线性的特性。C 类功放的功率效率更高,但是它只能用在具有恒定包络调制方案的系统中,如 FM 和 GMSK 调制。功放的增益和线性对负载非常敏感。隔离器插入在功放和天线之间以减少基站天线输入阻抗改变的影响。显然,双工器会进一步抑制发射机的带外噪声和杂散辐射,并且降低泄漏到接收机中的发射能量。

在图 3.1 中可以看到超外差收发机的增益控制是在中频和射频模块中完成的,其中中频部分占据了 75% 甚至更高的比重。在这种无线电结构中很少出现在模拟基带部分完成增益控制的情况。这是由于在接收机和发射机的基带部分都有 I/Q 两个信道,在基带增益变化范围内,想要控制 I/Q 信道在容错范围内保持幅度不均衡性是非常困难的。

半双工超外差收发机与全双工的结构在某些地方是不同的。图 3.1 中的双工器可以用一个天线转换开关替代,这是因为半双工系统中的接收机和发射机是不会同时工作的,超高频频率合成器的本地振荡器可以在发射机和接收机之间来回切换。

3.1.2　频率规划

图 3.2 显示了在无线通信系统中典型的频带分配,包括了由基站到移动站的下行链路(前行链路)和由移动站到基站的上行链路(反向链路)。通常,上行和下行链路的频带带宽是相同的,如 $B_u = B_d = B_a$,并且两个链路的信道间隔也相同。显然下行链路的频带是关于基站发射机和移动站接收机的,而上行链路的频带是关于移动站发射机和基站接收机的。如图 3.2 中的描述,上、下行链路频带中的信道是成对使用的。例如,如果上行链路中的信道 Ch1_u 用于移动站的发射,则对应的下行链路中的 Ch1_d 信道将被自动分配给移动站的接收机。任何一对信道的中心频率间隔都等于 $B_a + B_s$。例如,美国 PCS 分配了 60MHz 的带宽,从 1850MHz 到 1910MHz 用于上行链路通信;那么另一个 60MHz 带宽的频带,1930MHz 到 1990MHz 将用于下行链路通信,二者之间的隔离为 20MHz。常用的其他无线通信频带列于表 3.1 中。应当注意到射频信号的带宽是可以大于信道间隔的。例如,CDMA 的射频信号带宽约为 1.25MHz,但是它的手机频带信道间隔仅为 30kHz,PCS 频带的间隔也仅为 50kHz。

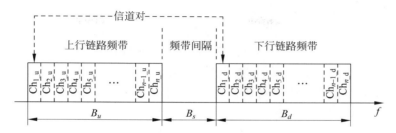

图 3.2　上行、下行链路频带结构和信道划分

表 3.1　无线通信系统频带分配

频带/系统	上行链路频带（MHz）	下行链路频带（MHz）	频带间隔（MHz）	信道带宽（kHz）
Cellular	824～849	869～894	20	30（CDMA）
GSM 900	890～915	935～960	20	200
E-GSM 900	880～915	925～960	10	200
DCS 1800	1710～1785	1805～1889	20	200
PCS	1850～1910	1930～1990	20	50（CDMA）
WCDMA	1920～1980	2110～2170	130	200
802.11b	2400～2484	2400～2484	—	13 000
802.11a	5150～5350	5150～5350	—	20 000
	5725～5825	5725～5825	—	20 000

　　无线移动系统的频带分配对于超外差收发机的频率规划有着至关重要的影响。频率规划主要是搜索和选择中频，以最小化超外差收发机的虚假信号响应以及提高收发机的性能。但是，即使如图 3.1 中所示的那样接收机和发射机都只有一个中频（IF）模块的系统来说，这个工作依旧是烦琐困难的。全双工收发机的频率规划比半双工器更为困难。在全双工收发机中，接收机和发射机同时工作，双向的信号和高次谐波以及混合信号都需要在频率规划时进行考虑。在这种情况下，需要避免所发射的低阶虚假信号出现在接收频带中。

　　超外差收发机将含有以下几种基本信号：超高频本地振荡器信号、参考振荡器信号、两个或多个甚高频本地振荡器信号、两个或多个中频信号、一个弱射频接收信号和强发射信号。实际问题是由于大部分器件和收发机都有着非线性特性，使得这些信号产生了大量的混频信号和高次谐波信号。在频率规划中，必须分析这些潜在的混频信号和高次谐波信号，例如找到它们的频率和强度。找到不同阶的信号不难，但是在没有各器件合适的非线性模型的情况下，想要得到混频信号和高次谐波信号的强度是很困难的。但是，可以基于混频信号和高次谐波信号的阶数和奇偶数粗略地估计杂散电平。

1．中频选择

　　在频率规划中，显然第一步应该是选择中频（IF）。全双工移动收发机选择 IF 的基本原则如下：

　　（1）当接收机和发射机共用一个超高频本地振荡器时（如图 3.1 中结构），选择接收机中频。在接收机中使用高选择性的中频声表面波滤波器来进行信道选择时,滤波器的性能,如插入损耗和选择性可以与频率相关,并且总的来说其性能是中心频率在低频更好。另外,发射机通常不需要声表面波滤波器,并且其 IF 由接收机的 IF 和接收/发射机信道频率间隔所决定,如 $\Delta F_{Rx-Tx}=B_a+B_s$(见图 3.2)。它将取决于本振频率 F_{LO} 高于或低于收发机工作频率 F_{Rx} 和 F_{Tx};也取决于接收机频率 F_{Rx} 高于或低于发射机频率 F_{Tx}。发射机中频 IF_{Tx} 可以由接收机中频 IF_{Rx} 计算得到:

$$IF_{Tx}=IF_{Rx}+\Delta F_{Rx-Tx}, \quad F_{LO}>F_{Rx}>F_{Tx} \quad 或 \quad F_{Tx}>F_{Rx}>F_{LO} \quad (3.1.1)$$

或

$$IF_{Tx}=IF_{Rx}-\Delta F_{Rx-Tx}, \quad F_{LO}>F_{Tx}>F_{Rx} \quad 或 \quad F_{Rx}>F_{Tx}>F_{LO} \quad (3.1.2)$$

例如,在手机频带 CDMA 移动站中经常使用的 IF_{Rx} 为 85.36MHz,接收机和发射机的信道中心频率之差 ΔF_{Rx-Tx} 为 45MHz(见表 3.1),当使用高本振 UHF 频率且 $F_{LO}>F_{Rx}>F_{Tx}$,由式(3.1.1)得到 $IF_{Tx}=130.36$MHz。

(2) 为了避免接收机出现带内干扰,选择接收机 IF 时应使其满足如下不等式:

$$IF_{Rx}>B_{Tx}+B_s+B_{Rx}=2B_a+B_s \quad (3.1.3)$$

或

$$IF_{Rx}<B_s \quad (3.1.4)$$

式中,假设 $B_{Tx}=B_u$,$B_{Rx}=B_d$,$B_{Tx}=B_{Rx}=B_a$。若选择的 IF'_{Rx} 不满足式(3.1.3)或式(3.1.4)的要求,接收机的带内干扰原理可以用图 3.3 解释。在图中可以看到,在移动发射机频带 B_{Tx} 中 ΔF_{T_A} 之内的信道和在接收机频带 B_{Rx} 中 ΔF_{R_B} 之内的下行链路信号或干扰源,二者的频率之差等于或者接近于 $IF'_{Rx}<B_{Tx}+B_s+B_{Rx}$。因此当移动站使用的接收机和发射机信道对在频带 ΔF_{T_A} 和 ΔF_{R_A} 中时,发射信号的泄漏和强干扰源的混合结果很可能将移动站的接收机堵塞;或者另一个基站在 ΔF_{R_B} 频带的下行链路信号频率偏移等于或接近接收器中频 IF'_{Rx},那么接收机就会被其干扰,如图 3.3 所示。显然,当 $IF_{Rx}<B_s$ 时这种问题是不会存在的。

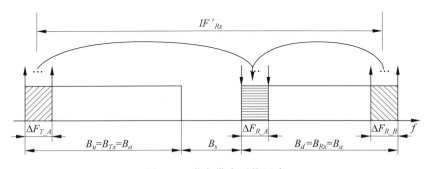

图 3.3　潜在带内干扰因素

在手机通信频段,这个频带的跨度为

$$B_{Tx}+B_s+B_{Rx}=25+20+25=70\text{MHz}$$

在 CDMA 移动站中,最常用的 IF_{Rx} 为 85.36MHz,大于 $B_{Tx}+B_s+B_{Rx}=70$MHz。

(3) IF/2 问题是指当干扰源偏离超高频本地振荡器(UHF LO)达到 IF/2 时,由于与二次谐波的混频在接收机产生一个干扰信号。为了抑制这个可能产生的干扰,接收机中频 IF_{Rx} 应当满足以下不等式:

$$F_{Rx\_lowest}+\frac{IF_{Rx}}{2}\gg F_{Rx\_highest}, \qquad \begin{array}{l}若 F_{LO}>F_{Rx}>F_{Tx}\\ 或 F_{LO}<F_{Rx}<F_{Tx}\end{array} \qquad (3.1.5a)$$

或

$$IF_{Rx}\gg 2(F_{Rx\_highest}-F_{Rx\_lowest})=2B_a, \qquad \begin{array}{l}若 F_{LO}>F_{Rx}>F_{Tx}\\ 或 F_{LO}<F_{Rx}<F_{Tx}\end{array} \qquad (3.1.5b)$$

远大于号意味着干扰源信号的频率应远离接收机频带的边界,并且接收机的前置选择器极大地抑制干扰。

在前例中,用于手机通信 CDMA 的 85.36MHz 中频(IF)也满足式(3.1.5)。此处,可能的 IF/2 干扰距离接收边界频带 894MHz 为 17.68MHz 的位置。

由于接收机前置选择器的边缘特性通常是比较陡峭的,基于式(3.1.3)选择的 IF_{Rx} 通常可以满足式(3.1.5)的要求,并且可以显著地抑制可能存在的 IF/2 干扰。

(4) 在多频带的收发机中,如果它们工作在相同无线协议系统下,工作在多个频带的接收机有可能使用同一个 IF,因此只需要一个声表面波滤波器作为信道滤波器。但是,接收机 IF 选择应当基于最宽的工作频带跨度的频域上,如最大的 $B_{Tx}+B_s+B_{Rx}$。在 CDMA 移动站中,除了 85.36MHz 之外经常使用的一个 $IF_{Rx}=183.6$MHz。即使在 PCS 频带其工作频带跨度 $B_{Tx}+B_s+B_{Rx}$ 达到 140MHz,这个较高的 IF 也可以满足式(3.1.3)和式(3.1.5)。在 CDMA 的移动站,手机和 PCS 双频带收发机中应当选择 $IF_{Rx}=183.6$MHz 作为其两边接收机的 IF。

(5) 避免低阶发射机 IF 信号与发射信号或其他无线系统中的 UHF LO 信号的混频。现在移动站带有 GPS 接收器或蓝牙收发机(不同于标准无线协议通信系统,如 GSM、CDMA 或 TDMA)以用于语音或数据通信。GPS 接收器或蓝牙设备可能与 CDMA 或其他协议收发机同时工作。为了避免与 GPS 或蓝牙的相互干扰,接收机 IF 的选择范围还有一些限制。

以 PCS CDMA 的收发机 IF 选择为例,GPS 接收器的中心频率为 1575.42MHz,带宽为 2.046MHz,PCS 移动站的最低发射频率为 1850MHz,因此两者的频率差为 274.58MHz。在 274.58MHz 与 274.58+60=344.58MHz 之间的范围内选择 PCS CDMA 的发射机 IF 并不理想,因为在这个频率范围内的发射机 IF 信号与频段在 1850MHz 到 1910MHz 的 CDMA 发射信号将有可能产生一个落在 GPS 的接收器频段 1575.42±1.023MHz 内的混频信号。一个简单的计算可以证明这一点。如果 IF_{Tx} 等于 304MHz,而发射频率为 1880MHz,一个可能的混频信号频率等于 1880−304=1576MHz,正好落在 GPS 接收器的频带内。因此,这里的 IF_{Rx} 应当小于 274.58−80=194.58MHz 或大于 344.58−80=264.58MHz,即

$$IF_{Rx} < 194\text{MHz} \quad \text{或} \quad IF_{Rx} > 265\text{MHz}, \quad \begin{array}{l} \text{若 } F_{LO} > F_{Rx} > F_{Tx} \\ \text{或 } F_{Tx} > F_{Rx} > F_{LO} \end{array} \quad (3.1.6)$$

然而,蓝牙收发机工作频率为 $2400 \sim 2484\text{MHz}$。为了避免当使用高本地振荡器时蓝牙的干扰,这个信号成为 PCS CDMA 接收机的镜像干扰源, IF_{Rx} 应当小于 $(2400-1990)/2 = 205\text{MHz}$ 或者可以表达为

$$IF_{Rx} < 205\text{MHz} \quad (3.1.7)$$

由式(3.1.6)和式(3.1.7),可以得到 PCS CDMA 的接收机 IF_{Rx} 应当小于 194MHz 的结论。

(6) 在多频带收发机中 IF_{Rx} 的选择可能会考虑仅仅使用一个 UHF VCO 和分频器在多频带工作的可能性。例如,如果收发机工作在手机和 PCS 频带,从表 3.1 中知道手机接收频带为 $F_{\text{Cell\_Rx\_L}} = 869\text{MHz}$ 到 $F_{\text{Cell\_Rx\_H}} = 894\text{MHz}$,而 PCS 接收机频带从 $F_{\text{PCS\_Rx\_L}} = 1930\text{MHz}$ 到 $F_{\text{PCS\_Rx\_H}} = 1990\text{MHz}$,那么 IF_{Rx} 最好能使以下频带尽可能地互相覆盖:

手机: $2 \times (F_{\text{Cell\_Rx\_L}} + IF_{Rx}) : 2 \times (F_{\text{Cell\_Rx\_H}} + IF_{Rx})$

PCS: $(F_{\text{PCS\_Rx\_L}} + IF_{Rx}) : (F_{\text{PCS\_Rx\_H}} + IF_{Rx})$

并且使整个频率变化范围 Δf_V 满足:

$$\Delta f_V = (F_{\text{PCS\_Rx\_H}} + IF_{Rx}) - \text{Min}[(F_{\text{PCS\_Rx\_L}} + IF_{Rx}), 2(F_{\text{Cell\_Rx\_L}} + IF_{Rx})] \quad (3.1.8)$$

在 UHF VCO 的调谐范围之内,即 VCO 中心频率的 $5\% \sim 7\%$。在式(3.1.8)中,$\text{Min}[A,B]$ 是最小值函数,即取 A 与 B 中的最小值。

在上例中,可能会使用一个 2GHz 的 VCO,那么其调谐范围约为 $100 \sim 140\text{MHz}$。如果接收机 IF 为 183.6MHz,那么手机和 PCS 两个频带都工作的频率变化范围为

$$\Delta f_V = (1990 + 183.6) - 2 \times (869 + 183.6) = 68.4\text{MHz}$$

正好在 2GHz VCO 调谐的范围之内。

(7) 接收机的信道选择也在某种程度上依赖于接收机 IF 的选择。总的规律是低 IF 比高 IF 相对来说更容易取得较高的选择性。尤其对于窄带无线系统,如 AMPS 和 TDMA 系统,当中心频率大于 150MHz 而系统的信道带宽小于 25kHz 时是很难制作高性能的 IF SAW 的。因此,不只是 IF 滤波器的选择性,其可制作性也影响着 IF 的选择。

这里在只有一个中频模块的全双工收发机的基础上对如何选择接收机 IF 进行了讨论。同样的选择标准也可以应用于半双工收发机,并且效果更佳,因为半双工系统中接收机和发射机不需要同时工作。发射机产生的杂散辐射并不直接干扰接收机,也有可能影响其他工作在同一个信道频率的移动站。对于有多个中频模块的收发机来说,它的第一个 IF 可以用以上所讨论的标准来选择。

2. 杂散分析

在接收机 IF 选定之后,如果接收机和发射机共用一个 LO,那么发射机 IF 通过 UHF LO 频率将很容易决定。否则,发射机 IF 将必须要单独确定。全双工收发机中的基本信号通常含有很强的射频发射信号、弱射频接收信号、频率可变 UHF LO、固定频率的发射机 VHF VCO、固定频率的接收机 VHF VCO 以及参考信号、接收机 IF 和发射机 IF 信号。发射机与接收机的 VHF VCO 频率可以等于或两倍于相对应的 IF 信号频率(具体需要根据

如何完成 $\pi/2$ 相移来选择)。毫无疑问,收发机的非线性导致了大量由基本信号的谐波和混频所造成的杂散。在杂散分析中最重要的是确定杂散的频率和强度。基于其频率和强度数据,可以评估频率规划是否可行。

基本信号的谐波与混频的阶数依赖于收发机工作频带和其他相关频带。高达 $8\sim12$ 阶的射频或 UHF 信号、高达 $14\sim20$ 阶的 IF 或 VHF 信号,以及高达 $30\sim40$ 阶的参考信号可能足以用来进行杂散分析。基本信号的谐振频率计算是较为简单的。混频结果可能由多个信号产生,其频率可以表示为 $m\times F_{Tx}\pm n\times IF_{Tx}\pm p\times F_{Ref}\pm\cdots\pm q\times F_{Rx\_VCO}$,其中 m、n、p 与 q 是整数。然而,因为它们是强度较弱的高阶杂散,所以这些混频的结果是次要的。事实上,最为危险的杂散通常是两个频率为 f_A 与 f_B 的基本信号低阶混合结果,其混合频率为

$$f_s = m\times f_A\pm n\times f_B \tag{3.1.9}$$

式中,m 与 n 分别是等于 $0,1,2,3,\cdots$ 的整数。当 m 或 n 为 0 时,它表示了基本信号 A 和 B 的谐振信号频率。这两个基本信号可以是之前描述的六种信号中任意两种。两个信号混合的不同阶合成频率是比较容易计算的。这意味着准确地预言出杂散的频率可能是比较简单的(即使这些杂散是由多个信号所共同产生的),然而杂散的强度可能无法轻易地确定。

在频率规划或选定 IF 的过程中,以下这些频带中最小化杂散频率的数量,尤其是发射机杂散的数量是至关重要的。

1)接收机工作频带

(F_{Rx_L},F_{Rx_H})(见表 3.1)

2)接收机工作频带的镜像频率

$(F_{Rx\_L}+2\times IF_{Rx},F_{Rx\_H}+2\times IF_{Rx})$ 高 LO 情况

$(F_{Rx\_L}-2\times IF_{Rx},F_{Rx\_H}-2\times IF_{Rx})$ 低 LO 情况

3)IF/2 频带

$\left.\begin{array}{l}(F_{Rx\_L}+IF_{Rx}/2,F_{Rx\_H}+IF_{Rx}/2)\\(F_{Rx\_L}+3\times IF_{Rx}/2,F_{Rx\_H}+3\times IF_{Rx}/2)\end{array}\right\}$ 高 LO 情况

$\left.\begin{array}{l}(F_{Rx\_L}-IF_{Rx}/2,F_{Rx\_H}-IF_{Rx}/2)\\(F_{Rx\_L}-3\times IF_{Rx}/2,F_{Rx\_H}-3\times IF_{Rx}/2)\end{array}\right\}$ 低 LO 情况

4)发射机工作频带

(F_{Tx_L},F_{Tx_H})(见表 3.1)

5)UHF LO 频带

$(F_{Tx\_L}-IF_{Rx},F_{Tx\_H}-IF_{Rx})$ 低 LO 情况

$(F_{Tx\_L}+IF_{Rx},F_{Tx\_H}+IF_{Rx})$ 高 LO 情况

6)其他相关频带

GPS 频带(1575.42 ± 2)MHz。假设在频率规划的过程中将 GPS 收发机纳入使用范围中。

事实上,想要避免杂散落入以上的所有频带也许是不可能的。检查这些在工作频带中的杂散是否落入了移动站收发机的信道中是非常必要的。最好的方法是使用杂散响应图

(spurious response chart)。

下例介绍了如何使用杂散响应图。$IF_{Rx}=183.6\mathrm{MHz}$的手机频带全双工收发机,并且收发机使用了高 LO 结构。在本例中,发射机 IF 为 $IF_{Tx}=183.6+45=228.6\mathrm{MHz}$,UHF LO 调谐范围是 $1052.6\sim1077.6\mathrm{MHz}$,接收机和发射机 VHF VCO 的频率分别是 IF_{Rx} 和 IF_{Tx} 的两倍。参考频率 F_{Ref} 定在 $19.2\mathrm{MHz}$。基于这些基本信号频率,杂散的频率可以使用式(3.1.9)进行计算。

当收发机调谐在手机频带,$3\times F_{Tx}$ 和 $7\times IF_{Tx}$、$3\times F_{UHF\_LO}$ 和 $5\times F_{VHF\_LO}$ 以及 $4\times F_{Tx}$ 和 $11\times IF_{Tx}$ 的混频结果落入了接收机频带,如图 3.4 所示。$(3\times F_{Tx},7\times IF_{Tx})$ 和 $(3\times F_{UHF\_LO},5\times F_{VHF\_LO})$ 的杂散响应频率曲线完全重合。在本图以及接下来的两张图中横轴是发射机调谐频率。可以清楚地看到,杂散响应曲线与接收机调谐曲线没有交点。这表示发射机射频和 IF 信号低于 15 阶以下的混频结果没有在接收机工作频带内的信道中。

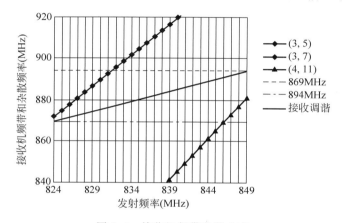

图 3.4　接收机频带杂散响应

如图 3.5 所示,$4\times F_{Tx}$ 和 $11\times IF_{Tx}$（或 $4\times F_{UHF\_LO}$ 和 $7\times F_{Tx\_VHF\_VCO}$）以及 $2\times F_{UHF\_LO}$ 和 $7\times F_{Tx\_VHF\_VCO}$（或 $2\times F_{Tx}$ 和 $12\times IF_{Tx}$）的混频杂散响应落在 UHF LO 频带中,这两条杂散响应曲线与 UHF LO 调谐曲线相交于同一点 $(838.2,1066.8)\mathrm{MHz}$。对应的接收机信道频率为 $883.2\mathrm{MHz}$。这两个频率在 $1066.8\mathrm{MHz}$ 附近的杂散与接收机信号共同产生了 $IF_{Tx}=183.6\mathrm{MHz}$ 的信道内干扰源。但是,因为这种干扰效应属于高于 9 阶的杂散,而 UHF 和 VHF VCO 产生的低阶杂散能量低于发射机射频和 IF 信号在 UHF LO 频带内产生的高阶杂散,所以可以通过电路板结构或屏蔽的设计来减少杂散干扰。

有两个 IF/2 频带:$(960.8,985.8)\mathrm{MHz}$ 和 $(1144.4,1169.4)\mathrm{MHz}$。这两个 IF/2 频带内的杂散响应曲线与 IF/2 调谐曲线并不相交。图 3.6 展示了 $2\times F_{Tx}$ 和 $3\times IF_{Tx}$ 的混频杂散响应与较低的 IF/2 频带中的 IF/2 调谐曲线。杂散响应曲线与 IF/2 调谐曲线在低频边缘非常接近,但是并没有在这个频带内相交。没有任何低于 15 阶的杂散落入镜像频带或 GPS 频带。没有任何发射机 IF 和 VHF VCO 信号,也没有任何接收机 IF 和 VHF VCO 信号的调谐信号落入前面描述的频带中。但是,$19.2\mathrm{MHz}$ 参考信号的 46 阶谐波恰好位于

883.2MHz 信道内。这个杂散信号也许会使得窄带系统,如 AMPS 接收机的灵敏度下降,但是对于宽带系统如 CDMA 的接收机不会造成太大的影响。即使在窄带系统中,这个高阶参考信号杂散谐振也很容易在实现过程进行抑制。

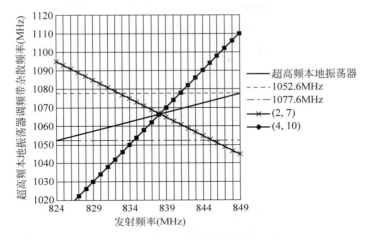

图 3.5　UHF LO 调谐频带杂散响应

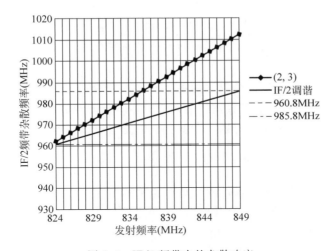

图 3.6　IF/2 频带内的杂散响应

在发射机频带中,存在着 $1 \times F_{UHF\_LO}$ 和 $12 \times F_{Ref}$ 的杂散响应。如图 3.7 所示,这条杂散响应曲线与发射机调谐曲线相平行,并且其间距仅有 1.8MHz。因此杂散在所有的信道中总是伴随着发射信号。如果这个杂散的强度足够大,它将对发射机的发射信号造成显著影响。然而,很容易通过一些方法来抑制这个信号,如使用微分电路设计、合适的滤波器与精心的芯片设计和电路布局设计,这是因为这个信号来自于参考信号 12 阶谐振的混频结果,通常偶次非线性弱于奇次,所以滤波过程可以充分地抑制 12 阶谐振。

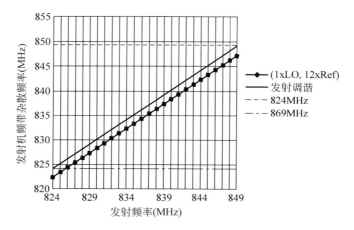

图 3.7　发射机频带的杂散响应

在这些杂散中,防止以下基本信号的谐振落入接收机可调谐射频信道频带的中心频率和 IF 信道频带中是非常必要的:参考信号谐波、发射机 IF 信号谐波、发射机 VHF VCO 信号谐波、接收机 VHF VCO 信号谐波。

如果参考信号的谐波落入了接收机 IF 信道频带内,将导致接收机所有信道的接收灵敏度下降。如果发射机 IF 信号和 VHF VCO 信号的谐波落入接收机射频信道内,它们将会是低阶谐波信号。低阶杂散将严重地影响接收机的性能,并且当它们混入接收机信道后会非常难以处理。

半双工收发机的频率规划比全双工简单。例如,发射机产生的杂散将不会对接收机的性能产生直接影响。然而,全双工收发机的杂散分析和频率规划仍然适用于半双工收发机,并且其限制减少。其他关于频率规划和杂散分析的方法可以在参考文献[1]中找到。

3.1.3　超外差收发机的设计考虑

详细的接收机与发射机系统设计分别在第 4 章和第 5 章中讨论。此处将给出超外差射频收发机的总体设计思想,它可能与其他结构,如直接变频结构或低 IF 收发机不同。无线移动系统的收发机主要有几点考量:电性能、自动增益控制系统、功耗以及总体成本。

1. 接收机灵敏度、线性度和选择性

接收机灵敏度定义为可以获得某个误码率(bit error rate,BER)、误帧率(frame error rate,FER)与误包率(package error rate,PER)的最小可检测信号强度(minimum detectable desired signal strength,MDS)。灵敏度是接收机最重要的参数指标之一,它是由接收机的总体噪声系数和处理增益/损耗所决定的。在超外差接收机中,线性度主要是基于接收机的三阶失真强度所衡量的,它由三阶截点(third-order intercept point,IP$_3$)来表征。如图 3.8 所示,三阶截点 IP$_3$ 定义为基频信号输出的延伸和三阶互调(intermodulation,IM)曲线的交点。三阶截点的横坐标值称为输入三阶截点(input third-order intercept point,IIP$_3$),纵坐

标值称为输出三阶截点(output third-order intercept point, OIP_3)(附录 3A 中给出更多细节)。在接收机设计中 IIP_3 更为常用,而 OIP_3 通常用于发射机设计中。接收机选择性指其在诸多各频率信号中识别出某特定频率信号的特性。它主要由接收机中使用的射频、中频与基带滤波器所决定。这些滤波器的响应曲线应该足够陡峭以充分抑制来自相邻信道和其他源的干扰,同时它们也需要足够宽以便通过振幅和相位略有失真的期望信号。

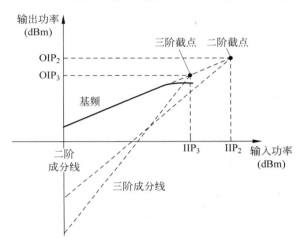

图 3.8　非线性系统或器件二阶、三阶截取点和输出对输入功率关系

接收机灵敏度与线性度和噪声系数(noise figure, NF)与 IIP_3 都依赖于接收机链路的增益分布。为了获得更低噪声系数或更高灵敏度的接收机,最好使接收机的前端模块有较高的增益,前端模块即从天线端口通过 LNA 到射频下变频器输入端口(见图 3.1)。在这种情况下,接收机噪声系数主要由前端模块的 NF 决定,接收链路的后端部分(即从下变频器输入端口到模数转换器输出部分)对于整体噪声系数影响不大。但是,由于接收机总体 IIP_3 随着前端模块增益的提高而下降,则较高的前端模块增益会降低接收机的线性度。在接收机设计中必须要有合适的增益分布,在灵敏度与线性度和 NF 与 IIP_3 中做出权衡,以得到较好的接收机性能。

总的来说,低 NF 与高 IIP_3 的器件是比较理想的。但是实际中,想要得到一个在一定的电流损耗下 NF 和 IIP_3 两方面都有理想表现的有源器件(如放大器或混频器)是比较困难的。在有源器件的电路设计中,基于接收机总体性能,有时为了得到更好的 IIP_3 而牺牲高 NF(或反之)是必要的。在接收机设计中,使用 IIP_3 与 NF 的比率作为接收机的品质因数有助于设计。这个品质因数可以表示为

$$Q = IIP_3 - NF \tag{3.1.10}$$

式中,IIP_3 是单位为 dBm 的三阶截点;NF 是单位为 dB 的噪声系数。

这个品质因数 Q 可以用来优化接收链路的增益分布,即在一个可容许电流损耗的前提下,提供相对较低的 NF 和足够高的 IIP_3。

经验规律告诉我们,对于一个良好的接收机设计来说,第一个下变频器的 Q 比整个使用有源混频器的超外差接收机的 Q 高 10dB 左右,比无源混频器的高 15dB 或更多,这是因为下变频器通常是中频信道滤波器之前的最后一级,会受到接收机前端放大后很强的干扰。达到欧洲电信标准化协会(European Telecommunications Standards Institute,ETSI)[2] 最低性能要求标准(GSM 05.05)的 GSM 移动站接收机的 Q 值约为 -30.5dBm($IIP_{3\_min} \cong -19.5$dBm,$NF_{max} \cong 11$dB);达到了 IS-98D[3] 标准的 CDMA 移动站接收机 Q 值约为 -24dBm($IIP_{3\_min} \cong -14$dBm,$NF_{max} \cong 10$dB)。因此,两种系统射频下变频器的 Q 值应该分别高于 -16dBm 和 -9dBm。通常为了追求器件或接收机的高 Q 值,会需要消耗更多的电流。因此 CDMA 移动站接收机所消耗的电流比 GSM 接收机多。如前面所述,超外差接收机大部分的增益是在 IF 模块中取得的。关于这一点有两个原因:一是中频信道滤波器的各个后级所要求的 Q 值通常较低(< -20dBm 或 < -30dBm)并且其电流消耗也较低;二是相对于射频和模拟基带模块,中频模块中的增益更容易连续控制。值得注意的是,连接于天线与 LNA 之间的前置选择器射频带通滤波器并不会影响接收机总体的品质因数 Q,这是因为前置选择器是一个无源器件(它的 NF 等于插入损耗)使得总体接收机噪声系数和 IIP_3 同时增大了同样的值,故它们的差值即品质因数 Q 维持不变。

接收机的阻塞特性主要由其选择性、相位噪声和用作接收器 LO 合成器的杂散等决定。射频带通滤波器作为前置选择器或双工器的一部分应对接收机工作频带外的阻塞和干扰。不同协议的系统通常共享无线移动通信系统的工作频带。中频信道滤波器和基带低通滤波器可以充分地抑制强大的带内(在接收机频带内)干扰。这些信道滤波器也会进一步抑制带外干扰。并且相位噪声和合成器 LO 的杂散,尤其是射频 LO 应当设计得足够低,以实现它们混频干扰信号的最小化,因为基带和中频信道滤波器不能抑制这些落入信道带宽内的混频信号。

2. 发射机输出功率、频谱和调制精度

在表 3.1 所示的上行链路频带是不同协议无线通信系统移动站的发射机频带。传输载波的频率精度通常在 $\pm20 \times 10^{-6}$(±20ppm)$\sim \pm5 \times 10^{-8}$(±0.05ppm)之间。并且其通常由基准振荡器所决定,基准振荡器一般是温度补偿型石英晶体谐振器(temperature compensated crystal oscillator,TCXO)或压控温度补偿有源晶体谐振器(voltage control temperature compensated crystal oscillator,VCTCXO)。在移动基站中通常有自动频率控制回路(automatic frequency control,AFC)来控制 VCTCXO 频率并使其跟踪接收到的载波频率。

移动站传输功率大小直接影响了收发机的功耗,以及使用有限电池设备的通话时间。在表 3.2 中给出了各无线通信系统移动站所用的额定最大传输功率。其范围为 21 ~ 33dBm,这些功率基于有效辐射功率(effective radiated power,ERP)或增益等于或不等于 0dBi 的有效全向辐射功率(effective isotropic radiated power,EIRP)来衡量。ERP 定义为供给天线的功率与半波振子天线在给定方向上增益的乘积[3]。半波振子天线的增益为 2.15dBi[4]。如果移动站的天线增益为 1.5dBi 或低于半波振子天线增益 0.65dB,为了满足

23dBm 的 ERP 要求，那么在 CDMA 移动站天线端口的传输功率需要等于或大于 23.65dBm。EIRP 是供给天线的功率与全向天线在给定方向上增益的乘积，或 0dBi 增益。一个例子是：PCS 频带 CDMA 移动站的传输功率是基于 EIRP 测量的，移动站的天线增益为 1.5dBi 时，它在天线端口只需要 21.5dBm 的输出功率来达到 23dBm 的额定输出功率要求。

表 3.2　不同移动站的最大输出功率

系　　　统	功率等级	额定功率(dBm)	容差(dB)	备　　　注
AMPS	Ⅲ	28	−4,+2	有效辐射功率
CDMA Cell	Ⅲ	23	+7	有效辐射功率
CDMA PCS	Ⅱ	23	+7	有效全向辐射功率
GSM 900	Ⅳ	33	−2,+2	天线端口
CSM 1800	Ⅰ	30	−2,+2	天线端口
TDMA	Ⅲ	28	−4,+2	有效辐射功率
WCDMA	Ⅳ	21	−2,+2	天线端口

在最大输出功率时，移动站发射机的功率放大器(power amplifier，PA)通常占据了大部分的功耗。对于移动站来说，使用一个高效率的功率放大器来降低电流损耗并显著提高通话时间是非常重要的。如今，一个提供在 25～35dBm 中等功率的 AB 类功率放大器的效率约为 35%～40%，而 C 类功率放大器的效率约为 45%～55%。移动站应该使用什么样的功率放大器是完全由其信息传输的调制方式所决定的。在 AMPS 和 GSM(GPRS)中分别使用 FM 和 GMSK 的调制方式。在这两种移动站中都可以使用 C 类功率放大器，因为 FM 和 GMSK 调制波的包络都是恒定的。而在其他系统中，如 CDMA 或 TDMA，则必须使用传统 AB 功率放大器。因为这些系统中的调相信号(phase modulated，PM)总是伴随着调幅信号(amplitude modulation，AM)，对发射链路中的线性度有要求，尤其是作为发射链路最后一环功率放大器的线性度。在功耗容许的条件下最好使功率放大器的 1dB 压缩点比它输出功率高 2～3dB。

为了避免移动站发射机的杂散发射与其他电台或系统互相干扰，需要严格定义在通信系统中移动站的发射谱。相邻/相间信道的发射能级和传输载波每侧最高 2～4MHz 的频率偏移是由调制方式以及基带脉冲整形滤波器所决定的。进一步的滤波包括模拟基带中的抗混叠低通滤波器，用来充分抑制近距发射和超出发射器频带的辐射。通常需要一定的预失真来补偿模拟基带滤波器引入的额外群延迟失真。对于调幅的传输信号，如 CDMA 和 TDMA 信号，在相邻或相间信道的发射功率由于发射机的非线性度而提高。在最大输出功率时，发射机的非线性度主要由功率放大器引起，因此需要功率放大器具有较好的线性度来保持邻道功率(adjacent channel power，ACP)在指定值之下。

对于调频传输信号，如 GMSK 信号，相位偏移锁相环(offset phase locked loop，OPLL)用来实现射频带通滤波器和频率上变频器的功能[5-6]。在图 3.9 中给出了 OPLL 的模块示意图。虽然该结构图会比射频声表面波滤波器加上射频上变频器更为复杂，但是 OPLL 可以集成在发射器芯片中来省掉射频声表面波滤波器,并且它提供了带宽(500kHz～2MHz)比射频声表面波滤波器更窄的可调谐射频带通滤波器。

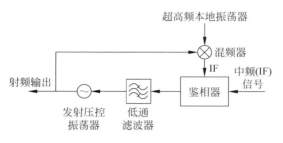

图 3.9　偏移锁相环模块图

　　发射机的另一个重要参数就是其调制精度。在第 5 章中会给出调制精度的多种数学表示方法。此处仅仅讨论关于调制精度的发射机系统设计一些通用思路。最常用的调制精度的衡量方式是误差向量幅度(error vector magnitude,EVM),它由理想波形与真实波形的差产生,这个差值称为误差向量。EVM 定义为误差矢量信号平均功率与理想信号平均功率之比的平方根值,并以百分比形式表示。发射机中的 UHF 和 VHF 合成器的近载波相位噪声会降低调制精度。为了减少此影响,在合成器锁相环带宽中的近载波相位噪声应当低于-75dBc/Hz 或者近载波相位噪声与信道带宽的功率比小于-30dB。窄带滤波器的群延迟失真也会提高传输信号的 EVM。想得到低 EVM,最好将窄带滤波器群延迟失真导致的ISI 也保持在-30dB 以下。第三个影响调制精度的因素是载波泄漏。当传输功率较低时,这个因素会是调制精度下降的主要因素。即使在非常低的输出功率下,还是应当将传输泄漏压制在低于传输信号 25dB 以下。TDMA 和 WCDMA 移动站的 EVM 分别为 12.5% 和17.5% 或更低。

　　在 CDMA 系统中,用波形品质因数 ρ 代替 EVM 来描述调制精度。它的定义是实际波形和理想传输波形的归一化相关功率。CDMA 移动站的最小品质因数 ρ 是 0.944,但在实际情况中,其 ρ 值往往大于 0.98。所有上一段中所提到会导致 EVM 下降的因素,也会以相似的方式导致 ρ 下降。GSM 的调制精度是通过测量相位误差得到的,其定义是理想波形和实际波形的相位差。在 GSM 移动站中,RMS 相位误差应当小于 5°,同时最大峰值偏差小于 20°。GMSK 的相位偏差可能是由 I/Q 调制器非线性、OPLL 的锁相环带宽,以及 UHFVCO 的带内相位噪声所导致的。

3. 动态范围和自动增益控制系统

　　基于各个无线通信系统,在消息错误率低于指定的要求下,最小的接收信号最高电平在-25～-20dBm 之间,即在此电平之下移动站可以正常工作,而移动站的动态范围为 80～85dBc。表 3.2 中给出了移动站的最大输出功率。因为 CDMA 系统有着近场和远场效应,所以只有 CDMA 移动站的传输功率有着高动态范围,从 23dBm(或更高)到-50dBm(或更低),WCDMA 有相似的动态范围从 21～-44dBm。但 GSM 移动发射机的动态范围比其他无线系统中动态范围低,它仅有 30dB。

当设计接收器 AGC 时,应当考虑以下几点:

(1) 在移动站接收机设计中,灵敏度通常高于最小性能要求 3~5dB,而最大可容许接收信号的量级会有 5dB 的余地。关于温度、频率以及增益曲线校准不准确度的总接收机增益变化范围通常为 10~15dB。考虑所有这些因素,接收机 AGC 控制范围应当比协议标准的最小性能要求动态范围多 20~25dB。

(2) 接收链路的最大增益由 ADC 输入设定的电平决定。这个电平在自动增益控制下应当保持恒定。为了获得较高的信噪比,则 ADC 输入电平越高越好。但是,有必要为可能的接收信号峰值与平均值比(peak-to-average ratio,PAR)、最大 DC 偏移、慢衰落预留峰值空间。

(3) 大部分无线通信系统的移动站接收机 AGC 控制精度并不高,约为 $\pm 4 \sim \pm 8$dB。在 CDMA 和 WCDMA 系统中,接收机 AGC 需要更高的控制精度,因为 CDMA 的接收信号电平会决定其传输功率值,而控制精度会影响系统用户容量。目前可以获得的 CDMA 移动站增益控制精度约为 $\pm 2.0 \sim \pm 2.5$dB。主要的限制是由不良的校准与增益曲线拟合、温度变化、频率变化以及接收信号测量错误导致的增益控制误差,其中接收信号测量错误通常是通过接收机信号强度探测器(receiver signal strength indicator,RSSI)测量的。

(4) CDMA 和 WCDMA 的接收机 AGC 系统的时间常数约为几个毫秒。GSM 和 TDMA 的 AGC 控制循环分别约为 4.62ms 和 20ms。

类似于接收机 AGC,发射机 AGC 也需要 15~20dB 的余量来使得它能够弥补由于温度、频率和其他因素导致的增益变化。在 CDMA 和 WCDMA 系统中,开环功率控制精度为 ± 9.5dB,对于 20dB 增益变化的响应时间应该在 24ms 内完成。闭环功率控制的范围需要达到 ± 24dB,其精度依赖于控制步长,如 1 ± 0.5dB 和 0.5 ± 0.3dB。发射链路的增益控制曲线通常不是线性的,取决于增益控制曲线的非线性度阶数,将会测量有限个点并作其拟合曲线以获得容限内的控制曲线。其他无线系统发射机的输出功率是步进式而非连续的。取决于输出功率,受控输出功率的容限为 $\pm 2 \sim \pm 5$dB。

射频发射机链路的输入基带信号来自 DAC。DAC 输出信号功率通常是很高的,可能接近于 DAC 的最大电压幅值来使其保持较高的信噪比。在对载波和放大器进行调制之前,信号需要进一步过滤来减少可能的信道外发射功率,以及降低混叠效应。在电路设计中,为了掌控高输入信号功率,需要在发射链路的起始处进行从电压到电流的转换。

为了减少功耗,大部分的增益控制应当设计在其中频模块中。射频增益控制在总的发射机增益控制中可能只占 1/3~1/5。

4. 其他考虑

对于依赖电池供电的移动站来说,功耗必须设计得很低。不仅要选择低电流损耗电路和器件,而且需要高效电源管理来实现低功耗设计。例如,对于不同的信号功率其电路偏移电流取不同值以节省电流损耗,或者所有的电路都应该在其不使用时尽可能处于关闭状态。电源管理的总则即是使用任何可能的方式来达到节省能量的目的。

基于现代 GaAs、SiGe 和 CMOS 半导体技术使用高度集成的射频电路实现移动站的成本和尺寸最小化。一个单独的射频集成电路(RF integrated circuit,RFIC)可能含有整个收发机,包括 UHF 和 VHF 锁相环(phase locked loop,PLL),以及对于外部设备的匹配网络,如滤波器和 UHF VCO。然而到目前为止,仅有 GSM、TDMA 中使用的半双工射频收发机可以集成在单个射频集成电路上。由于现在的半导体技术中隔离性还不够好,全双工收发机集成方法仍旧是使用两块或多块集成电路芯片。显然使用高度集成电路可以减少零件数、尺寸以及移动站的成本。

3.2 直接变频结构

直接变频意味着射频信号不经过中频阶段直接下变换到基带信号或反之,因此也称作零中频(zero IF)结构。直接变频接收机有着许多优越的特性。零中频接收机没有中频,因此昂贵的无源中频滤波器(声表面波滤波器)可以省略,所以这部分的成本和尺寸可以节省下来。零中频接收机的信道滤波是在模拟基带中通过有源低通滤波器完成的,有源滤波器的带宽可以设计为可调节型。由于信道低通滤波器的带宽是可调的,如果所有的模式在同一个频带之中,那么很容易设计一个工作在多模的零中频接收机,使其有着通用模拟基带电路甚至是通用射频前端(从前置选择器到射频下变频器)。这个结构并不需要频率规划,而频率规划通常是耗时且难以验证的。直接变频结构没有镜像。

直接变频无线电的结构比超外差无线电的结构看起来简单,但是由于直接变频接收机中的一些技术问题,其实现相对超外差无线电来说更加困难。相对于接收机,直接变频发射机问题更少,相对容易实现,但是发射机所提供的优势也没有接收机那么多。例如,使用直接变频发射机没有省下中频信道滤波器,因为超外差结构中也不需要任何中频信道滤波器。相对于超外差发射机,直接变频发射机的优势是它的发射信号中杂散更少。在本节中,将给出设计和实现直接变频接收机系统的困难与方法。

3.2.1 直接变频无线电结构

在不同协议无线通信系统中的直接变频收发机都存在一定的技术困难,但其中最困难的部分还是全双工收发机。在这一小节中,将重点关注全双工直接变频收发机。图 3.10 给出了直接变频全双工收发机的模块示意图。这是其中的一种直接变频全双工收发机结构,但并不是唯一的结构。

直接变频收发机的射频部分与超外差收发机相似。如表 3.1 所示,由于工作频带不同(下行链路频带和上行链路频带分别给接收机和发射机),接收机和发射机有着独立的 UHF 频率合成器与 VCO。在图 3.10 中,接收机 UHF VCO(超高频压控振荡器)运行的频率是接收机工作频率的两倍。VCO 信号加到一个二分频器中。分频器的两个有 90°相差的输出用来驱动接收器 I/Q 下变频器。在发射机中,I/Q 调制器的 LO 是由 LO 发生器产生的,发生器主要由 UHF VCO、分频器、单边频带混频器组成。LO 发生器中的 UHF VCO 特意设

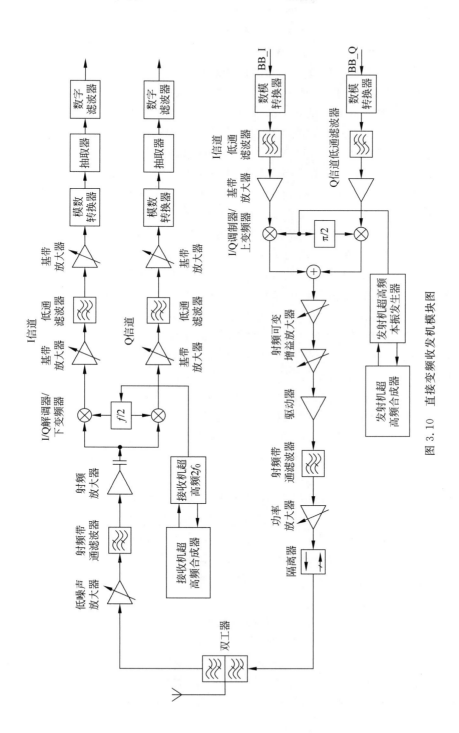

图 3.10 直接变频收发机模块图

计为运行在与 LO 发生器的输出频率有频率偏移。如图 3.10 所示,如果 LO 发生器输出频率等于传输频率,在 I/Q 调制器中会使用一个 $\pi/2$ 移相器;或者用一个二分频器来产生 $90°$ 的相移,就像在 I/Q 正交下变频器中使用相类似。非常重要的是直接变频发射器 UHF VCO 应当工作在传输频率上,同时也在它的谐振频率上。这样可以有效地避免 VCO 的反调制问题,这个问题通常是由功放后的调制信号或它的谐振反馈所导致。

接收机带通滤波器的作用是抑制传输泄漏和其他接收机带外干扰。对于直接变频接收机来说,因为没有镜像频带所以没有镜像的问题。接收到的信号在通过双工器预先选择后通过低噪声放大器放大,之后射频滤波器进一步滤波。现在滤波器对于传输泄漏的抑制应当高于超外差接收机的要求,如 3.2.3 节中所讨论的,以控制传输泄漏的自混合问题以及降低对于下变频器二阶失真的要求。滤波后的射频信号直接通过 I/Q 下变频器(正交解调器)下变换到 I、Q 信道基带信号。基带信号在 I/Q 信道中被同步放大,但是它们的 $90°$ 相位差将会尽量保持不变。在直接变频接收机中,当接收机工作在高增益模式时,接近 75% 的总接收机增益是通过模拟基带模块获得的。射频模块中的增益通常是功率增益,而基带模块中的通常是电压增益。在 I/Q 信道中各有一个低通滤波器。不同于超外差接收机,信道选择性主要是依赖于低通滤波器的阻带抑制,而没有任何无源带通滤波器的辅助。I/Q 信道中放大和滤波后的基带模拟信号由模数转换器(ADC)转换为数字信号,而后数字信号由数字滤波器进一步滤波来抑制干扰并增强信道选择性。

来自数模转换器(DAC)的 I/Q 基带信号首先通过低通滤波器来进一步抑制邻道/隔道发射电平,并消除混叠效应。直接变频发射机的增益分布和直接变频接收机刚好相反。I/Q 基带模块仅仅提供了非常低,甚至是负的电压增益。经过滤波和幅值削弱的 I/Q 基带信号一起上变频到射频信号,并通过 I/Q 调制器混合。混合射频信号在向功率放大器(PA)传输中放大。大约 90% 的直接变频发射机增益是在射频模块中完成的(即从 I/Q 调制器到 PA)。在激励放大器和功率放大器之间插入一个射频带通滤波器来抑制接收机频带的带外噪声和杂散发射。与图 3.1 中的超外差发射机对比,除了 VHF 合成器 LO 直接变频发射机并不省去任何无源滤波器。

由于在直接变频接收机中模拟基带模块是主要的增益模块,那么大部分自动增益控制(automatic gain control,AGC)在这个模块中起作用。但是,在模拟基带模块中有两个平行的信道,即 I 和 Q 信道。为了同步两个信道中的增益控制,使用精确步进增益控制来代替在超外差接收器中使用的连续增益控制。直接变频发射机中的 AGC 还是连续增益控制,因为主要的增益级是单信道射频模块。功率放大器增益调整在 10dB 以内或更低来节省功耗。

另一种基于高动态模数转换器的直接变频接收机结构如图 3.11 所示。这种直接变频接收机结构有如下特征。这里 CDMA 的模数转换器是 $10\sim12$ 位的,由 AGC 范围和基带低通滤波器对干扰的抑制所决定。所有的增益控制都在射频模块中,2 步在低噪声放大器,1 步在射频放大器,由模数转换器动态范围决定的增益控制范围在 $50\sim60$dB 之间。此结构中使用了 $3\sim5$ 阶的基带低通滤波器和固定增益基带放大器,所以这种直接变频接收机有更低的 I/Q 失配和直流偏移问题。在第 6 章中给出了这种结构的细节讨论。

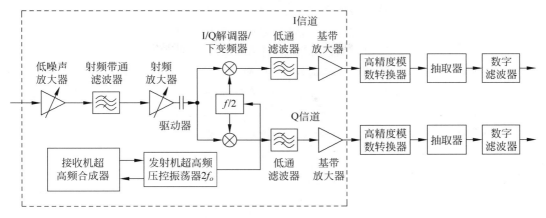

图 3.11　基于高动态(高精度)模数转换器的直接变频接收机

3.2.2　技术挑战

早在 1924 年就提出直接变频结构。但是由于其实现需要基于离散电路是非常困难的,所以从其提出到应用中间有长达半个世纪的时间。随着半导体技术发展和先进的射频集成电路设计工具使得直接变频收发机的实现成为可能。在 20 世纪 80 年代,直接变频接收机只在无线电寻呼机和卫星通信中使用。20 世纪 90 年代后期,被大规模地应用于 GSM 移动站。

在本小节中,将回顾直接变频结构的技术问题,并且讨论它们可能的解决方法。

1. 直流偏移

直流偏移问题不仅在直接变频结构存在,也在超外差结构中存在。但是,在直接变频结构中,这个问题要严重得多,因为该结构中大部分的信号增强过程发生在基带模块中,而其中有很多因素可以使得直流偏移问题更加严重。

假设直接变频接收机由集成电路实现,对于不同的结构由于集成电路加工过程导致的基带模块电路的内置直流偏移是共同的。因为超外差接收机中的基带模块增益较低并且通常是固定的,其直流偏移容易通过校准来消除。而在直接变频结构中,因为直流偏移电压随着增益变化而改变,并且超出可以校准的范围,较高且变化范围很大的基带模块增益使其校准难以完成。另外,由于直接变频结构中基带模块增益控制是步进式的,其直流偏移变化也有步进瞬态变化的性质。这将导致即使在基带模块中使用高通设计来消除直流成分也是很困难的。

本地振荡器端口和射频下变频器端口的隔离度是有限的,因此一定量的本地振荡器信号泄漏到射频端口并进一步通过射频声表面波滤波器和低噪声放大器进入天线端口。由于失配,本地振荡器泄漏在各级分界面被反射到射频下变频器,而反射的本地振荡器泄漏信号又与本地振荡器信号在下变频器混频产生直流成分,如图 3.12 所示,这个现象称为本振自混频。

在全双工直接变频收发机中,还存在另外一种可能的自混频——传输泄漏自混频。如图 3.13 所示,这种自混频通过两种途径发生。第一种自混频路径是从双工器通过低噪声放大器、射频声表面波滤波器到下变频器的射频端口。传输泄漏通过这条线路与从射频端口馈通到下变频器本地振荡器端口的信号混频,并在下变频器的输出中产生直流成分。第二条传输泄漏途径是从发射机功放穿过基板/PCB 和/或公用电源电路、接收机本地振荡器到下变频器的本地振荡器端口。通过这条线路的传输泄漏与第一条线路产生的直流偏移相似。而且,由这两种方式所产生的传输泄漏会在下变频器中进一步混频并产生第三次直流偏移。如果传输信号是调幅的,传输泄漏自混频除了直流偏移还会产生低频信号。

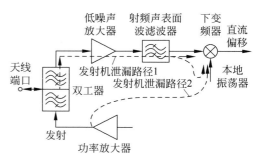

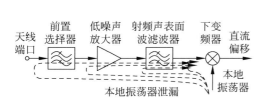

图 3.12　本地振荡器自混频的直流偏移　　　图 3.13　传输泄漏自混频导致直流偏移

当一个移动站工作时,有可能受到强烈的干扰。这个强烈的干扰也会在接收机下变频器中产生自混频信号以及直流成分和低频成分(如果这个干扰是幅调的)。这种情况可以在全双工和半双工直接变频接收机中发生,直流或低频成分还可以传播到基带模块中。

包括本地振荡器自混频在内的自混频直流偏移会随着时间变化,尤其当收发机在移动的时候。这种情况下的直流偏移问题比时不变直流偏移要更加难以处理。

显然直接变频接收机中的直流偏移必须消除,否则接收机可能无法工作。在下变频器之后的基带模块增益约为 70～80dB。在下变频器输出端口出现的 200～250μV 的直流偏移会使基带放大器的最后一级或 VGA 饱和。

使用交流耦合或高通滤波器是一种有效消除直流偏移的方法。经验规律是高通滤波器(high-pass filter,HPF)的转角频率应该约为码速率的 0.1% 或更少来避免信噪比的下降[7-9]。对于数据传输速率较低或信道带宽较窄的系统(如 IS-54 TDMA),在接近直流的低频处需要设计一个非常窄的陷波频带(<50Hz 转角频率),用来消除直流偏移。这种情况中的耦合电容对于集成来说太大了。片外无源器件或许也是一种选择。此外,有源直流模块也可以作为替代[10]。对于 TDMA 或 GSM 系统,使用空闲时隙先于脉冲时隙给高通滤波器电容进行一次时间常数很小的预充电,在充电后将高通滤波器的转角频率调回它的初始值。使用直接序列扩频(direct-sequence spread-spectrum,DS-SS)技术的系统中,接收机信道带宽事实上是由扩频码片速率而不是数据传输速率决定的。在直流附近 0.1%～1% 的谱能量可以在较少损失信噪比的情况下消除[11]。

　　直流偏移抵消技术适用于时变和时不变两种直流偏移[12]。时不变直流偏移可以在不同的增益模式中校准,并以查表的形式储存在内存中,或者直流偏移通过在 TDMA 接收机空闲时隙中止低噪声放大器输入的虚负载来进行估计并存储在内存中。在工作模式或脉冲时隙中,存储的直流偏移被通过数模转换器馈给模拟基带模块减法器,来补偿基于工作增益或估计偏移的固有直流偏移。如果调制方式有平均值为零的时变直流偏移,如 QPSK,则可以通过其数字化信号的平均值来求出直流偏移。如图 3.14 所示,测量的直流值可以保持在锁存电路中,然后通过数模转换器在模拟基带输入信号中减去,或者在数字基带信号中减去。直流取消的更新时间为数毫秒到数百毫秒,并且为了合理的精确度,这个时间还将依赖于直流偏移测量的平均时间。

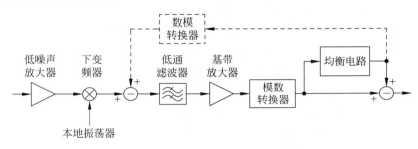

图 3.14　抵消直流偏移的一种结构

2. 二阶失真

　　如果二阶失真不够低,那么它会是另一个对于直接变频收发机有着重大影响的因素。频率闭环干扰或调幅干扰可以转化成低频带内干扰包括二阶失真导致的直流成分。信道带内干扰可以在基带模块中传播,并且可能使直接变频接收机性能恶化甚至阻塞接收机。

　　一个线性度较弱的器件可以由下式表达为

$$y(t) = a_1 x(t) + a_2 x^2(t) + \cdots \tag{3.2.1}$$

式中,a_1 是器件增益或损耗;a_2 是二阶失真系数。

　　式子右边的第二项是器件的二阶失真。两个强烈的二阶非线性窄带干扰 $A\cos 2\pi f_a t + B\cos 2\pi f_b t$ 输入器件并产生低频成分。使用三角函数来表示低频差拍。由二阶失真导致的直流成分可以表示为

$$a_2(A\cos 2\pi f_a t + B\cos 2\pi f_b t)^2 = a_2 \frac{A^2 + B^2}{2} + AB\cos 2\pi(f_a - f_b) \tag{3.2.2}$$
$$+ \text{高频成分}$$

对于 AM 调幅干扰,二阶非线性解调了 AM 并且幅值调制通常是低频信号。假设干扰的形式为 $[A + m(t)\cos 2\pi f_m t]\cos(2\pi f_c t + \varphi)$,二阶失真导致了如下低频成分的产生和直流偏移:

$$a_2\{A[1 + m(t)\cos 2\pi f_m t]\cos(2\pi f_c t + \varphi)\}^2$$
$$= a_2 \frac{A^2}{2}\left[1 + \frac{m^2(t)}{2} + 2m(t)\cos(2\pi f_m t) + \frac{m^2(t)}{2}\cos(4\pi f_m t)\right] \tag{3.2.3}$$
$$+ \text{高频成分}$$

　　因二阶失真引起的对直接变频接收机性能另一种可能影响是，由二阶非线性产生的期望信号二次谐波与本振的二次谐波相混频，本振产生了期望信号二次谐波的一个基带信号，其带宽两倍于基波期望信号的带宽。这个二阶谐振基带信号与期望基带信号相互重叠并产生信道内干扰。但是，这种影响在使用微分下变频器电路设计时是可以忽略的，因为微分电路对于共模信号的排斥可以显著抑制偶阶失真。

　　大部分情况中，导致二阶失真干扰的原因都是直接变频结构中射频 I/Q 下变频器的二阶非线性。由前端低噪声放大器和射频放大器二阶非线性所引起的低频和直流成分被射频带通滤波器和交流耦合电容所阻塞，如图 3.10 所示。

　　二阶失真结果的阶数与非线性系数 a_2 是成正比的。器件的二阶非线性通常是由二阶截点 IP_2 所决定的，与图 3.8 所描述的三阶截点和三阶互调类似。自然尺度下的 IP_2 即 P_{IP_2} 是与 a_2 成反比的，即 $P_{IP_2} \propto |a_1/a_2|$，其中 a_1 是器件的基波信号增益。为了最小化二阶失真对直接变频接收机的影响，需要使用具有高 IP_2 的射频下变频器，如大于 +55dBm IIP_2。

　　另外，如前面所述，由干扰自混频的成分和传输泄漏与二阶失真结果是相同的。信号混频的数学模型是叉乘，因此两个相同信号的叉乘为 $x(t) \times x(t)$（自混频），与信号的平方 $x^2(t)$（二阶失真项）是相同的。虽然它们结果相同，但机理并不同。自混频低频电平和直流偏移依赖于射频下变频器的射频和 LO 端口隔离度，以及/或者下变频器发射器功率放大器和射频端口/LO 端口的隔离度。而二阶失真结果的电平是由非线性系数 a_2 决定的。如果干扰或传输有形式 $[A+m(t)\cos 2\pi f_m t]\cos(2\pi f_c t + \varphi)$，除非乘子 a_2 需要随着隔离度而变化，否则式（3.2.3）仍然适用。为了最小化自混频低频成分和直流成分，使所有隔离度尽可能地高是非常必要的。

3. I/Q 信道失配

　　在直接变频接收机中，接收到且由射频前端放大后的射频信号直接下变频成两个正交信号，即 I 和 Q 基带信号。I 和 Q 基带信号在各自的路径中传输并分别放大。在两个模拟基带路径中的信号增益变化都可能大于 80dB。并且如图 3.10 所示，它们在各自的信道中通过低通信道滤波器。总的来说，即使使用最为先进的射频电路技术也很难保证保持 I/Q 基带信号在幅值和相位上有完美的平衡，因为它们所通过的是两条完全独立路径。范围较宽的增益控制使得维持两个信号的平衡更为困难。

　　I/Q 信号相位和幅值的不平衡要求取决于其调制方式和系统协议。例如，在 CDMA 中，如果 I/Q 信号幅值和相位的不平衡分别不超过 1dB 和 10°，那么它将不会对性能造成太大的影响。对于直接变频接收机，通过合适的校准和调谐后，有可能获得不大于 0.5dB 的幅值不平衡和不大于 5° 的相位不平衡。通过在数字电路部分使用补偿也可以得到更低的不平衡。

　　为了获得 I/Q 信道中增益控制的同步性，使增益控制对不平衡的影响最小化，模拟基带模块的步进式增益控制是更好的选择。这是因为步进式比连续式增益控制的精度更高。控制步长通常是几个 dB（如 3、6、9dB），而且增益补偿甚至遍及整个控制范围。但是，步进式增益控制在某些步长混合下可以导致直流偏移激增来获得增益的增加。

4．LO 泄漏散射

美国联邦通信委员会(Federal Communications Commission,FCC)对每种无线通信系统都有发射标准的规定。在直接变频接收机中,本地振荡器(LO)频率与接收载波频率相同,并且这个散射在接收机频带中。移动站接收机频带中所允许的发射电平范围为$-60\sim$$-80$dBm。正交下变频器的输入 LO 电平接近$-5\sim0$dBm。如图 3.15 所示,为了使天线端口的 LO 发射电平低于-80dBm,从下变频器 LO 端口通过低噪声放大器返回天线端口的反向隔离度最好大于 85dB。

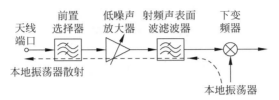

图 3.15　LO 泄漏路径

基于现代射频集成电路技术,获得 UHF 微分下变频器 LO 端口和射频端口的隔离度大于 65dB 并不困难。UHF 低噪声放大器甚至是单端低噪声放大器在所有的增益模式下很容易得到大于 20dB 的反向隔离度。因此,反向传导隔离度通常可以足够高来将 LO 泄漏电平减少到-80dBm。并且,射频声表面波滤波器和前置选择器的插入损耗可以进一步提高反向隔离度。然而,LO 泄漏发射的真正问题在于半导体基板有限隔离度。直接变频接收机集成在一块非常小的半导体基片上。半导体基板的隔离度取决于集成电路设计和电路结构。总的来说,当使用单端低噪声放大器时从下变频器 LO 端口到低噪声放大器输入端口的基板隔离度在 2.0GHz 约为 $60\sim70$dB。解决该问题的方法是使用微分低噪声放大器或者将低噪声放大器模块与接收机其他部分隔离,如使用独立低噪声放大器模块的集成电路。

5．闪烁噪声

闪烁噪声也称为 $1/f$ 噪声,因为它是与频率 f 成反比的。当频率下降时闪烁噪声增强。对于直接变频接收机来说,期望信号的增益在转变为基带信号之前只有 25dB。变频器、基带放大器和基带滤波器产生的闪烁噪声对于期望信号有明显的负面影响。

对于典型的亚微米级金属氧化物半导体(metal-oxid-semiconductor,MOS)技术,数百微米宽的最小通道宽度和数百微安偏置电流在 1MHz 的转角频率附近表现出闪烁噪声特性[9]。在频带(f_1,f_2)中由于闪烁噪声造成的噪声能量上升可以近似用下式表示为

$$\Delta N_{\text{flck}} = 10\log\left(\frac{P_{N_{\text{flck}}}}{P_{N_{\text{thml}}}}\right) \cong 10\log\left(\frac{10^6\ln(f_2/f_1)}{f_2-f_1}\right) \tag{3.2.4}$$

例如,假设 $f_1=10$Hz,相应的对于 $f_2=25$kHz 或 200kHz 的噪声上升值 ΔN_{flck} 分别为 24.96dB 和 16.95dB。显然带宽较窄的信号将更为明显地衰减。互补金属氧化物半导体(complementary metal oxide semiconductor,CMOS)技术对于要求高灵敏的尤其是窄带的

接收机并不适用。

使用 SiGe 或 BiCMOS 技术时,集成电路的闪烁噪声会更低。基于这些半导体技术的直接变频结构可以获得更高的接收机灵敏度。当接收机中使用 SiGe 或 BiCMOS 技术时,闪烁噪声的问题并不大;或者当系统是宽频带(如 IEEE 802.11a 或 802.11g)时也是如此。

3.2.3　直接变频收发机设计

在本节中将讨论一些直接变频收发机的设计考量。对于直接变频收发机来说,像超外差收发器中那样的频率规划是不需要的,因为其中频(IF)是已经定义好的 0Hz。这样可以帮助我们节省很多频率规划方面的时间。而且,直接变频没有镜像频率或 IF/2 问题。但是,为了让直接变频收发机正常工作,解决 3.2.2 节中所提出的所有技术挑战是非常必要的。在以下讨论中,假定直流偏移问题已经通过交流耦合或者有着合适转角频率的高通滤波器解决了。

1.直流陷波对性能的影响

使用交流耦合或者高通滤波器来将直流偏移消除事实上也将在直流附近的信号能量消除了。这意味着信号信噪比下降并且影响接收机灵敏度。事实上,波形、调制以及能量谱密度都决定了直流陷波对于接收机性能的影响。如果信号的能量谱密度平均分布在其带宽之内,那么在其转角频率即带宽 0.1%处的直流陷波对于信号能量的损失不到 0.01dB。交流耦合或高通滤波器将在直流附近引入群延迟失真,并且这个群延迟也会降低接收机灵敏度。事实上,性能下降不只是因为直流陷波所导致,还有一些包括群延迟失真等的其他原因。

如图 3.16 所示,对于 CDMA 移动站接收机,由于交流耦合或者高通滤波器导致的接收机灵敏度下降小于 0.15dB,其信息传输速率为 9.6kbps,高通滤波器转角频率为 1.5kHz。但是,对于 CDMA 移动站直接变频接收机来说,高通滤波器转角频率必须被降低到 500Hz 来获得对于高阶调制良好的衰减性能以及更少的损失检测性能,如 16QAM 信号。虽然直流陷波导致了约为 0.12dB 的灵敏度下降,但它至少有两个好处。首先,如果直流段不消

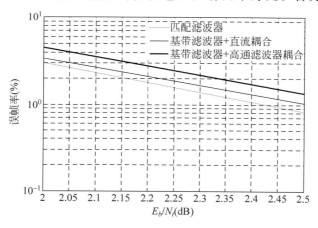

图 3.16　直流/交流耦合 CDMA 接收机误帧率与 E_b/E_t

除,那么即使直流偏移很小,还是会降低接收机的灵敏度。通过相关系统的模拟我们知道在 CDMA 接收机中,4 位模数转换器输出的 0.5 LSB 直流偏移将导致 0.2dB 接收机灵敏度的衰减。消除直流偏移可以最小化这种性能减损。第二,当消除直流频段时,也可以抑制直流附近的闪烁噪声。抑制直流附近的闪烁噪声可以提高噪声系数和接收机灵敏度。

在 GSM 直接变频接收机中,当直流陷波的转角频率小于 100Hz 时,对于接收机的性能影响是可以忽略的。高通滤波器的时间常数是非常大的,对于 TDMA 和 GSM 系统来说,采用这么窄的陷波频带是不合适的,因为它的瞬态会占据大部分的信号脉冲时间。通常解决这种问题的方法是,使用空闲时隙先于脉冲时隙给高通滤波器电容进行一次时间常数很小的预充电,再在充电后将高通滤波器的转角频率调回它的初始值。

移动站中的 AMPS 接收机只有约 25kHz 的带宽。AMPS 的仿真结果证明当使用转角频率 300Hz 或更低的交流耦合来替代射频模拟基带输出端口和模数转换器输入端口间的直流耦合时,信纳比(signal-to-noise+distortion,SINAD)的降低是微不足道的。表 3.3 给出了 AMPS 接收机 SINAD 与 交流耦合电容的仿真结果。直流耦合相当于有一个容值无穷大的耦合电容。从表中可以看出,在 AMPS 接收机敏感度电平下,20nF 电容耦合和直流耦合的 SINAD 的差值是微不足道的,并且它等同于转角频率为 300Hz 的直流陷波。在直流耦合中,SINAD 随着直流偏移电流的增加而降低,但是在交流耦合中直流偏移对于 SINAD 没有影响。基于仿真,当移动站工作在瑞利信道并且高速移动如 100km/h,交流耦合 AMPS 接收机的 SINAD 约低于直流耦合接收器 0.5dB。

在使用交流耦合/高频设计的 AMPS 直接变频接收机中,LO 频率必须与接收机载波频率进行偏移。偏移的频率差应该高于交流耦合高通滤波器转角频率但是小于频率容差。

表 3.3 AMPS 接收机 SINAD 与交流耦合电容值

模数转换器 输入阻抗 $R=500k\Omega$ 耦合电容	载噪比(dB)	在模数转换器输入 阻抗的 I/Q 信号 均方根值(mV)	DC 偏移(mV)				
			0	5	10	20	40
			信纳比(dB)或 SINAD(dB)				
0.47nF	3.3	250	11.06	11.06	11.06	11.06	11.06
4.7nF	3.3	250	12.51	12.51	12.51	12.51	12.51
10nF	3.3	250	12.69	12.69	12.69	12.69	12.69
20nF	3.3	250	12.74	12.74	12.74	12.74	12.74
DC 耦合	3.25	250	12.71	12.69	12.64	12.42	11.62

2. 二阶输入截点估计

为了避免二阶失真导致的问题,直接变频接收机通常需要一个非常高的二阶输入截点(second-order input intercept point,IIP$_2$)。引起二阶失真主要器件是直接变频接收机中的射频正交(I/Q)下变频器。如图 3.10 所示,由接收机前端的低噪声放大器和射频放大器产生的二阶失真的低频成分很容易分别阻塞射频带通滤波器和小交流耦合电容。在 I/Q 下变频器之后的所有电路都是基带低频电路,它们没有能力来混合射频干扰和解调 AM 射频信号。只有正交下变频器在图 3.10 中或相似结构的直接变频接收机中产生的二阶失真需要认真考量。

假定期望信号由于二阶失真成分导致的载噪比(CNR)的下降为 ΔdB,下降的 CNR 可以表示为

$$CNR - \Delta = 10\log\frac{P_s}{P_N + \Delta P_N} \tag{3.2.5}$$

式中,P_s 是载波信号功率;P_N 是接收机频带内的噪声和干扰功率;ΔP_N 是接收机频带内的二阶失真成分。

考虑最初的 $CNR = 10\log(P_s/P_N)$,由式(3.2.5)导出 Δ 可以表示为

$$\Delta = 10\log\left(1 + \frac{\Delta P_N}{P_N}\right) \tag{3.2.6}$$

整理式(3.2.6),可以得到相应的噪声或干扰的增加量 $R_{\Delta N}$:

$$R_{\Delta N} = 10\log\left(\frac{\Delta P_N}{P_N}\right) = 10\log(10^{\frac{\Delta}{10}} - 1) \tag{3.2.7}$$

表 3.4 给出了一些从 CNR 下降量 Δ 计算 $R_{\Delta N}$ 的例子。

表 3.4　相对噪声/干扰电平变化与 CNR 下降

CNR 下降 Δ(dB)	相对噪声/干扰增量 $R_{\Delta N}$(dB)	CNR 下降 Δ(dB)	相对噪声/干扰增量 $R_{\Delta N}$(dB)
0.1	−16.3	2.0	−2.33
0.5	−9.14	3.0	−0.02
1.0	−5.87		

下面解释如何从允许的 CNR 下降 Δ 决定 I/Q 下变频器的 IIP$_2$。如图 3.17 所示,为了获得下变频器输入的噪声/干扰值,应该计算接收机除了前端模块外的灵敏度。假定接收器总的噪声系数为 NF_{Rx}(dB),前端模块的 NF 和增益分别为 NF_{FE} 和 G_{FE},去除前端以外的噪声系数 NF_{Mxr+BB} 为

$$NF_{Mxr+BB} = 10\log(1 + 10^{\frac{G_{FE}+NF_{Rx}}{10}} - 10^{\frac{G_{FE}+NF_{FE}}{10}}) \tag{3.2.8}$$

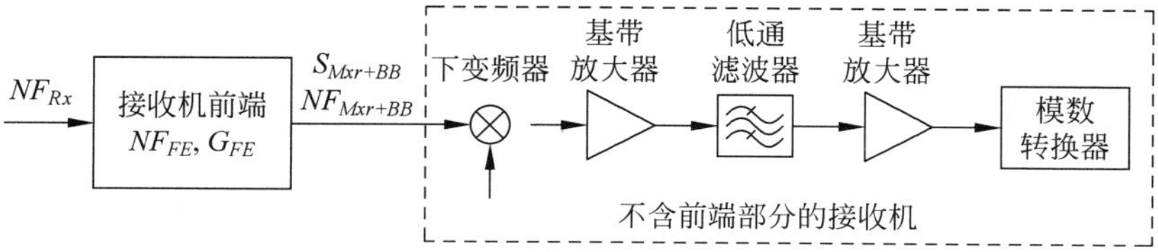

图 3.17　简化直接变频接收机结构

使用 NF_{FE} 和 G_{FE} 这两个参数,可以通过以下公式计算下变频器输入端口的噪声 N_{Mxr_input}:

$$N_{Mxr\_input} = 10\log\left\{\left[10^{\frac{NF_{FE}+G_{FE}}{10}} + (10^{\frac{NF_{Mxr+BB}}{10}} - 1)\right] \times 10^{\frac{-174+10\log BW_{Rx}}{10}}\right\} \tag{3.2.9}$$

式中，BW_{Rx} 是接收机带宽。

由下变频器产生的最大容许二阶失真成分 IMD_{2_max} 可以通过 N_{Mxr_input} 以及允许的 CNR 下降值 Δ 计算：

$$IMD_{2\_max} = N_{Mxr\_input} + R_{\Delta N} \tag{3.2.10}$$

基于 IMD_{2_max} 和 I_{Mxr_input}，可以计算出下变频器 IIP_2 的最小要求（具体参考附录3A）：

$$IIP_{2\_Mxr} = 2I_{Mxr\_input} - IMD_{2\_max} \tag{3.2.11}$$

式中

$$I_{mrx\_input} = I_{received} + G_{FE} \tag{3.2.12}$$

式中，$I_{received}$ 表示接收机在天线端口的干扰电平。

事实上，式（3.2.6）～式（3.2.11）也可以用来计算接收机总体 IIP_2。这时，认为 NF_{FE} 和 G_{FE} 都为零。

下面看一个基于 CDMA 移动站的直接变频接收机计算例子，它能处理两个在接收机频带内并且频率间隔在接收机信道带宽内的 -30dBm 的干扰。在此例中，$BW_{Rx} = 1.23 \times 10^6$ Hz。假定 CDMA 接收机 $NF_{Rx} = 8$dB，$NF_{FE} = 6.3$dB，$G_{FE} = 8$dB，从式（3.2.8）可以得到

$$NF_{Mxr+BB} = 10\log(1 + 39.81 - 26.92) = 11.43\text{dB}$$

利用式（3.2.9）进一步计算出下变频器输入端口的噪声：

$$N_{Mxr\_input} = 10\log\left\{\left[10^{\frac{6.3+8}{10}} + (10^{\frac{11.43}{10}} - 1)\right] \times 10^{\frac{-174+60.9}{10}}\right\} = -97.0\text{dBm} \tag{3.2.13}$$

假定由于两个接收机频带内 -30dBm 干扰的二阶失真成分导致所允许的 CNR 衰减为 3dB，从式（3.2.10）和式（3.2.7）可以算出最大允许二阶失真成分为

$$IMD_{2\_max} = -97.0 - 0.02 = -97.02\text{dBm}$$

从式（3.2.11）和式（3.2.12）计算出正交下变频器的要求 IIP_2 为

$$IIP_{2\_Mxr} = -2 \times (30 - 8) + 97.02 \cong 53\text{dBm}$$

因此需要一个正交下变频器来得到不小于 53dBm 的 IIP_2。如果在天线端口测量，最小 IIP_2 为 45dBm 或稍大。

在式（3.2.14）中给出了决定下变频器 IIP_2 的更一般公式：

$$IIP_{2\_Mxr} = 2I_{block} - 10\log\left\{10^{\frac{N_{Mxr\_input} + R_{\Delta N}}{10}} - \left[2 \cdot 10^{\frac{2I_{block} - ISL_{RF\_LO} + \Delta G_{Mxr,0}}{10}}\right.\right.$$
$$\left.\left. + \sum_{k=1}^{2}\left(10^{\frac{N_{phase,k} + 10\log BW_{Rx} + I_{block} + \Delta G_{Mxr,k}}{10}} + 10^{\frac{N_{spu,k} + I_{block} + \Delta G_{Mxr,k}}{10}}\right)\right]10^{\frac{-G_{Mxr}}{10}}\right\} \tag{3.2.14}$$

式中，I_{block} 是在混频器输入端的模块干扰；ISL_{RF_LO} 是正交下变频器的射频和 LO 端口间的隔离度；$\Delta G_{Mxr,0}$ 是正交下变频器中由干扰频率和它们在本地振荡端口的泄漏自混频的混频增益或损耗。$N_{phase,k}$ 和 $N_{spu,k}$（$k=1$ 或 2）是这两个干扰附近的 LO 相位噪声和杂散；$\Delta G_{Mxr,k}$（$k=1,2$）是由干扰与 LO 相位噪声和杂散混频后的混频增益或损耗；G_{Mxr} 是下变频器标准混频增益，并且包括干扰的自混频、干扰与 LO 噪声和杂散的混频在内的所有混频成分应该转换到下变频器的输入端。

在实际计算中，不考虑这些混合增益差，因为它们通常很小并且对于结果几乎没有影响。

从式(3.2.14)中可以估计出不会显著提高下变频器 IIP_2 要求所需要的 ISL_{RF_LO}，这个增加的值等于 Δ_{IIP2} 或更小。假定式(3.2.14)右边的噪声和杂散项小到可以忽略，要求的最小 ISL_{RF_LO} 可以表示为

$$ISL_{RF\_LO} = 2I_{block} - N_{Mxr\_input} - R_{\Delta N} + \Delta G_{Mxr} - G_{Mxr} - 10\log(1 - 10^{\frac{-\Delta_{IIP2}}{10}}) \quad (3.2.15)$$

向式(3.2.15)中代入数据 $N_{Mxr\_input} + R_{\Delta N} = -97\text{dBm}$ 以及 $I_{block} = -22\text{dBm}$，并进一步假定允许的 IIP_2 增长为 $\Delta_{IIP_2} = 0.5\text{dB}$ 和 $\Delta G_{Mxr} - G_{Mxr} = 0$（最差的情况），可以从式(3.2.15)中得到 ISL_{RF_LO}：

$$ISL_{RF\_LO} = -2 \times 22 + 97 - 10\log(1 - 10^{\frac{-0.5}{10}}) = 62.6\text{dBm}$$

在双频干扰之外，CDMA 接收机中还应该考虑传输泄漏问题。CDMA 传输是幅值调制的，并且在天线端口的电平 T_x 约为 25dBm。传输泄漏会通过双工器和其他路径混入接收机中。双工器对于传输的抑制 R_{j_Dplx} 约为 48dB。进入接收机的传输泄漏 I_{Tx} 为

$$I_{Tx} = T_x - R_{j\_Dplx} = -23\text{dBm} \quad (3.2.16)$$

在接收机前端通常会有一个射频带通滤波器（图 3.10）来进一步抑制传输泄漏功率，$R_{j\_BPF} = 20\text{dB}$ 或更多。I/Q 下变频器输入端口的传输泄漏功率 $I_{Tx@Mxr\_input}$ 为

$$I_{Tx@Mxr\_input} = I_{Tx} + G_{FE} - R_{j\_BPF} = -23 + 8 - 20 = -35\text{dBm} \quad (3.2.17)$$

I/Q 下变频器的二阶非线性会将 AM 传输泄漏 $I_{Tx@Mxr\_input}$ 转换为直流成分和低频干扰成分。这些二阶失真会恶化 CDMA 信号的 CNR。当 CDMA 接收机工作时，传输泄漏一直都会存在。为了减少这些二阶失真对于接收机性能的影响，所允许的 CNR 下降值为 0.1dB。从式（3.2.13）和表 3.4 中可以计算允许的下变频器输入二阶失真电平，$IMD_{2\_allowed}$：

$$IMD_{2\_allowed} = -97 - 16.3 = -113.3\text{dBm}$$

基于 $IMD_{2\_allowed}$ 和 $I_{Tx@Mxr\_input}$，可以算出 I/Q 两个下变频器的最小要求 IIP_2：

$$IIP_{2\_Mxr} = 2I_{Tx@Mxr\_input} - IMD_{2\_allowed}$$
$$= 2 \times (-35) + 113.3 = 43.3\text{dBm} \quad (3.2.18)$$

由于传输泄漏 I/Q 所要求的 IIP 要比外界干扰所要求的低 10dB。

事实上，AM 传输泄漏的二阶失真成分也并非都在期望信号频带内。二阶失真的有效干扰部分对总 IMD_{2_Tx}（包含直流和低频部分）的功率比是依赖于 AM 传输幅值概率分布函数（probability density function，PDF）的。典型的 CDMA 移动站传输波（IS-98C 音频数据）的幅值概率分布函数在图 3.18 中给出。利用式(3B.4)和式(3B.5)以及概率分布函数数据，可以得到

$$\overline{IMD_{2\_DC}} = 1.06\text{dB}$$

$$\overline{IMD_{2\_LF}} = -5.59\text{dB}$$

以及通过式(3B.6)可以计算归一化 IMD_{2_Tx}：

$$\overline{IMD_{2\_Tx}} = 10\log(0.28 + 1.28) = 1.93\text{dB}$$

因此，CDMA 移动站传输的功率比 $PR_{IMD_{2\_LF}/IMD_{2\_Tx}}$ 为

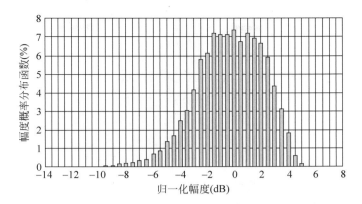

图 3.18 CDMA 移动站传输波形概率分布函数

$$PR_{IMD_{2\_LF}/IMD_{2\_Tx}} = \overline{IMD_{2\_LF}} - \overline{IMD_{2\_Tx}} = -5.59 - 1.93 \cong -7.52\text{dB}$$

因此,二阶低频成分占据了 IMD_{2_Tx} 总功率的 24%。

如附录 3B 中给出的,只有部分二阶失真低频成分频谱在期望信号基带内。二阶失真的有效干扰部分 IMD_{2_effect} 约为 IMD_{2_LF} 功率的一半。有效干扰部分对 IMD_{2_Tx} 的功率比即 $PR_{IMD_{2\_effect}/IMD_{2\_Tx}}$ 为

$$PR_{IMD_{2\_effect}/IMD_{2\_Tx}} \cong -7.52 - 3 = -10.52\text{dB}$$

这意味着 $IMD_{2\_max\_allowed}$ 可以再提高 10.52dB,或者

$$IMD_{2\_allowed} = -113.3 + 10.52 = -102.78\text{dB}$$

应对传输泄漏的 AM 的 I/Q 下变频器最小 IIP_2 要求可以将 $IMD_{2\_allowed}$ 代入式(3.2.18)得到

$$IIP_{2\_Mxr} = 2 \times (-35) + 102.78 = 32.78\text{dBm}$$

但是,事实上 I/Q 下变频器最小 IIP_2 要求是由双频干扰要求而不是传输泄漏决定的。先前计算出的 $IIP_{2\_Mxr} = 53\text{dBm}$ 比利用传输泄漏推导出的要高得多。

3. 传输泄漏自混频和隔离度要求

传输泄漏自混频是 CNR 下降的另一个来源。传输泄漏通过双工器、低噪声放大器和射频带通滤波器进入下变频器的射频输入(图 3.13 中的路径 1),以及从功率放大器的输出端到下变频器的 LO 输入[图 3.13 中的路径 2,在 I/Q 下变频器中混频并产生直流偏移和低频干扰(与下变化器二阶失真产生的成分相似)]。自混频干扰结果 I_{SM}(dB)可以通过以下式子估计:

$$I_{SM} = I_{Tx\_path1} + I_{Tx\_path2} - G_{Mxr} + \Delta G_{Mxr} \tag{3.2.19}$$

式中,I_{Tx_path1} 和 I_{Tx_path2}(dBm)分别是通过路径 1 和 2 到达下变频器的传输泄漏;G_{Mxr}(dB)是下变频器增益;ΔG_{Mxr}(dB)是传输泄漏自混频的转换增益。

功率放大器输出端和 I/Q 下变频器 LO 输入端的隔离度 ISL_{PA_out/LO_in} 定义为

$$ISL_{PA\_out/LO\_in} = TX_{PA\_out} - I_{Tx\_path2} \tag{3.2.20}$$

式中，TX_{PA_out}是在功率放大器输出端的传输功率；I_{Tx_path2}是在 I/Q 下变频器的 LO 输入端的传输泄漏电平。

如果分配了容许值的 I_{Tx_path2}，那么 ISL_{PA_out/LO_in} 是从功率放大器输出端泄漏通过电路板和/或公用偏置电路到达下变频器 LO 的最小隔离度要求。

仍旧计算和分析 CDMA 直接变频接收机作为例子。假定允许的 I_{SM} 等于 $IMD_{2\_max\_allowed} = -102.78 \text{dBm}$，通过路径 1 到达 I/Q 下变频器射频端口的传输泄漏 $I_{Tx\_path1} = -35 \text{dBm}$，可以通过式(3.2.19)得到允许的路径 2 传输泄漏电平：

$$I_{Tx\_path2} = -102.78 + 35 + \Delta G_{Mxr} - G_{Mxr} = -67.78 + \Delta G_{Mxr} - G_{Mxr} \text{dBm}$$

进一步假定功率放大器输出端的传输功率 $TX_{PA\_out} = 28 \text{dBm}$，下变频器功率放大器输出和 LO 输入的最小隔离度 ISL_{PA_out/LO_in} 应为

$$ISL_{PA\_out/LO\_in} = 28 + 67.78 - \Delta G_{Mxr} + G_{Mxr} \cong 95.8 - \Delta G_{Mxr} + G_{Mxr} \text{dB}$$

事实上，即使假定 $\Delta G_{Mxr} - G_{Mxr} = 0$ 也很难实现功放输出端口和下变频器的 LO 转入端口间 95.8dB 的隔离度。

一个可行的解决方法是使用工作在多个接收机载波频率的 UHF 合成器，并使用分频器来获得正确的 LO 频率。另一个方法是将频率合成器运行在接收机载波频率的次谐波上，再使用乘法器获得正确的 LO 频率。在这些实例中，来自功率放大器的传输泄漏也在到达下变频器 LO 输入端之前被分频或做乘法。这意味着当传输泄漏出现在 LO 输入端时，其频率已经被移动了。在这种情况下，与将式(3.2.19)中的转换增益改变量 ΔG_{Mxr} 降低是等效的，即 -60dB 或者更低并且假定 $G_{Mxr} = 15 \text{dB}$。因此隔离度要求降低为

$$ISL_{PA\_out/LO\_in} = 98.8 - 60 + 15 = 53.8 \text{dB}$$

这种程度的隔离度通过电路板设计或公用偏置电路解耦是比较容易实现的。

另一种传输泄漏自混频——基于变频器的射频和 LO 端口的隔离度 ISL_{RF_LO} 是有限的，通过路径 1 到达射频端口 I_{Tx_path1} 和部分泄漏到 LO 端口 I_{Tx_path1} 的混频。基于允许的最大自混频电平 I_{SM_Max}，可以计算出变频器射频和 LO 端口的最小隔离度为

$$ISL_{RF\_LO} = I_{Tx\_path1} - I_{SM\_Max} - \Delta G_{Mxr} \tag{3.2.21}$$

仍使用 CDMA 的例子，则有 $I_{Tx\_path1} = -35 \text{dBm}$，$I_{SM\_Max} = IMD_{2\_allowed} = -102.78 \text{dBm}$。在最坏的情况中，$\Delta G_{Mxr} = 0 \text{dB}$。从式(3.2.21)可以得到最小要求隔离度为

$$ISL_{RF\_LO} = -35 + 102.78 \cong 67.8 \text{dB}$$

为了最小化对于正交变频器等效 IIP_2 的影响[可以通过式(3.2.15)计算]，要求的最小隔离度 ISL_{RF_LO} 应该达到 87.6dB。这个隔离度的要求比基于传输泄漏自混频计算的值高得多。

4. 接收机射频链路反向隔离度

直接变频接收机的 LO 频率与接收期望信号载波频率是相同的。所以穿过 I/Q 变频器、射频带通滤波器、低噪声放大器和双工器到达天线的 LO 泄漏成了接收机带内散射。工作在不同无线通信系统中移动站接收机所允许的最大 LO 散射电平在表 3.5 中给出。

表 3.5 不同系统中接收机的接收频带允许最大散射

系统	接收机频段内最大散射(dBm)	系统	接收机频段内最大散射(dBm)
AMPS	-81	GSM(1800)	-71
CDMA	-76	TDMA	-80
GSM(900)	-79	WCDMA	-60

为了控制 LO 散射电平,需要 I/Q 下变频器在射频和 LO 端口有很高的隔离度,以及低噪声放大器拥有很高的反向隔离度。将从下变频器 LO 输入通过低噪声放大器到天线端口的隔离度称为反向隔离度。UHF 低噪声放大器反向隔离度约为 $20\sim25$dB。双工器和射频带通滤波器的总插入损耗 L_{filters} 约为 5dB。基于表 3.5,估计 LO 和射频端口的隔离度根据不同系统应为 $55\sim60$dB。以 CDMA 为例,允许最大散射是 -76dBm,考虑 4dB 的余量,在计算中使用 -80dBm。假定 LO 电平高达 0dBm 以及低噪声放大器反向隔离度 ISL_{LNA} 为 20dB,可以估计射频和 LO 端口的最小隔离度 ISL_{LO_RF} 应为

$$ISL_{LO\_RF} = LO - ISL_{\text{LNA}} - L_{\text{filters}} - I_{\text{emission}} = 0 - 20 - 5 + 80 = 55\text{dB} \tag{3.2.22}$$

如果在低增益模式中忽略低噪声放大器,那么低噪声放大器仅有几个 dB 或没有反向隔离度,此时 ISL_{LO_RF} 必须大于 75dB。

总的来说,ISL_{LO_RF} 等于 ISL_{RF_LO}。因此射频和 LO 的隔离度值应该设计为达到计算泄漏散射电平、传输泄漏自混频和允许的 IIP_2 增加中的最高值。在例子中,$ISL_{RF\_LO} = 87.6$dB。

当直接变频接收机设计在硅基集成电路上时,基板隔离度决定 LO 散射而非传导散射。此处,电路结构会显著地影响天线端口的 LO 散射电平。如果使用差分低噪声放大器取代单端低噪声放大器,在低噪声放大器输入端口穿过基板的 LO 泄漏电平会降低大于 20dB(在两种情况下使用的都是差分 I/Q 下变频器)。

5. 直接变频接收机的自动增益控制系统

直接变频接收机和超外差接收机的自动增益控制系统主要在两个方面不同。第一,直接变频接收机中,为了减少 I/Q 失配,在两个信道的基带模块都使用了步进式增益控制;而在超外差接收机中,增益控制基本是连续的并且大部分在中频模块起作用。第二,直接变频接收机中的信道滤波主要依赖 I/Q 信道中基带低通滤波器,而没有无源滤波器。基带低通滤波器在接收机频带内的抑制有限(约 65dB),所以剩余的干扰在模数转换器输入端口仍然可以等于甚至大于期望信号。因为模数转换器的输出还包含了干扰的功率,所以不能直接用于接收机信号强度指示器(receiver signal strength indicator,RSSI)估计信道带宽信号功率。但是,在超外差接收机中,高选择性的中频声表面波滤波器通常用作第一个信道滤波器,而随后的 I/Q 信道中的基带低通滤波器进一步进行信道滤波。在这种情况下,总的对于接收机带内抗干扰将高于 85dB,所以在模数转换器输入端口剩余的干扰是可以忽略的。

直接变频接收机自动增益控制系统可能含有两个 AGC 环路。图 3.19 给出了简化的

CDMA 直接变频接收机自动增益控制系统模块示意图。在超外差接收机中也类似使用的自动增益控制环路称为模拟 AGC 环路，它基于全部的接收功率工作（其中可能还包括剩余的干扰功率）。模拟 AGC 环路中的 $VGA\_i(i=0,1,2)$ 增益和低噪声放大器增益需要相继根据接收信号和剩余干扰功率进行调整，来维持模数转换器的输入电平为常数。第二个环路称为数字 AGC 环路，完全在数字域之中，其功能只是检测和追踪带内功率。数字可变增益放大器增益随着来自接收到的带内信号进一步滤波而调整，来使数字可变增益放大器的输出保持常数。容易证明接收到的带内功率与两个控制电压 V_{ca} 和 V_{cd} 的乘积成反比。在自然尺度下总模拟增益 g_a 是唯一由控制电压 V_{ca} 所决定的，而自然尺度下的数字增益 g_d 是与控制电压 V_{cd} 成正比的。由于 AGC 环路的作用，模拟 VGA_2 和数字可变增益放大器的输出应当是常数。因此有以下等式：

$$g_a(P_d + P_I) = \text{Constant\_1} \tag{3.2.23}$$

和

$$g_d(g_a \cdot P_d) = \text{Constant\_2} \tag{3.2.24}$$

式中，P_d 和 P_I 是带内信号功率和剩余干扰功率（单位为 mW）。

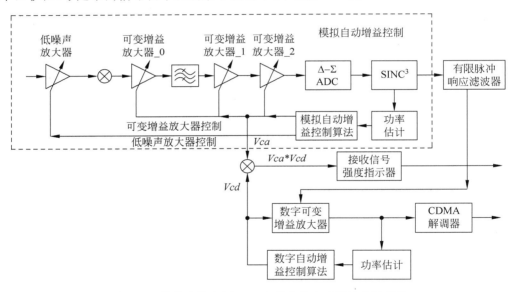

图 3.19　简化直接变频 CDMA 接收机自动增益控制系统

从式（3.2.24）可以得到

$$P_d = \frac{\text{Constant\_2}}{g_d \cdot g_a} \propto \frac{K}{V_{ca} \cdot V_{ca}} \tag{3.2.25}$$

因此，RSSI（接收信号强度）可以从式（3.2.25）中 $V_{ca} \times V_{cd}$ 得到。应该注意到模拟可变增益放大器的输出和模数转换器的输入并不是真的常数，它在 $\pm(\Delta G_{\text{step}}/2)$ 的范围内波动，其中 ΔG_{step} 是增益变化步长。

这种自动增益控制的优点是当没有干扰伴随期望信号时,模数转换器动态范围可以有效使用,因此这里的模数转换器可以在使用时不需要修改。显然这种自动增益控制系统比在超外差系统中使用的更为复杂。

6. 直接变频发射机

图 3.10 中发射机结构是典型的直接变频发射机结构。因为超外差发射机需要中频声表面波滤波器来清除杂散,所以通常直接变频发射机并不能像接收机那样节省成本。如果在设计中使用了 LO 发生器,直接变频发射机也需要一个简单的频率规划来避免杂散落入 GPS 或蓝牙频带,以及其他和无线移动收发机共同使用的器件。

在全双工直接变频收发机中,有可能将发射机 UHF VCO 与发射机别的电路集成在一块芯片上。因为发射机 VCO 的要求比接收机的要低,发射机中的接收机和发射机 VCO 是分开使用的。为了避免负载变化引起的 LO 偏移问题,VCO 运行频率应该和发射机工作频率不同。VCO 应该工作在发射机载波频率的两倍,LO 频率通过一个二分频器得到。这种方法有着潜在的 VCO 反调制问题,即调制发射机信号由于功率放大器的非线性产生的二阶谐振,工作在传输频率的两倍对 VCO 进行反馈并调制 VCO。如果反向调制很严重,会降低调制精度或传输信号的波形质量。更好的解决 LO 频率产生问题的方法是使用所谓的 LO 发生器,它拥有偏离 LO 频率的 VCO。

图 3.20 给出了一种包括合成器在内的 LO 发生器结构。在下式中给出了 LO 频率 f_{LO} 和 VCO 频率 f_{vco} 的关系为

$$f_{LO} = \frac{m \pm 1}{m} f_{vco} \tag{3.2.26}$$

式中,m 是分频器所使用的分频整数。

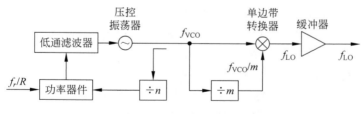

图 3.20 LO 发生器结构

当使用整数 N 合成器,整数 m 必须从满足以下的公式的 m 值中选取:

$$\frac{m \pm 1}{m} \cdot \frac{f_r}{R} = k \cdot \Delta f_{CH\_Space} \tag{3.2.27}$$

式中,f_r 是参考时钟频率;R 是参考时钟分频器的分频数;k 是整数;Δf_{CH_Space} 是信道间隔频率,对于手机和 PCS 频带移动系统来说分别是 30kHz 和 50kHz。

通常在移动站发射机设计中使用 $m=4,6,8$;$k=1,2,4$。

大部分发射机的增益控制是在射频模块中实现的。类似在超外差发射机中,增益基本是连续控制的。如果使用步进式增益调整,那么控制 I/Q 信道中的基带增益也是可能的。

为了减少电流消耗,发射链路中每一级的偏置通常是通过自动增益控制来动态控制的。数字基带的数模转换器传送的基带 I/Q 信号的电平可以通过控制数模转换器参考电压 V_{ref} 和参考电流 I_{ref} 线性调整。因此扩展了发射机的自动增益控制范围。另外,基于传输能量的基带信号电平调整可以进一步减少发射机总电流消耗。

为了抑制单片上直接变频发射机的 LO 泄漏散射,可能需要在低通滤波器、I/Q 调制器直到功率放大器输出的每一级使用差分电路。通常发射机集成电路不包括功率放大器。

3.3 低中频结构

低中频辐射结构中的中频(IF)是根据不同系统而不同的,并且可以低至两倍期望信号带宽的一半。因为期望信号是通过中频远离直流的,所以低中频结构的好处之一是没有直流偏移问题。合理地选择低中频,可以解决由于下变频器二阶非线性解调信号频带外 AM 干扰源所引起的低频干扰。而且,低中频结构还可以有效地减少近直流闪烁噪声对接收机性能的影响。因为 CMOS 电路中的闪烁噪声比 GaAs、BiCMOS 和 SiGe 电路中都要高,所以该结构对于基于 CMOS 技术的高度集成收发机是非常有用的。低中频结构的主要缺点是其镜像频率抑制问题。由于中频过低,所以镜像频带干扰距离期望信号很近,故很难通过使用无源 UHF 带通滤波器在不降低接收机灵敏度的情况下将镜像消去。

3.3.1 低中频无线电结构

低中频结构主要使用在接收机中。在发射机中,这种结构相比于直接变频或超外差结构并没有明显的优势。图 3.21 给出了可能的低中频结构模块图[13-14],从中也可以看到带相位偏移锁相环(OPLL)的超外差发射机模块图,其中 OPLL 作为射频上变频器和最后的传输射频滤波器。这种结构在 GSM 移动站中比较常见。使用 GSM 收发机为例,是因为当需要较高的镜频抑制时,低中频结构更适合使用在半双工系统而非全双工系统中。

1. 低中频结构接收机

图 3.21 中的低中频接收机使用了数字双正交变频器来获得较高的镜频抑制。这种结构并非是唯一的低中频结构。如参考文献[15]和[16]中使用多相带通滤波器和传统下变频器也可以获得同样的功能。

在图 3.21 中,天线通过发射机/接收机(transmitter/receiver,Tx/Rx)开关来控制与接收机还是发射机相连接。这种结构在半双工收发机中经常使用,因为接收机和发射机在不同的时隙中工作,但是它们共用一副天线。

接收机有两种工作模式,即正常接收模式和校准模式。在正常接收模式,模式选择开关将前置选择器和低噪声放大器与正交下变频器相连,而校准开关打在开的状态。低中频结构接收机中的前置选择器只是作为接收机带通滤波器,而没有任何镜频抑制的功能。与其他结构类似,低噪声放大器通常决定了整个接收机的噪声系数。再通过前置选择器并由低噪声放大器放大后,接收到的射频期望信号和 UHF 正交 LO 信号(假定 LO 频率低于接收

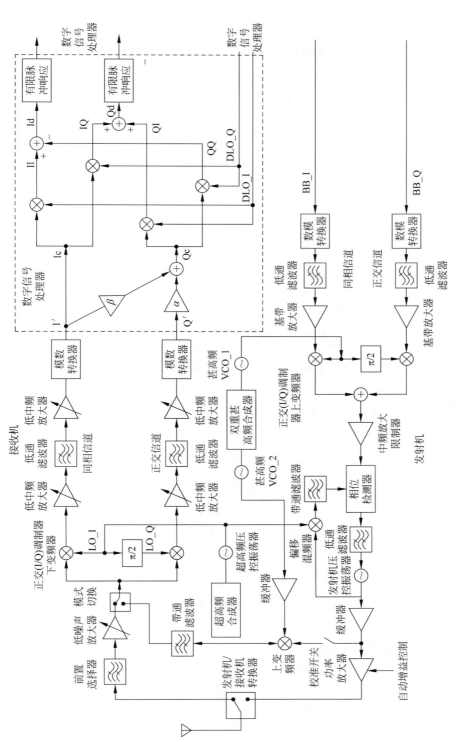

图 3.21 低中频接收机和超外差发射机模块图

到的信号频率)在 I/Q 下变频器中混合来产生低中频(GSM 中为 100kHz)I/Q 信号。低中频 I/Q 信号由低频放大器(low-frequency amplifiers,LFA)放大并使用低通滤波器从高频混合结果中分离出来。在模数转换器输入端口,I/Q 信号的幅值不平衡达到约 0.5～0.75dB,而相位不平衡约 3°～5°。这种程度的不平衡会在期望信号频带导致－22～－25dB 的镜频串扰。为了避免直流偏移的传播,应在下变频器输出和模数转换器输入端口之间使用交流耦合或者高通设计。

低频模拟 I/Q 信号最终通过模数转换器转变为数字信号。在模数转换器之后,所有的信号处理都在数字域中进行。I/Q 的数字信号 I' 和 Q',携带有和低频模拟 I/Q 信号相同的失衡误差。I' 和 Q' 的失衡误差在进一步下变频为数字基带 I/Q 信号之前进行适当的补偿。在图 3.21 所示的低中频接收机结构中,这个补偿过程只在 Q' 信号上发生。补偿 Q' 有形式 $Q_c = \alpha Q' + \beta I'$,其中当 I/Q 信号完美平衡时 $\alpha = 1$,$\beta = 0$。另外,I' 信号在传输到下一级时并不发生变化,即 $I_c = I'$。I_c 和 Q_c 信号在双正交数字下变频器中与数字 LO I/Q 信号混合,并产生四种基带信号(II, QQ, IQ, QI)。数字双正交下变频器最终的 I 信道输出 I_d 是 II 和 QQ 的差——$II - QQ$,而 Q 信道的输出 Q_d 是 QI 和 IQ 的和——$IQ + QI$。在误差补偿之后,数字 I/Q 信号之间的相位不平衡会降低到 0.4°而幅值不平衡会降低到 0.03dB,因此镜频抑制可以提高到 50dB 或者更高[14]。

当接收机工作在校准模式,模式开关连接发射器产生校准信号,校准开关闭合。校准信号有着和接收机载波信号相同的频率,并且直接馈给 I/Q 下变频器。校准信号在接收机中除了 α 和 β 分别置于 1 和 0 外,其在接收机和期望信号同样的处理。并且双正交下变频器不仅提供 I/Q 信号 I_{cal} 和 Q_{cal} 还有镜像 I 和 Q 信号 I_{img} 和 Q_{img}(通过交换加减运算)——$I_{cal} = II - QQ, Q_{cal} = IQ + QI, I_{img} = II + QQ, Q_{img} = IQ - QI$。补偿乘子 α 和 β 可以通过下式计算(参见 3.3.2 节):

$$\alpha = \frac{1}{(1 + \delta)\cos\varepsilon} \tag{3.3.1}$$

$$\beta = \tan\varepsilon \tag{3.3.2}$$

式中,δ 和 ε 的取值为

$$\delta = -2 \frac{I_{cal} I_{img} - Q_{cal} Q_{img}}{I_{cal}^2 + Q_{cal}^2} \tag{3.3.3}$$

$$\varepsilon = \tan^{-1} \frac{2(I_{cal} Q_{img} + Q_{cal} I_{img})}{I_{cal}^2 + Q_{cal}^2} \tag{3.3.4}$$

半双工器的空闲时隙可以用来给 I/Q 失衡误差进行补偿。补偿执行的频率取决于系统设计和电路性能。

2. 带 OPLL 的超外差发射机

图 3.21 所示是典型的 GSM 移动站发射机模块图。在正常传输模式中,其高频(VHF) VCO_1 得到供电并运行在 44.9MHz,但 VHF VCO_2 和其他有关接收机校准信号产生的电路是断电的。来自发射机数模转换器的 I 和 Q 基带信号在正交调制器中调制

44.999MHz 的正交信号,来形成 GMSK 中频信号。这个 OPLL 中的中频信号上变频为一个载波频率在 890~915MHz 的 GSM 射频传输信号。OPLL 由一个相位比较器、一个偏移降频混频器、一个发射机压控振荡器和环路滤波器组成。GMSK 调制中频信号输入到相位比较器作为参考信号。OPLL 既需要足够宽的带宽在发射机压控振荡器的输出重新产生有可接受相位误差的 GMSK 调制;但是其带宽又一定要足够窄将杂散和噪声发射抑制到足够低的程度(可能比指标要求的值低得多)。从发射机压控振荡器输出的 GMSK 调制射频信号通过缓冲器和功率放大器放大到约 30dBm,并最终从天线发射。

在校准模式中,基带 I/Q 信号不含有任何调制信息。正交调制器的输出是频率为 44.9MHz 的非调制信号。这个中频信号输入 OPLL 来产生频率在发射机频带内的射频信号。在校准模式中,VHF VCO_2 也通电并运行在频率 45.1MHz,校准开关闭合。因此缓冲放大器输出的射频传输信号穿过校准开关并和 VCO_2 信号(45.1MHz)一起上变频,并产生接收机频带的信号。上变频器的输出通过接收机频带滤波器以获得纯净的接收机校准信号。在接收机校准模式中,关闭功率放大器以减少功耗。

3.3.2　获得高镜频抑制的方法

低中频接收机结构的主要问题在于其镜频,由于中频太低,不足以通过使用射频带通滤波器将镜频从期望信号中分离出来。I 和 Q 信道信号的失衡决定了可能的最大镜频抑制。为了取得高镜频抑制,有必要通过使用复杂的正交下变频器或正交下变频器和复杂带通滤波器来降低 I/Q 的失衡。在本小节中,讨论具体如何取得高镜频抑制。

1. I/Q 信号失衡和镜频抑制

低中频 I/Q 信道信号失衡导致的镜频串扰会降低镜频抑制。镜频抑制(IR,单位为 dB)和幅值与相位失衡的关系表达式为(参考附录 3C)

$$IR = 10\log\frac{1 + 2(1+\delta)\cos\varepsilon + (1+\delta)^2}{1 - 2(1+\delta)\cos\varepsilon + (1+\delta)^2} \tag{3.3.5}$$

式中,ε 是 I/Q 相位偏离 90° 的失衡;δ 是 I/Q 幅值失衡,并且它通常使用 dB 为单位,用 $10\log(1+\delta)$ 来表达。

在图 3.22 中给出了镜频响应与相位失衡 ε 和幅值失衡 $|10\log(1+\delta)|$ 的曲线。在图中,每条曲线代表了某个程度的镜频抑制响应——每条线的镜频抑制不同。曲线给出了 25~60dB 之间步长为 5dB 的镜频抑制。对于一个给定的幅值失衡,镜频响应对于一定误差范围内的相位失衡变化不敏感;同样,对于一个给定的相位失衡,镜频响应对于一定误差范围内的幅值失衡变化不敏感。例如,对于 0.3dB 幅值失衡,当相位失衡在 0~2° 内改变时,镜频抑制维持在 30dB;而对于 4° 相位失衡,当幅值失衡在 0~0.13dB 内改变时,镜频抑制维持不变。

当在 GSM 移动站中使用 100kHz 低中频时,分别距离期望信号载波 200kHz 和 400kHz 的相邻/相间信道,可能成为期望信号的镜频干扰。在 GSM 规范中[2],定义相邻/相间信道干扰分别可以最少高于期望信号 9dB 和 41dB。相邻/相间信号规范应用于期望信号输入电平高于参考灵敏度电平 20dB 以上的情况。在 GSM 移动站参考灵敏度电平的 CNR 约为 8dB。所以测验信号电平的 CNR 是 28dB。如果在相邻/相间信道干扰下（在带内产生高于期望信号 16.4dB 的干扰），允许 CNR 的下降幅度只有 3dB，那么对于镜频抑制的要求最少为 $(16.4+28-3)=41.4$dB。从图 3.22 中可以看到，为了达到 42dB 或更高的镜频抑制，I/Q 信道信号的相位失衡和幅值失衡分别要低于 1° 和 0.1dB。但是，基于 GSM 标准，24.4dB 的镜频抑制已经足以应对相邻/相间信道的干扰（见 3.3.3 节）。

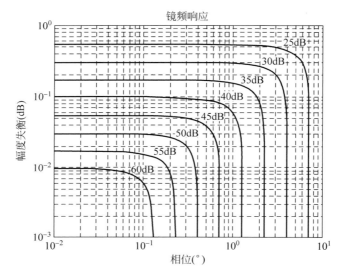

图 3.22　镜频响应与幅值/相位失衡

2. 数字双正交下变频器方法

为了得到高于 40dB 的镜频抑制，必须对模拟 I/Q 信号的失衡误差进行校正。一种获得高镜频抑制的有效方法是使用数字双正交下变频器[14]。在图 3.21 中给出了使用数字双正交下变频器的低中频接收机。为了解释如何获得高镜频抑制，在图 3.23 中给出了低中频接收机的简化图，其中只包括模拟和数字双正交下变频器。

失衡的低中频 I/Q 信号 I_{IF} 和 Q_{IF} 可以表示为（参见附录 3C）

$$I_{IF} = \frac{1}{2}\cos[\omega_{IF}t + \varphi(t)] \tag{3.3.6}$$

和

$$Q_{IF} = \frac{-(1+\delta)}{2}\sin[\omega_{IF}t + \varphi(t) - \varepsilon] \tag{3.3.7}$$

如式（3.3.5）中的定义，其中 δ 和 ε 分别是幅值和相位失衡，并且将 I_{IF} 和 Q_{IF} 的幅值归一化以使其统一。在以下推导中，也使用了归一化幅值。

如果没有任何的失衡补偿过程，例如 $\alpha=1$ 和 $\beta=0$ 时，由模拟电路导致的 I/Q 信道失衡会一直传播到数字双正交下变频器的输出端。由于数字双正交下变频器引入的失衡通常是

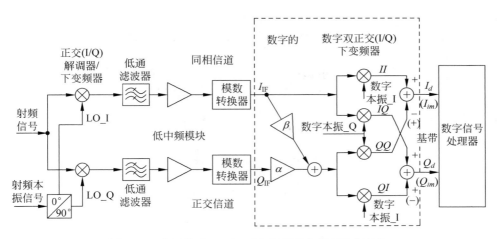

图 3.23　使用数字双 I/Q 下变频器的高镜频抑制结构

微不足道的,所以其输出端下变频到基带的信号可以表示为

$$II = \frac{1}{4}\cos\varphi(t) \tag{3.3.8}$$

$$IQ = -\frac{1}{4}\sin\varphi(t) \tag{3.3.9}$$

$$QI = -\frac{1+\delta}{4}\sin[\varphi(t)-\varepsilon] \tag{3.3.10}$$

和

$$QQ = -\frac{1+\delta}{4}\cos[\varphi(t)-\varepsilon] \tag{3.3.11}$$

从式(3.3.8)到式(3.3.11),可以得到期望 I/Q 信号 I_d 和 Q_d 为

$$I_d = II - QQ \cong \frac{1}{2}\cos\varepsilon \cdot \cos\varphi(t) \tag{3.3.12}$$

和

$$Q_d = IQ + QI \cong \frac{1}{2}\cos\varepsilon \cdot \sin\varphi(t) \tag{3.3.13}$$

通过交换式(3.3.12)和式(3.3.13)中的正负号,镜像 I/Q 结果 I_{im} 和 Q_{im} 也可以从式(3.3.8)到式(3.3.11)中导出,并被表示为

$$I_{im} = II + QQ = -\frac{1}{4}[\delta\cos\varepsilon \cdot \cos\varphi(t) + \sin\varepsilon \cdot \sin\varphi(t)] \tag{3.3.14}$$

和

$$Q_{im} = IQ - QI \cong \frac{1}{4}[\delta\cos\varepsilon \cdot \sin\varphi(t) - \sin\varepsilon \cdot \cos\varphi(t)] \tag{3.3.15}$$

如图 3.21 所示,在正常的接收器工作模式,只使用期望 I/Q 信号;但在校准模式中,通过开关调整双正交下变频器加/减运算(改变初始运算符号为括号中的符号),期望信号和 I/Q

镜频信号都需要测量。当接收器工作在校准模式,一个测试信号加载到射频 I/Q 下变频器的输入端。式(3.3.12)~式(3.3.15)仍然成立,但是当使用连续波(CW)测试信号时,$\varphi(t)$会变成一个时间无关的常数。

从近似式(3.3.12)~式(3.3.15)中,可以导出失衡幅值和相位 δ 和 ε 的表达式。$\dfrac{I_{im}}{I_d}$ 和 $\dfrac{Q_{im}}{Q_{id}}$ 的比率分别表示为

$$\frac{I_{im}}{I_d} = -\frac{1}{2}(\delta + \tan\varepsilon \cdot \tan\varphi) = -\frac{1}{2}\left(\delta - \tan\varepsilon \cdot \frac{Q_d}{I_d}\right) \tag{3.3.16}$$

和

$$\frac{Q_{im}}{Q_d} = -\frac{1}{2}(\delta - \tan\varepsilon \cdot \cot\varphi) = -\frac{1}{2}\left(\delta + \tan\varepsilon \cdot \frac{I_d}{Q_d}\right) \tag{3.3.17}$$

推导过程中使用了从式(3.3.12)和式(3.3.13)中推导出的公式:

$$\frac{I_d}{Q_d} = -\cot\varphi \tag{3.3.18}$$

解式(3.3.16)和式(3.3.17),可以得到失衡幅值 δ 和相位 ε 用 I_d、Q_d、I_{im} 与 Q_{im} 表示的表达式为

$$\delta = -\frac{2(I_d I_{im} - Q_d Q_{im})}{I_d^2 + Q_d^2} \tag{3.3.19}$$

$$\varepsilon = \tan^{-1}\frac{2(I_d Q_{im} + Q_d I_{im})}{I_d^2 + Q_d^2} \tag{3.3.20}$$

如果使 $I_d = I_{cal}$,$Q_d = Q_{cal}$,那么式(3.3.19)、式(3.3.20)和式(3.3.3)、式(3.3.4)是完全相同的。上式完全解释了式(3.3.3)、式(3.3.4)的来源。

补偿乘子 α 和 β 应当由失衡 δ 和 ε 来决定,它们可以基于 I/Q 信号在失衡误差补偿之后达到平衡的考量来进行推导。低中频 I/Q 信号的表达式在式(3.3.6)、式(3.3.7)中已经给出。补偿只在 Q 信道中发生,而在 I 信道中有 $I_C = I_{IF}$。补偿后的 Q 信道信号 Q_c 可以表示为

$$Q_C = -\frac{1}{2}\{\alpha\cos\varepsilon \cdot (1+\delta)\sin[\omega_{IF}t + \varphi(t)]$$
$$+ [\beta - \alpha(1+\delta)\sin\varepsilon] \cdot \cos[\omega_{IF}t + \varphi(t)]\} \tag{3.3.21}$$

在平衡状态下,必须有以下等式:

$$\alpha(1+\delta)\cos\varepsilon = 1$$
$$\beta - \alpha(1+\delta)\sin\varepsilon = 0$$

从这两个式子出发,很容易得到用来补偿失衡的乘子 α 和 β:

$$\alpha = \frac{1}{(1+\delta)\cos\varepsilon} \tag{3.3.1}$$

和

$$\beta = \tan\varepsilon \tag{3.3.2}$$

虽然和参考文献[14]中所使用的方法相同,但是在本小节中所用公式的形式却不同于参考文献。这是因为本小节中失衡的定义和参考文献[14]中的是不同的。

3. 多相带通滤波器方法

使用多相带通滤波器是另一种获得高镜频抑制的方法。使用这种方法时,如果镜频抑制的要求不是特别高,并不必须要用动态失衡误差校正或自适应性消除 I/Q 信道失配。对于传统使用 100kHz 低中频接收机的 GSM 移动站来说,假如只有相邻/相间信道信号被当作镜频干扰源,最小的镜频抑制只要达到 30dB。图 3.24 给出了简化的使用模拟多相带通滤波器的低中频接收机模块图。

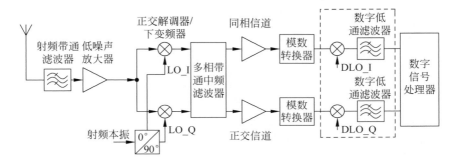

图 3.24　多相带通滤波器低中频接收机模块图

在此结构中,为了获得高镜频抑制,射频正交下变频器和多相滤波器引起的失衡都必须足够低。射频正交下变频器的 I/Q 失配会导致在期望信号频带的串扰。其原理可以用信号的复数域表达式来解释。假定期望信号低中频信号有角频率 $\omega_{IF} = 2\pi f_{IF}$,镜频信号有角频率 $\omega_{im} = 2\pi f_{im} = -2\pi f_{IF}$,可以将镜频信号表示为

$$S_{im} = A_{im} \mathrm{e}^{-\mathrm{j}[\omega_{IF}t + \vartheta(t)]}$$
$$= A_{im} \cos[\omega_{IF}t + \vartheta(t)] - \mathrm{j}A_{im} \sin[\omega_{IF}t + \vartheta(t)] \tag{3.3.22}$$

式中,A_{im} 是镜频信号的幅值;$\vartheta(t)$ 是其角度调制。

如果射频正交下变频器不是完全平衡,产生了幅值失衡 2Δ 和相位失衡 2ϕ,为了简洁,将带有正交下变频器输出 I/Q 失衡的复镜频信号表示为

$$A_{im}(1+\Delta)\cos[\omega_{IF}t + \vartheta(t) + \phi] - \mathrm{j}A_{im}(1-\Delta)\sin[\omega_{IF}t + \vartheta(t) - \phi]$$
$$\cong A_{im}\cos\phi \cdot \mathrm{e}^{-\mathrm{j}[\omega_{IF}t + \vartheta(t)]} + \Delta A_{im}\cos\phi \cdot \mathrm{e}^{\mathrm{j}[\omega_{IF}t + \vartheta(t)]} + \mathrm{j}A_{im}\sin\phi \cdot \mathrm{e}^{\mathrm{j}[\omega_{IF}t + \vartheta(t)]} \tag{3.3.23}$$

式(3.3.23)中的右边第二项和第三项是由于 I/Q 失衡导致期望频带的镜频串扰。显然一旦前级的射频正交下变频器产生镜频串扰,它们是不可能由多相带通滤波器完全消除的。在本例中,将射频正交下变频器的相位失衡 2ϕ 限制在 $1°$ 以下来得到 40dB 以上的镜频抑制是非常必要的,因为幅值失衡通常可以通过调整 I/Q 信道增益来消除。对于低相位失衡(小于 $0.5°$),通过多相滤波器可以实现 $90°$ 移相器或者称作正交发生器的效果。

反对称多相滤波器对于正频率分量和负频率分量有着不同的传递函数。这意味着它可以放大期望信号并压制镜像信号[17]。如图 3.25 所示,多相滤波器有两个输入(I_i, Q_i)和两个

输出(I_o,Q_o)，因此有四个传递函数 H_{II}、H_{QI}、H_{IQ} 和 H_{QQ}。在理想情况下，$H_{II}=H_{QQ}$，$H_{IQ}=H_{QI}$。对于使用低 LO 频率(低于期望信号的 LO)的低中频接收机，会要求多相滤波器有着从正频率到正频率的带通；负频率到负频率的衰减；并且没有从正频率到负频率(或反之亦然)的传输函数。总的来说，合成的多相带通滤波器只有一个通带，不是在正频率就是在负频率。多相带通滤波器的传递函数可以通过相应的低通传递函数的线性变换得到：
$H_{BP}(j\omega)=H_{LP}(j\omega-j\omega_{IF})^{[15,17]}$。

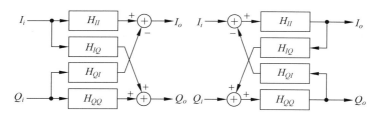

图 3.25　多相滤波器模块图

　　模拟多相滤波器的最大镜频抑制主要是由 I/Q 路径的分量失衡所决定的。为了得到 55dB 或更高的镜频抑制，两条路径的分量失衡必须小于 0.2%。多相滤波器的动态范围不仅依赖于镜频抑制，还与镜频对滤波之前期望信号的干扰有关系。在低中频 GSM 接收机中，相邻/相间信道的信号可能会变成带内期望信号的干扰源，并且干扰比期望信号高 15dB 或更多。如果接收机要求高于 30dB 的镜频抑制，那么多相带通滤波器应该有 45dB 甚至更高的动态范围。基于动态范围要求和实际应用，可能会需要 6～10 位的模数转换器。

　　如果多相带通滤波器的镜频抑制比正交下变频器高得多，图 3.24 中的低中频接收机的总镜频抑制是由射频正交下变频器的失衡性能所决定。对于特别高的镜频抑制如 55dB，那么除了高动态的模数转换器之外，还可以使用数字多相滤波器和误差失衡补偿。

3.3.3　一些设计考量

1. 低中频接收机结构比较

　　在低中频接收机中主要的技术困难就是镜频抑制，因为中频太低导致想要在射频级中将镜频干扰滤除是不可能的。前面所讨论的两种方法是解决这个问题最常用的方法。第一种使用了数字双下变频器和动态失衡误差校正，提供了可以高达 50dB 镜频抑制。第一种设计的结构比第二种复杂很多。它需要额外的电路来产生校准信号以及在数字域中更多的处理过程。虽然第二种基于模拟多相带通滤波器的方法不需要额外的校准电路，但是模拟有源多相滤波器对于功率的需求很大。第二种方法简洁的结构只能提供中等的镜频抑制——约 40dB。

　　在实际设计中将根据应用和镜频抑制要求来选择一种低中频接收机的结构。显然使用双正交变频器和失衡误差校准的方法更适合对于镜频抑制有较高要求的系统。事实上，这个系统的复杂度主要在数字信号处理中，因此其对于相应电流损耗的提高不会太明显。另外,如果温度和信号强度的变化不剧烈,大部分系统中的失衡补偿并不需要在每个信号脉冲的时隙工作。低中频结构的 GSM 移动站通常是基于这种结构的,虽然其镜频抑制的要求可能只有 30dB。但是,3.3.2 节中的失衡补偿方法不能在全双工收发机系统的接收机中使用。使用模拟多相带通滤波器的低中频接收机则没有这个限制,但是其镜频抑制表现不如前者。

2. 镜频抑制的决定因素

低中频通常在期望信号频带的一半到两倍范围之内。在这种情况下,相邻/相间信道的信号可能会变成带内期望信号的干扰源。以 GSM 移动站为例,相邻信道的频率间隔为 200kHz,而相间信道的频率间隔为 400kHz。对于 100kHz 的中频接收机来说,显然相邻信道的信号正好在期望信号的镜像频带之内。除此之外,如图 3.26 所示,相间信道的信号在频率从射频下变频到中频之后成了相邻信道的干扰源。在此图中,假定了期望信号载波频率比 LO 频率 100kHz 要高。较低频的相邻信道干扰是期望信号的镜频干扰,并且在下变频后其频谱也会对称变换并和期望信号互相重叠。在图 3.26 中,下变频后的镜像频谱用虚线表示。在同一张图中描述了较低频的相间信道干扰也通过类似的方式成为相邻信道的干扰源。

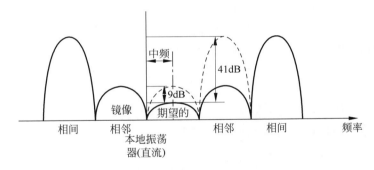

图 3.26 相邻/相间信道干扰

低中频接收机的最低镜频抑制要求 $IR_{\min}$ 可以通过下式粗略估计:

$$IR_{\min} = CNR_{\min} + \Delta S_d + \Delta I_{\text{inband}} - \Delta CNR \qquad (3.3.24)$$

式中,$CNR_{\min}$ 是在接收机灵敏度下的载噪比;ΔS_d 是分配给期望信号的相对电平,是比相邻和相间信道干扰测试中灵敏度电平高的值;ΔI_{inband} 是期望信号带内的相对干扰电平;ΔCNR 是允许的 CNR 下降;式(3.3.24)中的所有变量单位都是 dB。

如图 3.26 所示,GSM 移动站定义相邻信道干扰和相间信道干扰分别高于期望信号 9dB 和 41dB。期望信号电平定义为比相邻信道干扰测试的灵敏度电平高 $\Delta S_d = 20$dB,GSM 移动接收机的 $CNR_{\min}$ 约为 8dB。对于相同的 BER,那么 CNR 可以降低 20dB。因此,使用式(3.3.24)可以得到最小镜频抑制要求为

$$IR_{\min} = 8 + 20 + 9 - 20 = 17\text{dB}$$

事实上,低中频 GSM 接收机的镜频抑制要求不仅由镜频干扰决定,还与相间信道干扰有关。主要的原因是:①它比期望信号高 41dB;②GSM 的期望、相邻和相间信号的频谱不

是像图 3.26 中所示那样简单,而是互相交叠的。在期望信号频带内相间信号的功率约占到功率谱中的 0.28% 或者 -25.5dB。来自低频相间信道的相邻信道干扰比期望信号高 41dB,并且 0.28% 的总相间信道信号能量约比期望信号高 15.5dB。考虑这个干扰和镜频干扰,那么相应的低中频 GSM 接收机镜频抑制最小值是

$$IR_{\min} = 8 + 20 + 15.5 - 20 = 23.5\text{dB}$$

总的来说,30dB 的镜频抑制对于低中频 GSM 移动接收机来说足够控制相邻信道干扰和相间信道干扰。即使在不使用失衡误差校正的情况下,30dB 的镜频抑制虽然不容易但也不算很难得到。从图 3.22 中,我们知道它要求 I/Q 信道信号的相位和幅值失衡分别低于 4° 和 0.25dB。

3. 低中频接收机自动增益控制

低中频接收机自动增益控制(AGC)和直接变频接收机的自动增益控制相似。在 I/Q 信道中的增益控制,最好使用离散步进式的增益控制来取得较高的精确度和平衡。这一点对于基于多相滤波器的低中频接收机,在带通滤波器级之前的增益控制级来说尤其重要。这是因为任何增益失衡(以及控制范围内的相位失衡)会导致对于可能的最大镜频抑制的限制。在使用失衡补偿的低中频接收机中,I/Q 信道中的增益控制失衡可能并不需要那么精准,因为这里的失衡会被校准,并通过基于存储的校准信息进行补偿。

当低通滤波器或带通滤波器不足以抑制阻塞或其他干扰时,也许也会像在直接变频接收机中那样需要一个数字自动增益控制。更多关于数字自动增益控制的信息可以在 3.2.3 小节中找到。

4. 带相位偏移锁相环的发射机

在图 3.21 中所给出的发射机是 GSM 超外差发射机,它使用相位偏移锁相环(OPLL)作为跟踪期望信号的带通滤波器。在 GSM 发射机中所使用的相位偏移锁相环应该有以下特点:对于传输噪声足够的抑制、较小的相位误差和能够快速稳定。相位偏移锁相环的带通特性让它能够代替声表面波滤波器和双工器;快速稳定使其能够降低电流消耗。

相位偏移锁相环的带宽应该窄到能够抑制接收机频带中的噪声到 -79dBm 以下,并且其带宽还需要宽到能够在均方根相位误差小于 5°。相位偏移锁相环的优化带宽在 0.6~2.6MHz 之间[18]。

3.4　带通采样无线电结构

目前,对于移动站来说使用软件无线电结构仍然是不现实的。软件无线电结构中最好将模数转换器放在尽量接近天线的射频前端,使其工作的射频采样频率比两倍最大载波频率稍高,并且使生成的采样在可编程数字信号处理器中处理。对于 1.9GHz 的 PCS 频带信号,理想软件无线电中的模数转换器采样频率应当大于 4.0GHz。这里的主要问题是,现在没有足够成熟的技术来提供这么高频的采样处理器件,并且同时要求该器件的功耗对于移动站来说可以接受。另一种解决方法是使用带通采样结构,它会拥有一些理想软件无线电

的特性。

带通采样也称作谐波采样,这是一种采样频率低于最高频的采样技术,用来得到从射频到低中频或者基带的频变,并且如果是带通信号[19-21],能够重构采样的模拟信号内容。采样频率要求不是基于射频载波,而是基于信号的信息带宽。因此生成信号处理速率可以显著减少。

如果在射频中直接采用带通采样技术,那么无线电结构会比其他之前提到的结构简单得多。在完成采样和数字化的高性能模数转换器之前,模拟射频模块只包含带通滤波器和低噪声放大器。值得注意的是,射频收发机中的带通采样结构,其射频载波与欠采样率的比率通常不高。其主要原因是工作于射频频段模数转换器的噪声密度很高,并且随着采样率的谐振阶数而提高。另外,显然带通采样可以应用于超外差接收机来替代 I/Q 下变频器,并且随后在数字域中产生基带 I/Q 信道。在本小节中,主要讨论射频带通采样。

3.4.1　带通采样基础

在 2.4.1 小节中的采样理论证明,为了避免混叠以及为了完整重构信号,采样频率至少为最高频的两倍。显然频带中有效的信息是从零频率到截止频率。然而,在无线通信系统中所使用的射频信号通常是窄带的,因为信号带宽仅为载波频率的 $0.003\%\sim0.2\%$。在目前这些例子中,为了避免混叠的最小统一采样频率依赖于信号带宽而不是信号的最高频率。如果信号的载波频率选择恰当,那么无混叠的最小采样频率应该是信号带宽的两倍。然而,最小采样频率 $f_{s,\min}=2\times BW(BW$ 是信号带宽)只是一个理论值,事实上任何基于采样频率操作过程中的不完善都将导致混叠,而其他不同于基带采样的带通采样方法仍旧有着混叠的问题,即使采样率高于 $f_{s,\min}$。

假定一个带通模拟信号有最低频率 f_L 和最高频率 f_H,即其带宽为 $BW=f_H-f_L$。只要满足以下两个不等式,带通信号在采样和数字化之后可以重构:

$$\frac{(n-1)f_s}{2}<f_L \tag{3.4.1}$$

$$f_H<\frac{nf_s}{2} \tag{3.4.2}$$

其中 n 满足 $1\leqslant n\leqslant f_H/BW(\lfloor\,\rfloor$ 表示取最大整数)。如图 3.27 所示,满足式(3.4.1)和式(3.4.2)的采样频率 f_s 也意味着其生成的采样信号频谱没有重合或混叠。

从不等式(3.4.1)和(3.4.2)可以推导出可接受的无混叠统一采样率:

$$\frac{2f_H}{n}\leqslant f_s\leqslant\frac{2f_L}{n-1} \tag{3.4.3}$$

对于有着最低频率 f_L 和最高频率 f_H 的带通信号,n 的最大允许值 $n_{\max}$ 为

$$n_{\max}=\left\lfloor\frac{f_H}{f_H-f_L}\right\rfloor \tag{3.4.4}$$

图 3.28 给出了当 $n=1,2,\cdots,5$ 时式(3.4.3)具体的图像。其中按照参考文献[19]中的方法,对归一化采样频率 f_s/BW 与归一化最高频率 f_H/BW 作图。其中的楔形区域是无混

叠的采样允许区。阴影部分代表导致混叠的采样率。显然无混叠范围的采样率以及最高信号频率 Δs 和 Δ_{fH} 随着归一化采样率和最高信号频率而提高。整数 n 越小,采样率允许区域就越宽。当使用带通采样技术将射频变频到低中频或基带信号时,n 值通常取在 10 以下。

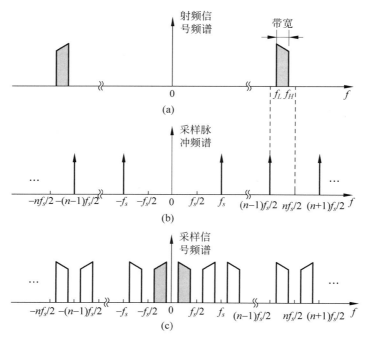

图 3.27　射频信号频谱、采样脉冲频谱和采样信号频谱

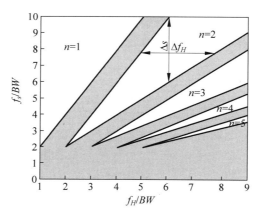

图 3.28　无混叠统一采样的允许区域

如图 3.29(a)所示,在移动站中考虑将感兴趣信号的带宽 $BW = f_H - f_L$ 作为信道滤波器阻带宽度,信号信息宽度作为信道滤波器的通带 $BW_P = BW_I$。除此之外,通带的中心频

率 f_c 通常代表了期望信号的载波频率。从图 3.29 中可见,阻带边缘和最靠近中心频率 f_c 的采样谐振频率 mf_s 的频率差值 Δ_1 为

$$\Delta_1 = mf_s - (f_c - BW_s/2) \tag{3.4.5}$$

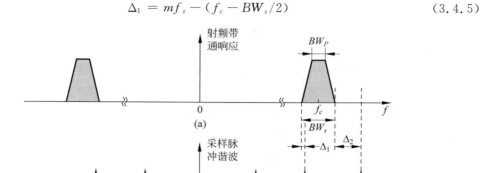

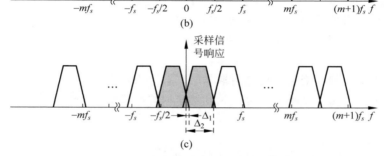

图 3.29 射频带通响应、采样脉冲谐振与采样信号响应

采样谐振频率 $(m+1)f_s$ 与阻带另一个边缘的频率差值 Δ_2 为

$$\Delta_2 = (m+1)f_s - (f_c + BW_s/2) \tag{3.4.6}$$

显然从图 3.29(c)可见,没有频谱互相重叠进入通带,Δ_1 和 Δ_2 必须满足以下式子:

$$\Delta_1 < (f_c - mf_s) - \frac{BW_P}{2} \tag{3.4.7}$$

和

$$\Delta_2 > (f_c - mf_s) + \frac{BW_P}{2} \tag{3.4.8}$$

在式(3.4.7)和式(3.4.8)中减去式(3.4.5)和式(3.4.6),不混叠的采样频率可以表示为[21]

$$\frac{2f_c + \frac{1}{2}(BW_P + BW_S)}{n} < f_s < \frac{2f_c - \frac{1}{2}(BW_P + BW_S)}{n-1} \tag{3.4.9}$$

式中,$n = 2m+1$。事实上,在式(2.3.9)中的 n 也可以是偶数 $n = 2m$,在此例中采样信号的频谱被反转了[21]。当满足以下条件,式(3.4.9)将会变成式(3.4.5):

$$\frac{1}{2}(BW_P + BW_S) = f_H - f_L \quad \text{和} \quad f_c = \frac{f_H + f_L}{2}$$

采样率精确度可以通过最大和最小允许采样频率之差 Δf_s 来估计，如下[19]

$$\Delta f_s = \frac{2(f_H - BW)}{n-1} - \frac{2f_H}{n}$$

采样率要求的相关精度为

$$\frac{\Delta f_s}{BW} = \frac{2}{n(n-1)}\left(\frac{f_H}{BW} - n\right) \approx 0\left(\frac{1}{n^2}\right) \tag{3.4.10}$$

　　带通采样将射频带通信号重定位于低通位置。生成的信噪比要比模拟正交下变频器差。来自直流和射频通带之间的噪声混叠会降低采样信号 SNR_s 的信噪比，它的值为

$$SNR_s = \frac{P_S}{P_{N_{in}} + (n-1)P_{N_{out}}} \tag{3.4.11}$$

式中，P_S 是带通信号的功率谱密度；$P_{N_{in}}$ 和 $P_{N_{out}}$ 分别是带内和带外功率密度；n 是小于等于式(3.4.4)中的 n_{max} 的正整数。由于在模数转换器之前的级中已经有很多增益，带内噪声功率密度通常高于带外噪声功率密度(即 $P_{N_{in}} \gg P_{N_{out}}$)，因此 SNR_s 主要由 $P_S/P_{N_{in}}$ 决定。但是，如果 $P_{N_{in}} \cong P_{N_{out}}$ 并且 $n \gg 1$，信噪比(dB)的下降可以近似表示为

$$D_{SNR} \cong 10\log(n) \tag{3.4.12}$$

　　带内取样信噪比的下降值主要是由取样时间振动和模数转换器的量化噪声导致的，这与基带采样类似。在 2.4.2 小节中可以找到关于取样时间振动和量化噪声导致的 SNR_s 下降估计。

3.4.2　带通采样无线电结构的配置

　　全双工收发机(如 CDMA 收发机)中的带通采样结构模块图在图 3.30 中给出。在本图中，接收机和发射机都使用了谐波采样来将载波频率从射频转换到低中频或反之亦然。需要合适的低中频来避免混叠，并且中频应该足够低以便进行数字信号处理。与其他带通采样无线电相比，显然这个结构的射频模块结构更为简单。基于直接采样射频的无线电结构也称为数字直接变频器。

　　双工器在全双工收发机中起着重要的作用，同时它也作为接收机的前级选择器。接收机的前端由两级组成，其中增益可调的低噪声放大器用来得到较低的噪声系数和一定的增益控制范围，射频带通声表面波滤波器用来抑制带外干扰和降低混叠噪声。在 CDMA 接收机中，射频声表面波滤波器放在第一个低噪声放大器之后来进一步抑制传输泄漏并减少单频干扰在载波附近的交调(来自后级的三阶非线性)。从减少欠采样模数转换器输出混叠噪声的观点出发，最好将射频声表面波滤波器放在模数转换器之前。但是，由于调制射频信号欠采样的谐波阶数通常并不高(2~5 阶)，低噪声放大器 2 的增益只有 15dB 左右，使得射频声表面波滤波器和低噪声放大器 2 并不会使模数转换器输出的信噪比提高太多。但是在射频声表面波滤波器之前所设置的两个低噪声放大器将显著地降低 CDMA 接收机中单频的钝化。

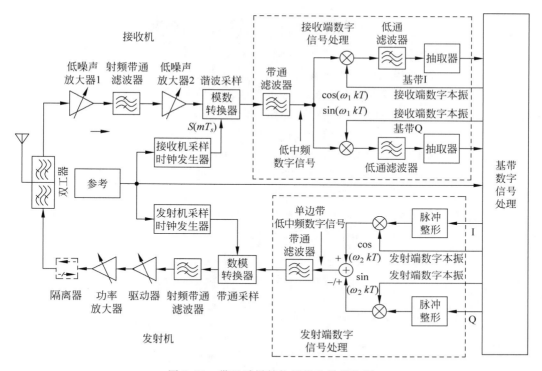

图 3.30　带通采样结构无线电的模块图

　　对滤波和放大后的射频信号进行采样,频率为接收到信号载波频率的 1/3 或 1/4。之后模拟射频信号在 CDMA 接收机中变频到几 MHz 的低中频数字信号。低中频数字信号均分为两束,之后与一对正交数字 LO 信号混合并分别产生基带 I/Q 信号。将基带 I/Q 信号低通滤波并等待进一步处理。正交下变频和低通滤波可以通过数字信号处理实现。在此结构中,在模拟部分没有信道滤波器,数字低通滤波器起到信道滤波的作用。这要求模数转换器有很高的动态范围,以便同时处理很强的干扰和较弱的期望信号。在 CDMA 中,模数转换器需要至少 16 位。

　　在图 3.30 中的下半部分给出了带通采样发射机。与其他发射机结构类似,在数字信号处理(DSP)对 I/Q 基带信号进行脉冲整形。之后再对整形后的波形进行滤波,对其在相邻信道中的谱能量进行抑制。但是,本结构的不同之处在于将 I/Q 基带信号正交调制到单边带低中频信号的过程也发生在 DSP 中。低中频指只有几个 MHz。以 1/2～1/5 传输射频频率对数字低中频信号进行过采样,高性能数模转换器将过采样数字信号变频为模拟信号。接下来的射频带通滤波器选择一个信号谱中心频率在传输载波频率的复制信号,并抑制其他谱的复制和滤波器带外噪声。输出信号进一步放大到能够驱动功率放大器的电平。期望信号最终得到足够的功率并在功率放大器级中传输,并通过隔离器和双工器进入天线。功率放大器和射频放大器的增益控制范围加上数模转换器输出的可调电压应该能够覆盖传输输出功率的动态范围。

事实上,带通采样或者谐波采样技术不只用于直接射频信号欠采样而更常用于中频信号欠采样。中频欠采样技术可以在超外差收发机中使用。图 3.31 中显示的是使用带通采样技术的超外差接收机模块图。将它和图 3.1 中使用带通采样技术的超外差接收机比较,可以看到此处只使用了一个模数转换器并且将其向前移动到了中频模块输出端,即中频声表面波滤波器的输出端。对模数转换器进行采样的频率接近中频次谐波,即 $f_S=(f_{IF}-f_{LIF})/n$ 和 $n=\lfloor f_{IF}/f_S \rfloor$。模数转换器的输出包括一个低中频数字信号谱(中间频率 f_{LIF})的复制,这个低载波数字信号代表了期望信号,并且通过数字下变换器转换到基带 I/Q 信号。基带 I/Q 信号通过一个低通滤波器,进一步抑制接近期望信号的干扰。滤波之后,基带I/Q 为进一步的处理做准备。正交下变频和低通滤波可以通过数字信号处理来实现。在接收机中,从模数转换器输入到数字低通滤波器的 I/Q 输出的部分和图 3.1 中从模拟正交下变频器到 I/Q 模数转换器输出的输出作用相同。

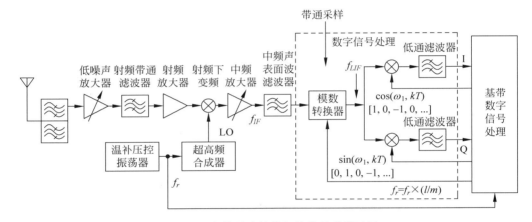

图 3.31 超外差式接收机的带通采样运用

带通采样结构中的关键部分是模数转换器和数模转换器。基于现在的信号混频技术,带通采样中频信号比带通采样射频信号中的高动态模数转换器技术成熟得多。采样中频信号的带宽要求也比数字化射频信号的带宽要求低。图 3.31 中所示使用在带通采样中频信号中的模数转换器动态范围要求通常要比在图 3.30 中所示的带通射频信号低 5～6 个比特。这是因为图 3.31 中的中频声表面波滤波器还需要抑制干扰,并因此放宽了对于模数转换器动态范围的要求。

3.4.3 设计考虑

带通采样结构收发机,尤其是图 3.30 中所示结构,其性能主要依赖于模数转换器和数模转换器的性能。换句话说,只要可以得到低功耗运行在射频/中频频率的高性能模数转换器/数模转换器(即功耗小于 10mA),那么就能在移动站中使用带通采样收发机。在这个收发机的射频系统设计过程中,我们的精力主要集中在与模数转换器/数模转换器的性能和工作环境有关的系统技术问题。其他可能影响系统性能的设计也需要考虑。

1. 带通采样率和剩余载波

现在大部分的无线移动系统工作在 $800\sim1000$MHz 或 $1700\sim2200$MHz 的频带。根据实际的系统运行频率和模数转换器性能,带通采样频率通常是这些频带中的第二阶到第十阶谐波。手机频带中的 CDMA 移动站接收机在 $869\sim894$MHz 之间的信道频带内运行,这里的带通采样率将接近 $1/3$ 或 $1/4$ 工作频率,即在 $289\sim298$ Msamples/s 或 $217\sim223$ Msamples/s。这意味着射频信号在采样率的三阶或四阶谐波被采样。使用低阶谐波采样射频信号的原因如下所述。使用参考文献[22]中的方法可以估计理论上在模数转换器输出 (SNR_{ADC}) 的最大信噪比:

$$SNR_{ADC} = 6.02 \cdot b + 1.76 + 10\log\left(\frac{f_s}{2f_H}\right) \tag{3.4.13}$$

式中,b 是模数转换器的位数;f_s 是采样频率或采样率;f_H 是射频带通信号的最高频率。

式(3.4.13)右边的第三项可以解释为由于超过或低于奈奎斯特采样率导致的 SNR 增量或减量。因此可以通过这一项来估计带通采样中运行的模数转换器 SNR 下降。例如,如果采样频率是射频信号最高频率的 $1/3$,则 SNR 下降约为 7.8dB;而当采样率下降到射频信号最高频率的 $1/10$ 时,SNR 下降到 13dB。显然模数转换器输出信噪比随着最高频率与采样率之比 f_H/f_s 的提高而急剧下降。为了保持模数转换器的高动态范围和低等效噪声系数,有必要使用低阶谐波来对射频带通信号进行采样。

为了得到没有混叠失真的带通采样,采样率 f_s 应当满足式(3.4.9)或式(3.4.3),并且它和 3.4.1 小节中讨论的射频信号载波频率 f_c 次谐波并不完全相等。在通过带通采样方式得到的无混叠频率变换中,总是会有一些有着相对较低频率(几百 kHz 到几 MHz)的剩余载波。产生的低中频 f_{LIF} 是采样率和射频信号载波频率 f_c 的函数,可以表示成

$$f_{LIF} = \begin{cases} rem(f_c, f_s), & \text{当} \lfloor 2f_c/f_s \rfloor \text{是偶数} \\ f_s - rem(f_c, f_s), & \text{当} \lfloor 2f_c/f_s \rfloor \text{是奇数} \end{cases} \tag{3.4.14}$$

式中,$rem(a,b)$ 是用 a 除以 b 之后的余数;$\lfloor \circ \rfloor$ 是取最大整数。

在 $f_{LIF} = f_s - rem(f_c, f_s)$ 的情况,信号频率反转。另外,当采样频率达到式(3.4.9)的要求后,仍然满足以下两个不等式:

$$0 < f_{LIF} - \frac{BW_P}{2} \quad \text{和} \quad f_{LIF} + \frac{BW_P}{2} < \frac{f_s}{2} \tag{3.4.15}$$

式中,BW_P 是信道滤波器的通带,等于或者稍大于信号信息带宽 BW_I。

当在无线通信系统中使用带通采样结构,最好让采样率高于两倍接收机/发射机工作带宽 B,即 $f_s > 2B$。例如在 PCS 频带,从 1930MHz 到 1990MHz 的 60MHz 带宽是分配给移动站接收机的,从 1850MHz 到 1910MHz 的 60MHz 带宽是分配给发射机的。对于工作在 PCS 频带的半双工带通采样收发机来说,采样率应该大于 120MHz。但是,对于全双工带通采样收发机来说,最小采样率应该大于两倍接收机与发射机工作频率间隔加上期望信号带

宽,即

$$f_s > 2 \cdot (B_a + B_s + BW_I) \tag{3.4.16}$$

式中,B_a 是接收机/发射机工作带宽;B_s 是接收机和发射机频带间隔。

对于工作在 PCS 频带的 CDMA 带通采样接收机,模数转换器采样率应该高于 $2 \times (60 + 20 + 1.25) = 162.5$ Msamples/s。另外,如果采样率不满足式(3.4.16),为了避免发射机泄漏混叠进入接收机信道带宽,应该保持以下条件成立:

$$|f_{IF\_Tx} - f_{IF\_Rx}| \geqslant \frac{BW_{I\_Tx} + BW_{I\_Rx}}{2} \tag{3.4.17}$$

式中,f_{IF_Tx} 和 f_{IF_Rx} 是发射机和接收机的最低频谱复制中心频率;BW_{I_Tx} 和 BW_{I_Rx} 是发射机和接收机信号的带宽。

如果设计一个工作在手机频带(869~894MHz)的 CDMA 带通采样结构接收机,采样率和中频通过下面的分析决定。为了减少采样率但不过分降低 SNR_{ADC},所以选择四阶谐波采样,即采样率在 $217 \sim 224$ Msamples/s 的范围内。相应的中频不仅由 CDMA 信号带宽 $BW_I = 1.23$MHz,还由干扰频率决定;干扰频率是在 ± 900kHz 以及 ± 1.7MHz 载波频率偏移(CDMA IS-98D 标准)。如果选择最远的偏移频率 1.7MHz 作为中频或 $f_{IF\_Rx} = 1.7$MHz,对于信道 400 或 $f_c = 880$MHz 的采样率为

$$f_s = \frac{880 - 1.7}{4} = 219.575 \text{Msample/s}$$

在手机频带中,$B_a = 25$MHz,$B_s = 20$MHz,因此相应的发射机频率等于 835MHz;相应产生的中频是 $f_{IF\_Tx} = 4 \times 219.575 - 835 = 43.3$MHz。显然采样率满足无混叠条件式(3.4.9)和式(3.4.16),而产生的中频满足式(3.4.15)和式(3.4.17)并还有很大的余地。

降低采样率模数转换器有可能得到更好的性能、更低的电流损耗和更低的成本。但是,实际中的模数转换器必须在感兴趣的频率最高处仍能正常工作[22]。带通采样中的模数转换器/数模转换器也应该具体规定在最高频率处的性能要求。

2. 模数转换器噪声系数和接收机灵敏度

由于存在混叠,总体来说带通采样应用中噪声是较差的。混叠噪声是带通采样结构中最严重的问题之一,尤其是在高阶谐波采样中。在射频中,器件的噪声性能用噪声系数来表示。带通采样中的核心器件模数转换器的等效噪声系数通常很高,它可以用以下公式来表示(参考附录 3D)

$$F_{ADC} = 1 + \left(\frac{2f_H}{f_s} - 1\right) + \frac{1}{4kTR_s}(P_{Nq} + P_{Nj})\left(1 + \frac{R_s}{R_L}\right)^2 \tag{3.4.18}$$

式中,$k = 1.38 \times 10^{-23}$ J/°K;$T = 300$°K;R_s 是源阻抗,通常为 50Ω;R_L 是负载阻抗,即模数转换器的输入阻抗;P_{Nq} 是量化噪声密度;P_{Nj} 是抖动噪声密度。

例如,在 CDMA 接收机中使用一个动态范围 90dB 或等效 15 位的模数转换器,则其噪声系数可以估算出来。感兴趣的信号最高频率为 894MHz,采样率约为 1/4 接收机工作频率,即在 220 ± 3Msamples/s 的范围中。模数转换器的电压最大峰-峰值约为 V_{p-p}。量化噪声密度为

$$P_{Nq} = \frac{V_{p-p}^2}{L_q^2 6 f_s} \left(\frac{2 f_H}{f_s} \right) = \frac{8}{32\,768^2 \times 6 \times 220 \times 10^6} = 5.6 \times 10^{-18}$$

采样时间抖动的最大噪声密度 P_{Nj} 假定为最低有效位的一半或 $P_{Nj} = (1/2^{16})^2/(220 \times 10^6) = 1.1 \times 10^{-18}$。如果 $R_s = 50\Omega$，并且 $R_L = R_s$，从式(3.4.18)可以得到 NF 为

$$NF_{ADC} = 10\log\left[8 + \frac{4}{4 \times 1.38 \times 10^{-23} \times 300} \times (5.6 \times 10^{-18} + 1.1 \times 10^{-18}) \right] \cong 16\mathrm{dB}$$

但是，当模数转换器工作在射频时，量化噪声不再是模数转换器的主要噪声，在数字转换器之前的模拟电路对于噪声产生很大的影响。工作在带通采样环境中模数转换器的总噪声系数可以估计为

$$F_{ADC\_O} = F_{ADC\_a} \left(\frac{2 B_{n\_a}}{f_s} \right) + \frac{F_{ADC\_q}}{g_a^2} \tag{3.4.19}$$

式中，F_{ADC_a} 和 g_a 是模数转换器模拟电路的噪声系数和电压增益；B_{n_a} 是模拟电路噪声带宽；f_s 是采样率；F_{ADC_q} 是式(3.4.18)中给出的数字转换器噪声系数。

如果 $F_{ADC\_a} = 25$，$g_a = 1$，$B_{n\_a} \cong 1000\mathrm{MHz}$，$f_s = 220\mathrm{Msamples/s}$，$F_{ADC\_q}$ 和前例给出的值相同或 39.8，则模数转换器总噪声系数为

$$NF_{ADC\_O} = 10\log\left[25 \times \left(\frac{2 \times 1000}{220} \right) + \frac{39.8}{1} \right] = 24.3\mathrm{dB}$$

现在，高分辨率模数转换器(带通采样率为数百 Msamples/s)的等效噪声系数根据 $(2 f_H/f_s)$ 的不同比值约在 20～30dB 的范围内。

由于带通采样率为数百 Msamples/s 的模数转换器等效噪声系数很高，在模数转换器之前需要一个低噪声系数和高增益的射频前端，来得到良好的接收机灵敏度。参照图 3.30，接收机前端由双工器、低噪声放大器 1、射频声表面波滤波器和低噪声放大器 2 组成。在图 3.32 中重画了相应模块和模数转换器的结构图。基于模块图，可以分析接收机灵敏度和动态范围。如果低噪声放大器 2 的噪声带宽小于采样率的一半，前端和模数转换器的总噪声系数 F_{Rx} 可以通过级联噪声系数公式得到(详见第 4 章)，即

$$F_{Rx} = F_{FE} + \frac{F_{ADC}}{g_{FE}} \tag{3.4.20}$$

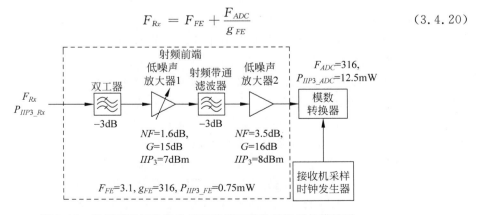

图 3.32　带通采样接收机的射频前端和模数转换器的模块图

式中,F_{FE} 是前端的噪声系数;g_{FE} 是前端功率增益;F_{ADC} 是模数转换器等效噪声系数。

从式(3.4.20)中可以看到,为了得到高接收机灵敏度,当模数转换器噪声系数较高时需要一个有着高功率增益和低噪声系数的前端。

使用图 3.32 中给出的噪声系数和增益数据,可以得到

$$F_{Rcvr} = 3.1 + \frac{316 - 1}{316} \cong 4.1 \quad 或 \quad 6.1\text{dB}$$

在 CDMA 移动站中,由于接收机噪声带宽为 1.25MHz,误帧率 0.5% 所要求的 CNR 约为 -1.5dB,所以噪声系数相应于接收机灵敏度大约为 -108dBm。对于噪声系数为 25dB 的模数转换器,其前端噪声系数应该为 5dB,功率增益应该为 25dB,使接收机灵敏度仍有 4dB 余量。

总的来说,带通采样结构接收机射频前端的增益比其他结构接收机的增益要高。根据可能的干扰电平、系统线性度要求、功率供给电压、允许的电流消耗,射频前端增益可以达到 30dB 或者更高。

值得注意的是,当低噪声放大器 2 的噪声带宽比采样率一半要宽时,需要使用式(3.4.19)来计算低噪声放大器 2 在模数转换器输出的混叠噪声。在这种情况下,应该使用式(3.4.19)首先计算低噪声放大器 2 和模数转换器的级联噪声系数,之后再计算低噪声放大器 2、模数转换器模块和前端其他模块的总噪声系数。

3. 动态范围和线性度

带通采样接收机中的模数转换器动态范围依赖于移动站所需要应对干扰的电平和移动站接收机的灵敏度。假定接收机工作在强度为 I(dBm)的干扰之下,而期望信号的电平为 S_d(dBm),那么最小动态范围 DR_{ADC_min} 等于或者大于:

$$DR_{ADC\_min} = I - S_d + CNR + \Delta G_{LNA} + PAR_r + \Delta D_F \qquad (3.4.21)$$

式中,CNR 是在给定期望信号 S_d 下的载噪比;ΔG_{LNA} 是可能的低噪声放大器增益变化;PAR_r 是接收到的信号峰值对平均值的比值;ΔD_F 是由于可能的构造衰减导致的幅值变化。

例如,对于 CDMA 的最小性能指标来说,接收机工作在 -30dBm 的干扰下,当期望信号为 -101dBm 时它必须维持误帧率小于 1%。考虑到保留 3dB 的余地,那么有 $I = -27$dBm 来替代 -30dBm。CDMA 接收机的 CNR 约为 5dB。对于有着正态分布的类似噪声的信号,如果考虑两倍标准差,那么 PAR_r 约为 6dB。假定 $\Delta G_{LNA} = 3$dB 以及 $\Delta D_F = 4$dB,从式(3.4.21)可以推出模数转换器的最小等效动态范围应为

$$DR_{ADC\_min} = -27 + 101 + 5 + 3 + 6 + 4 = 92\text{dB}$$

当量化噪声是模数转换器的主要输出噪声时,15 位的模数转换器通常有 $6.02 \times 15 + 1.76 = 92.1$dB 的动态范围。当工作在射频频段时,模数转换器需要为 16 位或者更多。$\Delta - \Sigma$ADC 模拟电路噪声将取代量化噪声成为模数转换器的主要输出噪声,并且它比量化噪声要高。

带通采样接收机的线性度与其他结构接收机相类似,可以基于三阶截点(third-order input intercept point,IIP_3)计算。无论在超外差接收机还是直接变频接收机中,在模数转换

器之前都有信道滤波器,但是在带通接收机中模数转换器是直接和射频前端相连而无须信道滤波器的。射频带通采样结构中所使用的模数转换器的线性度或 IIP_3 要求必须比其他结构中高得多。参考图 3.32,总的三阶输入截点 IIP_{3_Rx} 可以由公式表示(参见第 4 章)为

$$P_{IIP3\_Rx} = \left(\frac{1}{P_{IIP3\_FE}} + \frac{g_{FE}}{P_{IIP3\_ADC}} \right)^{-1} \tag{3.4.22}$$

式中,IIP_{3_FE} 和 IIP_{3_ADC} 分别是前端和模数转换器的三阶截点。

仍以使用图 3.32 中 CDMA 接收机的数据为例,为了达到互调杂散响应衰减规范的要求,即当期望信号在 -101dB 时,两个相同功率(不小于 -43dBm)、频率分别偏移 0.9MHz 和 1.7MHz 的干扰下,手机频带的 CDMA 接收机误帧率不能超过 1%。其中如果 $IIP_{3\_FE} = 0.75$mW,或 -1.25dBm,$g_{FE} = 316$,要达到 -43dBm 标准要求的最小 IIP_{3_ADC} 约为 12.5mW 或 11dBm,从式(3.4.22)可以得到总输入截取点 IIP_{3_Rx} 为

$$P_{IIP3\_Rx} = \left(\frac{1}{0.75} + \frac{316}{12.5} \right)^{-1} = 0.038\text{mW} \quad \text{或} \quad -14.3\text{dBm}$$

但是,对于工作在射频或高中频的模数转换器的三阶截点 IIP_3 并不难达到 $14\sim15$dBm,因此总的 IIP_3 或者 IIP_{3_Rx} 将会在 $-11.4\sim-10.5$dBm,因此相应的互调杂散衰减余量将约为 $2\sim2.5$dB。

最后,在 CDMA 移动站接收机中,由于 AM 传输泄漏到接近期望 CDMA 信号的干扰导致的串扰,这个指标称作单频钝化,并且它主要依赖于射频带通滤波器之前的前端线性度。这就是为什么在图 3.30 和图 3.32 中射频带通滤波器放在低噪声放大器 1 和低噪声放大器 2 之间。从减少整体噪声系数的观点来看,在带通采样结构接收机中,射频带通滤波器最好直接放在模数转换器之前,尤其是当低噪声放大器 2 的噪声带宽比采样率一半还要低时。在这个结构中,接收机中使用一个单频来测量两个低噪声放大器的级联 IIP_3,发射机频带中第二个单频太低无法应对单频钝化问题。

4. 带通采样接收机中的自动增益控制

带通采样接收机中的自动增益控制比其他结构接收器中的自动增益控制简单。通过混合低噪声放大器的自动增益控制和高动态范围模数转换器可以覆盖接收机动态范围。在上面的 CDMA 接收机例子中,模数转换器有着 90dB 的等效动态范围,最大接收信号功率可以达到 -20dBm,灵敏度电平约为 -108dBm。因此 CDMA 期望信号的变化范围是 88dB。90dB 模数转换器足以覆盖期望信号动态范围,但是仍旧需要改变低噪声放大器增益来满足当接收信号功率变高时一定的线性度要求。

例如,根据 CDMA 的最小性能要求规范 IS-98D[3],当接收信号从 -101dBm 分别提高到 -90dBm 和 -79dBm 时,互调干扰的电平从 -43dBm 分别提高到 -32dBm 和 -21dBm。为了控制更高的干扰,接收机线性度或 IIP_3 也要更高。这可以通过减少低噪声放大器 1 的增益并提高其 IIP_3 来实现。在前面的例子中,低噪声放大器 1 增益从 15dB 分两次减少且每次减少 12.5dB,则相应的 IIP_3 和噪声系数分别是 10 与 17dBm 和 8 与 15dBm,如表 3.6 所示。应该在低噪声放大器 1 的中、低增益模式互调杂散相应衰减中再保留 3dB 的余地。

另外,如果低噪声放大器 1 增益、IIP_3 和噪声系数是固定的,当互调干扰随着期望接收信号增加,接收机不能达到互调杂散相应衰减标准。低噪声放大器 1 增益是基于接收的信道内带宽信号而被控制的。一种控制方案如图 3.33 所示。当接收机信号增强时,在接收信号为 $-93\mathrm{dBm}$ 和 $-82\mathrm{dBm}$ 时,低噪声放大器 1 增益分别被从 15dB 调节到 2.5dB 和从 2.5dB 调节到 $-10\mathrm{dB}$。当接收机信号下降,在 $-85\mathrm{dBm}$ 和 $-96\mathrm{dBm}$,低噪声放大器 1 增益分别被从低增益调节到中等增益和从中等增益到高增益。这个增益控制方案必须是接收机灵敏度在中增益和低增益模式下分别高于 $-96\mathrm{dBm}$ 和 $-85\mathrm{dBm}$ 才可以正常工作。

表 3.6 低噪声放大器 1 增益控制和相应参数设置

低噪声放大器 1	高增益	中等增益	低增益
增益(dB)	15	2.5	-10
IIP_3(dBm)	7	10	17
噪声系数(dB)	1.6	8	15

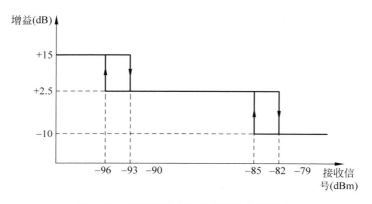

图 3.33 前端低噪声放大器增益控制方案

总的接收机动态范围 DR_{Rx}(dB)是低噪声放大器的 AGC 范围 ΔG_{LNA} 和模数转换器等效动态范围 DR_{ADC} 的和,表示为

$$DR_{Rx} = DR_{ADC} + \Delta G_{LNA} \tag{3.4.23}$$

因此,对于上面所述接收机的动态范围为 $25+90=115\mathrm{dB}$。

5. 带通采样发射机

在带通采样发射机中,所使用的信号处理过程与接收机中刚好反向。如图 3.34 所示,在脉冲整形之后,数字基带 I/Q 信号首先上变频,之后它们相加成为一个单边带低中频数字信号。低中频数字信号是从上变频的 I 信道数字信号中减去 Q 信道信号从而生成的。也有可能低中频信号是通过 I/Q 信道信号相加所构成的。在带通滤波之后,在高性能数模转换器中数字信号变频为模拟信号,其采样率为

$$f_{s\_Tx} = \frac{f_{c\_Tx} \mp f_{LIF\_Tx}}{n} \tag{3.4.24}$$

式中，f_{s_Tx}、f_{c_Tx} 和 f_{LIF_Tx} 分别是发射机的采样率、传输信号中心频率（或载波频率）和发射机中使用的低中频；n 为整数，是带通采样率的谐波阶数，它通常和接收机中使用的谐波阶数相同（但并不是必须的）。

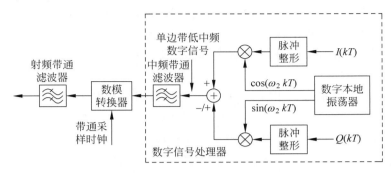

图 3.34　带通采样发射机中的数字正交调制器和带通采样上变频器模块

式（3.4.24）中右边的正负号分别对于正交分布和翻转频谱的低中频信号使用（通过 I/Q 信道信号的和得到）。

发射机中的数模转换器应该可以运行在数百 Msamples/s 的采样率，有达到发射机频带最高频率的满功率模拟输入带宽。在 3.4.1 小节中所使用的关于模数转换器中的带通采样结构的推导和结论都可以在此处使用。为了得到高信噪比输出，根据不同的性能要求有 14～16 位或更高的数模转换器。

数模转换器的模拟输出包含了周期性的期望带通信号频谱。数模转换器之后的射频带通滤波器选择频谱中正确的载波频率并深度抑制所有其他的非期望频谱，使带外散射在规定的指标之中。射频带通滤波器的带宽覆盖了整个移动站发射频带，如手机移动发射机的 25MHz 或者 PCS 频带的 60MHz。但是，逼近频带的发射主要通过中心在低中频的数字带通滤波器频率响应特性进行控制。这个滤波器的带宽约等于移动发射机的信道带宽。

发射机的其余部分包括激励放大器和功率放大器，与其他结构的发射机中结构类似，在此处不再讨论。

6. 带通采样超外差接收机

带通采样结构也可以应用于图 3.31 中所给出的超外差结构之中。在这种结构中，在模数转换器中对调制中频信号进行欠采样并变频为低载波频率的数字信号。采样率是中频的分数。但是，在决定这种结构中的模数转换器采样率时需要仔细考虑以下几个问题：移动站接收机应该工作在一个频带而非是几个固定的频率点上；因为声表面波滤波器对于其他信道信号的抑制是有限的（35～40dB），所以不希望所选择的采样率使得另一个接收机频带内的信号变成信道频带内的干扰。考虑到这一点，最好选择采样率大于移动接收机工作带的间隔，如手机频带的 25MHz 和 PCS 频带的 60MHz。对于全双工移动收发机，虽然双工器抑制了大部分的传输泄漏能量，对接收机这边的传输泄漏仍然比较高，大约为 -30～-25dBm。并且避免通过带通采样的传输泄漏信号转变为期望信号的信道带宽内干扰。避免这个问题最安全的方式是选择一个大于接收机和发射机工作频率之差的带通采样率。例如，对于手机频带收发机为 45MHz，对于 PCS 频带收发机为 80MHz（但是这并不是必须的）。

这种结构接收机中的动态范围比射频带通采样接收机中的动态范围低得多，因为在模数转换器之前有一个对逼近干扰有 35～40dB 抑制的信道滤波器。在这种情况中，8～10 位的模数转换器可能已经足够。但是，更高的动态范围（如 12～14 位）的模数转换器可以帮助减少自动增益控制范围。

使用这种结构接收机的好处如下：模拟电路可以简化为射频低噪声放大器、射频下变频器和可能的单级中频放大器，并且这些电路可以集成在一块芯片上；因为 I/Q 信道在数字域中，所以这种结构中的 I/Q 信道幅值失衡和相位失衡会比超外差接收机中的情况好得多；数字低通滤波器通常比相应的带外抑制性能相同的模拟低通滤波器群延迟失真要低得多，并且自动增益控制范围会随着模数转换器动态范围提高而下降。

附录 3A 互调失真公式

在较弱、无记忆且非线性的情况下，可以使用幂级数来模拟诸如放大器或混频器等器件的非线性。如果输入信号与输出信号的功率为 P_i 与 P_o，那么非线性器件的输出可以用输入来表示：

$$P_o = \sum_{m=1}^{n} P_m = \sum_{m=1}^{n} g_m P_i^m \tag{3A.1}$$

式中，$g_m(m=1,2,\cdots,n)$ 在 $m=1$ 时是功率增益，当 $m\neq1$ 时是非线性增益系数；P_m 是输出功率中的 m 阶失真功率，它和输入信号功率 P_i 有关：

$$P_m = g_m P_i^m \quad (m=1,2,\cdots,n) \tag{3A.2}$$

功率 P_i、P_o 和 $P_m(m=1,2,\cdots,n)$ 都是在自然尺度下的。在式（3A.2）的右边，我们来看两种特殊情况，即第 1 项和第 m 阶项：

$$P_1 = g_1 P_i \tag{3A.3}$$

和

$$P_m = g_m P_i^m \tag{3A.4}$$

事实上，式（3A.3）描述了输入和输出之间的线性关系，式（3A.4）是通用的高阶失真表达式。将它们转换为单位为 dB 的式子：

$$S_1 = G_1 + S_i \tag{3A.5}$$

和

$$S_m = G_m + m S_i \tag{3A.6}$$

式中

$$S_1 = 10\log P_1, \quad G_1 = 10\log(g_1), \quad S_i = 10\log P_i$$

$$S_m = 10\log P_m, \quad G_m = 10\log(g_m), \quad mS_i = 10\log P_i^m$$

式(3A.5)和式(3A.6)代表了图 3A.1 中的输出功率与输入功率的两条直线。

由图 3A.1、式(3A.5)与式(3A.6),当输入功率等于 IIP_m,能够得到输出功率截点 OIP_m 的表达式。由式(3A.5)或图 3A.1 的基频线有

$$OIP_m = G_1 + IIP_m \tag{3A.7}$$

由式(3A.6)或 m 阶线,可以得

$$OIP_m = G_m + mIIP_m \tag{3A.8}$$

使用式(3A.7)、式(3A.8)、式(3A.3)和式(3A.4),能够推导得到

$$(m-1)(IIP_m - S_i) = S_1 - S_m \tag{3A.9}$$

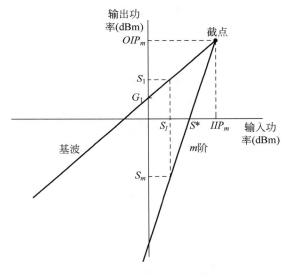

图 3A.1 基波和 m 阶高次谐波互调失真响应

使用一些在射频系统中更熟悉的指标。假定输入是干扰,即 $S_i = I$,m 阶失真 S_m 由器件输入端口的等效电平 IMD_m 加上器件线性增益 G_1 得到,即 $S_m = IMD_m + G_1$,在考虑到 $S_1 = I + G_1$ 后,最终得到了 IMD_m 的一般形式:

$$(m-1)(IIP_m - I) = I - IMD_m$$

或

$$IMD_m = mI - (m-1)IIP_m \tag{3A.10a}$$

或

$$IIP_m = \frac{mI - IMD_m}{m-1} \tag{3A.10b}$$

例如,当 $m = 2$ 或 3,有

$$IIP_2 = 2I - IMD_2 \tag{3A.11}$$

和

$$IIP_3 = \frac{1}{2}(3I - IMD_3) \tag{3A.12}$$

总的来说,因为式(3A.10)是由信号平均功率推导所得,而不是弱非线性与无记忆假定下的信号电压推导所得,所以它并不是由波形而是由功率值决定的。它是一个近似结果,但是对于解决接收机干扰电平的问题已经足够精确。

附录 3B　二阶失真成分的有效干扰估计

AM 传输泄漏的二阶失真成分,并不像图 3B.1 中那样完全在期望信号频带中。我们关心的二阶失真 IMD_{2_Tx} 可能由 DC 成分 IMD_{2_DC},除高频失真以外的所有低频成分 IMD_{2_LF} 所组成。IMD_{2_Tx} 可以由 IMD_{2_DC} 和 IMD_{2_LF} 表示为

$$IMD_{2\_Tx} = 10\log(10^{\frac{IMD_{2\_DC}}{10}} + 10^{IMD_{2\_LF}}) \tag{3B.1}$$

为了估计二阶失真成分会对 CNR 造成多少影响,需要估计低阶失真成分与总 IMD_{2_Tx} 的功率比值。这个估计是从 AM 传输波形的概率密度函数(probability density function,PDF)$p(x)$ 开始的。传输波形的平均幅值的平方 x_a^2 为

$$x_a^2 = \int_0^\infty x^2 p(x)\mathrm{d}x \tag{3B.2}$$

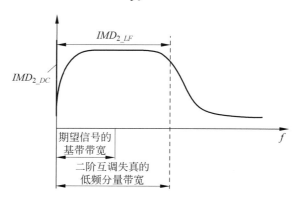

图 3B.1　CDMA 传输泄漏的二阶失真频谱

通过平均幅值平方 x_a^2 对波形幅值平方进行归一化,得到 $\overline{x^2} = x^2/x_a^2$ 或者使用 dB 单位:

$$\overline{X} = 10\log\overline{x^2} = 10\log\frac{x^2}{x_a^2} \tag{3B.3}$$

归一化幅值平方的平均值相应于归一化 DC 产物 $\overline{IMD_{2\_DC}}$:

$$\overline{IMD_{2\_DC}} = 10\log\left[\int_{-\infty}^\infty (10^{\frac{\overline{X}}{10}})^2 p(\overline{X})\mathrm{d}\overline{X}\right] \tag{3B.4}$$

二阶失真的归一化低频成分 $\overline{IMD_{2\_LF}}$ 表示为

$$\overline{IMD_{2\_LF}} = 10\log\left\{\int_{-\infty}^\infty \left[(10^{\frac{\overline{X}}{10}})^2 - 10^{\frac{\overline{IMD_{2\_DC}}}{10}}\right]^2 p(\overline{X})\mathrm{d}\overline{X}\right\} \tag{3B.5}$$

因此，归一化 $\overline{IMD_{2\_Tx}}$ 表示为

$$\overline{IMD_{2\_Tx}} = 10\log(10^{\frac{\overline{IMD_{2\_DC}}}{10}} + 10^{\frac{\overline{IMD_{2\_LF}}}{10}}) \tag{3B.6}$$

低频成分 IMD_{2_LF} 与二阶成分 IMD_{2_Tx} 的功率比可以表示为

$$PR_{IMD_{2\_LF}/IMD_{2\_Tx}} = 10\log\left(\frac{10^{\frac{\overline{IMD_{2\_LF}}}{10}}}{10^{\frac{\overline{IMD_{2\_DC}}}{10}} + 10^{\frac{\overline{IMD_{2\_LF}}}{10}}}\right) \tag{3B.7}$$

如在图 3B.1 中所看到的，只有一部分二阶失真低频成分频谱在期望信号基带频带内。这一部分约为总频谱 IMD_{2_LF} 的一半。因此二阶失真有效干扰 IMD_{2_effect} 对 IMD_{2_Tx} 的功率比 $PR_{IMD_{2\_effect}/IMD_{2\_Tx}}$ 可以很容易由计算得到

$$PR_{IMD_{2\_effect}/IMD_{2\_Tx}} \cong PR_{IMD_{2\_effect}/IMD_{2\_Tx}} - 3 \tag{3B.8}$$

最后，二阶失真成分中的有效干扰部分 IMD_{2_effect} 可以表示为

$$IMD_{2\_effect} = IMD_{2\_Tx} + PR_{IMD_{2\_effect}/IMD_{2\_Tx}} \tag{3B.9}$$

这个表达式意味着使用 DC 陷波方法的情况下，有效干扰 IMD_{2_effect} 比总二阶失真 IMD_{2_Tx} 要低 $|PR_{IMD_{2\_effect}/IMD_{2\_Tx}}|$ dB。式（3B.9）也可以解释为，对于给定的 CNR 降低，式（3.2.17）中允许的最大 $IMD_{2\_max\_allowed}$ 会提高 $|PR_{IMD_{2\_effect}/IMD_{2\_Tx}}|$ dB，这等效于放宽对于下变频器 IIP_2 的要求，放宽程度为 $|PR_{IMD_{2\_effect}/IMD_{2\_Tx}}|$ dB。

附录 3C I/Q 失衡和镜频抑制公式

I/Q 信号失衡限制了镜频抑制和接收机/发射机的动态范围。如图 3C.1 所示，可以基于一个简化的正交变频系统模型计算出镜频抑制式（3.3.4）。接收射频期望信号有频率 ω_{RF}、角度调制 $\varphi(t)$ 和归一化到 1 的幅值。假定所有 I/Q 信道的失衡都集中在正交 LO 信号中，幅值归一化的 I/Q LO 信号表示为 $\cos(\omega_{LO}t)$ 和 $(1+\delta)\sin(\omega_{RF}t+\varepsilon)$，其中 δ 是幅值失衡，ε 是相位失衡。

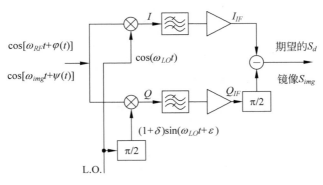

图 3C.1 简化正交变频系统模型

如果变频器增益是单位增益,下变频器输出端的 I/Q 信号为

$$I = \cos[\omega_{RF}t + \varphi(t)] \cdot \cos(\omega_{LO}t)$$

$$= \frac{1}{4}(e^{j[(\omega_{RF}+\omega_{LO})t+\varphi(t)]} + e^{-j[(\omega_{RF}+\omega_{LO})t+\varphi(t)]} + e^{j[\omega_{IF}t+\varphi(t)]} + e^{-j[\omega_{IF}t+\varphi(t)]})$$

和

$$Q = \cos[\omega_{RF}t + \varphi(t)] \cdot (1+\delta)\sin(\omega_{LO}t + \varepsilon)$$

$$= \frac{(1+\delta)}{4 \cdot j}\{e^{j[(\omega_{RF}+\omega_{LO})t+\varphi(t)+\varepsilon]} - e^{-j[(\omega_{RF}+\omega_{LO})t+\varphi(t)+\varepsilon]}$$

$$- e^{j[\omega_{IF}t+\varphi(t)-\varepsilon]} + e^{-j[\omega_{IF}t+\varphi(t)-\varepsilon]}\}$$

式中,ω_{IF} 是低中频频率。

在低通滤波之后,如果不考虑信道增益和损耗,得到两个低中频信号的形式为

$$I_{IF} = \frac{1}{4}(e^{j[\omega_{IF}t+\varphi(t)]} + e^{-j[\omega_{IF}t+\varphi(t)]}) = \frac{1}{2}\cos[\omega_{IF}t + \varphi(t)] \tag{3C.1}$$

和

$$Q_{IF} = \frac{-(1+\delta)}{4 \cdot j}(e^{j[\omega_{IF}t+\varphi(t)-\varepsilon]} - e^{-j[\omega_{IF}t+\varphi(t)-\varepsilon]})$$

$$= \frac{-(1+\delta)}{2}\sin[\omega_{IF}t + \varphi(t) - \varepsilon] \tag{3C.2}$$

低中频期望信号 S_d 可以通过 I_{IF} 信号减去 90°相移的 Q_{IF} 信号得到,表示为

$$S_d = \frac{1}{2}\{\cos[\omega_{IF}t + \varphi(t)] + (1+\delta)\cos[\omega_{IF}t + \varphi(t) - \delta]\}$$

$$= \frac{1}{2}\sqrt{1 + 2(1+\delta)\cos\varepsilon + (1+\delta)^2}\cos[\omega_{IF}t + \varphi(t) - \theta] \tag{3C.3}$$

式中

$$\theta = \tan^{-1}\frac{(1+\delta)\sin\varepsilon}{1 + (1+\delta)\cos\varepsilon} \tag{3C.4}$$

对于镜频信号,拥有频率 $\omega_{img} = \omega_{RF} - 2\omega_{IF}$、角度调制 $\psi(t)$ 以及归一化幅值。低中频信号 I_{IF} 和 Q_{IF} 变成

$$I_{IF} = \frac{1}{4}(e^{j[\omega_{IF}t-\psi(t)]} + e^{-j[\omega_{IF}t-\psi(t)]}) = \frac{1}{2}\cos[\omega_{IF}t - \psi(t)] \tag{3C.5}$$

$$Q_{IF} = \frac{(1+\delta)}{4 \cdot j}(e^{j[\omega_{IF}t-\psi(t)+\varepsilon]} - e^{-j[\omega_{IF}t-\psi(t)+\varepsilon]}) = \frac{(1+\delta)}{2}\sin[\omega_{IF}t - \psi(t) + \varepsilon] \tag{3C.6}$$

与期望信号的方式类似,低中频镜频 S_{im} 可以通过 I_{IF} 信号减去 90°相移的 Q_{IF} 信号得到。其形式为

$$S_{im} = \frac{1}{2}\{\cos[\omega_{IF}t - \psi(t)] - (1+\delta)\cos[\omega_{IF}t - \psi(t) + \varepsilon]\}$$

$$= \frac{1}{2}\sqrt{1 - 2(1+\delta)\cos\varepsilon + (1+\delta)^2}\cos[\omega_{IF}t - \psi(t) + \varepsilon - \theta_{im}] \tag{3C.7}$$

式中

$$\theta_{im} = \tan^{-1} \frac{(1+\delta)\sin\varepsilon}{1-(1+\delta)\cos\varepsilon} \tag{3C.8}$$

镜频抑制 IR 定义为期望信号幅值与镜频幅值的比值,这个幅值在 dB 单位下表示为

$$IR = 10\log \frac{1+2(1+\delta)\cos\varepsilon+(1+\delta)^2}{1-2(1+\delta)\cos\varepsilon+(1+\delta)^2} \tag{3C.9}$$

附录 3D　模数转换器等效噪声系数的估算

对于工作在基带过采样率为 f_s 系统中的模数转换器,输出噪声中主要是量化噪声。如第 2 章中所讨论的那样,量化噪声表示为

$$\sigma_q^2 = \frac{\Delta q^2}{12} = \frac{V_{p-p}^2}{12L_q^2}$$

式中,Δq 是量化步长或分位间隔(参见 2.4.2 小节);V_{p-p} 是电压峰峰摆幅;L_q 是式(2.4.24)中定义的量化电平级。

假定量化噪声平均分布在 $0 \sim f_s/2$ 的范围中,量化噪声密度 P_{Nq} 为

$$P_{Nq} = \frac{V_{p-p}^2}{6L_q^2 f_s} \tag{3D.1}$$

然而,在带通采样情况中感兴趣的是最高频率 f_H 信号。由于混叠效应,产生的量化噪声密度增加约 $(2f_H/f_s)$ 倍,并变成为

$$P_{Nq} = \frac{V_{p-p}^2}{6L_q^2 f_s}\left(\frac{2f_H}{f_s}\right) \tag{3D.2}$$

当采样频率是数百 Msamples/s 时,由采样时钟抖动导致的噪声对模数转换器输出总噪声的贡献很大。抖动噪声密度 P_{Nj} 可以表示为

$$P_{Nj} = P_s \cdot \sigma_a^2 \tag{3D.3}$$

在本公式中,对于幅值为 A 伏的正弦信号,P_s 是采样信号功率等于 $A^2/2$,σ_a^2 是孔径张角误差,频率为 f_c 的正弦信号有形式为

$$\sigma_a^2 = (2\pi f_c \sigma_j)^2 \tag{3D.4}$$

式中,σ_j 是采样时钟抖动的标准差,单位为秒(s)。

等效噪声系数定义为由源可获得的最大信噪比与由模数转换器输出可获得的最大信噪比之比值[21]。如果源电压是 e_s,源阻抗为 R_s,在 1Hz 由源可获得的最大信噪比为

$$SNR_{in} = \frac{e_s^2}{4kTR_s} \tag{3D.5}$$

式中,k 为玻尔兹曼常数,1.38×10^{-23} J/°K;T 是绝对温度 300°K。

在 1Hz 中模数转换器输出信噪比为

$$SNR_{out} = \frac{e_s^2(R_L/(R_s+R_L))^2}{4kTR_s(R_L/(R_s+R_L))^2+(P_{Nq}+P_{Nj})} \tag{3D.6}$$

式中,R_L 是负载阻抗,P_{Nq} 和 P_{Nj} 由式(3D.1)和式(3D.3)给出。

由式（3D.5）和式（3D.6），模数转换器噪声系数可以表示为

$$F_{ADC} = \frac{SNR_{in}}{SNR_{out}} = 1 + \frac{1}{4kTR_s}(P_{Nq} + P_{Nj})\left(1 + \frac{R_s}{R_L}\right)^2 \tag{3D.7}$$

对于 $R_L = R_s$ 的情况，模数转换器噪声系数表达式变为

$$F_{ADC} = 1 + \frac{1}{kTS_s}(P_{Nq} + P_{Nj}) \tag{3D.8}$$

在带通采样的情况下，模数转换器输出热噪声可以比过采样的情况高（$2f_H/f_s$）倍，噪声系数表达式为

$$F_{ADC} = \frac{2f_H}{f_s} + \frac{1}{4kTR_s}(P_{Nq} + P_{Nj})\left(1 + \frac{R_s}{R_L}\right)^2 \tag{3D.9}$$

式中 P_{Nq} 由式（3D.2）给出。

当模数转换器工作在高中频或射频时，模数转换器中总噪声主要是模拟电路的噪声。假定模数转换器被理想地分割为数字和模拟两部分，如图 3D.1 所示，相应的噪声系数为

$$F_{ADC\_O} = F_{ADC\_a}\left(\frac{2B_{n\_a}}{f_s}\right) + \frac{F_{ADC\_q}}{g_a^2} \tag{3D.10}$$

式中，F_{ADC_a} 和 g_a 是模数转换器模拟电路的噪声系数和电压增益；B_{n_a} 是模拟电路噪声带宽；f_s 是采样率；F_{ADC_q} 是模数转换器数字部分的噪声系数，在式（3D.9）中给出。

图 3D.1　噪声系数计算使用的模数转换器模块图

参考文献

[1] U. L. Rohde, J. Whitaker, and T.T.N. Bucher, *Communications Receivers*, 2nd ed., McGraw Hill, 1996.

[2] ETSI, *Digital Cellular Telecommunications System (Phase 2+): Radio Transmission and Reception* (GSM 05.05 version 7.3.0), 1998.

[3] TIA/EIA-98-D, *Recommended Minimum Performance Standards for cdma2000 Spread spectrum Mobile Stations*, Release A, March, 2001.

[4] M. E. Van Valkenburg et al., *Reference Data for Engineers: Radio, Electronics, Computer, and Communications*, 8th ed., SAMS, Prince Hall Computer Publishing, 1993.

[5] K. Murota and K. Hirade, "GMSK Modulation for Digital Mobile Radio Telephone," *IEEE Trans. Communications*, vol. COM-29, no.7, pp. 1044–1050, July 1981.

[6] T. Yamawaki et al., "A 2.7-V GSM RF Transceiver IC," *IEEE J. Solid-State Circuits*, vol. 32, no. 12, pp. 2089–2096, Dec. 1997.

[7] A. Bateman and D. M. Haine, "Direct Conversion Transceiver Design for Compact Low-cost Portable Radio Terminals," *Proceedings of IEEE, Vehicular Technology Conf.*, pp. 57–62, May 1989.

[8] A. A. Abidi, "Direct-conversion Radio Transceiver for Digital Communications," *IEEE J. Solid-State Circuits*, vol. 30, pp. 1399–1410, Dec. 1995.

[9] B. Razavi, "Design Consideration for Direct-Conversion Receiver," *IEEE Trans. Circuits and Systems — II: Analog and Digital Signal Processing*, vol. 44, no. 6, pp. 428–435, June 1997.

[10] J. F. Wilson et al, "A Single-Chip VHF and UHF Receiver for Radio Paging," *IEEE J. Solid-State Circuits*, vol. 26, pp. 1944–1950, Dec. 1991.

[11] C. D. Hull, J. L. Tham, and R. R. Chu, "A Direct Conversion Receiver for 900 MHz (IMS Band) Spread-Spectrum Digital Cordless Telephone," *IEEE J. Solid-State Circuits*, vol. 31, pp. 1955 – 1963, Dec. 1996.

[12] H. Yoshida, H. Tsurumi, and Y. Suzuki, "DC Offset Canceller in a Direct Conversion Receiver for QPSK Signal Reception," *Proc. of IEEE Int. Symposium. on Personal, Indoor and Mobile Radio Communications*, vol.3, pp. 1314-1318, Sept. 1998.

[13] J. Crols and M. S. J. Steyaert, "A Single-Chip 900 MHz CMOS Receiver Front-End with a High Performance Low-IF Topology," *IEEE J. Solid-State Circuits*, vol. 30, No. 12, pp. 1483–1492, Dec. 1995.

[14] J. P. F. Glas, "Digital I/Q Imbalance Compensation in a Low-IF Receiver," *Proceedings of IEEE Global Telecommunications Conference*, vol. 3, pp. 1461–1466, Nov. 1998.

[15] J. Crols and M.S.J. Steyaert, "Low-IF Topologies for High-Performance Analog Front Ends of Fully Integrated Receivers," *IEEE Trans. Circuits and Systems — II: Analog and Digital Signal Processing*, vol. 45, no. 3, pp. 269–282, Mar. 1998.

[16] L. Yu and W. M. Snelgerove, "A Novel Adaptive Mismatch Cancellation System for Quadrature IF Radio Receiver," *IEEE Trans. Circuits and Systems —II: Analog and Digital Signal Processing*, vol. 46, no. 6, pp. 789 – 801, June 1999.

[17] J. Crols and M. Steyaert, "An Analog Polyphase filter for a High Performance Low-IF Receiver," *1955 Symposium on VLSI Circuits Digest of Technical Papers*, pp. 87–88, 1955.

[18] T. Yamawaki et al., "A 2.7 V GSM RF Transceiver IC," *IEEE Journal of Solid-State Circuits*, vol. 32, no. 12, pp. 2089 – 2096, Dec. 1997.

[19] R. G. Vaughan, N. L. Scott, and R. D. White, "The Theory of Bandpass Sampling," *IEEE Trans. Signal Processing*, vol. 39, no. 9, pp. 1973 – 1984, Sept. 1991.

[20] G. Hill, "The Benefits of Undersampling," *Electron. Design*, pp. 69 – 79, July 1994.

[21] M. E. Frerking, "Digital Signal Processing in Communication

Systems," Chapman & Hall, 1994.

[22] J.A. Wepman, "Analog-to Digital Converters and Their Applications in Radio Receivers," *IEEE Communications Magazine*, PP. 39-45, May, 1995.

[23] D. A. Akos, M. Stockmaster, J. B. Y. Tsui, and J. Caschera, "Direct Bandpass Sampling of Multiple Distinct RF Signals," IEEE Trans. Communications, vol. 47, no. 7, pp. 983–988, July, 1999.

辅助参考文献

[1] B. Razavi, "Challenges in Portable RF Transceiver Design," *IEEE Circuits and Devices Magazine*, vol. 12, no. 5, pp. 12–25, Sept. 1996.

[2] J.C. Clifton et al., "RF Transceiver Architectures for Wireless Local Loop Systems," *IEE Colloquium on RF & Microwave Circuits for Commercial Wireless Applications*, pp. 11/1–11/8, Feb. 1997.

[3] J. L. Mehta, "Transceiver Architectures for Wireless ICs," *RF Design*, pp. 76–96, Feb. 2001.

[4] S. Mattison, "Architecture and Technology for Multistandard Transceivers," *Proceedings of the 2001 Bipolar/BiCMOS Circuits and Technology Meeting*, pp. 82–85, Oct. 2001.

[5] M .S. W. Chen and R. W. Brodersen, "A Subsampling Radio Architecture by Analytic Signaling," *Proceedings of the 2004 IEEE International Conference on Acoustics, Speech, and Signal Processing*, vol. 4, pp. iv-533–iv-536, May 2004.

[6] F.J. Harris, C, Dick, and M. Rice, "Digital Receivers and Transmitters Using Polyphase Filter Banks for wireless Communications," *IEEE Trans. On Microwave Theory and Techniques*, vol. 51, no. 4, pp. 1395–1412, April 2003.

[7] P. Fines, "Radio Architectures Employing DSP Techniques," *IEE Workshop on Microwave and Millimeter-Wave Communications – Wireless Revolution*, pp. 10/1–10/5, Nov. 1995.

[8] T. H. Lee, H. Samavati, and H. R. Rategh, "5-GHz CMOS Wireless LANs," *IEEE Trans. Microwave Theory and Techniques*, vol. 50, no.1, pp. 268–280, Jan. 2002.

[9] S. W. Chung, S. Y. Lee, and K. H. Park, "An Energy-Efficient OFDM Ultra-Wideband Digital Radio Architecture," *2004 IEEE Workshop on Signal Processing Systems*, pp. 211–216, Oct. 2004.

[10] J. P. K. Gilb, "Bluetooth Radio Architectures," *2000 IEEE Radio Frequency Integrated Circuits Symposium*, pp. 3–6, 2000.

[11] Z. Yuanjin and C. B. Terry, "Self Tuned Fully Integrated High Image Rejection Low IF Receiver Architecture and Performance," *Proceedings of the 2003 International Symposium on Circuits and Systems*, vol. 2, pp. II165 - II168, May 2003.

[12] C. C. Chen and C. C Huang, "On the Architecture and Performance of a Hybrid Image Rejection Receiver," *IEEE Journal Selected Area in Communications*, vol. 19, no. 6, pp. 1029–1040, June 2001.

[13] B. Lindoff, "Using a Direct Conversion Receiver in EDGE Terminals – A New DC Offset Compensation Algorithm," *2000 IEEE International Symposium on Personal, Indoor and Mobile Radio Communications*, vol. 2, pp. 959–963, Sept. 2000.

[14] M. Valkama, M. Renfors and V. Koivunen, "Advanced Methods for I/Q Imbalance Compensation in Communication Receivers," *IEEE Trans. On Signal Processing*, vol. 49, no. 10, pp. 2335–2344, Oct. 2001.

[15] J. K. Cavers and M. W. Liao, "Adaptive Compensation for Imbalance and Offset Losses in Direct Conversion Transceiver," *IEEE Trans. On Vehicular Technology*, vol. 42, no. 4, pp. 581–588, Nov. 1993.

[16] E. Cetin, I. Kale and R.C.S. Morling, "Adaptive Compensation of Analog Front-End I/Q Mismatches in Digital Receivers," *2001 IEEE International Symposium on Circuits and Systems*, vol. 4, pp. 370–373 , May 2001.

[17] E. Grayver and B. Daneshrad, "A Low Power FSK Receiver for Space Applications," *2000 IEEE Wireless Communications and Networking Conference*, vol. 2, pp. 713 – 718, Sept. 2000.

[18] S. M. Rodrigure et al, "Next Generation Broadband Digital Receiver Technology," *15th Annual AESS/IEEE Symposium*, pp. 13–20, May 1998.

[19] K. Kalbasi, "Simulating Trade-Offs in W-CDMA/EDGE Receiver Front Ends," *Communication Systems Design*, vol. 8, no. 1, Jan. 2002.

[20] P. Delvy, "A Receiver Comparison for GSM/GPRS Applications," *Wireless Design and Development*, pp. 22–26, Nov. 2004.

[21] J. A. Wepman, "ADCs and Their Applications in Radio Receivers," IEEE Communications Magazine, vol. 33, pp. 39–45, May 1995.

[22] H. M. Seo et al., "Relationship Between ADC Performance and Requirements of Digital-IF Receiver for WCDMA Base-Station," *IEEE Trans. Vehicular Technology*, vol. 52, no. 5, pp. 1398–1480, Sept. 2003.

[23] K.A. Stewart, "Effect of Sample Clock Jitter on IF-Sampling IS-95 Receiver," *8th IEEE International Symposium on Personal, Indoor and Mobile Radio Communications*, vol. 2, pp. 366–370, Sept. 1997.

[24] R. Schiphorst et al., " A Bluetooth-Enabled HiperLAN/2 Receiver," *2003 IEEE 58th Vehicular Technology Conference*, vol. 5, pp. 3443–3447, Oct. 2003.

[25] M.S. Braasch and A.J. Van Dierendonck, "GPS Receiver Architectures and Measurements," *Proceedings of the IEEE*, vol. 87, no. 1, pp. 48–64, Jan. 1999.

[26] S. Yoshizumi et al, "All Digital Transmitter Scheme and Transceiver

Design for Pulse-Based Ultra-Wideband Radio," *2003 IEEE Conference on Ultra Wideband Systems and Technologies*, pp. 438–432, Nov. 2003.

[27] W. Namgoong, "A Channelized Digital Ultrawideband Receiver," *IEEE Trans. on Wireless Communications*, vol. 2, no. 3, pp. 502–509, May 2003.

[28] K. C. Zangi, "Impact of Wideband ADC's on the Performance of Multi-Carrier Radio Receiver," *48th IEEE Vehicular Technology Conference*, vol. 3, pp. 2155–2159, May 1998.

[29] M. Verhelst et al., "Architectures for Low Power Ultra-Wideband Radio Receivers in the 3.1-5GHz Band for Data Rates < 10 Mbps," *Proceedings of the 2004 International Symposium on Low Power Electronics and Design*, pp. 280–285, Aug. 2001.

[30] X. Xu et al., "Analysis of FDSS Ultra-Wideband Six-Port Receiver," *2002 IEEE Radio and Wireless Conference*, pp. 87–90, Aug. 2002.

[31] G. Ordu et al., "A Novel Approach for IF Selection of Bluetooth Low-IF Receiver Based on System Simulations," Proceedings of IEEE International System-on-Chip Conference, pp. 43 – 46, Sept. 2003.

[32] C. H. Tseng and S. C. Chou, "Direct Downconversion of Multiple RF Signals Using Band Pass Sampling," *2003 IEEE International Conference on Communications*, pp. 2003–2004, May 2003.

[33] M. H. Norris, "Transmitter Architectures (GSM Handsets)," *IEE Colloquium on the Design of Digital Cellular Handsets*, pp. 4/1–4/6, March 1998.

[34] L. Robinson, P. Aggarwal, and R. R. Surendran, "Direct Modulation Multi-Mode Transmitter," *2002 3rd International Conference 3G Mobile Communication Technologies*, pp. 206–210, May 2002.

[35] F. Kristensen, P. Nilsson, and A. Olsson, " A Generic Transmitter for Wireless OFDM Systems," *14th IEEE 2003 International Symposium on Personal, Indoor and Mobile Radio Communication Proceedings*, pp. 2234–2238.

[36] J. Ketola et al., "Transmitter Utilising Bandpass Delta-Sigma Modulator and Switching Mode Power Amplifier," Proceedings of the *2004 International Symposium on Circuits and Systems*, vol. 1, pp. 1-633–1-636, May 2004.

[37] T.E. Stichelbout, "Delta-Sigma Modulator in Radio Transmitter Architectures," *1999 Emerging Technologies Symposium on Wireless Communications and Systems*, pp. 6.1–6.4, April 1999.

[38] S. Mann et al., " A Flexible Test-Bed for Developing Hybrid Linear Transmitter Architectures," *2001 Spring IEEE Vehicular Technology Conference*, vol. 3, pp. 1983–1986, May 2001.

[39] B. Razavi, "RF Transmitter Architectures and Circuits," *IEEE 1999 Custom Integrated Circuits Conference*, pp. 197–204, May 1999.

[40] S. Mann et al., "Increasing Talk-Time of Mobile Radios with Efficient

Linear Transmitter Architectures," *Electronics and Communication Engineering Journal*, vol. 13, issue 2, pp. 65–76, April 2001.

[41]　S. Mann et al., "Increasing Talk-Time with Efficient Linear PA's," *IEE Seminar on Tetra Market and Technology Development*, pp. 6/1 – 6/7, Feb. 2000.

[42]　D. Efstathiou, L. Fridman and Z. Zvonar, "Recent Developments in Enabling Technologies for Software Defined Radio," *IEEE Communications Magazine*, vol. 37, no. 8, pp. 112–17, Aug. 1999.

[43]　J. R. Macleod et al, "Enabling Technologies for Software Defined Radio Transceivers," *Proceedings of MILCOM*, vol. 1, pp.354 –358, Oct. 2002.

[44]　A. S. Margulies and J. Mitola III, "Software Defined Radios: A Technical Challenge and a Migration Strategy," *Proceedings of 1998 IEEE 5th International Symposium on Spread Spectrum Techniques*, pp. 551–556, 1998.

[45]　M. Rami et al., "Broadband Digital Direct Down Conversion Receiver Suitable for Software Defined Radio," *2002 IEEE International Symposium on Personal, Indoor and Mobile Radio Communications*, vol. 1, pp. 100–104, Sept. 2002.

[46]　J. Mitola, "The Software Radio Architecture," *IEEE Communications Magazine*, pp. 26 – 38, May 1995.

[47]　S. Sirkanteswara et al., "A Soft Radio Architecture for Reconfigurable Platforms," *IEEE Communications Magazine, pp. 140–147, Feb. 2000.*

[48]　J. Mitola III, "Software Radio Architecture: A Mathematical Perspective," *IEEE Journal on Selected Area in Communications*, vol. 17, no. 4, pp. 514–538, April 1999.

[49]　Z. Salcic and C. F. Mecklenbrauker, "Software Radio — Architecture Requirements, Research and Development Challenges," *2002 ICCS*, pp. 711–716, 2002.

[50]　M. Choe, H. Kang, and K. Kim, "Tolerable Range of Uniform Bandpass Sampling for Software Defined Radio," *2002 The 5th International Symposium on Wireless Personal Multimedia Communications*, vol. 2, pp. 840–842, Oct. 2002.

[51]　J. E. Junn, K. S. Barron, and W. Ruczczyk, "A Low-Power DSP Core-Based Software Radio Architecture," *IEEE Journal on Selected Areas in Communications*, vol. 14, no. 4, pp. 574–590, April 1999.

[52]　H. Erben and K. Sabatakakis, "Advanced Software Radio Architecture for 3rd Generation Mobile Systems," *48th IEEE Vehicular Technology Conference*, pp. 825–829, May 1998.

第 4 章

接收机系统分析与设计

4.1 引言

接收机可以通过很多不同的结构实现,例如在上一章中讨论的超外差、直接变频、低中频和带通采样等。无论使用哪种结构,接收机应该拥有良好的性能和功能。这意味着在移动站无线系统中的接收机可能结构不同,但是它们一定有某些共同的特性来实现移动无线通信系统标准中规定的某些性能。

如我们所知,在不同的无线通信系统中有两种双工系统,即全双工和半双工系统。CDMA、WCDMA 和 AMPS 系统是全双工系统。在这些系统中,无论移动站还是基站的接收机和发射机都是同时工作的,但是它们工作在不同的频带。其他无线通信系统,如 GSM、GPRS、TDMA 和 PHS 系统是半双工系统。在半双工系统中,接收机和发射机工作在不同的时隙中,但是其工作频率可能相同。显然在全双工系统中,发射机的发射信号对于接收机是很强的干扰源,这是因为在接收机天线端口的发射功率可以比期望接收信号高 120dB 甚至 130dB,但是其与接收信号的频率差只有数十兆赫兹。相应的接收机必须能够在持续的强烈传输干扰情况下正常工作。这使得全双工系统中工作的接收机比半双工系统中更难设计。

无线移动站接收机的关键参数有接收灵敏度、互调特性、相邻/相间信道选择性、单频钝化、干扰阻塞、动态范围和自动增益控制。接收机灵敏度与接收机总的噪声系数直接相关。接收机线性度(尤其是三阶失真)是决定互调失真特性和单频钝化的主要因素。信道滤波特性和本地振荡(LO)的相位噪声决定了相邻/相间信道选择度和干扰阻塞效果。动态范围通常由使用自动增益控制和合适的模数转换器来实现。在本章中重要的接收机特性分析和相应设计公式的推导都基于全双工系统。但是,所有使用全双工系统导出的结果和相关公式都可以在简单修改后应用于半双工系统接收机(传输干扰和相关的影响不需要考虑)。

4.2 接收机灵敏度和噪声系数

无线移动接收机的灵敏度定义为能够实现系统要求错误率(误码率或误帧率)所需要最小信噪比的最弱射频信号功率。灵敏度电平也随着具体的信号调制和特性、信号传播信道和其他噪声电平而改变。

4.2.1　灵敏度计算

在加性高斯白噪声(additive white gaussian noise,AWGN)中,在接收机输入端出现的是热噪声,接收机灵敏度可以通过射频接收机噪声系数推导。正如在 2.4 小节中描述的,在数字处理过程之前的射频和模拟基带信号的信噪比称作载噪比(carrier-to-noise ratio,CNR),以将其和数字基带信号的信噪比区分开来。从天线端口到模数转换器输出的噪声系数表示为输入载噪比$(C/N)_i$值与输出载噪比$(C/N)_o$之比,即

$$F_{Rx} = \frac{(C/N)_i}{(C/N)_o} = \frac{P_S/P_{Ni}}{(C/N)_o} \tag{4.2.1}$$

式中,P_s是接收机输入端的期望信号功率;P_{Ni}是接收机噪声频带 BW 内的集成热噪声功率,在共轭匹配的情况下在接收机端口有形式为

$$P_{Ni} = kT_o \cdot BW \tag{4.2.2}$$

式中,$k=1.38 \times 10^{-20}\,\mathrm{mW \cdot s/^\circ K}$,是玻尔兹曼常数;$T_o=290\,\mathrm{^\circ K}$。由式(4.2.1),接收机输入信号可以表示为

$$P_S = kT_o \cdot BW \cdot F_{Rx} \cdot (C/N)_o \tag{4.2.3}$$

假定根据灵敏度电平能够得到定义的错误率所需要的最小$(C/N)_o$为$(C/N)_{\min}$,由式(4.2.3)接收机灵敏度功率$S_{\min}$(dBm)的形式为

$$S_{\min} = 10\log(P_{S,\min}) = -174 + 10\log(BW) + NF_{Rx} + CNR_{\min} \tag{4.2.4}$$

其中使用 $10\log(kT_o) = -174\,\mathrm{dBm/Hz}$,接收机噪声带宽(粗略地说,接收机带宽)$BW$ 单位为 Hz,NF_{Rx}是接收机总噪声系数(dB)

$$NF_{Rx} = 10\log(F_{Rx})\,\mathrm{dB} \tag{4.2.5}$$

和

$$CNR_{\min} = 10\log(C/N)_{\min}\,\mathrm{dB} \tag{4.2.6}$$

不同的无线系统移动接收机中最大$CNR_{\min}$在表 2.4 中给出。其中给出所有的$CNR_{\min}$值都是要求的在加性高斯白噪声信道中的接收机灵敏度载噪比,或称为统计灵敏度。由表 2.4,我们知道 CDMA 移动接收机当误帧率为 0.5% 时的最大$CNR_{\min}$等于 1dB,接收机带宽约为 1.25MHz。假定总噪声系数NF_{Rx}是 10dB,由式(4.2.4)接收机灵敏度为

$$S_{\min\_CDMA} = -174 + 60.9 + 10 - 1 = -104.1\,\mathrm{dBm}$$

如 2.4.5 小节中所述,想要得到一定误码率所需要的 CNR 主要由接收机解调、解码和数字基带中的数字信号处理所决定。但是,如果滤波器的带宽、带内纹波、群相位延迟没有合适的定义,那么接收机射频模拟部分的信道滤波器幅值和相位频率响应也可能对 CNR 的值产生显著的影响。

事实上,对于射频接收机系统设计来说使用接收机噪声系数NF_{Rx}比使用灵敏度更为方便。重新排列式(4.2.4),得到

$$NF_{Rx} = 174 + S_{\min} - 10\log(BW) - CNR_{\min} \tag{4.2.7}$$

GSM900 小型移动接收机的参考灵敏度为 $-102\mathrm{dBm}$，GMSK 调制信号的 $CNR_{\min}$ 约为 8dB，它会进一步在 3% 的误码率下进行解调。如果接收机带宽为 250kHz，由式（4.2.7）对于这种接收机灵敏度最大可以接受噪声系数为

$$NF_{Rx\_GSM} = 174 - 102 - 54 - 8 = 10\mathrm{dB}$$

在实际设计中，对于接收机灵敏度来说有一定的余地是非常重要的，如 3dB 或者更多。对于以上例子，为了得到 $-105\mathrm{dBm}$ 或更好的灵敏度，接收机总噪声系数应该是 7dB 或者更低。

4.2.2　级联噪声系数

如图 4.1 所示，射频接收机通常由多级组成，其中 g_k 和 $F_k(k=1,2,\cdots,n)$ 分别为可获得的功率增益和噪声因数。在此处使用一种类似于参考文献[1]中推导噪声因数的方法。假定接收机中每级输入阻抗和前级输出阻抗是共轭匹配的，从第 n 级可获得的输出噪声功率 P_{N_Rx} 为

$$P_{N\_Rx} = F_{Rx} \cdot kT_o \cdot BW \cdot \prod_{j=1}^{n} g_j \tag{4.2.8}$$

式中，F_{Rx} 是接收机的总噪声系数。

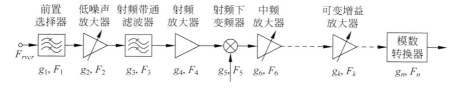

图 4.1　多级接收链路

在第 n 级输出端所测量到的由第一级输入所引入噪声为

$$P_{N1} = F_1 \cdot kT_o \cdot BW \cdot \prod_{j=1}^{n} g_j \tag{4.2.9}$$

可获得剩余级在第 n 级输出所产生的噪声为

$$P_{Ni} = (F_i - 1) \cdot kT_o \cdot BW \cdot \prod_{j=i}^{n} g_j \tag{4.2.10}$$

式中，$i=2,3,\cdots,n$。

总的可获得噪声能量 P_{N_Rcvr} 也等于式（4.2.9）与式（4.2.10）之和，即

$$P_{N\_Rcvr} = \left[F_1 \cdot kT_o \cdot BW + \sum_{i=2}^{n} (F_i - 1) \cdot kT_o \cdot BW \right] \prod_{j=i}^{n} g_j \tag{4.2.11}$$

在式（4.2.11）的左边代入式（4.2.8），在消去两边的公因子 $kT_o \cdot BW$ 之后可以得到接收机级联噪声因子 F_{Rx}：

$$F_{Rx} = F_1 + \sum_{i=2}^{n} \frac{F_i - 1}{\prod_{j=1}^{i-1} g_j} \tag{4.2.12a}$$

噪声因子F_{Rx}(dB)在此处称作接收机噪声系数NF_{Rx},可以表示为

$$NF_{Rx} = 10\log\left(F_1 + \sum_{i=2}^{n} \frac{F_i - 1}{\prod\limits_{j=1}^{i-1} g_j} \right) \tag{4.2.12b}$$

式中,g_k和$F_k(k=1,2,\cdots,n)$都是分数值。如果使用每级的噪声系数$NF_k(k=1,2,\cdots,n)$来替代噪声因子,并使用功率增益$G_k(k=1,2,\cdots,n-1)$(dB),那么形式为

$$NF_{Rx} = 10\log\left(10^{\frac{NF_1}{10}} + \sum_{i=2}^{n} \frac{10^{\frac{NF_i}{10}} - 1}{\prod\limits_{j=1}^{i-1} 10^{\frac{G_j}{10}}} \right) \tag{4.2.12c}$$

式(4.2.12)也称作 Friis 公式[2]。这些增益是基于级与级之间共轭匹配的假定可得到的功率增益。在现实中共轭匹配假定对于接收机射频模块来说可能是正确的。但是,在中频和模拟基带模块,m阶的输入电阻$Z_{i,m}$可能并不与其前级的输出电阻$Z_{o,m-1}$相匹配,通常$Z_{i,m}\gg Z_{o,m-1}$。在中频和模拟基带模块中,通常使用电压增益g_v而不是功率增益。

图 4.2 可以用来计算在接收链路中各级不匹配模块的噪声因子,并决定级联噪声因子。此处串联电压源$V_{N,m}$和并联电流源$I_{N,m}$代表了$m(m=1,2,\cdots,n_1)$级噪声,$R_{i,m}$和$R_{o,m}$分别是m级输入和输出阻抗(由于实际中对于所有的级来说,R_m(电阻)$\gg X_m$(电抗)),R_g是源电阻。将图 4.2 中的噪声因子和电压增益分别用F_m和$g_{v,m}(m=1,2,\cdots,n_1)$来表示。$m$阶的噪声因子可以使用参考文献[1]、[3]中的方法进行推导。输出阻抗$R_{o,m-1}$产生的均方噪声电压是$4kT \cdot R_{o,m-1} \cdot BW$,是$m$级的源噪声。在$m$阶输入的均方噪声电压$\overline{V_{N,in\_m}^2}$为

$$\overline{V_{N,in\_m}^2} = \left[\overline{(I_{N,m}R_{o,m-1} + V_{N,m})^2} + 4kTR_{o,m-1}BW \right] \frac{R_{i,m}^2}{(R_{o,m-1} + R_{i,m})^2} \tag{4.2.13}$$

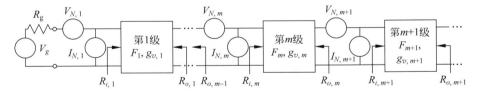

图 4.2　包含不匹配模块有噪接收机链的等效表示

m级的输出噪声$\overline{V_{N,out\_m}^2}$为

$$\overline{V_{N,out\_m}^2} = g_{v,m}^2 \ \overline{V_{N,in\_m}^2} \ \frac{R_{i,m+1}^2}{(R_{o,m} + R_{i,m+1})^2} \tag{4.2.14}$$

从噪声源$4kT \cdot R_{o,m-1} \cdot BW$到输出噪声电压$\overline{V_{N,out\_m}^2}$,总电压增益$g_{v,t\_m}$为

$$g_{v,t\_m} = \frac{R_{i,m}}{R_{o,m-1} + R_{i,m}} g_{v,m} \frac{R_{i,m+1}}{R_{o,m} + R_{i,m+1}} \tag{4.2.15}$$

从式(4.2.14)与式(4.2.15),可以得到m级的噪声因子(源阻抗$R_{o,m-1}$)为

$$F_m = \frac{V_{N,out\_m}^2}{4kTR_{o,m-1} \cdot BW \cdot g_{v,t\_m}^2} = 1 + \frac{\overline{(I_{N,m}R_{o,m-1} + V_{N,m})^2}}{4kT \cdot R_{o,m-1} \cdot BW} \tag{4.2.16}$$

两个相邻级 m 和 $(m-1)$ 的级联噪声因子 $F_{m,m+1}$，可以通过式（4.2.13）和下列公式得到[3]：

$$\overline{V_{N,in\_m+1}^2} = \left[\overline{V_{N,in\_m}^2} \cdot g_{v,m}^2 + \overline{(I_{N,m+1}R_{o,m} + V_{N,m+1})^2}\right]\left(\frac{R_{i,m+1}}{R_{o,m} + R_{i,m+1}}\right)^2 \quad (4.2.17)$$

$$\overline{V_{N,out\_m+1}^2} = g_{v,m+1}^2 \overline{V_{N,in\_m+1}^2} \frac{R_{i,m+2}^2}{(R_{o,m+1} + R_{i,m+2})^2} \quad (4.2.18)$$

和

$$g_{v,t\_m,m+1} = \frac{R_{i,m}}{R_{o,m-1} + R_{i,m}} g_{v,m} \frac{R_{i,m+1}}{R_{o,m} + R_{i,m+1}} g_{v,m+1} \frac{R_{i,m+2}}{R_{o,m+1} + R_{i,m+2}} \quad (4.2.19)$$

两个相邻级的级联噪声因子 $F_{m,m+1}$ 可以表示为

$$
\begin{aligned}
F_{m,m+1} &= \frac{\overline{V_{N,out\_m+1}^2}}{g_{v,t\_m,m+1} 4kT \cdot BW \cdot R_{o,m-1}} \\
&= F_m + \frac{F_{m+1} - 1}{g_{v,m}^2} \frac{1}{\left(\dfrac{R_{i,m}}{R_{o,m-1} + R_{i,m}}\right)^2} \frac{1}{\dfrac{R_{o,m-1}}{R_{o,m}}} \quad (4.2.20)
\end{aligned}
$$

其中 F_{m+1} 和式（4.2.16）的表达式一样，只是将下标 m 改为 $m+1$。

如图 4.2 所示，一般 n_1 级噪声源为 $4kT \cdot BW \cdot R_g$ 级联电路，总的级联噪声因子 $F_{t\_cascade}$ 为

$$F_{t\_cascade} = F_1 + \sum_{m=2}^{n_1} \frac{F_m - 1}{\prod\limits_{l=1}^{m-1} g_{v,l}^2 \left(\dfrac{R_{i,l}}{R_{o,l-1} + R_{i,l}}\right)^2 \dfrac{R_{o,l-1}}{R_{o,l}}} \quad (4.2.21)$$

式中，F_m 由式（4.2.16）给出，$R_{o,0} = R_g$。如果让式（4.2.21）中在等式右边的分母即每级的电压增益乘子 $g_{v,l}^2\left(\dfrac{R_{i,l}}{R_{o,l-1} + R_{i,l}}\right)^2\dfrac{R_{o,l-1}}{R_{o,l}}$ 等于相应级可获得的功率增益 g_l，那么式（4.2.21）就变成了式（4.2.12a）的形式，其中

$$g_l = g_{v,l}^2 \left(\frac{R_{i,l}}{R_{o,l-1} + R_{i,l}}\right)^2 \frac{R_{o,l-1}}{R_{o,l}} \quad (4.2.22)$$

在 IF 和模拟基带模块，各级的输入阻抗通常比前级的输出阻抗高很多，即 $R_{i,l} \gg R_{o,l-1}$。因此式（4.2.21）可以被简化为（基于 $R_{o,l} \cong R_{o,l-1}$）

$$F_{t\_cascade} \cong F_1 + \sum_{m=2}^{n_1} \frac{F_m - 1}{\prod\limits_{l=1}^{m-1} g_{v,l}^2 \dfrac{R_{o,l-1}}{R_{o,l}}} \cong F_1 + \sum_{m=2}^{n_1} \frac{F_m - 1}{\prod\limits_{l=1}^{m-1} g_{v,l}^2} \quad (4.2.23)$$

在射频接收机的中频或者模拟基带模块工程设计计算中，式（4.2.23）用来估算噪声系数和噪声因子是非常方便和有用的。

4.2.3　因发射机噪声在接收机频带散射的接收机钝化估计

在全双工系统中，有两种方法来计算由于在接收机频带的发射机噪声散射而导致的接收机钝化效应。假定散射噪声主要经由双工器（将发射机和接收机连接到公用天线）传播。一个方法是基于找到双工器的等效噪声系数，另一个是基于使用等效天线温度的概念。

1. 双工器等效噪声系数

如图 4.3 所示，在这里的分析中将双工器看作一个两端口器件而非三端口器件。其中一个端口与天线相连，另一个与接收机相连。双工器第三个端口终止于发射机，这个端口是干扰噪声源进入接收机的入口。等效两端口器件的噪声系数可以计算如下。

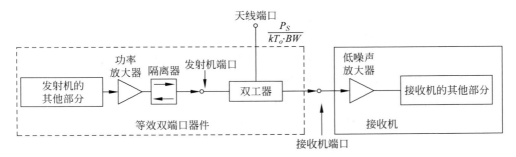

图 4.3 全双工收发机的简化结构

假定在天线端口的输入信号功率是 P_S，并且噪声是功率密度为 kT_o 的热密度，在天线端口的信噪比 $(S/N)_{\text{input}}$ 可以简化为

$$(S/N)_{\text{input}} = \frac{P_S}{kT_o \cdot BW} \tag{4.2.24}$$

式中，BW 是接收机噪声带宽。

如果双工器天线端口和接收机端口之间的插入增益是 $g_{ant\_Rx} < 1$，那么接收机端口的输出信号功率等于 $g_{ant\_Rx} \cdot P_S$。定义 $P_{N,Tx\_ant,RxBand}$ mW/Hz 为接收机频带中在双工器天线端口测量得到的，除了热噪声密度 kT_o 之外的发射机额外噪声散射密度，双工器接收机端口的输出噪声为 $(kT_o + P_{N,Tx\_ant,RxBand} \cdot g_{ant\_Rx}) \cdot BW$。此处假定额外散射噪声密度 $P_{N,Tx\_ant,RxBand}$ 在接收机频带中是平坦的，BW 是接收机噪声带宽。双工器接收机端口的输出信噪比 $(S/N)_{\text{output}}$ 可以写为

$$(S/N)_{\text{output}} = \frac{P_S \cdot g_{ont\_Rx}}{(kT_o + P_{N,Tx\_ant,RxBand} \cdot g_{ont\_Rx}) \cdot BW} \tag{4.2.25}$$

从双工器天线端口到接收机端口的等效噪声因子 F_{e_dplx} 由式 (4.2.24) 与式 (4.2.25) 的比值决定，即

$$F_{e\_dplx} = \frac{(S/N)_{\text{input}}}{(S/N)_{\text{output}}} = \frac{1}{g_{ant\_Rx}} + \frac{P_{N,Tx\_ant,RxBand}}{kT_o} \tag{4.2.26a}$$

相应噪声系数 NF_{e_dplx} 是以 dB 表示的噪声因子，即

$$NF_{e\_dplx} = 10\log\left(\frac{1}{g_{ont\_Rx}} + \frac{P_{N,Tx\_ant,RxBand}}{kT_o}\right) \text{dB} \tag{4.2.26b}$$

正如我们所知，原本双工器的接收机滤波器噪声系数（插入损耗 g_{ant_Rx}）为 $NF_{o\_dplx} = 10\log(1/g_{ant\_Rx})$。将这个噪声系数与式 (4.2.26) 中给出的噪声系数相比较，显然额外散射噪声 $P_{N,Tx\_ant,RxBand}$ 导致了双工器噪声的下降。但是，$P_{N,Tx\_ant,RxBand}$ 功率通常很低并且不能直

接测量,但是如图 4.3 所示,可以通过测量发射功率放大器输出端在接收频带中的噪声散射密度来得到。如果在功放/隔离器输出端测量的接收机频带噪声散射密度为 $N_{Tx\_inRxBand}$（dBm/Hz）,双工器的发射机滤波器对于接收机频带信号/噪声的衰减为 A_{dplx_Tx}（dB）。$P_{N,Tx\_ant,RxBand}$ 功率可以使用以下公式计算:

$$P_{N,Tx\_ant,RxBand} = 10^{\frac{N_{Tx\_inRxBand} - A_{dplx\_Tx}}{10}} - kT_o \tag{4.2.27}$$

式中,kT_o 是热噪声密度（mW/Hz）,并且它在 $T_o = 290$°K 时为 4×10^{-18} mW/Hz。

下面看一个例子。假定在功放/隔离器输出的接收机频带散射噪声密度为 $N_{Tx\_inRxBand} = -127.5$ dBm/Hz,双工器的发射机滤波器对于散射噪声的衰减为 $A_{dplx\_Tx} = 44.5$ dB,双工器的接收机滤波器的插入损耗为 $g_{ant\_Rx} = 0.56$,或者 $10\log(g_{ant\_Rx}) = -2.5$ dB,从式(4.2.26b)和式(4.2.27)可以得到双工器的等效噪声系数为

$$NF_{e\_dplx} = 10\log\left(1.78 + \frac{10^{(-127.5-44.5)/10} - 10^{-174/10}}{10^{-174/10}}\right) \cong 3.74 \text{dB}$$

没有发射机散射噪声的双工器噪声系数 NF_{dplx} 等于 $10\log(1/g_{ant\_Rx}) = 2.5$ dB。由于发射机散射噪声导致的噪声系数下降约为 1.24dB。

从天线端口到接收机端口的噪声系数增加,直接提高了总接收机噪声系数并且降低了接收机灵敏度。如果除了双工器之外的接收机噪声系数为 $NF_{rx,o} = 3.5$ dB,在发射机散射噪声影响之下的接收机总噪声系数 NF_{Rx} 可以通过使用式(4.2.28)计算:

$$NF_{Rx} = 10\log\left(F_{e\_dplx} + \frac{10^{NF_{rx,o}/10} - 1}{g_{ant\_Rx}}\right)$$
$$\cong 10\log\left(2.37 + \frac{2.24 - 1}{0.56}\right)$$
$$\cong 6.6 \text{dB} \tag{4.2.28}$$

比较这个接收机噪声系数和没有发射机散射噪声影响的噪声系数,$NF_{Rx,o} = NF_{rx,o} + NF_{o,dplx} = 3.5 + 2.5 = 6.0$ dB,总接收机噪声系数或灵敏度的下降约为 0.6dB。

2. 等效天线温度方法

在没有发射机散射噪声影响的一般情况下,假定天线温度等于周围环境的温度 $T_0 = 290$°K,因此在接收机输入端的噪声密度为 kT_o 那么 $N_o = 10\log(kT_o) = -174$ dBm/Hz。但是,在全双工系统中接收机总是被发射机的散射噪声所影响。在这种情况下,可视为天线温度提高到了温度 T_e,在接收机输入端的等效噪声密度变成

$$kT_e = kT_o + P_{N,Tx\_Rx} \tag{4.2.29}$$

如在 2.3 小节中所知,接收系统的等效温度内部噪声 $T_{N,Rx}$ 是由接收机的原始噪声系数 $F_{Rx,o}$ 决定的,它的值是

$$T_{N,Rx} = (F_{Rx,o} - 1)T_o \tag{4.2.30}$$

总接收机等效噪声温度 $T_{e,Rx}$ 是温度 T_e 与 $T_{N,Rx}$ 之和:

$$T_{e,Rx} = T_e + (F_{Rx,o} - 1)T_o \tag{4.2.31}$$

噪声因子的另一个定义是总接收机等效噪声温度 $T_{e,Rx}$ 与热噪声温度 T_o 之比。因此,由

温度比所推导出的接收机噪声因子F_{Rx}为

$$F_{Rx} = \frac{T_{e,Rx}}{T_o} = \frac{P_{N,Tx\_ant,RxBand}}{kT_o} + F_{Rx,0} \qquad (4.2.32a)$$

相应的噪声系数NF_{Rx}为

$$NF_{Rx} = 10\log\left[\frac{P_{N,Tx\_ant,RxBand}}{kT_o} + F_{Rx,0}\right] \qquad (4.2.32b)$$

使用与在第1种方法中同样的数据,从式(4.2.32)中可以计算在发射机散射噪声影响下的接收机噪声系数为

$$NF_{Rx} = 10\log\left(\frac{2.33 \times 10^{-18}}{4 \times 10^{-18}} + 3.98\right) \cong 6.6\text{dB}$$

上式给出了和式(4.2.28)一样的结果。

这两种方法在本例中产生了相同的结果。任何一种都可以用来计算在发射机散射噪声干扰下的接收机钝化。移动站中在这种干扰之下可接受的钝化约为数十分贝。

4.2.4 天线驻波对于接收机噪声系数的影响

电压驻波比(voltage standing wave ratio,VSWR)或者回波损耗经常用来表示天线和接收机输入端的匹配情况。在移动站中,天线(尤其是内置天线)的VSWR随着用户姿势和手形、移动站和用户头部/身体距离的改变会发生极大的变化。移动站天线VSWR的幅值随着不同应用情况可能在1.5~6之间变化。在以下分析中,可以看到天线VSWR的值显著影响了接收机噪声并极大地降低了接收机灵敏度。在射频接收机系统设计过程中,将天线VSWR对于接收机灵敏度的影响纳入考虑是非常必要的。

图4.4给出了一个接收机噪声系数分析的简化模型,用来替代4.2.2小节中的独立放大级噪声分析。其中V_N和I_N分别是接收机等效噪声电压和电流,V_g是源电压,R_g是源电阻(假定接收机输入共轭匹配,因此图中没有源电抗)。在V_N和I_N没有关联性的情况下,接收机噪声因子F_{Rx}可以写成

$$F_{Rx} = 1 + \frac{\overline{V_N^2}}{4kT_o \cdot BW \cdot R_g} + \frac{\overline{I_N^2}R_g^2}{4kT_o \cdot BW \cdot R_g} \qquad (4.2.33)$$

式中,$\overline{V_N^2}$和$\overline{I_N^2}$分别是平均噪声电压平方和平均电流平方;$kT_o \cdot BW$是在接收器噪声频带BW内的热噪声功率。

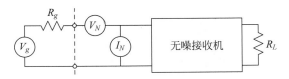

图 4.4 接收机噪声系数分析简化模型

从 2.3.4 小节中，我们知道 $\overline{V_N^2}$ 和 $\overline{I_N^2}$ 可以用等效串联噪声阻抗 R_n 和等效分流电导 G_n 来表示，具体如下

$$\overline{V_N^2} = 4k\,T_o \cdot BW \cdot R_n \quad \text{和} \quad \overline{I_N^2} = 4k\,T_o \cdot BW \cdot G_n \qquad (4.2.34)$$

因此式(4.2.33)变形为

$$F_{Rx} = 1 + \frac{R_n}{R_g} + G_n R_g \qquad (4.2.35)$$

如果满足以下条件，接收机噪声因子 F_{RX} 可以最小化：

$$R_g = \sqrt{\frac{\overline{V_N^2}}{\overline{I_N^2}}} = \sqrt{\frac{R_n}{G_n}} = R_{go} \qquad (4.2.36)$$

将式(4.2.36)代入式(4.2.35)，接收机噪声系数表达式可以简化为[1]

$$F_{Rx,o} = 1 + 2\sqrt{R_n G_n} \qquad (4.2.37)$$

现在将接收机的输入端口连接到天线上，相应接收机噪声分析的等效电路如图 4.5 所示。其中 F_a 是等效天线噪声系数，当天线背景噪声等于热噪声时 $F_a = 1$；$R_a + jX_a$ 是在接收机端口的天线阻抗。从此图中可以得到接收机系统噪声系数 F_{Rx} 为[1]

$$F_{Rx} = F_a + \frac{\overline{V_N^2}}{4kT_o \cdot BW \cdot R_a} + \frac{\overline{I_N^2}(R_a^2 + X_a^2)}{4kT_o \cdot BW \cdot R_a} \qquad (4.2.38)$$

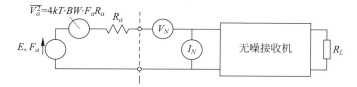

图 4.5　天线和接收机输入的等效电路

使用式(4.2.34)和式(4.2.36)，上式可以改写为

$$F_{Rx} = F_a + \sqrt{R_n G_n}\left[\frac{R_{go}}{R_a} + \frac{R_a}{R_{go}}\left(1 + \frac{X_a^2}{R_a^2}\right)\right] \qquad (4.2.39)$$

考虑到天线的实部阻抗 R_a 远大于其虚部阻抗 X_a（即 $R_a \gg X_a$），R_a/R_{go} 的比例值是天线的幅值并标记为 $\rho(=R_a/R_{go})$。根据式(4.2.37)，可以使用天线 $|VSWR| = \rho$ 近似处理接收机噪声因子式(4.2.39)：

$$F_{Rx} \cong 1 + \frac{F_{Rx,0} - 1}{2}\left[\frac{1}{\rho} + \rho\right] \qquad (4.2.40a)$$

式中，$F_{Rx,o}$ 是当接收机噪声阻抗和源阻抗（50Ω）匹配时，接收机原本的噪声因子，其中使用了 $F_a = 1$。噪声系数表达式为

$$NF_{Rx} = 10\log\left\{1 + \frac{F_{Rx,o} - 1}{2}\left[\frac{1}{\rho} + \rho\right]\right\}\text{dB} \qquad (4.2.40b)$$

表 4.1 给出了关于 ADS 仿真结果和使用式(4.2.40)的计算结果比较。在验证中,仅仅使用了接收机的前端部分,并且它和天线并没有特意地进行匹配。接收机前端噪声系数约为 1.4dB,天线 VSWR 幅值随着频率在 1.8~3.8 之间变化。由表中给出的结果,可以看出模拟和计算的结果相差一般在 0.2dB 之内。因此式(4.2.40)为估计天线 VSWR 对于接收机噪声系数提供了良好的方法。

表 4.1 ADS 仿真与式(4.2.40)计算结果比较

频率(MHz)	原始	天线	仿真	计算	差异
	$NF_{Rx,o}$(dB)	ρ	NF_{Rx}(dB)	NF_{Rx}(dB)	ΔNF(dB)
870	1.45	1.8	1.66	1.74	+0.05
877	1.39	2	1.74	1.59	−0.15
880	1.38	2.2	1.81	1.75	−0.06
883	1.37	2.6	1.89	1.91	+0.02
890	1.38	3.8	2.38	2.45	+0.07

图 4.6 给出了接收机噪声系数与天线 VSWR 的图。其中使用范围为 4~10dB,且步长为 1dB 的原始噪声系数作为每条曲线的参数。图 4.7 用相似的方式给出了接收机噪声系数下降与天线 VSWR 的图。从这些图中可以看出,当天线 VSWR 从 1 到 4 变化时,噪声系数会根据原本的噪声系数下降 2~3dB。

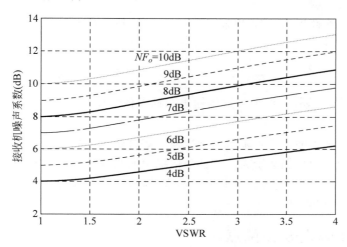

图 4.6 接收机噪声系数与 VSWR

(参数NF_o=4~10dB,步长为 1dB)

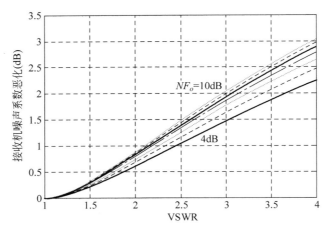

图 4.7 接收机噪声系数下降与 VSWR

(参数$NF_o = 4 \sim 10\mathrm{dB}$，步长为 1dB)

4.3 互调特性

互调特性（或者称作互调杂波响应衰减）是接收机电性能的另一个重要指标，它决定了接收机的线性度。在无线移动系统中，通过一个双频测试来确定移动站接收机的互调特性。通过两个相近干扰源产生的互调失真（intermodulation distortion，IMD）产生的畸变信号，来定义接收机的线性度。

互调是一种非线性现象，它可以通过式（4.3.1）中所给出的一个无记忆非线性模型来进行分析：

$$y_o = a_0 + a_1 x_i + a_2 x_i^2 + a_3 x_i^3 + \cdots = \sum_{k=0}^{\infty} a_k x_i^k \tag{4.3.1}$$

式中，y_o 和 x_i 分别是非线性系统或器件的输出和输入信号；$a_k (k=1,2,3,\cdots)$ 是 k 阶非线性系数。

输出信号幅值关于输入信号幅值的函数通常表现奇函数特性。这意味着式（4.3.1）右侧奇数阶所起到的作用比偶数阶大。大部分情况中的互调问题是由于奇数阶的非线性所导致的，尤其是三阶非线性。偶数阶互调失真通常是很低的，并且它们一般不会导致严重的问题（除了在直接变频接收机中）。

4.3.1 互调成分和截点

在非线性系统或非线性器件的输出端，基波信号S_1（dB）和 m 阶互调产物S_m（dB）的差在式（4.3.2）中给出，其推导过程在附录 3A 中：

$$S_1 - S_m = (m-1)(IIP_m - S_i) \tag{4.3.2}$$

式中，S_i是输入期望信号；IIP_m是 m 阶输入截点。

现在，对接收链中的第 k 级器件进行分析。假定在器件的输入端期望信号强度为 $S_{di,k}$，而干扰强度为 $I_{i,k}$，并且干扰的 m 阶互调成分在接收机信号频道中（虽然干扰本身不在信道频带中）。从图 4.8 可以得到输出信号 $S_{do,k}$ 和 m 阶互调成分 $IM_{mo,k}$［式（4.3.2）中的 S_m］为

$$S_{do,k} = S_{di,k} + G_k \, \text{dBm} \tag{4.3.3}$$

和

$$IM_{mo,k} = OIP_{m,k} - m(IIP_{m,k} - I_{i,k})\,\text{dBm} \tag{4.3.4}$$

式中，G_k 是 k 阶器件增益；$IIP_{m,k}$ 和 $OIP_{m,k}$ 是 k 级器件的输入和输出截点。

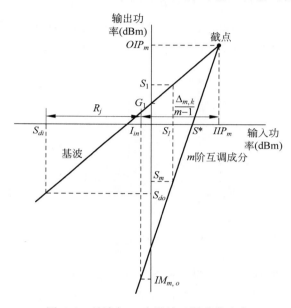

图 4.8　基波与 m 次谐波互调成分响应

将互调成分转变为在 k 级器件输入的等效成分 $IM_{mi,k}$，$IM_{mi,k} = IM_{mo,k} - G_k$，得到

$$IM_{mi,k} = mI_{i,k} - (m-1)IIP_{m,k}\,\text{dBm} \tag{4.3.5}$$

事实上，如果用 $I_{in,k}$、$I_{in,k} + G_k$ 和 $IM_{m\_in,k} + G_k$ 来替代 S_i、S_1 和 S_m，式（4.3.2）将会有（4.3.5）的形式。使用自然尺度的式（4.3.5）有以下形式

$$P_{IMm\_in,k} = \frac{P_{lin,k}^m}{P_{IIP_{m,k}}^{m-1}} \tag{4.3.6}$$

式中，$P_{IMm\_in,k}$、$P_{lin,k}$ 和 $P_{IIPm,k}$ 是 m 阶互调成分、输入干扰和 m 阶输入截点功率（mW）。

由式（4.3.5），k 级器件的输入截点是

$$IIP_{m,k} = \frac{1}{m-1}(mI_{in,k} - IM_{m\_in,k}) = I_{in,k} + \frac{\Delta_{m,k}}{m-1} \tag{4.3.7}$$

式中

$$\Delta_{m,k} = I_{in,k} - IM_{m\_in,k} \tag{4.3.8}$$

总的来说，模拟器件（如放大器或混频器）的奇数阶互调失真通常比其相邻的偶数阶失

真高得多。这是因为这些器件的输出信号功率与输入信号功率函数是一个类奇函数。在射频接收机中,最低阶的奇数阶互调失真,即三阶互调失真是最为麻烦的。另外,偶数阶互调失真,特别是二阶互调失真问题,是使用直接变频结构所必须解决的问题。从式(4.3.7)可以轻松导出二阶、三阶截点的表达式。如果忽略下标 k,它们分别为

$$IIP_2 = 2I_{in} - IM_2 \tag{4.3.9}$$

和

$$IIP_3 = \frac{1}{2}(3I_{in} - IM_3) = I_{in} + \frac{\Delta_3}{2} \tag{4.3.10}$$

式中,IIP_2 和 IIP_3 是二阶和三阶截点;IM_2 和 IM_3 是相应的互调成分。

如图 4.9 所示,式(4.3.10)通常用来以两个相同测试频率的方式判定三阶截点。

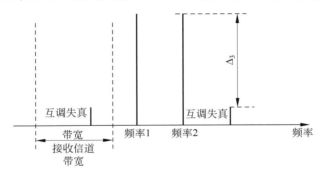

图 4.9　三阶互调成分

在接收机中频和基带模块中,信号电压和电压增益(而不是信号功率和功率增益)可以用来反映每级的输入、输出和其特性。互调成分也使用电压(mV 或 dBmV)来表示。然而,在级输入端的 m 阶互调成分电压 $\bar{V}_{IMm\_in}$、m 阶输入截取点电压 $\bar{V}_{IIP_m}$ 和输入干扰电压 $V_{I,i}$ 的关系有着和式(4.3.6)中相同的形式。如果忽略下标 k 就变成

$$\bar{V}_{IMm\_in} = \frac{\bar{V}_{I,in}^m}{\bar{V}_{IIP_m}^{m-1}} \tag{4.3.11}$$

式中,所有的电压是均方根值(mV)。相应单位为 dBmV 的表达式为

$$IIP_{Vm} = \frac{1}{m-1}(mI_{Vin} - IM_{Vm\_in}) \tag{4.3.12}$$

式中

$$IIP_{Vm} = 20\log(\bar{V}_{IIP_m})$$
$$I_{Vin} = 20\log(V_{Iin})$$
$$IM_{Vm\_in} = 20\log(V_{IMm\_in})$$

4.3.2　级联输入截点

射频接收机的互调特性主要由接收机线性度或者说总截点决定。稍后会看到接收机中

使用的合成本地振荡相位噪声对于其性能也有一定的影响。如图 4.10 所示,在以下分析中,假定接收机由 n 级相互级联的器件所组成。将会通过输入截点和独立级的增益对两种不同结构(即级联中的选频级和非选频级)的级联输入截点进行推导。

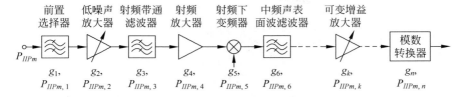

图 4.10 由 n 级器件组成的接收机

1. 非选频系统

非选频接收机系统就是导致互调失真的干扰频率在所有滤波器的通带之内。通过接收机的干扰得到了和期望信号相同的增益,并导致了很高的互调成分。事实上,没有接收机是真的使用这种方式设计的。但是,为了简化级联输入截点的分析,首先从这个非选频接收机系统开始。

如果 k 级增益等于 $g_k(k=1,2,\cdots,n)$,在接收机输入端的干扰为 P_{Iin},因此 $P_{Iin,k}=g_1g_2\cdots g_{k-1}\cdot P_{Iin}$,根据式(4.3.6)有第 k 级产生的 m 阶互调成分 $P_{IMm\_out,k}=g_kP_{IMm\_in,k}$ 为

$$P_{IMm\_out,k} = \frac{g_k(g_1\,g_2\cdots g_{k-1}P_{Iin})^m}{P_{IIP_m,k}^{m-1}} \tag{4.3.13}$$

这个互调成分在 n 级输出被放大的增益为 $g_{k+1}g_{k+2}\cdots g_n$。假定 n 级输出负载为 R_L,由于互调成分功率 $g_{k+1}g_{k+2}\cdots g_n\cdot P_{IMm\_out,k}$,导致的负载 R_L 上的电压 $V_{IMm,k}$ 为

$$V_{IMm,k} = \left(\frac{(g_1g_2\cdots g_{k-1}P_{Iin})^m}{P_{IIP_m,k}^{m-1}}g_kg_{k+1}\cdots g_n\cdot R_L\right)^{\frac{1}{2}} \tag{4.3.14}$$

在接收机中所有各级所产生的互调成分电压在第 n 级的输出负载相加,相应在最差的情况下传递到负载 R_L 的总 m 阶互调成分功率 P_{IMm} 为

$$
\begin{aligned}
P_{IMm} &= \frac{\left(\sum\limits_{k=1}^{n} V_{IMm,k}\right)^2}{R_L} \\
&= \left[\sum_{k=1}^{n}\left(\frac{(g_1g_2\cdots g_{k-1}P_{Iin})^m}{P_{IIP_m,k}^{m-1}}g_kg_{k+1}\cdots g_n\right)^{\frac{1}{2}}\right]^2
\end{aligned}
\tag{4.3.15}
$$

由式(4.3.15)和式(4.3.6),可以推导出第 n 级模块的级联 m 阶输入截点,其形式为

$$P_{IIP_m} = \left(\frac{g_1g_2\cdots g_nP_{Iin}^m}{P_{IMm}}\right)^{\frac{1}{m-1}} = \left[\sum_{k=1}^{n}\left(\frac{\prod\limits_{j=0}^{k-1} g_j}{P_{IIP_m,k}^{m-1}}\right)^{\frac{m-1}{2}}\right]^{-\frac{2}{m-1}} \tag{4.3.16}$$

式中,P_{IIP_m} 和 $P_{IIP_m,k}^{m-1}(k=1,2,\cdots,n)$ 的单位是 mW;$g_0=1$。

另外,如果接收机中各级产生的互调成分是在第 n 级输出负载以功率方式相加,那么 m

阶互调成分功率 P'_{IMm} 和级联 m 阶输入截点 P'_{IIP_m} 分别有以下表达式

$$P'_{IMm} = \sum_{k=1}^{n} \left(\frac{(g_1 g_2 \cdots g_{k-1} P_{Iin})^m}{P_{IIP_m,k}^{m-1}} g_k g_{k+1} \cdots g_n \right) \tag{4.3.15a}$$

和

$$P'_{IIP_m} = \left[\sum_{k=1}^{n} \left(\frac{\prod\limits_{j=0}^{k-1} g_j}{P_{IIP_m,k}} \right)^{m-1} \right]^{-\frac{1}{m-1}} \tag{4.3.16a}$$

在射频系统设计中,通常使用式(4.3.16)来替代式(4.3.16a),因为它可以留出足够的余地。

对于三阶互调,级联输入截点是通过单级截点 $P_{IIP_3,k}(k=1,2,\cdots,n)$ 表示的,即

$$P_{IIP_3,k} = \frac{1}{\sum\limits_{k=1}^{n} \dfrac{g_1 g_2 \cdots g_{k-1}}{P_{IIP_3,k}}}$$

$$= \frac{1}{\dfrac{1}{P_{IIP_3,1}} + \dfrac{g_1}{P_{IIP_3,2}} + \dfrac{g_1 g_2}{P_{IIP_3,3}} + \cdots + \dfrac{g_1 g_2 \cdots g_{n-1}}{P_{IIP_3,n}}} \text{mW} \tag{4.3.17}$$

三阶级联输入截点(dB)为

$$IIP_3 = -10\log \left(\sum_{k=1}^{n} \frac{g_1 g_2 \cdots g_{k-1}}{P_{IIP_3,k}} \right)$$

$$= -10\log \left(\frac{1}{P_{IIP_3,1}} + \frac{g_1}{P_{IIP_3,2}} + \frac{g_1 g_2}{P_{IIP_3,3}} + \cdots + \frac{g_1 g_2 \cdots g_{n-1}}{P_{IIP_3,n}} \right) \text{dBm} \tag{4.3.18}$$

式(4.3.18)对于非选频接收机系统中的互调计算来说使用频率非常高。基于式(4.3.16a),三阶级联输入截点 IIP'_3 是

$$IIP'_3 = -10\log \left(\frac{1}{P_{IIP_3,1}^2} + \frac{g_1^2}{P_{IIP_3,2}^2} + \left(\frac{g_1 g_2}{P_{IIP_3,3}} \right)^2 + \cdots + \left(\frac{g_1 g_2 \cdots g_{n-1}}{P_{IIP_3,n}} \right)^2 \right)^{\frac{1}{2}} \tag{4.3.18a}$$

实际设计中更偏向于使用式(4.3.18)。

2. 选频系统

实际应用中,所有接收机系统都会进行一定程度上的选频和干扰抑制。在计算接收机总输入截点时,将选频纳入考虑是非常必要的。接收机选频通常是通过在中频或模拟基带部分中的接收机信道滤波器而实现的。为了理解对于输入截点的选频效果,分析一个带通滤波器和一个放大器(如图 4.10 中的级 6 和级 7)所组成的级联。

假定带通滤波器(图 4.10 中的级 6)在干扰频率有抑制 ΔR_{j6},在通带内有插入损耗(insertion loss,IL),即

$$G_6 = \begin{cases} IL \leqslant 0 & \text{带内} \\ IL - \Delta R_j & \text{在干扰频率} \end{cases} \tag{4.3.19}$$

式中,ΔR_j 是滤波器对于干扰的抑制(dB)。

假定滤波器是高输入截点的无源器件,如中频声表面波($P_{IIP_m,6} \gg 1$),级 6 和级 7 的级联输入截点可以表示为

$$IIP'_{m,6\_7} = -10\log\left(\frac{1}{P_{IIP_m,6}} + \frac{g'_6}{P_{IIP_m,7}}\right) \cong -G'_6 + IIP_{m,7} \tag{4.3.20}$$

在以上表达式中，$G'_6 = G_6 = IL$，并且对于级联非选择器件有

$$IIP'_{m,6\_7} = -IL + IIP_{m,7} = IIP_{m,6\_7}$$

选择系统在级 7 的输入端干扰电平要低 ΔR_j dB，等于 $I_{in,7} - \Delta R_j$。因此由式（4.3.5），变换到第 7 级输入的互调产物 $IM'_{m\_in,7}$ 为

$$IM'_{m\_in,7} = m(I_{in,7} - \Delta R_j) - (m-1)IIP_{m,7} \tag{4.3.21}$$

由于无源带通滤波器产生的互调成分是微不足道的，第 6、第 7 级产生总的变换到第 6 级的互调成分为

$$IM'_{m\_in,6\_7} = -IL + IM'_{m\_in,7} \tag{4.3.22}$$

在式（4.3.7）中代入式（4.3.22），可以得到第 6 和第 7 级的级联输入截点为

$$IIP'_{m,6\_7} = \frac{1}{m-1}(mI_{in,6} - IM_{m\_in,6\_7})$$

$$= -IL + IIP_{m,7} + \frac{m}{m-1}\Delta R_j \tag{4.3.23}$$

将上面的等式和式（4.3.20）进行比较，显然选频器件（第 6 级）的等效增益 G'_6 为

$$G'_6 = IL - \frac{m}{m-1}\Delta R_j$$

它可以被推广到任何选频级 k_s，等效增益 G'_{m,k_s}（dB）有以下形式

$$G'_{m,k_s} = IL_{k_s} - \frac{m}{m-1}\Delta R_{j,k_s} \tag{4.3.24}$$

式中，IL_{k_s} 是插入损耗；$\Delta R_{j,k_s}$ 是第 k_s 级对于干扰的抑制。

第 k_s 级选择器件的三阶失真等效增益 G'_{3,k_s} 为

$$G'_{3,k_s} = IL_{k_s} - \frac{3}{2}\Delta R_{j,k_s} \tag{4.3.25}$$

二阶失真的等效增益 G'_{2,k_s} 为

$$G'_{2,k_s} = IL_{k_s} - 2 \cdot \Delta R_{j,k_s} \tag{4.3.26}$$

下面看看对于三阶互调成分的滤波效果。一个用于接收机信道滤波的中频声表面波滤波器对于双频干扰有着 38dB 的抑制。基于式（4.3.25），实际的对于这些频率的抑制是 38dB 的 1.5 倍，即 $1.5 \times 38 = 57$dB。

在互调性能测试中，通常使用两个有着确定频率间隔的干扰频率。这两个测试频率可能位于信道滤波器阻带的边缘，如图 4.11 所示。因为滤波器阻带边缘急剧变化，因此滤波器对于这两个干扰频率有着不同的抑制。式（4.3.25）中 $\Delta R_{j,k_s}$ 的值应该是滤波器对于两个干扰频率抑制的平均值，其计算方式为

$$\Delta R_{j,k_s} = \frac{2 \cdot \Delta R_{j,k_s}\big|_{\text{close\_tone}} + \Delta R_{j,k_s}\big|_{\text{far\_tone}}}{3} \tag{4.3.27}$$

式中，$\Delta R_{j,k_s}\big|_{\text{close\_tone}}$ 是对于接近载波频率干扰的抑制；$\Delta R_{j,k_s}\big|_{\text{far\_tone}}$ 是对于远离载波频率干

扰的抑制。

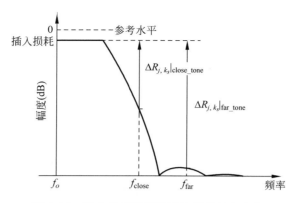

图 4.11　接收机信道带通滤波器的频率响应

选频系统的级联输入截点仍然可以通过式(4.3.16)计算,但是在这个公式中,选频级的增益通过式(4.3.24)给出,或者是式(4.3.24)的数字值。

$$g'_{m,k_s} = 10^{\frac{\left(IL_{k_s} - \frac{m}{m-1}\Delta R_{j,k_s}\right)}{10}} \tag{4.3.28}$$

3. 电压或混合模式中级联 IIP_m 的表达式

在中频和模拟基带模块,每一级的输入和输出信号是基于它们的电压而不是功率进行测量的,因此单级的放大电平也是通过电压增益表示的。每一级的非线性是通过基波输出电压的截点和 m 阶非线性输出电压与输入电压曲线来衡量的。相应的 n_v 级第 m 阶的级联输入截点可以通过式(4.3.11)推导[类似推导式(4.3.16)],即

$$\bar{V}_{IIP_m} = \left(\frac{g_v \bar{V}_{lin}^m}{\bar{V}_{IM,m}}\right)^{\frac{1}{m-1}} = \left[\sum_{k=1}^{n_v}\left(\frac{\prod_{j=0}^{k-1} g_j}{\bar{V}_{IIP_m,k}}\right)^{m-1}\right]^{\frac{-1}{m-1}} \tag{4.3.29}$$

式中, $g_{v,k}(k=1,2,\cdots,n_v)$ 是第 k 级的电压增益; $g_{v,0}=1$; $V_{IIP_m,k}(k=1,2,\cdots,n_v)$ 是第 k 个器件的 m 阶输入截点电压。

对于三阶互调失真的情况或者 $m=3$,有表达式

$$\bar{V}_{IIP_3} = \left[\sum_{k=1}^{n_v}\left(\frac{g_{v,1}g_{v,2}\cdots g_{v,k-1}}{\bar{V}_{IIP_3,k}}\right)^2\right]^{-\frac{1}{2}} \tag{4.3.30}$$

或者,可以将其写为更常用的形式:

$$\frac{1}{\bar{V}_{IIP_3}^2} = \left(\frac{1}{\bar{V}_{IIP_3,1}}\right)^2 + \left(\frac{g_{v,1}}{\bar{V}_{IIP_3,2}}\right)^2 + \left(\frac{g_{v,1}g_{v,2}}{\bar{V}_{IIP_3,3}}\right)^2 + \cdots + \left(\frac{g_{v,1}g_{v,2} + g_{v,n_v-1}}{\bar{V}_{IIP_3,N}}\right)^2 \tag{4.3.31}$$

在真正的接收链路中,前端射频部分到射频下变频器的输入通常是匹配的,并且使用功率变量和增益。但是在中频和模拟基带部分只考虑电压变量,并且输入和输出端永远不会匹配。从使用功率变量到使用电压变量的转折点通常在射频下变频级或之后。假定转折点在接收链路中的第 (n_p+1) 级器件,不难证明总的 m 阶输入截点功率为

$$P_{IIP_m} = \left[\sum_{k=1}^{n_p} \left(\frac{\prod_{j=0}^{k-1} g_j}{P_{IIP_m,k}} \right)^{\frac{m-1}{2}} + \left(\frac{R_o \cdot \prod_{l=1}^{n_p} g_l}{\overline{V}^2_{IIP_m|n_p+1\cdots n}} \right)^{\frac{m-1}{2}} \right]^{\frac{-2}{m-1}} \tag{4.3.32}$$

式中,$g_0=1$;R_o是第n_p+1级的匹配输入阻抗;$\overline{V}^2_{IIP_m|n_p+1\cdots n}$是从第$n_p+1$级到第$n$级的级联输入截点,其在单位为电压时的表达式为

$$\overline{V}^2_{IIP_m|n_p+1\cdots n} = \left[\sum_{j=n_p+1}^{n} \left(\frac{\prod_{l=0}^{j-1} g_{v,l}}{\overline{V}_{IIP_m,j}} \right)^{m-1} \right]^{\frac{-2}{m-1}} \tag{4.3.33}$$

式中,$\overline{V}_{IIP_m,j}$和$g_{v,j}$是第$j(j=n_p+1,n_p+2,\cdots,n)$级的电压输入截取点和电压增益;$g_{v,0}=1$。

相应的第n级的三阶级联截点的公式为

$$P_{IIP_3} = \frac{1}{\sum_{k=1}^{n_p} \frac{g_1 g_2 \cdots g_{k-1}}{P_{IIP_3,k}} + \sum_{j=n_p+1}^{n} g_1 g_2 \cdots g_{n_p} R_o \left(\frac{g_{v,1} g_{v,2} \cdots g_{v,j-1}}{\overline{V}_{IIP_3,j}} \right)^2} \tag{4.3.34}$$

式中,$g_0=1$;R_o是第(n_p+1)级的输入阻抗,它可能和前级的输出阻抗相匹配。

由式(4.3.34)注意到电压输入截点$V_{IIP_3,j}$可以根据阻抗R_o转化为功率输入截取点$P_{IIP_3,j}$,其转化公式为

$$10\log P_{IIP_3,j} = 20\log V_{IIP_3,j} - 10\log R_o \tag{4.3.35}$$

如果$R_o=200\Omega$,$P_{IIP_3,j}$和$V_{IIP_3,j}$的关系为

$$P_{IIP_3,j}(\text{dBm}) = V_{IIP_3,j}(\text{dBMV}_{\text{rms}}) - 53 \tag{4.3.36}$$

4.3.3　接收机互调特性的计算

接收机的线性度通常使用接收机的级联输入截点来衡量。它是互调失真的主要原因,但是接收机的互调杂波响应衰减还与其他因素相关,如干扰频率附近的本振相位噪声、接收机噪声系数等。在本节中,考虑所有因素来对互调特性进行计算。

1. 接收期望信号的容许降低

接收机性能的分析,可以从由干扰或噪声导致输入期望信号的允许最大降低值计算开始。无线通信系统对于某个给定的误码率或误帧率,有着某个最小载噪比$CNR_{\min}$。输入期望信号的允许最大降低值$D_{\max,in}$定义为从接收机输入期望信号$S_{d,i}$中,减去对于给定的误码率或误帧率最小的载噪比$CNR_{\min}$。$S_{d,i}$通常定义为比参考灵敏度高 3dB,即$S_{d,i}=S_{\min\_ref}+3$。如上面定义$D_{\max,in}$的表达式为

$$D_{\max,in} = S_{d,j} - CNR_{\min} \tag{4.3.37}$$

显然输入期望信号的允许最大降低值$D_{\max,in}$实际上就是最大噪声/干扰。这些噪声/干扰将期望信号降低到了最小载噪比$CNR_{\min}$。

事实上,接收机本身含有内部噪声,由热噪声和接收机噪声系数相关的噪声所组成。如果接收机噪声系数为$NF_{Rx}(\text{dB})$,$N_{nf}(\text{dBm})$表示转化到接收机输入端的内部噪声,它的表达式为

$$N_{nf} = -174 + NF_{Rx} + 10\log BW \tag{4.3.38}$$

式中，BW 是接收机噪声带宽（Hz）。

接收机内部噪声必然减少期望输入信号的允许最大降低值，因此允许的期望信号降低值 D_a 变成

$$D_a = 10\log\left(10^{\frac{D_{\max,in}}{10}} - 10^{\frac{N_{nf}}{10}}\right) \tag{4.3.39}$$

假定 $S_{d,i} = -101\text{dBm}$，比 CDMA 移动站接收机的参考灵敏度 -104dBm 高 3dB，$CNR_{\min} = -1\text{dB}$，在 CDMA 最小性能标准 IS-98D 中有定义[5]，$NF_{Rx} = 7\text{dB}$，$BW = 1.23\text{MHz}$，从式（4.3.39）得到

$$D_a = 10\log\left(10^{\frac{-101+1}{10}} - 10^{\frac{-174+7+60.9}{10}}\right) = -101.2\text{dBm}$$

2. 接收机有限的线性度导致的互调失真

接收机的互调失真表现取决于其线性度。射频接收机的线性度是通过使用不同阶非线性的级联输入截点来表征的。如果 m 阶级联输入截点是 IIP_m，在式（4.3.2）中代入 $S_i = I_{in}$ 和 $S_1 - S_m = I_{in} - IM_{m\_in}$，得到

$$I_{in} = \frac{1}{m}\left[IM_{m\_in} + (m-1)IIP_m\right] \tag{4.3.40}$$

式中，IM_{m_in} 是两个有着相同强度 I_{in}（dBm）干扰频率的 m 阶互调成分。

从前面的小节中，我们知道对于载噪比为 $CNR_{\min}$ 的误码率或误帧率，接收机期望信号的允许降低值为 D_a。现在，假定这个信号下降值完全是由 m 阶互调成分引起的，即使用 D_a 替代式（4.3.40）中的 IM_{m_in}，因此允许最大降低值 $I_{in,a}$ 也称为互调杂波响应衰减，其值为

$$I_{in,a} = \frac{1}{m}\left[D_a + (m-1)IIP_m\right] \tag{4.3.41a}$$

或者使用式（4.3.39）

$$I_{in,a} = \frac{1}{m}\left[10\log\left(10^{\frac{D_{\max,in}}{10}} - 10^{\frac{N_{nf}}{10}}\right) + (m-1)IIP_m\right] \tag{4.3.41b}$$

其中 $D_{\max,in}$ 和 N_{nf} 在式（4.3.37）和式（4.3.38）中分别给出。对于三阶互调，在使用式（4.3.37）和式（4.3.38）时，接收机输入端的允许干扰为

$$I_{in,a} = \frac{1}{3}\left[10\log\left(10^{\frac{S_{d,i}-CNR_{\min}}{10}} - 10^{\frac{-174+NF_{Rx}+10\log BW}{10}}\right) + 2IIP_3\right] \tag{4.3.42}$$

然而，式子右边圆括号中的第二项通常比第一项小得多。在舍去第二项后，式（4.3.41b）可以简化为

$$I_{in,a} = \frac{1}{m}\left[S_{d,i} - CNR_{\min} + (m-1)IIP_m\right] \tag{4.3.43}$$

使用式（4.3.43），可以基于系统标准（如 CDMA IS-98D[5] 或 ETSI-GSM 0505[6]）中定义的最小要求大致估计接收机最小 IIP_m。这些最小性能规范通常定义期望信号电平 $S_{d,i}$（dBm）、最小干扰频率电平 $I_{in,\min}$（dBm）或相对电平 $R_{I/Sd} = I_{in,\min} - S_{d,i}$（dB）。使用功率比 $R_{I/Sd} = I_{in,\min} - S_{d,i}$ 和式（4.3.43），可以计算接收机的额定最小 $IIP_{m,\min}$：

$$IIP_{m,\min} = S_{d,i} + \frac{1}{m-1}(mR_{I/Sd} + CNR_{\min}) \tag{4.3.44}$$

在大部分情况中，只对三阶互调成分感兴趣。在式(4.3.44)中代入 $m=3$，得到

$$IIP_{3,\min} = S_{d,i} + \frac{1}{2}(3R_{I/Sd} + CNR_{\min})$$

$$= S_{d,i} + \frac{1}{2}[3(I_{in,\min} - S_{d,i}) + CNR_{\min}] \quad (4.3.45)$$

CDMA 移动站的互调杂波响应衰减的最小性能规定中，定义 $S_{d,i} = -101\text{dBm}$，$CNR_{\min} = -1\text{dB}$，$I_{in,\min} = -43\text{dBm}$。使用式(4.3.45)，估计最小三阶输入截点要求为

$$IIP_{3,\min} = -101 + \frac{1}{2} \times (3 \times 58 - 1) = -14.5\text{dBm}$$

对于精确的 $IIP_{3,\min}$ 计算，应该使用以下公式

$$IIP_{3,\min} = \frac{1}{2}\left[3I_{in,\min} - 10\log\left(10^{\frac{S_{d,j}-CNR_{\min}}{10}} - 10^{\frac{-174+NF_{Rx}+10\log BW}{10}}\right)\right] \quad (4.3.46)$$

除了以上相同的数据以外，再加上 $NF_{Rx} = 7\text{dB}$，$BW = 1.23\text{MHz}$，代入式(4.3.46)中，得到最小 $IIP_{3,\min}$ 的值为

$$IIP_{3,\min} = \frac{1}{2} \times \left[3 \times (-43) - 10\log\left(10^{\frac{-101+1}{10}} - 10^{\frac{-174+7+10\log 1.23 \times 10^6}{10}}\right)\right] = -13.9\text{dBm}$$

在本例子中，式(4.3.45)和式(4.3.46)的差为 0.6dB。

在实际设计中，还需要为性能留有余地。如果互调杂波响应衰减的设计余地是 3dB 或更多，即接收机可以处理等于或高于 $(I_{in,\min}+3)\text{dBm}$ 的互调功率，从式(4.3.46)知道接收机输入截点 IIP_3 应该比 $IIP_{3,\min}$ 高 4.5dB。使用前面例子中的结果，为了得到 3dB 或更多的互调特性设计余地，CDMA 移动接收机的 IIP_3 应该为 -9.4dB 或者更高。

3. 相位噪声和本振杂波导致的降低

在实际应用中，需要接收机的最小输入截点比式(4.3.44)或式(4.3.46)的计算结果都要高。超高频和甚高频锁相环本振的相位噪声和杂波也会干扰期望信号。互调干扰频率和锁相环本振的相位噪声/杂波相互混合从而产生接收机带内噪声和杂波，并降低了期望信号的信噪比。假定在接收机带宽上，偏频与干扰频率偏移载波的频率相同处，平均相位噪声密度为 $N_{\text{phase}}(\text{dBc/Hz})$；在偏频与干扰频率偏移载波的频率相同或接近处，杂散是 $N_{\text{spu}}(\text{dBc})$。它们对于期望信号进行干扰的功率分别为

$$P_{\text{phn}} = 10^{\frac{N_{\text{phase}}+10\log BW+I_{in}+\Delta G_{Mxr}-G_{Mxr}}{10}} \quad (4.3.47)$$

和

$$P_{\text{spu}} = 10^{\frac{N_{\text{spu}}+I_{in}+\Delta G_{Mxr}-G_{Mxr}}{10}} \quad (4.3.48)$$

式中，I_{in} 是互调干扰频率；G_{Mxr} 是下变频器的增益，ΔG_{Mxr} 是由干扰与本振相位噪声 N_{phase} 或杂散 N_{spu} 混频后下变频器的变频增益或损耗，P_{phn} 与 P_{spu} 分别是干扰 I_{in} 与本振相位噪声 N_{phase} 和杂散 N_{spu} 混频后的功率。在最差的情况下，可以假定 $\Delta G_{Mxr} - G_{Mxr} = 0$。

考虑这些使信号降低的因素，由式(4.3.41)在接收机输入端允许的互调干扰频率功率为

$$I_{in,a} = \frac{1}{m}\left[10\log\left(10^{\frac{D_{\max,in}}{10}} - 10^{\frac{N_{nf}}{10}} - \sum_{j=1}^{2}\sum_{k=1}^{2}P_{\mathrm{phn},j,k} - \sum_{j=1}^{2}\sum_{k=1}^{2}P_{\mathrm{spu},j,k}\right) + (m-1)IIP_m\right]$$

$$(4.3.49)$$

式中，$P_{\mathrm{phn},j,k}$ 和 $P_{\mathrm{spu},j,k}$ $(j,k=1,2)$ 分别是第一个 $j=1$、第二个 $j=2$ 本振的相位噪声和杂散与第一个 $k=1$、第二个 $k=2$ 的干扰频率。它们有着和式(4.3.47)式和式(4.3.48)相同的表达式，但是分别使用 $N_{\mathrm{phase},j,k}$ 和 $P_{\mathrm{spu},j,k}$ $(j,k=1,2)$ 来替代 N_{phase} 和 N_{spu}。在直接变频接收机中，只需要一个超高频锁相环本振，因此括号中的双加和号变成了单加和号。

对于三阶互调，允许的干扰功率为

$$I_{in,a} = \frac{1}{3}\left[10\log\left(10^{\frac{D_{\max,in}}{10}} - 10^{\frac{N_{nf}}{10}} - \sum_{j=1}^{2}\sum_{k=1}^{2}P_{\mathrm{phn},j,k} - \sum_{j=1}^{2}\sum_{k=1}^{2}P_{\mathrm{spu},j,k}\right) + 2IIP_3\right]$$

$$(4.3.50)$$

对于给定的干扰功率，如由系统规范最小性能要求所定义的电平 $I_{in,a}=I_{in,\min}$。因此接收机最小 IIP_3 可以通过以下公式计算

$$IIP_{3,\min} = \frac{1}{2}\left[3I_{in,\min} - 10\log\left(10^{\frac{D_{\max,in}}{10}} - 10^{\frac{N_{nf}}{10}} - \sum_{j=1}^{2}\sum_{k=1}^{2}P_{\mathrm{phn},j,k} - \sum_{j=1}^{2}\sum_{k=1}^{2}P_{\mathrm{spu},j,k}\right)\right]$$

$$(4.3.51)$$

继续前面的例子，并且只考虑超高频本振的因素，平均相位噪声为 $-136\mathrm{dBc/Hz}$，杂波低于 $-75\mathrm{dBc}$。由于在下变频器之前没有信道滤波器，$\Delta G_{Mxr} - G_{Mxr} \approx 0\mathrm{dB}$。要求最小 IIP_3 变成

$$IIP_{3,\min} = \frac{1}{2}\times\left[3\times(-43) - 10\log(10^{-10} - 10^{-\frac{106.1}{10}} - 2\times10^{-\frac{118.1}{10}} - 2\times10^{-\frac{118}{10}})\right]$$

$$\approx -13.7\mathrm{dBm}$$

在本例中，超高频本振的相位噪声和杂散足够低，并且对于 IIP_3 要求的影响可以忽略（只有 $0.2\mathrm{dB}$）。

4. 交叉调制导致的降低

交叉调制对于接收机性能的影响在 4.4 节中进行了详细的讨论。此处只使用 4.4 节中的结果来估计它对于期望信号信噪比的降低所造成的影响。在全双工收发机中，AM 传输泄漏会对任何期望信号附近的干扰进行交叉调制。如果干扰和信号的频率非常相近，交叉调制干扰的部分频谱会混入接收机频带内。如果干扰频率和传输泄漏足够强，接收信道频带内的交叉调制成分会影响接收机性能。在 CDMA 移动站中，交叉调制成分 N_{CM}(dBm) 可以近似表示为

$$N_{CM} = I_{in} - 2IIP_{3,LNA} + 2(TX_{pwr} + IL_{dplx\_Rx} - R_{dplx\_Tx}) + C \qquad (4.3.52)$$

式中，$IIP_{3,LNA}$ 是低噪声放大器输入截点；TX_{pwr} 是在天线端口的发射机输出功率(dBm)；R_{dplx_Tx} 是双工器接收边滤波器对于发射功率的抑制(dB)；C 是与波形幅值波动和干扰偏频有关的修正系数，对于蜂窝和 PCS 分别约为 $-3.8\mathrm{dB}$ 和 $-5.8\mathrm{dB}$。

在接收机输入端允许的干扰功率下降到

$$I_{in,a} = \frac{1}{m} \left[10\log \left(10^{\frac{D_{\max,in}}{10}} - 10^{\frac{N_{nf}}{10}} - \sum_{j=1}^{2}\sum_{k=1}^{2} P_{\mathrm{phn},j,k} - \sum_{j=1}^{2}\sum_{k=1}^{2} P_{\mathrm{spu},j,k} - 10^{\frac{N_{CM}}{10}} \right) + (m-1)IIP_m \right]$$

$$(4.3.53)$$

对于三阶互调,允许的干扰功率表达式为

$$I_{in,a} = \frac{1}{3} \left[10\log \left(10^{\frac{D_{\max,in}}{10}} - 10^{\frac{N_{nf}}{10}} - \sum_{j=1}^{2}\sum_{k=1}^{2} P_{\mathrm{phn},j,k} - \sum_{j=1}^{2}\sum_{k=1}^{2} P_{\mathrm{spu},j,k} - 10^{\frac{N_{CM}}{10}} \right) + 2IIP_m \right]$$

$$(4.3.54)$$

对于指定的干扰频率功率$I_{in,\min}$,最小三阶截点为

$$IIP_{3,\min} = \frac{1}{2} \left[3I_{in,\min} - 10\log \left(10^{\frac{D_{\max,in}}{10}} - 10^{\frac{N_{nf}}{10}} - \sum_{j=1}^{2}\sum_{k=1}^{2} P_{\mathrm{phn},j,k} - \sum_{j=1}^{2}\sum_{k=1}^{2} P_{\mathrm{spu},j,k} - 10^{\frac{N_{CM}}{10}} \right) \right]$$

$$(4.3.55)$$

如果$IIP_{3,LNA}=8\mathrm{dBm}$、$TX_{pwr}=25\mathrm{dBm}$、$IL_{dplx\_Rx}=-2.5\mathrm{dB}$、$R_{dplx\_Tx}=48\mathrm{dB}$、$I_{in}=-43\mathrm{dBm}$、$C=-3.8$,由式(4.3.52)可以得到$N_{CM}=-113.8\mathrm{dBm}$。将这个互调值和其他数据代入,所要求的接收器最小 IIP_3 提高到

$$IIP_{3,\min} = \frac{1}{2} \times \left[3 \times (-43) - 10\log(10^{-10} - 10^{-\frac{106.1}{10}} - 2 \times 10^{-\frac{118.1}{10}} - 2 \times 10^{-\frac{118}{10}} - 10^{-\frac{113.8}{10}}) \right]$$

$$= -13.6\mathrm{dBm}$$

因此,交叉调制干扰使IIP_3要求提高了 0.1dB。在一般情况下,交叉调制干扰、本振相位噪声和杂散不会导致接收机IIP_3提高很多。

式(4.3.53)~式(4.3.55)将主要影响信噪比的因素都纳入了考虑范围,可以用来估计接收机的互调杂散相应性能。在实际接收机设计中,都有必要给关键性能参数留下设计余地。如果此处使互调杂散相应衰减比最小要求高 3dB,那么本振相位噪声、本振杂散和交叉调制干扰成分都会增加 3dB。因此最小IIP_3要求是$-8.7\mathrm{dBm}$,比$-13.6\mathrm{dBm}$高 4.9dB。这意味着如果希望使互调特性表现比最低要求$-43\mathrm{dBm}$高 3dB,IIP_3需要提高约 5dB。

4.4 单频钝化

单频钝化是 CDMA 移动系统中的一个特别的指标。CDMA 系统与工作在相同频带(PCS 和蜂窝频带)的 AMPS 和 TDMA 系统相结合导致了这种情况。而且,AMPS 和 TDMA 系统中的信号带宽很窄,约为 25kHz。CDMA 收发机是全双工系统。CDMA 接收机一直受到传输泄漏的干扰,尤其是在射频带通滤波器(抑制传输泄漏干扰)之前的低噪声放大器中。如果在靠近期望信号处有强烈的干扰,传输泄漏的幅值调制会交叉调制接收机低噪声放大器中的干扰频率。当单频干扰源足够接近期望信号时,交叉调制频率的频谱会蔓延到接收机信道带宽之内。如果进入接收机信道频带的交叉调制成分足够强,那么接收机会发生钝化。在本小节中,会给出单频钝化的量化分析。分析是基于用简化幅值调制信号模型来代替真正的 CDMA 反向链路信号。更多的使用伏尔特拉(Volterra)级数的准确分析在参考文献[4]中可以找到。

4.4.1 交叉调制成分

假定单频干扰源和传输泄漏可以通过下式来估计：

$$x_i = A_I \cos\omega_I t + A_{Tx\_Leak} \cdot m_A(t)\cos\omega_{Tx} t \tag{4.4.1}$$

式中，A_I 是单频干扰的幅值；ω_I 是单频干扰角频率；A_{Tx_Leak} 是传输泄漏信号平均值；ω_{Tx} 是传输载波频率；$m_A(t)$ 是交叉信号的幅值调制，基频与 CDMA PN 序列码片速率 1.2288MHz 有关，其变化取决于脉冲整形滤波器和反向链路信道结构，并且有以下关系（附录 3B）：

$$\lim_{T \to \infty} \frac{1}{T}\int_0^T m_A^2(t)\,\mathrm{d}t = 1 \tag{4.4.2}$$

由于 AM 引起相对功率波动的平方为

$$\Delta P_{m_A}^2 = \lim_{T \to \infty} \frac{1}{T}\int_0^T (m_A^2(t) - 1)^2\,\mathrm{d}t \tag{4.4.3}$$

干扰频率和传输泄漏 x_i 在低噪声放大器中非线性放大，可以通过式（4.3.1）中的幂级数近似表示。这个放大在数学上等价于将式（4.4.1）代入式（4.3.1）。在低噪声放大器输出端，只有和干扰基频有关的项是有意义的，它们是

$$y_{o\_I}(t) = \left[a_1 A_I + \frac{3}{2}a_3 A_I A_{Tx\_Leak}^2 m_A^2(t)\right]\cos\omega_I t \tag{4.4.4}$$

在式（4.4.4）的右边第一项是放大后的干扰，第二项是低噪声放大器非线性的三阶失真成分引起的交叉调制。交叉调制项由一阶干扰和二阶传输泄漏的乘积组成。因此，交叉调制的频谱是传输带宽的两倍，如图 4.12 所示。在此图中，BW 是接收机和发射机中的期望信号占有带宽；f_d 是期望接收信号的载波频率；f_{ST} 是单频干扰的频率。

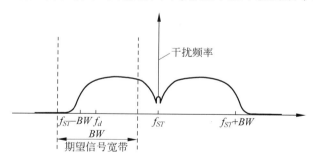

图 4.12　交叉调制干扰的频谱

从式（4.4.4）与式（4.4.3）能够得到单频干扰值 A_{ST} 和交叉调制成分 A_{CM} 的比值为

$$\frac{A_{ST}}{A_{CM}} = \frac{|a_1|}{\frac{3}{2}|a_3| \cdot |\Delta P_{m_A}| \cdot A_{Tx\_Leak}^2} \tag{4.4.5}$$

式中，A_{ST} 和 A_{CM} 都假定是低噪声放大器输入端的值，虽然当 A_{ST} 和 A_{CM} 都是低噪声放大器输出端的值时，式（4.4.5）仍然成立。使用以下关系[3]（附录 4B）：

$$A_{IIP_3\_LNA}^2 = \frac{3}{4}\left|\frac{a_1}{a_3}\right| \tag{4.4.6}$$

式(4.4.5)变为

$$\frac{A_{ST}}{A_{CM}} = \frac{A_{IIP_3\_LNA}^2}{2 \cdot |\Delta P_{m_A}| \cdot A_{Tx\_Leak}^2} = \frac{P_{IIP_3\_LNA}}{2 \cdot |\Delta P_{m_A}| \cdot P_{Tx\_Leak}} \qquad (4.4.7)$$

式中，$A_{IIP_3\_LNA}$ 和 $P_{IIP_3\_LNA}$ 分别是低噪声放大器输入截点电压和功率；P_{Tx_Leak} 是发射机对于接收机低噪声放大器输入端的泄漏功率。

将式(4.4.7)转换为 dB 单位，交叉调制成分可以表示为

$$N_{CM} = 20\log A_{CM} = 2N_{Tx\_Leak} - 2(IIP_3\_LNA - IL_{dplxr\_Rx}) + I_{ST} + M_A + 6 \qquad (4.4.8)$$

式中

$$N_{Tx\_Leak} = 10\log P_{Tx\_Leak} = TX_{pwr} - \Delta R_{dplx\_Tx} \qquad (4.4.9)$$

$$IIP_3\_LNA = 10\log P_{IIP_3\_LNA} \qquad (4.4.10)$$

$$I_{ST} = 20\log A_{ST} \qquad (4.4.11)$$

$$M_A = 10\log(\Delta P_{m_A}^2) \qquad (4.4.12)$$

式中，TX_{pwr}(dBm)是在天线端口的发射机输出功率；ΔR_{dplx_Tx}(dB)是双工器的接收边带滤波抑制；$IL_{dplxr\_Rx} < 0$(dB)是双工器的接收边带插入损耗；M_A(dB)可以通过传输波形幅值的 PDF 均值进行计算，见图 3.18 和式(3B.5)。但是，如图 4.12 所示，只有部分交叉调制成分频谱延伸到接收频带之内。交叉调制频谱在接收机频带内的部分取决于接收机信号载波产生单频干扰的偏频。

假定交叉调制的频谱在干扰附近的 $2 \times BW$ 之内是平坦的，偏频为 $\Delta f = |f_{ST} - f_d|$，交叉调制成分中最麻烦的部分可以通过式(4.4.13)来进行计算[由式(4.4.8)变形而得]：

$$N_{CM,e} = 2N_{Tx\_Leak} - 2(IIP_3\_LNA - IL_{dplxr\_Rx}) + I_{ST} + C \qquad (4.4.13)$$

式中，C 是校正因子，约为

$$C = M_A + 6 + 10\log\frac{1.5 \cdot BW - \Delta f}{2 \cdot BW} \qquad (4.4.14)$$

BW 是 CDMA 占有带宽，约为 1.2288MHz。

校正因子可以通过以下步骤估算。M_A 的计算可以通过类似于 3.2.3 小节中 $\overline{IMD_{2\_LF}}$ 的计算方法得到。CDMA 9.6 kbps 语音信号的 AM 传输幅值 PDF 在图 3.18 中给出，并且相应的 M_A 约为 -5.6dB。蜂窝和 PCS 频带的干扰频率偏频 Δf 分别定义为 ± 900kHz 和 ± 1.25MHz。因此式(4.4.14)中的最后一项，对于蜂窝频带约为 -4.2dB，对于 PCS 频带约为 -6.2dB。使用这些结果，从式(4.4.14)可以得到校正因子为

$$C_{ceil} = -3.8\text{dB} \quad \text{和} \quad C_{PCS} = -5.8\text{dB}$$

校正因子也可以通过测量的方式得到。交叉调制电平约比干扰功率低 80dB。为了精确测量交叉调制，有必要将干扰功率取消或抑制在矢量信号分析仪的动态范围内。

4.4.2 允许的单频干扰

类似于 4.3.3 节中的互调失真分析，使接收天线端口的输入期望信号的允许降低 D_a 如式(4.3.39)中给出的，与由交叉调制、相位噪声、锁相环本振杂散所造成的总降低相等。从式(4.4.13)中可以推导出允许的单频干扰表达式为

$$I_{ST} = 10\log\left(10^{\frac{D_{\max,in}}{10}} - 10^{\frac{N_{nf}}{10}} - P_{\text{phn}} - P_{\text{spu}}\right) + 2(IIP_{3\_LNA} - IL_{dplx\_Rx})$$
$$- 2(TX_{pwr} - R_{dplx\_Tx}) - C \tag{4.4.15}$$

式中,$D_{\max,in}$、N_{nf}、P_{phn}和P_{spu}分别在式(4.3.37)、式(4.3.38)、式(4.3.47)和式(4.3.48)中给出。

使用式(4.3.47)和式(4.3.48),可以重新排列式(4.4.15)并且得到

$$10^{\frac{I_{ST} - [2(IIP_{3\_LNA} - IL_{dplx\_Rx}) - 2(TX_{pwr} - R_{dplx\_Tx}) - C]}{10}} + 10^{\frac{N_{\text{phase}} + 10\log BW + \Delta G_{Mxr} + I_{ST} - G_{Mxr}}{10}} + 10^{\frac{N_{\text{spu}} + \Delta G_{Mxr} + I_{ST} - G_{Mxr}}{10}}$$
$$= 10^{\frac{D_{\max,in}}{10}} - 10^{\frac{N_{nf}}{10}}$$

其中G_{Mxr}是接收机第一个下变频器的增益,ΔG_{Mxr}是由干扰与本振的相位噪声N_{phase}或杂散N_{spu}混频后的增益或损耗。从式子左边的各项中提取公因子$10^{I_{ST}/10}$,并将其他因子移动到式子的右边,两边取对数之后可以得到I_{ST}的表达式为

$$I_{ST} = 10\log\left[\frac{10^{\frac{D_{\max,in}}{10}} - 10^{\frac{N_{nf}}{10}}}{10^{\frac{-[2(IIP_{3\_LNA} - IL_{dplx\_Rx}) - 2(TX_{pwr} - R_{dplx\_Tx}) - C]}{10}} + 10^{\frac{N'_{\text{phase}} + 10\log BW}{10}} + 10^{\frac{N'_{\text{spu}}}{10}}}\right] \tag{4.4.16}$$

式中,$N'_{\text{phase}} = N_{\text{phase}} + \Delta G_{Mxr} - G_{Mxr}$,$N'_{\text{spu}} = N_{\text{spu}} + \Delta G_{Mxr} - G_{Mxr}$。

对于 CDMA 蜂窝频带,假定$D_{\max,in} = -101 + 1 = -100\text{dBm}$,$IIP_{3\_LNA} = 8\text{dB}$、$N_{nf} = 7\text{dB}$、$N_{\text{phase}} = -137\text{dBm/Hz}$、$N_{\text{spu}} = -85\text{dBc}$、$BW = 1.23\text{MHz}$、$TX_{pwr} = 23\text{dBm}$、$IL_{dplx\_Rx} = 3\text{dB}$、$R_{dplx\_Tx} = 52\text{dBc}$ 且假定 $\Delta G_{Mxr} - G_{Mxr} \approx 0$,从式(4.4.16)可以得到

$$I_{ST} = -25.43\text{dBm}$$

与 IS-98D 规定的-30dBm相比较,在本例中仍留出了 4.57dB 的余量。

4.5　相邻/相间信道选择性和阻塞特性

相邻/相间信道的选择性衡量了在偏离给定中心频率的相邻/相间信道中存在信号时,接收机在指定信道频率接收期望信号的能力。而阻塞特性衡量了当存在一些并不在相邻信道内的干扰时,接收机在指定信道频率接收期望信号的能力。相邻/相间信道的干扰通常是经过调制的信号,但是阻塞干扰通常是连续波信号(continuous waveform,CW)。无论相邻/相间信道选择性还是阻塞特性,都主要由接收信道滤波器对于相邻/相间信道或干扰信号的衰减,以及相邻/相间信道或干扰附近合成本振的相位噪声和杂散所决定。

4.5.1　期望信号电平和允许降低

对于大多数无线移动系统,用于进行接收机阻塞特性测试的输入端期望信号电平是基于比参考灵敏度电平$S_{\min\_ref}$大 3dB 进行定义的:

$$S_{d,i} = S_{\min\_ref} + 3 \tag{4.5.1}$$

这种定义在接收机的其他指标中也广泛使用,如互调和单频钝化,如前面所述。

但是,相邻/相间信道的选择度测试所使用期望信号电平的定义是不同于其他特性中的定义,并且各个系统中也互不相同。在 WCDMA 移动站的最小性能规范中,相邻/相间信道

的选择度测验所使用的期望信号电平定义为比参考灵敏度电平大 14dB,即 $S_{d,i\_WCDMA} =$ -92.7dBm。在 GSM 系统中,期望信号电平定义为比参考灵敏度电平大 20dB,即 $S_{d,i\_GSM} =$ -82dBm。对于 AMPS 移动收发器,期望信号电平定义为比真实灵敏度 $S_{\min\_AMPS}$ 电平大 3dB,即 $S_{d,i\_AMPS} = S_{\min\_AMPS} + 3$,这意味着 AMPS 系统中的期望信号电平是不固定的。

就像在其他性能计算中所做的那样,相邻/相间信道的选择性或阻塞特性计算也可以从期望信号的允许降低开始。允许降低的表达式有着和式(4.3.39)相同的形式,但是相邻/相间信道的选择度测试中的允许降低范围比阻塞特性测验中宽得多。这是由于相邻/相间信道的选择度测试中的期望信号电平可以比接收机参考灵敏度高 14dB 或 20dB:

$$D_a = 10\log\left(10^{\frac{D_{\max,in}}{10}} - 10^{\frac{N_{nf}}{10}}\right) \tag{4.3.39}$$

式中

$$D_{\max,in} = S_{d,i} - CNR_{\min} \tag{4.3.37}$$

$$N_{nf} = -174 + NF_{Rcvr} + 10\log BW \tag{4.3.38}$$

4.5.2 相邻/相间信道的选择性和阻塞特性的计算公式

相邻/相间信道中干扰信号或阻塞干扰 I_i 与合成本振的相位噪声和杂散混合,产生了接收机信道内干扰和杂散,它们降低了期望信号的信噪比。假定在相邻/相间信道干扰信号附近或阻塞干扰 I_i 附近的信号噪声密度为 $N_{Phase,1}$ dBm/Hz,干扰源或干扰信号附近的杂散为 $N_{spu,1}$ dB,在自然尺度下,它们对于期望信号降低的贡献分别为

$$P_{phn,1} = 10^{\frac{N_{phase,1} + 10\log BW + I_i + \Delta G_{Mxr,1} - G_{Mxr,1}}{10}} \tag{4.5.2}$$

和

$$P_{spu,1} = 10^{\frac{N_{spu,1} + I_i + \Delta G_{Mxr,1} - G_{Mxr,1}}{10}} \tag{4.5.3}$$

式中,$N_{phase,1}$ 和 $N_{spu,1}$ 实际上是 UHF LO 的相位噪声密度和杂散;$G_{Mxr,1}$ 是下变频器的增益;$\Delta G_{Mxr,1}$ 是干扰与 UHF LO 的相位噪声 $N_{phase,1}$ 或杂散 $N_{spu,1}$ 混频后的增益或损耗。

在超外差接收机中,相邻/相间信道信号或阻塞干扰与超高频本振信号混合下变频到中频干扰。当它通过中频信道滤波器时,一部分干扰会被抑制并进入第二个下变频器。衰减后的中频干扰与二阶本振的相位噪声 $N_{phase,2}$ 和杂散 $N_{spu,2}$ 相混合,并产生信道内干扰。来自相位噪声和杂散的相对功率分别为

$$P_{phn,2} = 10^{\frac{N_{phase,2} + 10\log BW + I_i + \Delta G_{Mxr,2} - G_{Mxr,2}}{10}} \tag{4.5.4}$$

和

$$P_{spu,2} = 10^{\frac{N_{spu,2} + I_i + \Delta G_{Mxr,2} - G_{Mxr,2}}{10}} \tag{4.5.5}$$

式中,$\Delta G_{Mxr,2}$ 是第 2 个混频器中干扰与 VHF LO 的相位噪声 $N_{phase,2}$ 或杂散 $N_{spu,2}$ 混频后的增益或损耗。

由于本振相位噪声和杂散与相邻/相间信道信号或阻塞干扰混合所导致的总期望信号降低可以表示为

$$D_{total} = 10\log\left(\sum_{k=1}^{2} P_{phn,k} + \sum_{k=1}^{2} P_{spu,k}\right) \tag{4.5.6}$$

令D_{total}等于式(4.3.39)中所给出的允许下降值,可以得到

$$10^{\frac{D_{\max,in}}{10}} - 10^{\frac{N_{nf}}{10}} = 10^{\frac{I_i}{10}} \left[\sum_{k=1}^{2} \left(10^{\frac{N_{\text{phn},k}+10\log BW}{10}} + 10^{\frac{N_{\text{spu},k}}{10}} \right) 10^{\frac{\Delta G_{Mxr,k}-G_{Mxr,k}}{10}} \right] \quad (4.5.7)$$

由式(4.5.7)可以推导出相邻/相间信道选择性或阻塞特性$\Delta S_{\text{adj/alt/block}}$为

$$\Delta S_{\text{adj/alt/block}} = I_{\text{adj/alt/block}} - S_{d,i}$$

$$= 10\log\left(\frac{\left(10^{\frac{S_{d,i}-CNR}{10}} - 10^{\frac{-174+10\log BW+NF}{10}} \right)}{\sum_{k=1}^{2} \left(10^{\frac{N_{\text{phn},k}+10\log BW}{10}} + 10^{\frac{N_{\text{spu},k}}{10}} \right) 10^{\frac{\Delta G_{Mxr,k}-G_{Mxr,k}}{10}}} \right) - S_{d,i} \quad (4.5.8)$$

举例来说,一个 AMPS 接收器有:①噪声系数 $NF=6.6\text{dB}$,相应于输出端 $SINAD=12\text{dB}$ 的载噪比为$CNR_{\min}=2.6\text{dB}$;②超高频本振:接收机输入端,在$\pm30\text{kHz}$偏频的相位噪声$N_{\text{phase},30}=-98\text{dBc/Hz}$,杂散$N_{\text{spu},30}=-65\text{dBc}$,在$\pm60\text{kHz}$偏频的$N_{\text{phase},60}=-116\text{dBc/Hz}$,杂散$N_{\text{spu},60}=-85\text{dBc}$;③甚高频本振:接收机输入端,在$\pm30\text{kHz}$偏频的相位噪声$N_{\text{phase},30}=-74\text{dBc/Hz}$,杂散$N_{\text{spu},30}=-60\text{dBc}$,在$\pm60\text{kHz}$偏频的$N_{\text{phase},60}=-104\text{dBc/Hz}$,杂散$N_{\text{spu},60}=-80\text{dBc}$;④中频信道滤波器:在$\pm30\text{kHz}$偏频的抑制 $\Delta R_{IF,30}=12\text{dB}$,在$\pm60\text{kHz}$偏频的抑制 $\Delta R_{IF,60}=25\text{dB}$。由相位噪声和载噪比$CNR_{\min}$,考虑接收器带宽 $BW=30\text{kHz}$,很容易计算出灵敏度 $S_{\min}\cong-120\text{dBm}$。使用式(4.5.8),可以得到相邻和相间信道选择性分别为

$$\Delta S_{\text{adj}} = 41.54\text{dB} \quad 和 \quad \Delta S_{\text{alt}} = 68.46\text{dB}$$

AMPS 移动站对于相邻和相间信道选择度的标准分别是$\geqslant16\text{dB}$和$\geqslant60\text{dB}$。因此,相邻和相间信道选择度分别留出了 25.54dB 和 8.46dB 的余量。

相邻信道干扰信号的副瓣会延伸到期望信号带宽中,并且降低相邻信道的灵敏度性能。相邻信道频谱的副瓣电平取决于调制和脉冲整形滤波器特性。通常副瓣功率至少比主瓣低 35dB。假定期望信号带宽内的相邻信道干扰频谱副瓣部分比相邻信道信号功率低 Δ_{Slobe} dB,相邻信道选择性式(4.5.8)变为

$$\Delta S_{\text{adj}} = I_{\text{adj}} - S_{d,i}$$

$$= 10\log\left(10^{\frac{S_{d,i}-CNR}{10}} - 10^{\frac{-174+10\log BW+NF}{10}} \right)$$

$$- 10\log\left[\sum_{k=1}^{2} \left(10^{\frac{N_{\text{phn},k}+10\log BW}{10}} + 10^{\frac{N_{\text{spu},k}}{10}} \right) 10^{\frac{\Delta G_{Mxr,k}-G_{Mxr,k}}{10}} + 10^{\frac{-\Delta_{\text{Slobe}}}{10}} \right] - S_{d,i} \quad (4.5.9)$$

4.5.3 双频阻塞和 AM 抑制特性

CDMA 系统将 AMPS 信号看作单频,这是因为其带宽相对于 CDMA 信号来说非常窄。两个靠近的强 AMPS 信号可能成为蜂窝频带 CDMA 移动站的阻塞干扰单频。通常,对于超外差接收机来说,处理两个间隔在接收信道带宽之内的强干扰单频并不是什么问题,但是它们在信道带宽之外的互调成分可能会比较麻烦。在 CDMA 移动站最小性能要求 IS-98D 中对于双单频阻塞并没有明确的规定。然而,如果接收机的二阶截点 IIP_2 不够高,那么两个接收器带内的强单频可能会导致直接变频接收机被完全阻塞。AM 干扰也有可能会以类似的方式导致直接变频接收机被阻塞。

由于直接变频接收机的二阶失真,如果两个强干扰单频的间隔小于信道带宽,则可以直接互相混频并产生信道内干扰。干扰成分$IM_{2,in}$可以通过以下公式计算

$$IM_{2,in} = 2I_{block} - IIP_{2,Rx} \tag{4.5.10}$$

式中,$IIP_{2,Rx}$是接收机的输入二阶失真;I_{block}是这两个相等阻塞干扰单频的电平。

使$IM_{2,in}$等于允许的降低D_a,并考虑超高频合成本振的相位噪声和/或杂散的贡献,可以得到允许最大阻塞单频电平为

$$I_{block} = 10\log\left(\frac{10^{\frac{S_{d,i}-CNR_{min}}{10}} - 10^{\frac{P_{nf}}{10}}}{10^{\frac{I_{block}-IIP_{2,Rx}}{10}} + \sum_{k=1}^{2}\left(10^{\frac{N_{phase,k}+10\log(BW)}{10}} + 10^{\frac{N_{spu,k}}{10}}\right)10^{\frac{\Delta G_{Mxr,k}-G_{Mxr,k}}{10}}}\right) \tag{4.5.11}$$

式中,$N_{phase,k}$和$N_{spu,k}(k=1,2)$分别是接收机输入端在第一个和第二个阻塞干扰附近的等效本振相位噪声(dBc/Hz)和杂散(dBc)。事实上,式(4.5.11)是一个等式而非表达式,因为变量I_{block}也在右边括号中的分母上。总的来说,由于超高频合成器本振造成的相位噪声和杂散导致的信号降低是非常微小的,并且式(4.5.11)可以简化为

$$I_{block} = \frac{1}{2}\left[10\log(10^{\frac{S_{d,i}-CNR_{min}}{10}} - 10^{\frac{P_{nf}}{10}}) + IIP_{2,Rx}\right] \tag{4.5.12}$$

式(4.5.12)可以用于大致估计允许的最大阻塞干扰。将式(4.5.12)的计算结果代入式(4.5.11)的分母中,通过计算可以得到更精确的I_{block}估计值。

举例说明,CDMA直接变频接收机有噪声系数$NF_{Rx}=5.6dB$、$S_{d,i}=-101dBm$、$CNR_{min}=-1.5dB$、$IIP_2=43.5dBm$、$N_{phase,k}=-140dBc/Hz$、$N_{spu,k}<-90dBc$和$BW\cong1.23MHz$。使用这些数据和等式(4.5.11)可以得到允许的阻塞干扰为$-28.65dB$。如果使用式(4.5.12),则得到的结果是$-28.10dB$。

式(4.5.11)与式(4.5.12)也可以用来估计接收机的AM抑制性能。在GSM规范[6]中定义了AM抑制特性。为了达到GSM移动站中直接变频接收机AM抑制的最小要求,输入二阶截点要等于或大于45dBm。

4.6　接收机动态范围和自动增益控制

4.6.1　接收机的动态范围

移动站接收机的动态范围是指在误码率或误帧率不超过规定值时,在天线端口的输入信号功率范围。这个范围的下限由接收机灵敏度电平决定,上限由误码率或误帧率不超过规定值时天线端口的最大输入功率决定。天线端口最大输入功率的最小要求和不同无线系统中移动站的动态范围在表4.2中给出。

表4.2中给出的动态范围是覆盖了从接收机参考灵敏度到最大输入功率的接收机输入功率范围。为了能够运行在这么宽的动态范围上,通常接收机会使用自动增益控制(automatic gain control,AGC)系统。自动增益控制范围通常比接收机动态范围更宽,并且它必须覆盖由于器件生产加工偏差、温度和电压变化导致的接收机增益变化范围。CDMA

移动站接收机的最小动态范围是 79dB,但是其自动增益控制系统需要达到 100dB 的控制范围来覆盖可能的增益变化并为动态范围留出余地。

表 4.2 最大输入功率和最小动态范围

系　　　统	最大输入功率(dBm)	最小动态范围(dB)
AMPS	N/A	＞96
CDMA800	−25	＞79
CDMA1900	−25	＞79
EDGE	−26	＞72
GPRS	−26	＞73
GSM900	−15	＞87
GSM1800	−23	＞79
PHS	−21	＞76
TDMA	−25	＞85
WCDMA	−25	＞81.7

4.6.2　接收机自动增益控制系统

1. 自动增益控制系统模块图

接收机自动增益控制系统的主要部分在数字基带和数字信号处理中。接收机中受控的部件在射频模拟部分,如低噪声放大器、中频可变增益放大器(variable gain amplifier,VGA)和/或基带可变增益放大器。在本节中,讨论一个 CDMA 超外差接收机中的典型自动增益控制系统。其他系统中的自动增益控制与 CDMA 中类似,并且往往比此处的例子更简单。

CDMA 接收机自动增益控制系统的模块图在图 4.13 中给出。这个系统的组成部分有步进式增益控制前端、中频可变增益放大器、模数转换器、SINC 滤波器、CDMA 核心、存储在数字信号处理器中的接收机自动增益控制算法,以及一个 10 位脉冲宽度调制数模转换器。在 CDMA 移动站中,接收机自动增益控制系统的功能不只是维持接收链路在动态范围内正常工作,保持电平等于模数转换器输入常数,还有通过接收信号强度指示器(receiver signal strength indicator,RSSI)测量接收信号强度,然后决定发射机的开环发射能量。在自动增益控制环路中,数字低通 SINC 滤波器能够进一步抑制信道带宽之外的干扰。

在这个自动增益控制系统中,中频可变增益放大器几乎是连续控制的,但是低噪声放大器在给定的接收信号电平上是步进式控制的。

2. 射频和中频增益控制

假定低噪声放大器有三档增益设置,并且其名称分别为 G_H、G_M、G_L dB,当信号强度增加或降低到某些特定值时,低噪声放大器增益的设置进行转换。CDMA 接收机中增益设置的转换电平通常选为接近但是低于信号电平,分别为 −90dBm 和 −79dBm,在这两个电平分别测试中和低噪声放大器增益模式互调杂散衰减特性。

低噪声放大器增益切换的方案在图 4.14 中给出。为了避免切换前后互调失真产物或

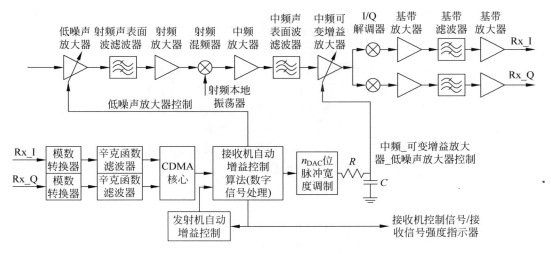

图 4.13 CDMA 接收机自动增益控制系统模块图

其他干扰电平变化产生的增益接收机信号波动和信道内功率变化导致增益模式来回切换,对于步进式的增益控制需要功率的迟滞。考虑到接收信号强度测量有限的精确度,为了保证低噪声放大器增益从高增益到中增益模式的切换在-90dBm 以下发生,需要将切换点设置在比-90dBm 稍小处,如-93dBm 的位置。当低噪声放大器从中增益到高增益模式,切换点应该比从高增益到中增益模式的切换点再低一点,如-96dBm。低噪声放大器的中增益和低增益模式之间的切换点电平也应该用类似的方式进行选择,如图 4.14 所示。

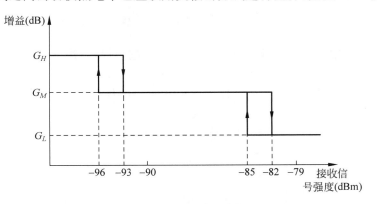

图 4.14 低噪声放大器增益控制与接收信号强度

选择低噪声放大器增益切换电平的关键点如下。低噪声放大器中增益和低增益模式的接收机灵敏度应该分别比低噪声放大器从中增益到高增益模式切换时的电平或从低增益到中增益时的电平高。如果接收信号强度指示器精确度为 Δ_a dB,从高增益到中增益模式的切换电平或从中增益到低增益模式的切换电平应该分别低于-$(90+\Delta_a)$dBm 和-$(79+\Delta_a)$dBm。假定 $\Delta_a=2.5$dB,那么两个合适的切换电平应该分别为-93dBm 和

—82dBm,如图 4.14 所示。增益模式切换的迟滞应该足够宽,以避免由于接收信号强度指示器有限的精确度和增益控制错误导致迟滞回线消失。

中频可变增益放大器增益随着接收信号强度的连续增加而连续下降,反之亦然。当低噪声放大器增益步进式增加或下降时,中频可变增益放大器可以迅速地改变其相反方向的增益来补偿低噪声放大器增益变化。图 4.15 给出了中频可变增益放大器增益与接收信号强度的示意图。对可变增益放大器增益进行调整以使模数转换器输入端的电压保持不变。

事实上,中频可变增益放大器增益随着控制电压发生的变化并不是如图 4.15 所示那样的线性图像。非线性曲线通常以在几个点进行测量,并得到拟合曲线的方式取得。可以通过数个线段对拟合的控制曲线进行智能地近似。

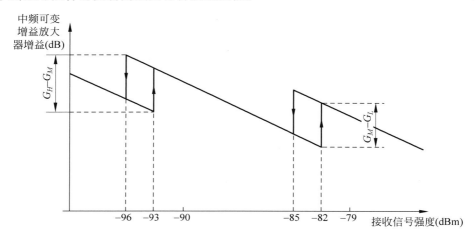

图 4.15　中频可变增益放大器增益控制与接收信号强度

如果中频可变增益放大器增益曲线表现良好,则它可以通过二阶二项式进行近似处理:

$$g(v) = a_0 + a_1 v + a_2 v^2 \, \text{dB} \tag{4.6.1}$$

使用二阶多项式对可变增益放大器增益控制曲线进行拟合,只需要知道三个不同点的增益和控制电压值,如 (v_1, g_1)、(v_2, g_2) 和 (v_3, g_3)。从这些数据,可以得到式(4.6.1)中各项的系数,即 a_0、a_1 和 a_2,在式(4.6.2)中给出计算公式:

$$a_0 = \frac{\begin{vmatrix} g_1 & v_1 & v_1^2 \\ g_2 & v_2 & v_2^2 \\ g_3 & v_3 & v_3^2 \end{vmatrix}}{\Delta} \qquad a_1 = \frac{\begin{vmatrix} 1 & g_1 & v_1^2 \\ 1 & g_2 & v_2^2 \\ 1 & g_3 & v_3^2 \end{vmatrix}}{\Delta} \tag{4.6.2a}$$

$$a_3 = \frac{\begin{vmatrix} g_1 & v_1 & v_1^2 \\ g_2 & v_2 & v_2^2 \\ g_3 & v_3 & v_3^2 \end{vmatrix}}{\Delta} \qquad \Delta = \begin{vmatrix} 1 & v_1 & v_1^2 \\ 1 & v_2 & v_2^2 \\ 1 & v_3 & v_3^2 \end{vmatrix} \tag{4.6.2b}$$

图 4.16 给出了一个二阶多项式拟合曲线的例子。如果中频可变增益放大器增益控制

线性度非常差,也可以使用高阶多项式进行曲线拟合。从式(4.6.1)和式(4.6.2),能够通过下式计算出在给定中频可变增益放大器增益 g_C 处的增益电压为

$$v_C = \frac{-a_1 + \sqrt{a_1^2 - 4a_2(a_0 - g_C)}}{2a_2} \qquad (4.6.3)$$

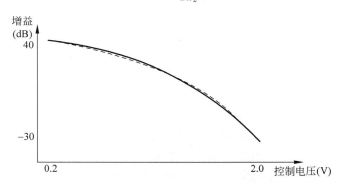

图 4.16　通过三点拟合得到的可变增益放大器增益曲线(虚线)和增益控制曲线(实线)

但是,从一个给定的增益出发,只能得到形如式(4.6.3)的闭合公式来计算最高三阶多项式的控制电压。

中频可变增益放大器和低噪声放大器组成增益的变化必须覆盖动态范围,各级增益随温度、加工、频率变化,以及一定的设计余地来得到合适的自动增益控制范围。因此接收机自动增益控制范围 GCR_{Rx} 应该估计为

$$GCR_{Rx} \geqslant S_{\max} - S_{\min} + \Delta G_{R,T} + \Delta G_{R,\mathrm{process}} + \Delta G_{R,f} + Mrgn \qquad (4.6.4)$$

式中,$S_{\max}$ 为最大输入信号功率;$S_{\min}$ 是接收机灵敏度;$\Delta G_{R,T}$、$\Delta G_{R,\mathrm{process}}$ 和 $\Delta G_{R,f}$ 是接收机增益随温度、器件加工和频率等发生的变化;$Mrgn$ 为设计余量。

3. 接收机自动增益控制算法

自动增益控制算法应该使模拟基带模块中的基带放大器输出功率或模数转换器输入功率保持不变,并约为 $\Delta\Sigma$ADC 最大电压摆幅的 $1/3$。$\Delta\Sigma$ADC 取决于信号功率的峰值与平均值的比值、模数转换器分辨率和其他调整中频可变增益放大器增益或前端增益所导致的状况。接收信号强度指示器的值可以通过下式表示

$$RSSI\,(\mathrm{dBm}) = R_{x,o} - \frac{1}{C_R}(Ctr_{Rx} - Ctr_{Rx,o}) \qquad (4.6.5)$$

式中,$R_{x,o}(\mathrm{dBm})$ 是校正接收功率,它的相应计数器数量是 $Ctr_{Rx,o}$;$1/C_R(\mathrm{dB})$ 是自动增益控制分辨率;Ctr_{Rx} 是与接收信号强度成比例,每单位为 $1/C_R\,\mathrm{dB}$ 的计数器值,当接收信号强度为 $R_{x,o}\,\mathrm{dBm}$ 时,它就等于 $Ctr_{Rx,o}$。

Ctr_{Rx} 值需要基于射频接收机增益误差估计而进行更新。增益误差 ΔG_{Err} 可以通过 n_{symb} 个符号总功率的对数得到

$$S_{\mathrm{symb}} = C_R \cdot 10\log(n_{\mathrm{symb}} \cdot P_{\mathrm{symb}}) \qquad (4.6.6)$$

与参考电平 S_{ref} 相比较,S_{ref} 的定义为

$$S_{\text{ref}} = C_R \cdot 10\log(n_{\text{symb}} \cdot P_{\text{symb\_ref}}) \tag{4.6.7}$$

此处的参考电平事实上决定了 I/Q 信道模数转换器输入端的设置电压,增益误差加到或者积分到Ctr_{Rx}中。

假定符号率为R_S kbit,每个符号含有n_C个码片,每个码片中有n_S个样本,将 I/Q 信道功率加起来之后,符号功率可以表示为

$$P_{\text{Symb}} = 2 \times n_C \times n_S \times (g \cdot V_{in})^2 \tag{4.6.8}$$

式中,$v_{in}(V)$是模数转换器输入电平;g是从模数转换器输入到自动增益控制算法输出的转换增益,并定义为

$$g = \frac{1}{v_{\max}} \frac{g_{\text{cdma}} g_{\text{sinc}} g_{\text{dec}}^3}{2^{n_{\text{DAC}}}} \tag{4.6.9}$$

式中,模数转换器的$v_{\max}$(mV)是最大输入电压;g_{cdma}是 CDMA 核的增益;g_{sinc}是 SINC 滤波器增益;g_{dec}是抽取率;n_{DAC}是数模转换器连接接收信号强度指示器的位数。

抽取率进行乘方是因为数模转换器是二阶 $\Delta\Sigma$ 变频器,并且三阶抽取滤波可以优化噪声整形。

如果有$v_{\max} = 0.8\text{V}$、$g_{\text{dec}} = 6$、$g_{\text{sinc}} = 2800$、$g_{\text{cdma}} = 0.0415$ 和 $n_{\text{DAC}} = 10$,那么转换增益是 30.64。考虑到在数字信号处理器中集成了两个符号功率,即$n_{\text{symb}} = 2$,假定$n_C = 64$、$n_S = 2$、$C_R = 256$ 以及 $v_{in\_ref} = 180\text{mVrms}$,由式(4.6.7)对数尺度下的参考电平为

$$S_{\text{ref}} = 256 \times 10\log(2 \cdot P_{\text{symb\_ref}})$$

$$= 256 \times 10 \cdot \log(2 \times 256 \times (30.64 \times 0.18)^2) = 10733$$

增益误差 ΔG_{Err} 和更新的Ctr_{Rx}分别是

$$\Delta G_{\text{Err}} = S_{\text{ref}} - S_{\text{symb}} \tag{4.6.10}$$

和

$$Ctr_{Rx} = Ctr_{Rx} + (1 - e^{-\frac{1}{f_{\text{update}} \cdot \tau}}) \cdot \Delta G_{\text{Err}} \tag{4.6.11}$$

式中,f_{update}是Ctr_{Rx}更新率,等于$\dfrac{R_S}{n_{\text{symb}}}$;$\tau$是自动增益控制环路时间常数。

假定$f_{\text{update}} = 9.6\text{kHz}$,$\tau = 2\text{ms}$,能够得到 $f_{\text{update}} \cdot \tau = 19.2$ 和 $\exp(-1/19.2) = 0.95$。

显然本节中的自动增益控制算法并不是唯一的。使用不同的算法可以得到同一个自动增益控制的函数。

4.6.3　模数转换器动态范围和其他特性

模数转换器的动态范围定义为其最大有效信号与(噪声+失真)的比值。移动站中的模数转换器动态范围的要求通常由以下几个因素决定:

(1) 自动增益控制范围相对接收机动态范围的不足(最大和最小接收信号强度的差值)。

(2) 自动增益控制步长。

(3) 所需的最小载噪比要求。

(4) 信道带内噪声/干扰与量化噪声的比值。

（5）期望信号峰值与平均值的比值。

（6）直流偏移。

（7）上/下衰减余量。

（8）宽松的滤波（如信道滤波器对邻近干扰的抑制不足）

显然在不同接收机中不是所有的因素都需要考虑。当使用超外差结构时，不需要考虑1、2和8，因为通常自动增益控制能够覆盖全部动态范围，自动增益控制步长很小，接近于连续变化，中频声表面波滤波器和模拟基带低通滤波器对于频带外干扰提供了很强的抑制。

考虑 CDMA 移动接收机的模数转换器动态范围，假定类噪声 CDMA 信号峰值对平均值电压比约为 10dB（使用三倍标准差），量化噪声在信道内噪声之下约为 12dB，最小载噪比是−1dB，并留出 3dB 的衰减余量。因此总动态范围约为 24dB。另外，对于超外差 GSM 移动接收机，模数转换器动态范围应该能覆盖在信道内噪声之下约 16dB 的量化噪声、4dB 的直流偏移、8dB 的最小载噪比要求、20dB 的建设性和破坏性衰减余量，因此 GSM 移动站接收机的模数转换器范围最小为 48dB。

直接变频接收机或低中频接收机中的模数转换器动态范围通常比相应的超外差接收机中的高。这主要是因为步进式的增益控制和滤波的宽松。在自动增益控制设计过程中，故意让模数转换器吸收部分的接收机动态范围，此时模数转换器动态范围的要求可能会非常高。

模数转换器动态范围也可以使用有效位的方式表示。从模数转换器动态范围到有效位的转换如下所述。假定一个 n_b 位的模数转换器有峰峰最大电压摆幅 $V_{p\text{-}p}$，从式（2.4.21）我们知道最大信号功率 $P_{S,\max}$ 对量化噪声 P_{qn} 的比例为

$$\left(\frac{S}{N}\right)_{q\_\mathrm{ADC}} = \frac{P_{S,\max}}{P_{qn}} = \frac{3}{2} 2^{2n_b} \tag{4.6.12}$$

模数转换器动态范围为（4.6.12）中给出的信噪比，表示成对数形式为

$$DR_{\mathrm{ADC}} = 20\log(2^{2n_b}\sqrt{1.5}) \cong 6.02 n_b + 1.76\mathrm{dB} \tag{4.6.13}$$

从这个公式和前面的分析可以看出，CDMA 移动站接收机中的模数转换器只需要达到 4 位，而 GSM 中的模数转换器需要达到 8 位。不同的移动系统，不同的结构中模数转换器动态范围都不同。在 AMPS 和 TDMA 移动系统中，经常使用 10 位模数转换器，在 EDGE 超外差移动接收机中可能会使用 12～13 位的模数转换器。

典型的一个有效 6 位 $\Delta\Sigma$ADC 的信号与（噪声＋失真）比例和输入电压曲线在图 4.17 中给出（通过正弦波信号得到）。这个曲线清晰地显示了 $\Delta\Sigma$ADC 的最大有效动态范围事实上可以在最大峰峰电压摆幅的一半处得到，即大约比最大峰峰电压低 6dB 处。事实上，$\Delta\Sigma$ADC 的最大有效动态范围在最大峰峰电压摆幅的一半处得到是其普遍特性。

在附录 3D 中，已经讨论了模数转换器的噪声系数。但是，还将基于模数转换器量化噪声再引入一种噪声系数的近似计算方法。假定模数转换器有噪声系数 F_{ADC}，模数转换器产生的噪声功率为

$$P_{n,\mathrm{ADC}} = P_{qn} = kT_o(F_{\mathrm{ADC}} - 1)\frac{f_s}{2} \tag{4.6.14}$$

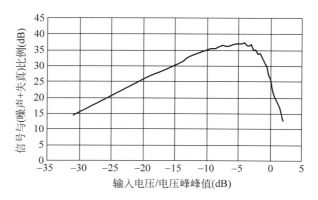

图 4.17　6 个有效位的 $\Delta\Sigma$ADC 信号与（噪声＋失真）比例和输入电压的关系

式中，f_s 是采样频率。

重新排列并使用式（4.6.14），可以得到模数转换器噪声系数 F_{ADC} 的表达式为

$$F_{\text{ADC}} = \frac{2P_{S,\max}}{kT_o f_s (S/N)_{q,\text{ADC}}} + 1$$

$$= \frac{V_{p\text{-}p}^2}{6 \cdot 2^{2n_b} \cdot Z_{in,\text{ADC}}} \cdot \frac{1}{kT_o f_s} + 1 \qquad (4.6.15)$$

式中，$Z_{in,\text{ADC}}$ 是模数转换器输入阻抗；k 是玻尔兹曼常数，等于 $1.38 \times 10^{-20}\,\text{mW} \cdot \text{s}/^{\circ}\text{K}$；$T_o = 290^{\circ}\text{K}$。

式（4.6.15）中右边的第一项通常是远大于 1。忽略 1 并对两边取对数后，得到了噪声系数在 dB 尺度下的表达式（通常远大于 1）：

$$NF_{A/D} = 20\log V_{p\text{-}p} - 6.02 \cdot n - 10\log Z_{in,\text{ADC}} - 10\log f_s + 196.2 \qquad (4.6.16)$$

因此这个 4 位模数转换器在输入阻抗为 $100\text{k}\Omega$、采样率为 19.2MHz、允许最大峰峰电压为 1.0V 情况下的噪声系数为

$$NF_{\text{ADC}} = 20\log 1.0 - 6.02 \times 4 - 10\log 10^5 - 10\log(19.2 \times 10^6) + 196.2 = 49.28\text{dB}$$

在附录 3D 中给出了更精确的噪声系数计算，式（4.6.16）只给出了当模数转换器噪声系数比较高时的粗略估计结果。

4.7　系统设计和性能评估

4.7.1　接收机系统设计基础

设计接收机时，首先需要基于应用定义设计的目标。商用接收机的设计目标通常为以下几个方面：良好的电性能、低功耗、低成本和小尺寸。这些目标之间的权衡通常是必要的，尤其是性能与其他几项指标之间。举例来说，为了得到高 IIP_3 的接收机来取得更好的互调特性，通常需要更大的电流消耗；降低接收机的成本往往意味着牺牲其性能。在性能、

功耗、成本和尺寸之间,电性能是基本的评判标准。如果接收机不能满足最小的性能要求,那么谈论功耗、尺寸和成本没有任何意义。然而,良好的设计往往不仅指性能,还要衡量功耗、尺寸和成本。在系统设计中,应该避免过分强调性能而忽略了其他因素。

对于移动站接收机,其性能主要是由接收机灵敏度、互调特性、相邻/相间信道选择度、阻塞特性和杂波散射来衡量的。它们中的大部分都已经在前面进行过分析,相应的小节中也给出了计算公式,杂波散射将在本节中进行讨论。这些接收机参数的讨论主要基于不同移动通信系统如 IS-98D[5] 和 ETSI-GSM05.05[6] 的最小性能要求和设计余量。不同参数所留出的设计余量也不同。总的来说,3dB 对于室温和典型情况来说是一个合适的余量,而 1.5dB 是最差情况下的余量。但是,灵敏度是接收机性能中最重要的参数之一,其设计余量往往为 4~5dB。在电流损耗所允许的情况下,通常希望能够为代表接收机线性度的互调特性留出 4dB 的余量。并不存在唯一的定义性能设计目标的方法,性能目标的设定总是需要和其他目标互相妥协。

接收机的电流或功率损耗会直接影响使用电池移动站的待机时间或通话时间。接收机的电流损耗随着工作模式而变化。在高增益模式下,接收机需要消耗更大的电流来保持高线性度,以应对强互调干扰或强阻塞干扰。现在,除了超高频合成本振,根据不同的系统,工作在高增益模式下的超外差接收器电流消耗在 20~40mA 的范围中。例如,CDMA 接收机消耗电流比 GSM 接收机要多。为了减少不同工作模式下平均电流损耗,有必要对接收链路中器件或电路的偏置和电源进行电源管理。

现在,接收机的成本和尺寸与接收机结构结合更为紧密,而不是独立的器件选择。直接变频结构和低中频结构通常具有成本低和尺寸小的优势,而超外差接收及在电性能上通常更好。这是由于直接变频和低中频不使用中频声表面波信道滤波,并且它们可以用在高度集成的电路中,因此它们的零部件数量也比超外差接收机少得多,致使它们有更小的尺寸和更低的成本。另外,超外差接收机和其中部件的技术都更为成熟,所以其中的一些关键部件如前端中频和中频—基带集成电路的成本会相对较低。如果体积不是特别大,超外差接收机的总成本不会比直接变频或低中频结构的成本高很多。

基于设计目标,应该首先选择一种接收结构。在第 3 章中详细讨论了各种结构的优点和缺点。接下来应给出所选择的结构的接收机模块图。它可以类似于图 3.1、图 3.10、图 3.21 或图 3.30 中的任意一个。不论选择了哪种接收机结构,最经常使用的关键器件都是射频带通滤波器、射频低噪声放大器、射频下变频器、超高频合成本振、基带放大器、基带低通滤波器、模数转换器。超外差接收机中还有中频信道滤波器、中频放大器、中频 I/Q 下变频器、甚高频本振。低中频接收器中还有中频 I/Q 下变频器(解调器)、数字本振。在带通采样结构中使用高采样率和高动态范围模数转换器替代射频下变频器,并且其 I/Q 解调器、相应的本振,以及信道滤波器都在数字基带中,类似低中频结构。所有这些在模拟和射频频带使用的器件都可以分类为有源器件和无源器件,或者根据其作用分类为滤波器、放大器、频率变换器、本振和数模转换器。

接收机就是通过这些器件组合出来的,类似于搭积木的过程,显然总的接收机性能就是由其中的每一块积木的性能所决定的。而接收机系统设计的目标不只是满足最终的性能、成本、功耗和尺寸目标,还要明确其中每一个器件的设计规范并且保证性能目标和其他目标的实现。

4.7.2 接收机系统中核心器件的基本要求

对于接收机系统设计者来说,了解各种各样组成射频接收机功能器件的规范和最新技术下它们的性能是非常必要的。这些器件是接收机的构筑模块,在接收机结构确定之后,合适地选择和指定这些器件是系统设计中的主要工作。

1. 滤波器

接收机中所使用的滤波器,包括双工器、接收机工作频带射频带通滤波器、中频信道滤波器和基带低通信道滤波器。前三种通常都是无源滤波器,而最后一种通常是有源的。在设计中广泛使用声表面波滤波器作为射频双工器、射频带通滤波器和中频信道滤波器,这是因为声表面波滤波器有着较小的尺寸和较低的成本。在频率高于 1.6GHz 的设计中,通常使用高介电常数的陶瓷滤波器作为双工器和射频带通滤波器。陶瓷滤波器有相对较低的插入损耗,通带对于温度变化不敏感,但是其尺寸往往较大。因为尺寸更小,薄膜体声波谐振滤波器(film bulk acoustic resonator filter,FBAR)和体声波滤波器(bulk acoustic wave filter,BAW)作为一种新的应用技术在近年来逐渐取代 1.6GHz 以上频带中的陶瓷滤波器。

无源带通滤波器的主要性能参数如下:

(1) 中心频率(MHz)。

(2) 通带带宽(kHz 或 MHz)。

(3) 通带插入损耗(dB)。

(4) 通带波纹(dB)。

(5) 群延迟(μs)。

(6) 群延迟失真(μs)或均方根相位变化(°)。

(7) 在规定频率的抑制或衰减(dB)。

(8) 输入阻抗(Ω)。

(9) 输出阻抗(Ω)。

(10) 输入回波损耗(dB)。

(11) 输出回波损耗(dB)。

总的来说,通带插入损耗影响接收机噪声系数和灵敏度;带宽和带外抑制决定了选择性和带外线性度;通带波纹和群延迟失真影响给定误码率(BER 或 FER)下的最小载噪比。输入/输出阻抗和回波损耗只影响相应的匹配网络。IIP_3 通常不包括在无源滤波器的规范中,因为它的 IIP_3 过高,并不会影响接收机总线性度。

由于滤波器的用途和工作的频率都不同,给所有滤波器制定一个统一的标准是不可能的,应该独立地进行讨论。CDMA 或 AMPS 的前置选择滤波器或双工器的接收侧滤波器有插入损耗 2~3dB,对发射频带的抑制 46~54dB,50 Ω 输入/输出阻抗,好于 −15dB 的输入/输出回波损耗。WCDMA 的双工器可能只有 2dB 插入损耗,对于 140MHz 以外的发射机信号有多于 55dB 的抑制。射频带通滤波器使用在 CDMA、AMPS 和低噪声放大器之后的全双工直接变频接收机中。它的插入损耗约为 2.5dB,对于发射机信号的抑制约为 20～30dB(取决于工作频带)。现在,信道滤波使用的声表面波滤波器有 5～12dB 的插入损耗(取决于中心频率和带宽),抑制可以是 25～55dB(取决于中频和频率偏移)。

低通信道滤波器通常是有源滤波器,由低通网络和可调的放大器组成。有源低通滤波的性能要求和无源的情况类似,除了以下几点:

(1) 可以有电压增益。

(2) 用等效噪声电压或噪声系数替代插入损耗。

(3) 与其他有源器件中相同,频带内和频带外 IIP_3 代表滤波器线性度。

有源滤波器的等效噪声系数通常高达 30～50dB,取决于滤波阶数和电流损耗或滤波器 Q 因子。有源滤波器的带外 IIP_3 只有约 15～35dBm,在计算接收机系统线性度时必须考虑这一点。有源低通滤波器的带外抑制取决于滤波器的阶数和相对于通带的频率偏移,它的取值范围为 40～70dB。

信道滤波器、中频声表面波滤波器和有源低通滤波器的群延迟失真必须足够低,否则接收机在复合衰落信道中的性能可能较差。

2. 低噪声放大器

接收机中低噪声放大器通常决定了接收机的灵敏度。低噪声放大器的主要指标如下:

(1) 工作频带(MHz)。

(2) 标称增益(dB)。

(3) 噪声系数(dB)。

(4) IIP_3(dBm)。

(5) 反向隔离度(dB)。

(6) 输入和输出阻抗(Ω)。

(7) 输入和输出回波损耗(dB)。

移动站应用中的单级低噪声放大器增益可以设计在 10～16dB 之间。噪声系数取决于所使用的技术,如 GaAs、SiGe 或者其他。GaAs 低噪声放大器的噪声系数在高达 2GHz 处小于 1dB,在 0.4～0.8dB 的范围中;SiGe 低噪声放大器噪声系数稍高,1GHz 和 2GHz 频带在 0.8～1.4dB 之间。在 CDMA 接收机中使用的低噪声放大器的三阶输入截点只要求高于+6dBm,用来应对单频钝化的问题。在不增加电流损耗的前提下,IIP_3 可以达到 10dBm。在其他移动接收机中,低噪声放大器 IIP_3 的要求通常小于 0dBm。工作在 1GHz 或 2GHz 频带的低噪声放大器的电流损耗约为 4～6mA。

移动站接收机中的低噪声放大器增益可以调节,但通常是通过步进式控制的。在超外差接收机中,通常使用绕过低噪声放大器的办法来替代真实增益控制,但是在直接变频接收机中,低噪声放大器增益是真实地步进式控制的,并且通常有多个步长。对于直接变频接收机来说,在所有的增益步长上有一定的低噪声放大器反向隔离是非常重要的。

3. 下变频器和 I/Q 解调器

接收机中的第一个下变频器的线性度或 IIP_3 通常决定了接收机的互调特性,这一级提供了接收机链路中互调失真成分总功率的约 50%。然而,一个在线性度和电流损耗间取得合理平衡的接收机设计,会导致第一级下变频器成为接收机中总互调失真成分的主要贡献者。下变频器的指标有如下:

(1) 工作频带(MHz)。

(2) 变频增益或损耗(dB)。

(3) 噪声系数(dB)。

(4) IIP_3(dBm)。

(5) IIP_2(dBm)(直接变频接收机)。

(6) 射频/中频和本振端口的隔离度(dB)。

(7) 本振和中频/基带端口的隔离度(dB)。

(8) 射频/中频和中频/基带端口的隔离度(dB)。

(9) 标称本振功率(dBm)。

(10) 输入和输出阻抗(Ω)。

(11) 输入回波损耗(dB)。

同样的指标也适用于 I/Q 解调器中的信道下变频器(或称为正交下变频器)。对于 I/Q 解调器,除上面所述的,还要将以下两条加入到其指标中:

(12) I/Q 信道下变频器输出幅值失衡(dB)。

(13) I/Q 信道下变频器输出相位失衡(°)。

基于 GaAs 技术的射频下变频器通常由二极管组成,驱动它需要 5dBm 以上的本振功率。它有约为 -6dB 的变频损耗和接近 6dB 的噪声系数。这种下变频器的线性度或 IIP_3 相对较高,为 16~18dBm。射频和本振端口的隔离度约为 22~25dB,而射频和中频端口的隔离度可以达到 25dB 或更高。输入阻抗通常匹配到 50Ω,回波损耗应该优于 -12dB。另外,1~2GHz SiGe 在差分电路中下变频器通常由吉尔伯特单元组成。SiGe 吉尔伯特单元下变频器通常用电压增益来替代损耗,根据不同的设计其增益可以由几 dB 到大于 15dB。其噪声系数在 5~8dB 的范围中,根据不同增益 IIP_3 在 0~5dBm 的范围中。该下变频器所需要的本振功率只有 -5~0dBm,比 GaAs 射频下变频器小得多。射频和本振端口的隔离度可以高达 60dB 或更高。其他端口之间的隔离度也非常高,大于 60dB。它的输入阻抗常是 50~200Ω,输出阻抗也是数百欧姆。

根据 IIP_3 的要求,由两个吉尔伯特单元组成的射频 I/Q 解调器会消耗多于 15mA 的电流。I/Q 信道输出端口的幅值等于或小于 0.1dB,相位失衡通常等于或小于 2°。

对于中频 I/Q 解调器,它的增益可以达到 20~30dB,噪声系数并不一定很低,约为 15~20dB,IIP_3 在 -20~-30dBm 之间。差分电路的端口间隔离度通常大于 40dB。输入阻抗为数千欧姆,输出阻抗是数百欧姆。电流消耗约为 4~6mA。

4. 中频和基带放大器

中频和基带放大器的指标内容和低噪声放大器相同,在前面第 1 部分已经给出。中频为数十 MHz 到数百 MHz。单级中频放大器的电压增益可以达到高于 40dB,并且如果需要的话,很容易使噪声系数小于 $3 \sim 4$dB。中频放大器的 IIP_3 可以在高达 10dBm 到低于 -25dBm 的范围中,取决于它的前后级是信道滤波器还是中频声表面波滤波器。输入阻抗约为数千欧姆。另外,超外差接收机中的基带放大器的要求比中频放大器更为宽松,但是直接变频接收机中的基带放大器和前面的中频放大器的要求相似。噪声系数不大于 15dB;如果放在基带低通滤波器之前,IIP_3 要大于 25dBm。然而,当基带放大器在低通滤波器之后,等效噪声系数可以提高到约 20dB,IIP_3 可以放宽要求到低于 -15dBm。

接收机自动增益控制通常通过控制中频放大器增益,有时也控制基带放大器增益的方式来实现。这些增益可调的放大器称为可变增益放大器(variable gain amplifier,VGA)。中频可变增益放大器的增益是连续可调的,但是基带可变增益放大器的增益通常是步进可调的。基带可变增益放大器使用步进式增益有两个原因。在模拟基带模块中有两个信道:I 和 Q 信道。这两个信道中的基带可变增益放大器增益必须是同时控制的,步进式增益的方式更容易使两个信道的增益差值在可容许的范围内。设计有着高于 70dB 的可调增益的多级中频或基带可变增益放大器并不是一件很困难的事情。

5. 合成本振

合成本振由一个合成器和通过锁相环的压控振荡器组成。在超外差接收机中,使用两个合成本振:超高频合成本振和甚高频合成本振。但是在直接变频接收机或低中频接收机中只使用超高频合成本振。合成本振的主要指标如下:

(1) 工作频带(MHz)。

(2) 输出功率(dBm)。

(3) 锁相环带宽内的相位噪声(dBc/Hz)。

(4) 锁相环带宽内的杂散(dBc)。

(5) 锁相环带宽外的相位噪声(dBc/Hz)。

(6) 锁相环带宽外的杂散(dBc)。

(7) 建立时间(μs 或 ms)。

本振的近区相位噪声会影响接收机信号的调制精度(第 5 章)。为了减少这个影响,信号频带之上的整合相位噪声包括带内杂散需要比本振信号电平低 30dB 以上。合成本振的允许相位噪声和杂散是由接收机相邻信道选择度和互调特性决定的。举例来说,典型的移动站接收机中超高频本振的相位噪声在 10kHz 偏频等于或小于 -80dBc/Hz,在 100kHz 偏频为 -125dBc/Hz,在 1MHz 偏频为 -140dBc/Hz,在 2MHz 偏频为 -145dBc/Hz,噪声的底部约为 -154dBc/Hz。对于甚高频合成本振,在不同的偏频相位噪声要求可以比超高频本振的要求更为宽松。宽松的程度(15dB 或 20dB)取决于中频信道滤波器的带外抑制性能。为了避免杂散影响接收机的相邻信道选择度和互调失真性能,信号带宽内的杂散电平需要比本振信号至少低 60dB,干扰附近的带外杂散应该比本振信号低 85dB。

表 4.3 蜂窝频带 CDMA 接收机电性能评估实例

蜂窝 CDMA 接收机

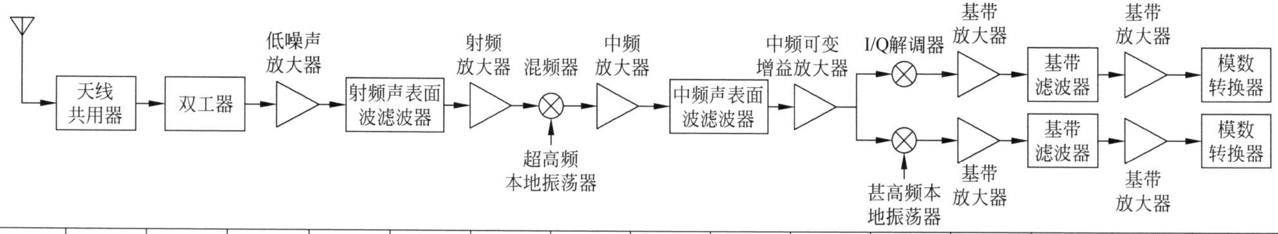

信号链（自天线起）：天线共用器 → 双工器 → 低噪声放大器 → 射频声表面波滤波器 → 射频放大器 → 混频器（超高频本地振荡器） → 中频声表面波滤波器 → 中频放大器 → 中频可变增益放大器 → I/Q 解调器（甚高频本地振荡器） → 基带放大器 → 基带滤波器 → 基带放大器 → 模数转换器

参数	天线共用器	双工器	射频声表面波滤波器	射频放大器	混频器	中频声表面波滤波器	中频放大器	中频可变增益放大器	I/Q解调器	基带放大器	基带滤波器	基带放大器	模数转换器	汇总
电流（mA）				14	10		10	18.49	30	35		35		45
功率增益（dB）	-0.4	-2.5	-2.5	10	-6	10	-11	18.49	30	35	45	35	35	95.09
电压增益（dB） 发射频带	-0.4	-2.5	-2.5	10	-6	10	-1	18.49	30	30	55	35	35	105.09
滤波抑制（dB） 发射频带	52	14	25			38					45			
滤波抑制（dB） 接收频带	45	14	25			50					55			
带外（dBm）	-108.4	-110.9 / -96.9	-99.4	-89.4 / -95.4	-85.4	-96.4	-96.4	-77.9073	-47.9073	-47.9073	-47.9073	-47.9073	-12.9073	
带外（mV）	0.00085	0.00064 / 0.0032	0.0024	0.00758 / 0.0038	0.01201	0.010702	0.010702	0.08997	2.84525	2.84525	2.84525	2.84525	160	
噪声系数（dB）	0.4	2.5	2.5	2.89	18.96	11	11	10	25	25	45	38	59	
级联噪声系数（dB）	5.79	5.39 / 2.89	12.62	10.12 / 12.62	12.96	22.76	22.76	11.76	25.50	25.50	45.82	38.17		
级联噪声系数控制率	28.88%	22.47% / 13.30%	1.59%	5.50% / 1.59%	0.00%	1.68%	1.68%	16.40%	8.13%	0.00%	0.82%	0.16%	0.01%	
三阶输入截点（dBm）	100.00	100.00 / 8.00	100.00	2.00 / 100.00	17.00	32.00	32.00	-20.00	-25.00	100.00	15.00	-21.00	40	
级联三阶输入截点	-6.26	-6.66 / -9.16	4.92	2.42 / 4.92	13.26	23.43	23.43	-43.92	-25.41	15.00	15.00	-21.01		
级联三阶输入截点控制率	0.00%	0.00% / 1.92%	0.00%	17.14% / 1.59%	34.20%	2.72%	2.72%	0.07%	15.25%	100.00%	1.53%	0.00%	0.00%	

滤波器标注：混频器 @900kHz、@1.7MHz；基带滤波器 @900kHz、@1.7MHz。

合成器本地振荡器相位噪声和杂散

$S_{p,adj}=$ -85	$S_{p,atI}=$ -85
$N_{phase}=$ -137	$N_{phase}=$ -140

接收和发射的关键参数

				余量（dBc）	指标
接收	FER= 5.00E-03	S_d(dBm)= -2	BW(Hz)= 1.23E+06	5.16	-104 dBm
	CNR(dB)= -2		dBm/Hz	5.46	-43 dBm
发射	P_{Tx}(dBm)= 23	TxPhsNois= 23	接收频带 -138	5.21	-30 dBm

接收机性能

1. 灵敏度

$$MDS = -174 + 10\lg(BW) + CNR + NF = -109.16\,\text{dBm}$$

2. 互调寄生响应衰减

$$IMD = [2\times(IIP_3 - S_d) - CNR]/3 = -37.54\,\text{dBm}$$

3. 单频衰减

$$IST = S_d - CNR + 2IIP_3 - 2(P_{Tx} - R_{j\_dplx}) - 40\lg(M\_indx) = -24.79\,\text{dBm}$$

IMD 为互调失真；FER 为误帧率；CNR 为载噪率；P_{Tx} 为发射机功率；IST 为单音失调。

超高频合成本振的建立时间需要在小于 5ms 到小于 150μs 的范围中,具体取决于不同的无线系统。总的来说,全双工系统,如 CDMA 系统中,允许的建立时间比 TDMA 系统中的要长。

合成器的电流消耗约为 3~5mA,压控振荡器(voltage control oscillator,VCO)的电流消耗在 3~10mA 的范围中,取决于其工作频率和输出功率。

4.7.3　接收机系统性能评估

在接收机系统设计中,在接收机结构和相应的构建模块选定之后,分析和评估接收机的性能是非常必要的。通过合适地对每个模块的性能进行调整,并评估接收机的总体性能,最终实现设计目标。

接收机系统性能评估可以使用在 4.2~4.6 节中的公式,可以使用 Excel 或 MATLAB 进行计算。在表 4.3 中,有一个 CDMA 的评估例子。在这个例子中所使用的是超外差接收机,并从天线端口到模数转换器输入端口对其进行了详细的分析。

表 4.3 给出了典型的接收机性能评估。在不同的温度、频带、电压、增益模式和核心器件的加工情况下对接收机进行评估是很有必要的。表格左下侧的公式只是示例,并不是真正的灵敏度(MDS)、互调失真和单频钝化。使用 MATLAB 对接收机系统设计进行评估的方法是相似的,并在附录 4D 中给出。从系统性能评估的结果,可以轻松地得到每个模块或器件的指标。

使用合适的电源管理方法,如随着接收信号或干扰强度变化的电路偏置,可以进一步减少平均电流消耗。使用密集的集成电路可以减少材料和总接收机成本。通过这些方法,因此最终不仅电性能,其他的设计考量也可以达到目标。在第 6 章中给出了一些无线移动收发机的设计实例。

附录 4A　功率 dBm 和电场强度 dBμV/m 之间的转换

4.2.1 小节中定义的接收机灵敏度是基于接收机天线接头处的功率。然而,电场强度也经常用来衡量接收机灵敏度。天线的特性显然会对电场强度值造成影响。通常假定天线在 0dB 增益有各向同性的辐射方向图。各向同性天线的等效面积为

$$A_e = \frac{\lambda^2}{4\pi} = \frac{c^2}{4\pi f^2} \tag{4A.1}$$

式中,λ 是信号载波波长(m);c 是电磁波传播速度(3×10^8 m/s);f 是载波频率(Hz)。

如果在各向同性天线的孔径处电场强度是 $\mathcal{E}$(V/m²),自由空间的阻抗为 120π(Ω),则功率流密度 S(W/m²)为

$$P_E = \frac{\mathcal{E}^2}{120\pi} \tag{4A.2}$$

天线得到的总功率为

$$P_s = P_E \cdot A_e = \frac{\mathcal{E}^2}{120\pi} \frac{c^2}{4\pi f^2} = \frac{c^2 \mathcal{E}^2}{480\pi^2 f^2} \mathrm{W} \tag{4A.3}$$

对式(4A.3)两边取对数,在整理之后可以得到

$$20\log[\mathcal{E}(\mu\mathrm{V/m})] = 10\log[P_s(\mathrm{mW})] + 20\log[f(\mathrm{MHz})] + 10\log(5.264 \times 10^7)$$

或

$$E(\mathrm{dB}\mu\mathrm{V/m}) = S(\mathrm{dBm}) + 20\log[f(\mathrm{MHz})] + 77.2 \tag{4A.4}$$

第三种得到接收机灵敏度的方法是通过当接收机输入阻抗和 50Ω 源阻抗相匹配,如图 4A.1 所示时,在接收机灵敏度电平中测量电源电动势的值(emf)得到。传递给 50Ω 接收机的信号功率(P_s)为

$$P_s = \frac{\overline{emf^2}}{4 \times 50} \mathrm{W} \tag{4A.5}$$

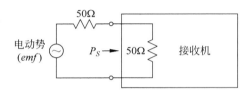

图 4A.1 通过源阻抗为 50Ω 信号源测试的 50Ω 输入阻抗接收机

这个表达式在 dB 表示时变为

$$10\log[P_s(\mathrm{W})] = 20\log[\overline{emf}(\mathrm{V})] - 23 \tag{4A.6}$$

或

$$S(\mathrm{dBm}) = \overline{emf}(\mathrm{dB}\mu\mathrm{V}) - 113 \tag{4A.7}$$

附录 4B　关系式(4.4.6)的证明

将一个双频输入 $v_i = A\cos\omega_1 t + A\cos\omega_2 t$ 代入式(4.3.1)中,得到

$$v_o = \left(a_1 + \frac{9}{4}a_3 A^2\right) A\cos\omega_1 t + \left(a_1 + \frac{9}{4}a_3 A^2\right) A\cos\omega_2 t$$
$$+ \frac{3}{4}a_3 A^3 \cos(2\omega_1 - \omega_2)t + \frac{3}{4}a_3 A^3 \cos(2\omega_2 - \omega_1)t + \cdots \tag{A4B.1}$$

在弱线性度的情况下,$a_1 \gg 9a_3 A^2/4$,能够满足输出成分在频率 $2\omega_1 - \omega_2$ 和 $2\omega_2 - \omega_1$,与 ω_1 和 ω_2 处幅值相同的截点处输入电平为 A_{IIP3},它可以通过以下公式得到

$$|a_1| A_{IIP3} = \frac{3}{4} |a_3| A_{IIP3}^3 \tag{A4B.2}$$

因此,输入截点的幅值为

$$A_{IIP3}^2 = \frac{3}{4} \left| \frac{a_1}{a_3} \right| \tag{A4B.3}$$

这个表达式和式(4.4.6)是相同的。

附录4C 无线移动最小性能要求比较

表 4C.1 移动站接收机最小性能要求

系统	参考灵敏度 (dBm)	最大输入 (dBm)	互调失真(IMD) (dBm)	单频 (dBm)	相邻信道选择 (dBm)	相同信道选择 (dBm)	阻塞 (dBm)	散射 (dBm)
AMPS	−116	未定义	>Smin @60&120kHz; >Smin+3+70 @330&660kHz	N/A	>Smin+3+16 @+/−30kHz	>Smin+3+16 @+/−60kHz	N/A	−81
CDMA800	−104	>−25	>−43 @0.87&1.7MHz	>−30 @+/−900kHz	N/A	N/A	N/A	−76
CDMA1900	−104	>−25	>−43 @1.25&2.05MHz	>−30 @+/−1.25MHz	N/A	N/A	N/A	−76
EDGE	−98	>−26	>−45 @0.8&1.6MHz	N/A	>−73 已调制 @+/−200kHz	>−41 已调制 @+/−400kHz	<−43CW 600kHz<|f−f0|<1.6MHz	<−79
GSM900	−102	>−15	>−49 @0.8&1.6MHz	N/A	>−73 已调制 @+/−200kHz	>−41 已调制 @+/−400kHz	<−43CW 600kHz<|f−f0|<1.6MHz	<−79
GSM1800	−102	>−23	>−49 @0.8&1.6MHz	N/A	>−73 已调制 @+/−200kHz	>−41 已调制 @+/−400kHz	<−43CW 600kHz<|f−f0|<1.6MHz	<−79
GPRS	−99	>−26	>−49 @0.8&1.6MHz	N/A	>−73 已调制 @+/−200kHz	>−41 已调制 @+/−400kHz	<−43CW 600kHz<|f−f0|<1.6MHz	<−79
PHS	−97	>−21	>−47 @0.6&1.2MHz	N/A	>−37 已调制 @+/−600kHz	N/A	>−47	<−54
TDMA	−110	>−25	>−45 @120&240kHz	N/A	@+/−30kHz	@+/−60kHz	>−45 已调制 @+/−90kHz; >−30 已调制 @+/−3MHz	<−80
WCDMA	−106.7	>−25	>−46 @10&20MHz	N/A	>−52 已调制 @+/−5MHz	>−56 已调制 @+/−10MHz	<−44 已调制 @+/−15MHz	<−60

附录 4D　使用 MATLAB 评估接收机性能

这是一个使用 MATLAB 评估蜂窝频带 CDMA 移动接收机性能的例子。

```
function out=cdma_rx(FileName,Cell)
% This program calculates CDMA receiver performance
% including overall receiver Gain, Noise Figure, and
% Input 3rd Order Intercept Point, Receiver Sensitivity,
% IMD and Single Tone Desensitization. Note:
% One restriction of using this program
% is: the LNA must be placed at the 3rd stage in the
% receiver chain and following up by a RF SAW, or
% otherwise this program need slightly be modified for
% Single tone Desensitization calculation.
%
%
    BWn=1.2288*10^6;            % in Hz
    k=1.3727833*10^(-20);      % Boltzman constant
    T=290;                     % Room temperature in Kelven
    No=10*log10(k*T);          % Thermal Noise in dBm/Hz
    Sd=-101;                   % Desired signal level in dBm
    CNR=-1.5;      % Requirement of carrier to noise ratio
                   for FER = 0.5%
    Dmax=Sd-CNR;               % The maximum degradation of the
                               desired signal-to-noise ratio
    Iimd_spc=-43;              % Spec of two intermodulation
                               interferers in dBm
    Ii_spc=-30;                % Spec of the single tone
                               interference in dBm
%
FileExists=exist(FileName);
if FileExists ~= 0
% ------- Input Data -----------
% Read the measurement data
%
    clear  Gain  NFdat  IIP3  Rj_Rx  Rj_Tx  Rj_IF1  Rj_IF2
N_syn;
    eval(FileName);
    if
exist('Gain')==0|exist('NFdat')==0|exist('IIP3')==0|exis
t('Rj_Rx')==0|exist('Rj_Tx')==0 ...
```

```
  |exist('Rj_IF1')==0|exist('Rj_IF2')==0|exist('N_syn')
==0,  error(['There  is  no  enough  data  tables  in
"',Filename,'"']);
      end;
  [Mdat,Ndat]=size(Gain);
  G_dB = Gain(:,2:Ndat);
  NF_dB = NFdat(:,2:Ndat);
  IP3_dB = IIP3(:,2:Ndat);
  Fltr_Rj1_dB = Rj_IF1(:,2:Ndat);
  Fltr_Rj2_dB = Rj_IF2(:,2:Ndat);
  len=length(G_dB(1,:));
  Rx_Rj_Tx= Rj_Rx(:,3);  % Duplexer Rx filter to Tx
                           transmission rejection in dBc
  Tx_Rj_Rx= Rj_Tx(:,3);  % Duplexer Tx filter rejection
                           in the receiver band in dBc
  Rx_Rj_Tx1=Rj_Rx(:,5);  % RF SAW rejection to the Tx
                           transmission in dBc
  IIP3_LNA= IIP3(:,4);    % LNA input intercept point
                           in dBm
  Ntx_rx= Txn_rx(:,2);   % Transmitter noise in receiver
                           band,unit in dBm/Hz
  Nphs1= N_syn(1,2);     % UHF synthesizer phase noise
                           at the first interferer
  Nphs2= N_syn(2,2);     % UHF synthesizer phase noise
                           at the second interferer
  Nspu1= N_syn(1,3);     % UHF synthesizer spurious
                           at the first interferer
  Nspu2= N_syn(2,3);     % UHF synthesizer spurious
                           at the second interferer
else
  G_dB = input('gain of all stages in dB, i.e., [10,5,-
3]=');
  NF_dB = input('noise figure of all stages in dB [0.5
1.2 6]=');
  IP3_dB = input('3rd order intercept pt of all stages
in dB [-10 0 6]=');
  Fltr_Rj1_dB = input('Rejection of each stage at first
interferer frequency offset in dB [0 0 40]=');
  Fltr_Rj2_dB = input('Rejection of each stage at
second interferer frequency offset in dB [0 0 55]=');
  len=length(G_dB(1,:));
  BWn=1.2288*10^6;        % in Hz
  k=1.3727833*10^(-20);   % Boltzman constant
  T=290;                  % Room temperature in Kelven
  No=10*log10(k*T);       % Thermal Noise in dBm/Hz
  Sd=-101;                % Desired signal level in dBm
  Ntx_rx=-155;  % Transmitter noise in receiver band,
```

```
                              unit in dBm/Hz
     Rx_Rj_Tx=45;
     Tx_Rj_Rx=42;
     Rx_Rj_Tx1=15;    % RF SAW rejection to the Tx
                         transmission in dBc
     IIP3_LNA=4;
     Ntx_rx= -155;    % Transmitter noise in receiver band,
                         unit in dBm/Hz
     Nphs1= -137;     % UHF synthesizer phase noise at the
                         first interferer
     Nphs2= -140;     % UHF synthesizer phase noise at the
                         second interferer
     Nspu1= -85;      % UHF synthesizer spurious at the first
                         interferer
     Nspu2= -90;      % UHF synthesizer spurious at the
                         second interferer
end;
%
if Cell~=0
     Tx_pwr=23;       % Cell CDMA transmitter power in dBm
                         at antenna port
     Cindx=0.6;       % Cross-Modulation index for Cell CDMA
else
     Tx_pwr=15;       % PCS CDMA transmitter power in dBm at
                         antenna port
     Cindx=0.45;      % Cross-Modulation index for PCS CDMA
end;
%
%
% ------- Convert dB to power/ratio -------------------
     G = 10.^(G_dB./10);
     F = 10.^(NF_dB./10);
     IP3 = 10.^(IP3_dB./10);
     IIP3_LNA = IP3_dB(:,3);
%
% ------- calculate gain ----------------
%
     g1 = cumprod(G,2);
     g1m  = [ones(length(G(:,1)),1)  g1(1:length(G(:,1)),
1:len-1)];
     gt = g1(1:length(G(:,1)),len);
     Gt_dB = 10*log10(gt);
     G_R_dB = G_dB-(2 .*Fltr_Rj1_dB + Fltr_Rj2_dB)./2;
     G_R = 10.^(G_R_dB./10);
     gr1 = cumprod(G_R,2);
     gr1m                     = [ones(length(G_R(:,1)),1)
gr1(1:length(G_R(:,1)), 1:len-1)];
```

```
    gr5 = cumprod(G_R(:,5:len),2);
    gr5m                    =                  [ones(length(gr5(:,1)),1)
gr5(1:length(gr5(:,1)), 1:length(gr5(1,:))-1)];
%
% ------- calculate noise figure -----------------
%
    F1              =                  [zeros(length(G_dB(:,1)),1)
ones(length(G_dB(:,1)), len-1)];
    F2 = F-F1;
    F_div = F2./g1m;
    Ft = sum(F_div,2);
    NFt_dB = (10*log10(Ft));
%
% ------- calculate 3rd order intercept pt ---------
%
    IP3_1 = gr1m./IP3 ;
    D = sum(IP3_1,2);
    IP3t = 1./D;
    IP3t_dB = (10*log10(IP3t));
%
%------- Calculate Receiver Sensitivity -----------
%
    NFo   = 10*log10(Ft  +10.^((Ntx_rx  -Tx_Rj_Rx)  ./10)
./(k*T));
    MDS = No+NFo+10*log10(BWn)+CNR;
%
%------- Calculate Intermodulation Response Attenuation
------
%
    P_Dmax = 10 .^(Dmax/10);
    P_nf = 10.^((MDS-CNR)./10);
%  Iimd = (10*log10(P_Dmax - P_nf) + 2 .*IP3t_dB)./3;
    P_Nphs1 = 10 .^((Nphs1+10*log10(BWn))/10);
    P_Nphs2 = 10 .^((Nphs2+10*log10(BWn))/10);
    P_Nspu1 = 10 .^((Nspu1)/10);
    P_Nspu2 = 10 .^((Nspu2)/10);
    Ncm          =            -2.*IIP3_LNA+2*(Tx_pwr
Rx_Rj_Tx)+40*log10(Cindx);
    P_Ncm = 10.^(Ncm./10);
    P_sum = (P_Nphs1+P_Nphs2+P_Nspu1+P_Nspu2+P_Ncm);
    IMD = imd_cal(IP3t_dB,P_Dmax,P_nf,P_sum);
%
% --------- Calculate Single Tone Desensitization ------
-----
%
    IP3_5 = gr5m ./IP3(:,5:len);
    D_5 = sum(IP3_5,2);
```

```
    IP3t_5 = 1 ./D_5;
    IP3t_5_dB = 10*log10(IP3t_5);
    IIP3_LNA_m = -10.^log10(1 ./(10 .^(IIP3_LNA ./10)) +
...
                10 .^((sum(G_dB(:,3:4),2)-1.5 .*Rx_Rj_Tx1)
./10) ./10
            .^(IP3t_5_dB ./10));
    P_CMR = 10.^((-2.*IIP3_LNA_m+2*(Tx_pwr - ...
            Rx_Rj_Tx)+40*log10(Cindx)) ./10);
    P_NphsR=10^((Nphs1+10*log10(BWn))/10);
    P_NspuR=10^((Nspu1)/10);
    Nst=(P_Dmax-P_nf);
    Dst=(P_NphsR+P_NspuR+P_CMR);
    Ratio = Nst ./Dst;
    E = find(Ratio < 0);
    if isempty(E) == 0,
     error(['Either Duplexer Rejection too Low, or Tx
Power too High, or
            Synthesizer too Lousy']);
    end;
     Ist =10*log10(Ratio);
%
if FileExists ~= 0
    out = [  Gain(:,1)/1000 Gt_dB NFt_dB IP3t_dB MDS   IMD
Ist];
    disp(' ')
    disp('Freq.(GHz)        Gain(dB)        NF(dB)      IIP3(dBm)
MDS(dBm)   IMD(dBm)   Ist(dBm)');
    disp(out);
else
    out = [  Gt_dB NFt_dB IP3t_dB MDS   IMD   Ist];
    disp(' ')
    disp('     Gain(dB)        NF(dB)      IIP3(dBm)      MDS(dBm)
IMD(dBm)   Ist(dBm)');
    disp(out);
end;
%
% ---------------------- Plotting -------------------
----------------------
%
    fig=['Performance of [',DEVICE,']'];
    x=Gain(:,1);
    nx=length(Gain(:,1));
    xi=(Gain(1,1):5:Gain(nx,1));
    xmin=min(xi);
    xmax=max(xi);
    MDS_i=interp1(x,MDS,xi,'spline');
```

```
    IMD_i=interp1(x,IMD,xi,'spline');
    Ist_i=interp1(x,Ist,xi,'spline');

    figure;
    set(gcf,'unit','pixel',...
        'pos',[100 300 550 450],...
        'numbertitle','off',...
        'name',fig);
    h1=plot(xi,(MDS_i+93+1/3)*3,'r-',xi,IMD_i,'g--
',xi,Ist_i,'m-
    .',x,(MDS+93+1/3)*3,'rx',x,IMD,'g*',x,Ist,'mo');

    grid;
    legend('MDS','IMD','S.T. Desen.');
    xlabel('Frequency (MHz)');
    ylabel('IMD and Single Tone Desen. (dBm)');
    title(fig);
    xlim=get(gca,'xlim');
    ylim=get(gca,'ylim');
    set(gcf,'defaulttextfontname','Times New Roman');
    set(gcf,'defaulttextfontweig','bold');
    set(gcf,'defaulttexthorizont','left');
    set(gcf,'defaulttextfontsize',12);
    set(gcf,'defaulttextcolor','black');
    set(gca,'xlim',[xmin,xmax]);
    set(gca,'xtick',[xmin:(xmax-xmin)/5:xmax]);
    set(gca,'ylim',[-50,-20]);
    set(gca,'ytick',[-50:3:-20]);
%
    text(xmax+(xmax-xmin)/11,-50+14,'Sensitivity
    (dBm)','rot',90,'hor','center');
    for i=0:10
        text(xmax+(xmax-xmin)/16,i*3-50,num2str(i-
110),'hor','right');
    end;
    set(text(xmax, -50-
    2.5,['Name',date]),'hor','right','fontangle','italic'
    ,'fontsize',12);
```

参考文献

[1] U. Rohde, J. Whitaker, and T.T.N. Bucher, *Communications Receivers*: *Principles and Design*, 2nd ed., McGraw-Hill, 1997.

[2] H.T. Friis, "Noise Figure of Radio Receivers," *Proc. IRE*, vol. 32, pp. 419-422, July 1944.

[3] B. Razavi, *RF Microelectronics*, Prentice Hall PTR, 1998.

[4] V. Aparin, B. Bultler, and P. Draxler, "Cross Modolation Distortion in CDMA Receivers," *2000 IEEE MTT-S Digest*, pp. 1953–1956.

[5] TIA/EIA-98-D, *Recommended Minimum Performance Standards for cdma2000 Spread Spectrum Mobile Stations*, Release A, March, 2001.

[6] ETSI, *Digital Cellular Telecommunications System (Phase 2+); Radio Transmission and reception (GSM 05.05 version 7.3.0)*, 1998.

辅助参考文献

[1] B. Stec, "Sensitivity of Broadband Microwave Receiver with Consideration Nonlinear Part," *15th International Conference on Microwave, Radar, and Wireless Communications*, vol. 3, pp. 940 – 943, May 2004.

[2] C. S. Lee, I. S. Jung, and K.H. Tchah, "RF Receiver Sensitivity of Mobile Station in CDMA," *1999 Fifth Asia-Pacific Conference on Communications*, vol. 1, pp. 637–640, Oct. 1999.

[3] M. C. Lowton, "Sensitivity Analysis of Radio Architectures Employing Sampling and Hold Techniques," *1995 Sixth International Conference on Radio Receiver and Associated Systems*, pp. 52–56, Sept. 1995.

[4] P. W. East, "Microwave Intercept Receiver Sensitivity Estimation," *IEE Proc. Radar, Sonar, Navig.*, vol. 144, no. 4, pp. 186–193, Aug. 1997.

[5] P. E. Chadwick, "Sensitivity and Range in WLAN Receiver," *IEE Colloquium on Radio LANs and MANs*, pp. 3/1–3/5, April 1995.

[6] C. R. Iversen and T. E. Kolding, "Noise and Intercept Point Calculation for Modern Radio Receiver Planning," *IEE Proc. Commun*, vol. 148, no. 4, pp. 255–259, Aug. 2001.

[7] K. M. Gharaibeh, K. Gard, and M. B. Steer, "Statistical Modeling of the Interaction of Multiple Signals in Nonlinear RF System," *IEEE MTT-S Digest*, pp. 143–146, June 2002.

[8] J. Roychowdhury and A. Demir, "Estimating Noise in RF Systems," *1998 IEEE/ACM International Conference on Computer-Aided Design*, pp. 199–202, Nov. 1998.

[9] P. Smith, "Little Known Characteristics of Phase Noise," *RF Design*, pp. 46–52, March 2004.

[10] C.P. Chiang et al., "Mismatch Effect on Noise Figure for WLAN Receiver," *2002 45th Midwest Symposium on Circuits and Systems*, vol. 3, pp. III-587 – III-590, 2002.

[11] J. Leonard and M. Ismail, "Link-Budget Analysis for Multistandard Receiver Architectures," *IEEE Circuits Devices Magazine*, pp. 2 – 8, Nov. 2003.

[12] W. Sheng and E. Sanchez-Sinencio, "System Level Design of Radio Frequency Receivers for Wireless Communications," *Proceedings of*

5th International Conference on ASCI, vol. 2, pp. 930–933, Oct. 2003.

[13] B. Sklar, "RF Design: Will the Real Eb/No Please Stand Up?" *Communication Systems Design*, pp. 23–28, April 2003.

[14] A. P. Nash, G. Freeland, and T Bigg, "Practical W-CDMA Receiver and Transmitter System Design and Simulation," *2000 IEE First International Conference on 3G Mobile Communication Technologies*, pp. 117–121, March 2000.

[15] Z. Yuanjin and C. B. T. Tear, "5G Wireless LAN RF Transceiver System Design: A New Optimization Approach," Proceedings of 20002 3rd International Conference on Microwave and Millimeter Wave Technology, vol. 2, pp. 1157–1161, Nov. 2002.

[16] W. Y. A. Achmad, "RF System Issues Related to CDMA Receiver Specifications," *RF Design*, pp. Sept. 1999.

[17] R. Cesari, "Estimate Dynamic Range for 3G A/D Converters," *Communication Systems Design*, vol. 8, no. 10, Oct. 2002.

[18] B. Brannon, "Correlating High-Speed ADC Performance to Multicarrier 3 G Requirements," *RF Design*, pp. 22 – 28, June 2003.

[19] N. Swanberg, J. Phelps, and M. Recouly, "WCDMA Cross Modulation Effects and Implications for Receiver Linearity Requirements," *2002 IEEE Radio and Wireless Communications*, pp. 13–18, Aug. 2002.

[20] W. Y. Ali-Ahmad, "Effective IM2 Estimation for Two-Tone and WCDMA Modulated Blockers in Zero-IF," *RF Design*, pp. 32 – 40, April 2004.

[21] E. Cetin, I. Kale and R. C. S. Morling, "Correction of Transmitter Gain and Phase Errors at the Receiver," *2002 IEEE International Symposium on Circuits and Systems*, vol. 4, pp. IV-109–IV 112, May 2002.

[22] X. Huang, "On Transmitter Gain/Phase Imbalance Compensation at Receiver," *IEEE Communications on Letters*, vol. 4, no. 11, pp. 363–365, Nov. 2000.

[23] S. Fouladifard and H. Shafiee, "A New Technique for Estimation and Compensation of IQ Imbalance in OFDM Receivers," *8th International Conference on Communication Systems*, vol. 1, pp. 224–228, Nov. 2002.

[24] B. Lindoff, P. Main, and O. Wintzell, "Impact of RF Impairments on HSDPA Performance," *2004 IEEE International Conference on Communications*, vol. 6, pp. 3265–3269, 2004.

[25] P. Baudin and F. Belveze, "Impact of RF Impairments on a DS-CDMA Receiver," *IEEE Trans. on Communications*, vol. 52, no. 1, pp. 31–36, Jan. 2004.

[26] J. Feigin, "Don't Let Linearity Squeeze Your WLAN Performance," Communication Systems Design, vol. 9, no. 10, Oct. 2003.

[27] S. Freisleben, "Semi-Analytical Computation of Error Vector

Magnitude for UMTS SAW Filters," Tech. Note from EPCOS AG, Surface Acoustic Wave Devices, Munich, Germany.

[28] F. J. O. Gonzalez et al., "A Direct Conversion Receiver Using a Novel Ultra Low Power A.G.C.," 1997 IEEE 47th Vehicular Technology Conference, vol. 2, pp. 667–670, May 1997.

[29] I. Magrini, A. Cidronali, et al., "A Study on a Highly Linear Front-End for Low/Zero-IF Receivers in the 5.8 GHz ISM Band," IEEE MELECON 2004, pp. 155–158, May 2004.

[30] E. Grayer and B. Daneshrad, "A Low-Power All-Digital FSK Receiver for Space Applications," *IEEE Trans. On Communications*, vol. 49, no. 5, pp. 911–921, May 2001.

[31] B. Lindoff, "Using a Direct Conversion Receiver in Edge Terminals: a New DC Offset Compensation Algorithm," *2000 IEEE International Symposium on Personal, Indoor and Mobile Radio Communications*, vol. 2, pp. 959–963, Sept. 2000.

[32] J. L. Mehta, "Transceiver Architectures for Wireless ICs," *RF Design*, pp. 76–96, Feb. 2001.

第 5 章

发射机系统分析与设计

5.1　引言

在无线移动站中,发射机总是和接收机成对出现的。全双工系统中它们同时工作,但在半双工系统中,它们可能在不同时隙运行。与接收机类似,发射机的体系结构可以是下列之一:超外差、直接变频或带通采样。这些体系结构的方框图分别在图 3.1、图 3.10 和图 3.30 中给出。由于直流偏置的调整或补偿均相对容易,对于发射机来说,低中频体系结构或许没必要,而且它的噪声因数也没有像接收机那样要求严格。发射机体系结构的选择将取决于系统的性能需求、尺寸大小、成本、集成电路技术的成熟度以及电流损耗等。值得注意的是,发射机中通常不采用中频声表面波滤波器,甚至在超外差式发射机中也不采用。因此,不能像直接变频接收机中那样指望直接变频发射机通过减少中频声表面波滤波器来降低成本。

与接收信号不同,发射机信号的处理与放大是确定的,因为它产生于本地数字基带。正常情况下,发射机的信号电平要比接收机的高得多。发射机的重要参数为输出功率(尤其是最大输出功率,与接收机的灵敏度同等重要)、由调制准确度测定的传输波形的保真度、误差矢量幅度或波形品质因数(ρ)。在码分多址技术(code division multiple access,CDMA)中,有一个叫码域功率精度(code domain power accuracy,CDPA)[1]的新指标,主要根据发射机射频模拟信号部分的线性度而定。除了这些期望传输信号的参数,通常在移动发射机指标中也定义了非期望的辐射,如相邻信道功率(adjacent channel power,ACP)、带内和带外的噪声及杂散发射。因为非期望的辐射可能会干扰或阻塞其他无线移动站和/或其他的系统。

由于发射机的信号功率很高,所以要考虑到有源器件的非线性特性,如功率放大器,甚至功率预放大器(pre-power amplifier,pre-PA),为了获得精确的结果,将采用某些非线性分析的方法。在传输调幅信号时,利用非线性分析方法可以有助于优化传输系统的线性度与功耗效率之间的平衡。发射机链的非线性特性大多来自于功率放大器与驱动阶段,并造成了相邻和相间信道功率散射的增加,以及代码信道功率精度的下降。

显然,在发射机性能分析时,非线性特性并不是所需考虑的唯一问题。在接下来的章节中,将探讨移动站传输的关键技术参数,如输出功率、发射谱、调制精度、宽带噪声散射、杂散发射等,并分析如何让设计的发射机满足这些指标。另外,还将介绍发射机自动增益控制系统和电源管理。

最后,将会讨论发射机系统设计方法。对于实际系统设计,有必要掌握关键设备,如功率放大器、上变频器和合成器的特定知识。将介绍它们在目前情况下的基本要求和可实现的功能。

5.2　发射功率和频谱

对于不同无线移动系统,移动站发射功率的定义是不同的。在 GSM 和 WCDMA 系统中,移动站的发射功率定义为发射机天线端口的功率水平。在蜂窝频段的 CDMA 和 AMPS 系统中,移动发射机的发射功率用有效辐射功率(effective radiated power,ERP)来衡量,而在个人通信业务(PCS)频段内的 CDMA 系统,则采用了有效全向辐射功率(effective isotropic radiated power,EIRP)。有效辐射功率和有效全向辐射功率的定义在 3.1.3 节中给出。这里不再重复,但 $ERP/EIRP$(单位为 dBm)与移动发射机天线端口的发射功率(TX_{pwr_ant},单位为 dBm)关系为

$$ERP = TX_{pwr\_ant} + G_{ant} - 2.15 \qquad (5.2.1)$$
$$EIRP = TX_{pwr\_ant} + G_{ant} \qquad (5.2.2)$$

式中,G_{ant}(单位为 dB)指的是给定方向上的天线增益。

由于射频发射机系统仅仅认为是天线以外从数模转换器到天线端口的发射机部分,所以一般来说,在射频发射机系统的分析与设计中,天线端口的发射功率要比 $ERP/EIRP$ 更常用。然而,很容易根据所要求的 ERP 或 $EIRP$,通过式(5.2.1)或式(5.2.2)来计算发射功率 TX_{pwr_ant}。

在一个横跨发射信号功率谱主瓣的带宽上,根据综合功率可测得频域内的发射功率。在 WCDMA 中,综合带宽明确定义为$(1+\alpha) \cdot f_{chip}$,$\alpha$ 为根升余弦(root raised cosine,RRC)滤波器的滚降系数,等于 0.22;f_{chip} 为码片速率,其值等于 3.84 Mcps[1]。WCDMA 信号功率谱密度(power spectral density,PSD)的主瓣与发射功率带宽测量如图 5.1 所示。而 CDMA 系统发射功率带宽的测量却没有很好的定义,但是 1.23MHz(大约等于码片速率)带宽常用于 CDMA 信号的测量。对于 GSM 移动发射机,在频域内对它发射功率的测量的频带宽度为 200kHz 较合适。CDMA 与 GSM 信号频谱的主瓣分别在图 2.35 和图 2.33 中给出。

移动发射机的最大输出功率将会影响无线系统的整体性能,如电池的尺寸与容量以及移动站的功率损耗。在所有的无线通信系统中,根据功率等级和工作频带已经定义并大致分类。对于 GSM 系统,900MHz 频带中的功率等级 2、3、4 和 5 对应的最大输出功率标称值分别为 39、37、33 和 29dBm;但在 1800MHz 频带里,功率等级 1、2 和 3 对应的最大输出功率标称值则分别为 30、24 和 36dBm[2]。对于 WCDMA 系统,在 UMT 频带(2.0GHz)中,功率等级 1~4 所对应的最大输出功率标称值分别为 33、27、24 和 21dBm[1]。对于 CDMA 系

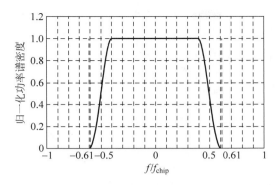

图 5.1 WCDMA 信号功率谱的理想主瓣与功率测定带宽，$1.22 \times 3.84 \mathrm{MHz}$

统，最大输出功率的定义与 GSM 和 WCDMA 系统中的稍有不同，给出了最大输出功率的上下限，而取代了标称值的使用[3]。800MHz 蜂窝频段与 1900MHz 个人通信业务频段的 CDMA 移动发射机的限制，对应于它们普遍使用的功率等级 3 和 2，分别为 23dBm 和 30dBm。然而，各种无线通信系统中实际移动发射机常用的最大传输功率在表 3.2 中有介绍。实际中，移动发射机的最大输出功率可能会为了更好的发射线性度和/或满足特定吸收率（specific absorption rate，SAR[①]）的需求，因而在容差范围内降低发射功率[4]。

5.3 调制精度

5.3.1 误差矢量幅度和波形品质因数

调制精度是无线通信发射机的一个关键参数。调制精度用调制误差矢量来表示，指的是调制矢量星座图上实际符号位置与理论符号位置之差。通过一个例子能够更好地解释。在 CDMA 反向链路中，考虑到功率效率与频谱效率，移位四相相移键控（offset QPSK，OQPSK）调制用于伪噪声（pseudo noise，PN）扩频码。OQPSK 调制的射频信号可以表示为一个同相和正交信号的组合，即

$$s(t) = a_I(t)\cos(\omega_c t) - a_Q(t)\sin(\omega_c t) \tag{5.3.1}$$

式中，$a_I(t)$ 和 $a_Q(t)$ 分别为同相和正交信号的振幅，有

$$a_I(t) = \sqrt{2} A \sum_{k=-\infty}^{k=\infty} I_k g(t - kT_c) \tag{5.3.2}$$

$$a_Q(t) = \sqrt{2} A \sum_{k=-\infty}^{k=\infty} Q_k g(t - kT_c - T_c/2) \tag{5.3.3}$$

式中，A 是调制信号的振幅；$\{I_k\}$ 和 $\{Q_k\}$ 是值为 1 或 -1 的同相信号 I 与正交信号 Q 的 PN

---

① SAR 用于测量一个移动设备通过它的天线传导人体的射频功率的量。

序列,实际上是将 I 和 Q 的传播数据 PN 序列通过将 0 转换为 1、1 转换－1 的映射；T_c 为扩频 PN 码码片的持续时间；$g(t)$ 为脉冲整形滤波器的时域响应,如表 2.2 所示,但它在脉冲整形之前应当为矩形脉冲,$g(t)=g_r(t)$ 定义如下

$$g_r(t) = \begin{cases} 1 & 0 \leqslant t \leqslant T_c \\ 0 & \text{其他} \end{cases} \tag{5.3.4}$$

为了简化,矩形脉冲用于以下分析。结合式(5.3.2)~式(5.3.4),可将式(5.3.1)重写为

$$s(t) = A \sum_{k=-\infty}^{\infty} \cos[\omega_c t + \phi(t-kT_c)] \tag{5.3.5}$$

式中,$\phi(t-kT_c)$ 定义为

$$\begin{aligned}
\phi(t-kT_c) &= \tan^{-1}\left[\frac{a_Q(t)}{a_I(t)}\right] \\
&= \begin{cases} \tan^{-1}(Q_{k-1}/I_k), & kT_c \leqslant t < (k+1/2)T_c \\ \tan^{-1}(Q_k/I_k), & (k+1/2)T_c \leqslant t < (k+1)T_c \end{cases} \\
&= \begin{cases} \phi_{k-}, & kT_c \leqslant t < (k+1/2)T_c \\ \phi_k, & (k+1/2)T_c \leqslant t < (k+1)T_c \end{cases}
\end{aligned} \tag{5.3.6}$$

$\phi(t-kT_c)$ 的真实值 $=\phi_{k-}$ 或 ϕ_k,如表 5.1 所示。

表 5.1　信号 I 和 Q 的相移映射序列

PN 序列数据		PN 序列映射		相移
d_I	d_Q	a_I	a_Q	ϕ_{k-} 或 ϕ_k
0	0	1	1	$\pi/4$
1	0	-1	1	$3\pi/4$
1	1	-1	-1	$-3\pi/4$
0	1	1	-1	$-\pi/4$

使用时间步长为 $T_c/2$(半个码片的持续时间)的离散时间变量代替连续时间变量,且考虑到式(5.3.1)、式(5.3.5)和式(5.3.6),式(5.3.2)和式(5.3.3)中当 $t=k_1 \cdot T_c/2$ 时的基带调制 I/Q 信号,可得到以下式子

$$a_I(k_1) = A\cos\phi(k_1) \tag{5.3.7}$$

$$a_Q(k_1) = A\sin\phi(k_1) \tag{5.3.8}$$

式中,k_1 为时间常数 $k_1 \cdot T_c/2$；调制角度 $\phi(k_1)$ 由式(5.3.6)确定,且映射在表 5.1 中给出。调制可以用矢量形式表示为

$$\bar{a}(k_1) = \bar{a}_I(k_1) - j\,\bar{a}_Q(k_1) = A \cdot \exp[\phi(k_1)] \tag{5.3.9}$$

当它调制射频载波时,调制通常会因为调制器本地振荡器(local oscillator,LO)的带内相位噪声而畸变。当调制的射频信号通过一个窄带滤波器时,它将会因幅度波纹和滤波器

的群延时失真而使其进一步畸变。因此,失真调制$\bar{a}'(k_1)$可表示为

$$\bar{a}'(k_1) = \bar{a}(k_1) + \bar{e}(k_1) \tag{5.3.10}$$

式中,$\bar{e}(k_1)$代表残差矢量。畸变的调制矢量星座图如图5.2(b)所示。

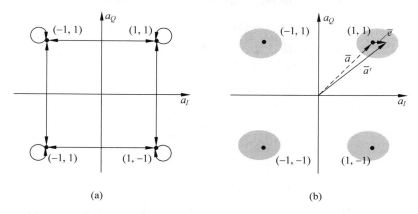

图 5.2　理想的 OQPSK 调制星座图(a)与对应的畸变的调制星座图(b)

在无线通信系统中,调制精度用误差矢量幅度(error vector magnitude,EVM)来表示,定义为实际信号与理想信号间的平均平方误差,且被理想信号平均功率归一化后的值。EVM 在数学上表示为

$$EVM = \left[\frac{E\{|\bar{a}'(k_1) - \bar{a}(k_1)|^2\}}{E\{|\bar{a}(k_1)|^2\}}\right]^{\frac{1}{2}} = \left[\frac{E\{|\bar{e}(k_1)|^2\}}{E\{|\bar{a}(k_1)|^2\}}\right]^{\frac{1}{2}} \tag{5.3.11}$$

式中,$E\{\cdot\}$表示总体平均值的期望值。

在 CDMA 系统中,波形品质因数 ρ 替代了 EVM,用来表示调制精度。波形品质因数被定义为实际波形 $Z(t)$ 与理想波形 $R(t)$ 之间的相关系数,表示为[3]

$$\rho = \frac{\left|\sum_{k=1}^{M} R_k Z_k^*\right|^2}{\sum_{k=1}^{M} |R_k|^2 \sum_{k=1}^{M} |Z_k|^2} \tag{5.3.12}$$

式中,$R_k = R_k(t_k)$ 为测量周期中理想信号的第 k 个采样;$Z_k = Z_k(t_k)$ 为测量周期中实际信号的第 k 个采样;M 为半码片周期中的测量时间周期,至少应为 1229 个半码片周期(0.5ms)。

当理想信号与误差信号间的互相关可以忽略的时候,ρ 与 EVM 大致有如下关系[5]

$$\rho \cong \frac{1}{1 + EVM^2} \tag{5.3.13a}$$

或

$$EVM \cong \sqrt{\frac{1}{\rho} - 1} \tag{5.3.13b}$$

式(5.3.13)的证明见附录 5A。

在接下来的章节中,将讨论导致调制精度下降的因素。尽管来自这部分的大多数结果,或许是从发射机分析中所得出,但同样适用于对接收机链中调制精度的求值。

5.3.2 符号间或码片间干扰对误差矢量幅度的影响

射频/中频调制信号从非理想滤波器中通过时,其调制精度可能会下降。原因如下:调制信号通常由符号或码片组成,通过滤波器后的符号或码片的波形由于滤波器的群延时失真和幅度响应的波纹,而产生畸变,且符号或码片波形会与邻近的及其他的符号或码片产生干扰。这种干扰称为符号间干扰(intersymbol interference,ISI)或码片间干扰(interchip interference,ICI)。符号间干扰和码片间干扰是造成调制信号通过非理想滤波器时调制精度下降的根本原因,尤其当滤波器的带宽与调制频谱非常接近时。

实际上,符号或码片的符号间干扰或码片间干扰在一开始生成传输信号时就已经产生。为获得高的传输信号频谱效率,起初的符号或码片矩形波形进行了整形,也称为脉冲整形,如 2.4.4 节所述。脉冲整形的步骤在数学上表示如下:设矩形符号(或码片)为 $a_{\text{rect}}(t)$,脉冲整形滤波器的冲激响应为 $h_{PS}(t)$,整形过后的符号(或码片)波形 $a_{Tx\_ideal}(t)$ 可表示为

$$a_{Tx\_ideal}(t) = h_{PS}(t) * a_{\text{rect}}(t) \tag{5.3.14}$$

式中,∗ 为卷积算子。

现在,符号(或码片)的波形可能会因通常用于无线通信系统中的大多数脉冲整形滤波器,而对邻近的或其他的符号(或码片)造成干扰。例如,表 2.2 给出的根升余弦滤波器与带有脉冲系数的改进型根升余弦滤波器,分别运用于 WCDMA 与 CDMA 移动站发射机中的脉冲整形。如第 2 章所述,这些滤波器导致了整形后的符号或码片有了符号间干扰或码片间干扰。然而,在无线系统中,通常在对应的接收机一侧使用一个脉冲响应为 $h_{PS\_C}(t)$ 的互补滤波器来平衡相位和振幅的失真,从而使得由发射机中脉冲整形而导致的符号间干扰或码片间干扰减少或最小化。在对应的接收机中,理想的符号或码片波形应为

$$a_{Rx\_ideal}(t) = h_{PS}(t) * h_{PS\_C}(t) * a_{\text{rect}}(t) \tag{5.3.15}$$

举个例子,滚降系数 $\alpha = 0.22$ 的根升余弦滤波器用于 WCDMA 移动站发射机的脉冲整形滤波器,在 WCDMA 的基站接收机中也采用同样的滤波器作为互补滤波器。这两个根升余弦滤波器级联构成了一个升余弦脉冲响应。接收机中理想的码片波形序列可被表示为

$$\sum_{k=-\infty}^{\infty} a_{Rx\_ideal}(t - kT_c) = \sum_{k=-\infty}^{\infty} h_{RC}(t - kT_c) * a_{\text{rect}}(t - kT_c) \tag{5.3.16}$$

通过根升余弦滤波器整形的符号或码片波形不会对它们相邻的或其他的符号或码片波形产生任何的干扰,如图 5.3 所示。所以,当分析和计算传输调制精度时,由脉冲整形所导致的调制精度下降通常不予考虑。另外,移动站发射机的调制精度通常是基于实际传输波形与理想波形间的差异,其中理想波形是由符号或码片通过式(5.3.14)给出。很显然,理想传输波形中符号或码片间的符号间干扰或码片间干扰对调制精度的降低没有影响,它只是测量发射机中调制精度的一个参考波形。

在发射机路径中除整形滤波器以外的滤波器也可能会导致调制精度的下降,尤其当一

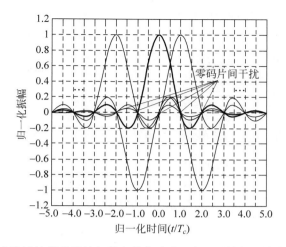

图 5.3 升余弦滤波器整形且相邻和其他波形不产生干扰的码片或符号的波形

滤波器(如信道滤波器)的通带与传输信号的带宽非常接近时。假定滤波器的冲激响应为 $h_{fltr}(t)$,整形后的符号或码片波形 $a_{Tx\_ideal}(t)$ 在通过该滤波器后变为

$$a_{Tx}(t) = h_{fltr}(t) * a_{Tx\_ideal}(t) \tag{5.3.17}$$

通过该冲激响应函数后所对应的误差矢量幅度(EVM)可表示为[6]

$$EVM_{ISI} = \sqrt{\frac{\sum_{k=-\infty, k\neq 0}^{k=\infty} |h_{fltr}(t_0 + kT_s)|^2}{|h_{fltr}(t_0)|^2}} \tag{5.3.18}$$

式(5.3.18)右侧平方根中分子项为在 t_o 时符号或码片的符号间干扰或码片间干扰,它们来自于邻近或其他的符号或码片。式(5.3.18)平方根的每一项均可通过下式求得

$$\Delta I_{ISI}(\pm k) = \frac{|h_{fltr}(t_0 \pm kT_s)|}{|h_{fltr}(t_0)|} = \frac{\int_{t_o-\delta t}^{t_o+\delta t} |h_{fltr}(t \pm kT_s)| \, \mathrm{d}t}{\int_{t_o-\delta t}^{t_o+\delta t} |h_{fltr}(t)| \, \mathrm{d}t} \tag{5.3.19}$$

式中,$k = 1, 2, 3, \cdots$;$2\delta t$ 为采样脉冲的持续时间。

利用式(5.3.19),可将式(5.3.18)重写为

$$EVM_{ISI} = \sqrt{\sum_{k=-\infty}^{\infty} \Delta I_{ICI}^2(k)} \tag{5.3.20}$$

在最近无线移动站的发射机设计中,发射机的中频模块里没有真正使用信道滤波器。在发射机模拟基带的 I 和 Q 信道,可能会使用一些低通滤波器来抑制相邻信道的发射功率,但通常这些低通滤波器的带宽比信道滤波器的带宽更宽,因此,它们会对调制精度只有轻微的影响。由低通滤波所产生的 EVM 大约为 5% 或更少。除此以外,如果需要的话也可通过预矫正的措施来最小化因低通滤波器相位和幅度失真对调制精度的影响。

但是在移动站的接收机肯定使用信道滤波器。如 2.4.5 节中举的例子,由于之前和后

续符号的缘故,对于一段符号被滚降系数为 $\alpha = 0.5$ 的升余弦滤波器整形的 $\pi/4$QPSK 调制信号,在信道滤波之后因之前和后续的符号而造成的码间干扰分别由 0 增到了 0.075 和 0.066。基于这些数据并使用式(5.3.20),可大约估算出该滤波后信号的调制精度为

$$EVM_{ISI} = \sqrt{0.075^2 + 0.066^2} = 9.98\%$$

接收信号调制精度的降低将会导致基带解调信号的信号噪声比/信号干扰比的减少。

5.3.3 合成本振的近载波相位噪声对误差矢量幅度的影响

造成调制精度下降的另一个主要因素是在发射机中作为本地振荡器和上变频器的超高频和甚高频合成器近载波相位噪声。相位噪声对误差矢量幅度的影响估算如下。假定式(5.3.10)中的矢量误差由合成器相位噪声 $\phi_n(t)$ 造成,下降后的信号可表示为

$$\bar{a}'(t) = \bar{a}(t) + \bar{e}(t) = \bar{a}(t)\exp(j\phi_n(t)) \tag{5.3.21}$$

那么矢量误差的幅度为

$$\begin{aligned}
|\bar{e}(t)|^2 &= |\bar{a}'(t) - \bar{a}(t)|^2 = |\bar{a}(t)(e^{j\phi_n(t)} - 1)|^2 \\
&= |\bar{a}(t)[\cos\phi_n(t) - 1 + j\sin\phi_n(t)]|^2 \\
&= |\bar{a}(t)|^2 \overline{[\cos\phi_n(t) - 1]^2 + \sin^2\phi_n(t)} \\
&\cong 4[\phi_n(t)/2]^2 = \phi_n^2(t)
\end{aligned} \tag{5.3.22}$$

其中,使用归一化幅度 $|\bar{a}(t)| = 1$;$\phi_n^2(t)$ 的统计平均值为相位噪声的自相关函数。自相关函数与功率谱密度 $S_n(f)$ 有如下关系

$$\lim_{n \to \infty} \frac{1}{nT_S} \int_{-T_S/2}^{T_S/2} E\{\phi_n^2(t)\}dt = \int_{-\infty}^{\infty} S_n(f)df = P_{Nphase} \tag{5.3.23}$$

基于式(5.3.11)中对误差矢量幅度的定义,可得到由合成器相位噪声造成的误差矢量幅度为

$$EVM_{Nphase} = \sqrt{\lim_{nT_c \to \infty} \frac{\int_{-nT_c}^{nT_c} E\{\phi_n^2(t)\}}{nT_c}} = \sqrt{\int_{-\infty}^{\infty} S_n(f)df} = \sqrt{P_{n,phase}} \tag{5.3.24}$$

用于移动发射机中合成器环内带宽的相位噪声通常在 $-60 \sim -80$dBc/Hz 范围内。在合成器环路带宽适当宽的情况下,$P_{n,phase}$ 可通过下列公式大致估算得

$$P_{Nphase} \cong 2 \cdot 10^{\frac{N_{phase}}{10}} \cdot BW_{synth\_loop} \tag{5.3.25}$$

式中,N_{phase} 为合成器环路带宽内的平均相位噪声,单位为 dBc/Hz;BW_{synth_loop} 为合成器环路滤波器的带宽,单位为 Hz。将式(5.3.25)代入到式(5.3.24)中,得到

$$EVM_{Nphase} = \sqrt{P_{Nphase}} \cong \sqrt{2 \cdot 10^{\frac{N_{phase}}{10}} BW_{synth\_loop}} \tag{5.3.26}$$

当使用一个以上的合成器时,误差矢量幅度的公式变为

$$EVM_{Nphase} = \sqrt{\sum_{k=1}^{n} P_{Nphase,k}} \tag{5.3.27}$$

例如,假设在 CDMA 发射机中存在两个频率把基带信号上变频为射频信号,集成在 1.23MHz 带宽的甚高频和超高频合成器的近载波相位噪声分别为 -26dBc 和 -28dBc,该情况下相位噪声造成的误差矢量幅度为

$$EVM_{Nphase} = \sqrt{P_{Nphase\_VHF} + P_{Nphase\_UHF}} \cong \sqrt{10^{-\frac{26}{10}} + 10^{-\frac{28}{10}}} = 6.4\%$$

就低通滤波器所产生的误差矢量幅度为 5% 而言,合并后的误差矢量幅度为

$$EVM_T = \sqrt{EVM_{ICI}^2 + EVM_{Nphase}^2} = \sqrt{0.05^2 + 0.064^2} = 8.1\%$$

由式(5.3.13a),对应的波形品质因数 ρ 为

$$\rho_T = \frac{1}{EVM_T^2 + 1} = \frac{1}{0.0066 + 1} = 0.993$$

由于以上计算中所用的集成相位噪声相当高,对应的误差矢量幅度是可以改善的,并且每个合成器的相位噪声可很容易地至少减少 2dB。

5.3.4 载波泄漏所导致调制精度的降低

基带 I 和 Q 信道中的直流偏置将会造成载波泄漏,而它将会降低传输信号的调制精度。可通过下面的例子进行说明。设基带 I 和 Q 信道中的直流偏置分别为 ΔI_{dc} 和 ΔQ_{dc},在 I 和 Q 信道中的基带信号 $a'_I(t)$ 和 $a'_Q(t)$ 表示为

$$a'_I(t) = I(t)\cos\phi(t) + \Delta I_{dc} \tag{5.3.28}$$

$$a'_Q(t) = Q(t)\sin\phi(t) + \Delta Q_{dc} \tag{5.3.29}$$

式中,$I(t)$ 和 $Q(t)$ 分别为 I 和 Q 基带信号的振幅;$\phi(t)$ 为对应的 I 和 Q 基带信号的相位。

在调制器的输出端,I 和 Q 正交信号变为一个带有中频或射频载波的信号,该信号可表示为

$$f_{Tx}(t) = a'_I(t)\cos\omega_c t - a'_Q(t)\sin\omega_c t$$
$$\cong A(t)\cos[\omega_c(t) + \varphi(t)] + \Delta_{dc}\cos(\omega_c t + \Delta\theta) \tag{5.3.30}$$

式中,ω_c 为载波的角频率,$\omega_c = 2\pi f_c$,从 $a_I(t)$ 和 $a_Q(t)$ 得到 $A(t)$ 为

$$A(t) = \sqrt{I^2(t)\cos^2\phi(t) + Q^2(t)\sin^2\phi(t)} \tag{5.3.31}$$

$\varphi(t)$ 表示相位调制,等于

$$\varphi(t) = \tan^{-1}\left(\frac{Q(t) \cdot \sin\phi(t)}{I(t) \cdot \cos\phi(t)}\right) \tag{5.3.32}$$

Δ_{dc} 和 $\Delta\theta$ 分别为 I 和 Q 信道的整体直流偏置和相位偏移:

$$\Delta_{dc} = \sqrt{\Delta I_{dc}^2 + \Delta Q_{dc}^2} \tag{5.3.33}$$

$$\Delta\theta = \tan^{-1}(\Delta Q_{dc} / \Delta I_{dc}) \tag{5.3.34}$$

式(5.3.30)右侧的最后一项即为载波泄漏,也称为载波馈通(carrier feed through,CFT)。

这里定义载波泄漏的功率与期望信号的传输功率之比为载波抑制,即 C_S,单位为 dB,有

$$C_S = 10\log\frac{P_{CFT}}{P_{Tx}} = 20\log\frac{V_{CFT\_rms}}{V_{Tx\_avg}} \tag{5.3.35}$$

显然,该载波泄漏的电压有效值等于

$$V_{CFT\_rms} = \Delta_{dc} / \sqrt{2} \tag{5.3.36}$$

然而,对于射频调幅信号,平均信号功率的电压有效值 V_{Tx_avg} 可通过期望信号的幅度峰值 $A_{\max}$ 和峰值与平均功率比(peak-to-average ratio,PAR)计算得到

$$V_{Tx\_avg} = 10^{\frac{20\log A_{\max} - PAR - 3}{20}} \tag{5.3.37}$$

例如,在 CDMA IS-95 语音的峰值与平均功率比大约为 3.9dB,基带 I 和 Q 信号的峰值摆幅为 $V_{p-p} = 2 A_{\max} = 1.0V$。于是可得电压有效值为

$$V_{Tx\_avg} = 10^{\frac{20\log(0.5\times\sqrt{2})-3.9-3}{20}} \cong 0.32V$$

基带 I 和 Q 信道的直流偏置会造成载波馈通,但这不是造成该问题的唯一原因。调制器和上变频器也会导致载波泄漏,因为这些器件的本振端和射频/中频端间的隔离度是有限的,根据不同的设计和集成电路加工工艺大约为 30dBc。无论什么原因,载波泄漏都将会降低传输信号的调制精度,利用整体载波抑制 C_S,对应的 EVM_{CFT} 可计算得

$$EVM_{CFT} = \sqrt{10^{\frac{C_S}{10}}} = \sqrt{\sum_{k=1}^{n} 10^{\frac{C_{S,k}}{10}}} \tag{5.3.38}$$

式中,$C_{S,k}$ 为构成整体载波泄漏的第 k 个独立个体的载波抑制;n 为构成个体的个数。

例如,假定由 I/Q 直流偏置造成的整体载波泄漏 $C_{S,1} = -27dBc$,调制器和上变频器件的本振与中频/射频间的有限隔离 $C_{S,2} = -28dBc$,由载波泄漏而导致的 EVM 为

$$EVM_{CFT} = \sqrt{10^{\frac{-27}{10}} + 10^{\frac{-28}{10}}} = \sqrt{(1.995 + 1.585) \times 10^{-3}} = 5.98\%$$

另外,基于对 EVM 的预算,可划分可允许的载波馈通的级别,这由 I 和 Q 信道中直流偏置及调制器和上变频器的本振与中频/射频端口的有限隔离所导致。从划分给直流偏置和隔离度的载波馈通级别中,可从式(5.3.35)、式(5.3.36)和式(5.3.33)中确定允许的 I 和 Q 信道的直流偏置,但本振和中频/射频间隔离的最小要求可通过把式(5.3.33)分母用本振的功率或电压均方根值取代而直接获得。下面来看一个确定直流偏置最大允许值的例子。假定要求因直流偏置导致载波馈通所造成的 $EVM_{CFT} < 4.5\%$,且 $V_{Tx\_avg} \cong 0.32V$。从式(5.3.38)和式(5.3.35),可从所给的 EVM_{CFT} 直接算得允许载波泄漏的电压均方根值

$$V_{CFT\_rms} = V_{Tx\_avg} \cdot EVM_{CFT} = 0.32 \times 0.045 = 0.014V$$

因此,从式(5.3.36)中可得 I 和 Q 信道中可允许的整体直流偏置,或者

$$\Delta_{dc} = \sqrt{2} \times 0.014 \times 1000 = 19.8mV$$

事实上,在每个 I 和 Q 的信道中所允许的最大直流偏置近似为 14.0mV。

5.3.5　由其他因素导致调制精度的降低

其他也可能影响传输调制精度的因素有 I 和 Q 信道中基带信号振幅和相位的不平衡、功率放大器的非线性特性、因传输反射造成的本振再调制及非常低的发射输出功率时信道频带内的相位噪声。它们通常不是导致调制精度降低的主要因素,但在特定情况下(例如低发射输出功率时),它们中的某些就可能会成为影响调制精度性能主要因素。

1. I和Q不平衡导致的降低

I信道和Q信道间基带信号的振幅及相位不平衡将会产生一个传输信号的镜像,该镜像与传输信号具有相同的载波和频谱带宽。设因I和Q及正交调制器所造成的整体归一化振幅不平衡为 $1:(1+\delta)$,且I和Q信道信号的相位不平衡为从90°偏离 ε 度,由正交调制器所导致的相位误差 σ 相对较小,该传输信号中将包含有非期望的镜像分量,且可表示为(见附录5B)

$$f_{Tx}(t) \cong A(t)\frac{\sqrt{1+2(1+\delta)\cos(\varepsilon+\sigma)+(1+\delta)^2}}{2}\cos[\omega_c t + \phi(t) + \theta]$$

$$+ A(t)\frac{\sqrt{1-2(1+\delta)\cos(\varepsilon-\sigma)+(1+\delta)^2}}{2}\cos[\omega_c t - \phi(t) + \varphi] \qquad (5.3.39)$$

式(5.3.39)右侧第二项是非期望的镜像分量,它有着期望信号的镜像频谱,并处在与期望信号相同的带宽中(参考附录5B中图5B.1)。

定义镜像分量的功率与期望信号传输功率的比值为镜像抑制(image suppression,IMGs)[在3.3节中使用的镜像抑制(image rejection)是此处定义的镜像抑制的倒数],它通常以对数形式表示为

$$IMG_S = 10\log\frac{1-2(1+\delta)\cos(\varepsilon-\sigma)+(1+\delta)^2}{1+2(1+\delta)\cos(\varepsilon+\sigma)+(1+\delta)^2} \qquad (5.3.40)$$

由镜像成分造成的 EVM 为

$$EVM_{img} = \sqrt{10^{\frac{IMG_S}{10}}} \qquad (5.3.41)$$

得到一个适当调谐后且低于 -30 dBc 传输信号的镜像抑制并不难。当 $IMG_S = -30$ dBc 时, EVM_{img} 大约为

$$EVM_{img} = \sqrt{10^{\frac{-30}{10}}} \cong 3.2\%$$

一般情况下,镜像成分并不会使得调制精度降低太多。如果 $IMG_S = -30$ dBc 时,相位不平衡主要由I和Q信道造成,即 $\sigma \ll \varepsilon$,利用图3.22中 $IR = -IMG_S$,可算得振幅和相位的不平衡分别为0.3dB和1°。

2. 非线性特性对误差矢量幅度的影响

对于一个调幅信号,如CDMA、WCDMA、TDMA和EDGE的传输信号,在发射机链中的非线性特性将会影响它的调制精度。发射机的非线性主要由功率放大器所致,因为考虑到功率放大器在移动站发射机中的效率,通常要求线性运算运行于甲乙类放大器而不是甲类。非线性特性对调制精度的影响可按如下计算,只有当信号幅度等于及大于功率放大器的1dB压缩点 P_{-1} 时,才会影响到调制精度。定义输出功率 P_{Tx} 超过 P_{-1} 的部分为

$$\Delta_{dB} = P_{Tx} - (P_{-1})_{out} \qquad (5.3.42)$$

由超出的幅度 Δ_{dB} 导致的调制误差可通过 $(10^{(\Delta_{dB}+1)/20}-1)$ 大致算得,对应的 EVM 的计算则需考虑振幅概率分布函数 $P_{tg,k}$。因非线性特性导致的累积调制误差或 EVM_{nonlin} 可通过下式近似求得

$$EVM_{nonlin} = \int_0^\infty P_{tg}(\Delta_{dB})(10^{\frac{\Delta_{dB}+1}{20}} - 1) \cdot d\Delta_{dB}$$

$$\cong \sum_{k=1}^n P_{tg,k} \cdot (10^{\frac{\Delta_{dB,k}+1}{20}} - 1) \qquad (5.3.43)$$

假定一个 CDMA 发射机功率放大器的输出功率为 28dB,且它的 1dB 压缩点 $(P_{-1})_{out}$ 为 31dBm,平均输出功率在 $(P_{-1})_{out}$ 以下 3dB。传输信号的概率分布函数(PDF)如图 5.4 所示。根据该概率分布函数和式(5.3.43),可求出 EVM_{nonlin} 为

$$EVM_{nonlin} = [4.2 \times (10^{1/20} - 1) + 2.4 \times (10^{1.5/20} - 1) + 1.0 \times (10^{2/20} - 1)$$
$$+ 1.0 \times (10^{2/20} - 1) + 0.2 \times (10^{2.5/20} - 1) + 0.1 \times (10^{3/20})]\%$$
$$= 1.3\%$$

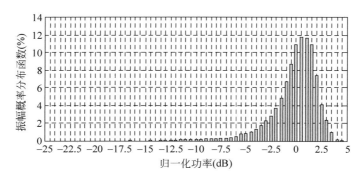

图 5.4　CDMA IS-2000 语音传输的振幅概率分布

在该例子中,可看到功率放大器的非线性并没有对调制精度产生显著的影响。很明显,该影响取决于功率放大器的非线性特性及传输信号的峰值与平均功率之比。如果前面例子中传输信号是 CDMA IS-95 语音信号而不是 IS-2000 语音信号时,EVM_{nonlin} 将会增加到 3.3%。

3. 信道内带宽噪声的影响

高发射功率时信道带宽内的散射噪声对于调制精度或许不是问题。然而,当发射功率低的时候,它或许就成为影响传输信号调制精度的主要因素。例如,从靠近基站的 CDMA 移动站发出仅仅为 $-50dB$ 的信号。

因信道带宽内的散射噪声而导致 EVM_{noise} 的计算公式为

$$EVM_{noise} = \sqrt{10^{\frac{N_{in-ch-band}-Tx}{10}}} \qquad (5.3.44)$$

式中,$N_{in-ch-band}$ 为信道带宽的综合噪声;Tx 为发射功率(单位为 dBm)。两者都可在移动站的天线端口测量。例如,假定一个 CDMA 移动站的发射功率为 $-50dBm$,信道带宽 1.23MHz 内的综合噪声为 $-71.5dBm$,在该输出功率时的 EVM 为

$$EVM_{noise} = \sqrt{10^{\frac{-71.5+50}{10}}} = 8.4\%$$

4. 本振反向调制导致的调制误差

如果谐波信号的载波频率和本振频率相等,超高频或甚高频正交调制器的本振或许会被来自调制器负载的发射信号的反射谐波调制,这种现象叫作反向调制。一般情况下,当调制器有大负荷或需要提供太多的输出功率时,就可能发生反向调制。这种现象在超外差式发射机中很少见,但在直接变频发射机中可能会发生,因为直接变频通常运行在传输载波的谐波或次谐波的频率上。不过,只要能够对发射机正交调制器进行恰当的设计和实现,反向调制对调制精度的影响可被减少到可忽略的程度。

假定传输信号带宽内合成本振的反向调制综合噪声比本振低$|N_{rm}|$ dB,由反向调制造成的调制精度或EVM_{rm}为

$$EVM_{rm} = \sqrt{10^{\frac{N_{rm}}{10}}} \tag{5.3.45}$$

式中,$N_{rm} < 0$,单位为 dBc。

当$N_{rm} < -30$dBc 时,反向调制噪声的影响将不重要,且这对基于高度集成电路的射频发射机来说实现起来并不困难。

5. 总的误差矢量幅度和波形品质因数

如果造成调制精度下降的所有因素互不相关,发射信号的整体误差矢量幅度可表述为

$$EVM_{\text{total}} = \sqrt{\sum_k EVM_k^2}$$

$$= \sqrt{EVM_{ISI}^2 + \sum_{i=1}^{2} EVM_{N\text{phase},i}^2 + EVM_{CFT}^2 + EVM_{img}^2 + \cdots} \tag{5.3.46}$$

对应的整体传输波形品质因数ρ_{total}近似为

$$\rho_{\text{total}} = \frac{1}{1 + \sum_k EVM_k^2}$$

$$= \frac{1}{1 + EVM_{ISI}^2 + \sum_{i=1}^{2} EVM_{N\text{phase},i}^2 + EVM_{CFT}^2 + EVM_{img}^2 + \cdots} \tag{5.3.47}$$

对于不同的调制精度退化,采用 5.3.3～5.3.5 节中例子的结果,估算得一个传输 IS-95 语音信号的高输出功率 CDMA 移动站的整体调制精度EVM_{total}为

$$EVM_{\text{total}} = \sqrt{0.064^2 + 0.060^2 + 0.032^2 + 0.033^2} = 9.9\%$$

且

$$\rho_{\text{total}} = \frac{1}{1 + 0.099^2} = 0.990$$

在上述计算中没有包括因码片间干扰而导致的精度降低。在超低输出功率的情况下(如-50dBm),对应的 EVM 和 ρ 分别为

$$EVM_{\text{total\_LowPwr}} = \sqrt{0.099^2 + 0.084^2} = 13.0\%$$

和

$$\rho_{\text{total\_LowPwr}} = \frac{1}{1 + 0.13^2} = 0.983$$

5.4　相邻和相间信道功率

移动站发射机的非期望散射通常被严格限制,以防干扰其他的无线电系统。在移动发射机的发射指标中,最重要的一些是相邻或相间信道中的散射功率,并且它们在无线移动系统中被严格控制。相邻/相间信道散射功率指标一般定义为相邻/相间信道在指定带宽内的综合功率与总的期望发射功率之比。参考图5.5,相邻信道功率比(adjacent channel power ratio,ACPR)可表述为

$$ACPR = \frac{\displaystyle\int_{f_1}^{f_1 + \Delta B_{ACP}} SPD(f) \cdot \mathrm{d}f}{\displaystyle\int_{f_0 - BW/2}^{f_0 + BW/2} SPD(f) \cdot \mathrm{d}f} \tag{5.4.1}$$

相邻信道功率的带宽 ΔB_{ACP} 随不同移动系统而变化。在 GSM 和 CDMA 移动站中 ΔB_{ACP} 是 30kHz,在 AMPS 中是 3kHz,而在 WCDMA 中为 3.84MHz。

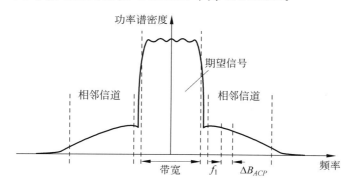

图 5.5　相邻信道功率比的计算

在半双工或 TDMA 系统中,发射机运行在突发模式的情况下。传输脉冲信号在有效时隙中的不当斜升和斜降将会产生相邻信道的再生谱功率。对于运行这些系统的发射机来说,恰当控制传输信号脉冲的上升和下降沿很重要。

5.4.1　低通等效模型的方法

相邻/相间信道功率主要来自于因发射机链非线性特性造成的频谱再生,而其非线性度则主要来自功率放大器和功放驱动。数字调制传输信号的 ACPR 无法由离散频率的互调失真而正确确定。这种情况下,需要放大器的一个非线性模型。该放大器模型是由如 2.2.3 节中表述的 AM-AM 和 AM-PM 的测量或仿真数据开发出来的一个低通等效。

器件的 AM-AM 和 AM-PM 非线性特性也称为包络非线性,因为它们仅取决于输入信号的振幅。

对于发射机放大器频谱再生的唯一担忧为非线性特性,非线性将在相邻/相间信道中产生失真成分。为此,可采用带通非线性模型[8]。如果发射机通带为载波频率一个小的百分比,其非线性特性只能通过幂级数的奇数阶项或奇函数序列,如傅里叶正弦序列等[9]来表征。用来表征放大器非线性特性对信号包络产生影响的低通等效,对于非线性模拟来说是可取的。该低通等效非线性模型可通过一个复杂的包络传递特性函数 $\tilde{y}(A(t))$ 来表示为[10]

$$\tilde{y}(A(t)) = f(A(t))\mathrm{e}^{\mathrm{j}g(A(t))} \tag{5.4.2}$$

式中,$f(A(t))$ 为传输特性的幅度;$g(A(t))$ 是由 AM-PM 测量而决定的相移。

非线性放大器低通等效方框图在图 2.5 中给出。

传输特性的幅度 $f(A(t))$ 可表示为包络信号振幅范围上的奇数阶幂级数,即

$$f(A(t)) = \sum_{k=0}^{n} a_{2k+1} \cdot A(t)^{2k+1} \tag{5.4.3}$$

式中,系数 $a_{2k+1}(k=0,1,\cdots,n)$ 可从非线性器件的 AM-AM 特性得到,该特性利用一单频信号通过网络分析仪测得。对于 CDMA 信号,系数 $a_{2k+1}(k=0,1,\cdots,n)$ 可由如下确定,假定所测的 AM-AM 特性曲线 $A_{out}(A_{in})$ 可被测试信号振幅 A_{in} 表示为

$$A_{out}(A_{in}) = \sum_{k=0}^{n} c_{2j+1} \cdot A_{in}^{2j+1} \tag{5.4.4}$$

式(5.4.3)的展开系数 a_{2k+1} 可从下列关系中获得[11]

$$a_{2k+1} = c_{2k+1} \frac{2^{2k} \cdot k! \cdot (k+1)!}{(2k+1)!} \tag{5.4.5}$$

复杂传输特性函数的相移 $g(A(t))$ 可从利用网络分析仪在单频信号上的 AM-PM 测量直接获得。AM-PM 非线性曲线 $\Phi_{\mathrm{out}}(A_{\mathrm{in}})$ 通常是一偶函数,它可用一个偶数阶幂级数来拟合为

$$\Phi_{\mathrm{out}}(A_{\mathrm{in}}) = \sum_{k=0}^{n} b_{2k} A_{\mathrm{in}}^{2k} \tag{5.4.6a}$$

对应包络传输特性函数的相移表示为

$$g(A(t)) = \sum_{k=0}^{n} b_{2k} A(t)^{2k} \tag{5.4.6b}$$

现在来看一个例子,如图 5.6 所示,一通过具有 AM-AM 和 AM-PM 非线性特征的砷化镓场效应管功率放大器 CDMA 反向链路信号的再生频谱。利用这些非线性特征和式(5.4.3)~式(5.4.6),可确定对应的复杂传输特性函数(5.4.2),其表示着非线性放大器的低通等效。输出频谱和再生频谱的计算是基于图 2.5 所示的模型,详细的过程在附录 5C 介绍。对于功率放大器输入/输出端 CDMA(IS-95 反向链路)信号的频谱和 ACPRs 的计算结果分别展示于图 5.7(a)和图 5.7(b)中。

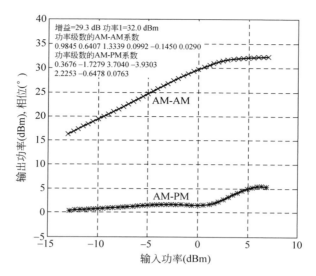

图 5.6　功率放大器的 AM-AM 和 AM-PM 非线性特征

　　从图 5.7 中可清楚地看到,CDMA 反向链路传输信号的相邻和相间信道的功率比 ACPR1 和 ACPR2 在功率放大器的输出端有所下降,这归因于功率放大器的非线性特性导致的频谱再生。ACPR1 和 ACPR2 分别测于蜂窝频段移动站传输信号载波的 885 kHz 和 1.98MHz 频率偏移处。在 CDMA 系统中,相邻/相间信道功率是在 30 kHz 带宽上进行测量的。ACPR 不仅取决于功率放大器的非线性特性,也取决于放大信号的峰值与平均功率之比。

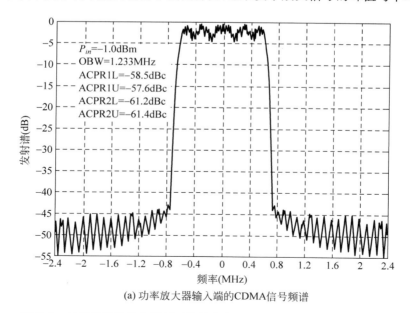

(a) 功率放大器输入端的CDMA信号频谱

图 5.7　基于非线性放大器低通等效的频谱再生和相邻信道功率比计算

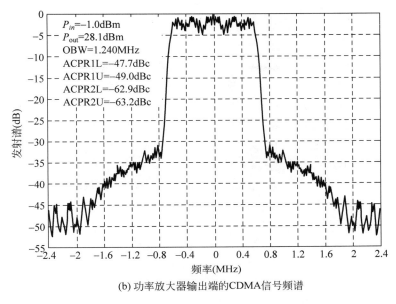

P_{in}=−1.0dBm
P_{out}=28.1dBm
OBW=1.240MHz
ACPR1L=−47.7dBc
ACPR1U=−49.0dBc
ACPR2L=−62.9dBc
ACPR2U=−63.2dBc

(b) 功率放大器输出端的CDMA信号频谱

图 5.7 （续）

基于低通等效模型的仿真方法能提供相当精确的 ACPR 估算。然而，对于整个发射机系统的分析并不方便。一些近似计算将在后续部分中进行介绍。

5.4.2　多频技术

如之前章节所介绍双频测量常用于确定互调失真特性。在数字移动通信中信号非常复杂，由于发射机链非线性特性而造成的再生频谱无法根据双频互调失真来准确分析。有必要运用多频信号去解析评估传输信号的 ACPR。基于三阶失真的多频 ACPR 的闭合形式表达式已在参考文献[12]～[14]中介绍。针对一非线性器件输出的 n 频 $ACPR_n$ 表达式可表示为

$$ACPR_n = IMP_2 - 10\log\left[\frac{n^3}{2\left(\frac{2n^3 - 3n^2 - 2n}{3} + \varepsilon\right) + (n^2 - \varepsilon)}\right] \tag{5.4.7}$$

式中

$$IMR_2 = 2(P_{2\_Tone} - OIP_3) - 6dB \tag{5.4.8}$$

且

$$\varepsilon = \mathrm{mod}\left(\frac{n}{2}\right) = n \text{ 除以 } 2 \text{ 后的余数}$$

在式(5.4.8)中，OIP_3 为非线性器件的三阶输出截点；P_{2_Tone} 是器件输出处双频的总功率。在 $n=2$ 的情况下，式(5.4.7)右侧的第二项等于 3，因此双频 $ACPR_2$ 形式为

$$ACPR_2 = 2(P_{2\_Tone} - OIP_3) - 9dB \tag{5.4.9}$$

当信号为相同水平的随机噪声而不是多频时，对应的 $ACPR_{RN}$ 可表示为

$$ACPR_{RN} = IMR_2 + 10\log\left(\frac{4}{3}\right) = 2(P_{2\_Tone} - OIP_3) - 4.75\text{dB} \tag{5.4.10}$$

对比于式(5.4.9)可看出,当带有与双频信号功率相等且积分功率为 P_{RN} 的带通随机噪声取代双频信号时,$ACPR$ 减少了 4.25dB。这归因于随机噪声的峰值与平均功率之比要比同频信号的高。带通随机噪声的峰值与平均功率之比根据不同的带宽为 8dB 甚至更高,但双频的峰值与平均功率之比仅为 3dB。

对于调幅的移动传输信号,峰值与平均功率之比的峰值功率常常定义为振幅的累计分布函数的 99%,或许会从低于 3dB 变到高于 3dB。CDMA IS-95 反向链路的峰值与平均功率之比大约为 3.85dB,不同配置的 CDMA 2000 反向链路峰值与平均功率之比的范围为 3.2～5.4dB。器件(如带有三阶输出截点 OIP_3 的驱动器或功率放大器)的输出端传输信号的 $ACPR$ 的通式可表示为

$$ACPR_{Tx} \cong ACPR_2 + C \cong 2(Tx - OIP_3) - 9 + C_o \tag{5.4.11}$$

式中,Tx 为待分析器件输出端传输信号功率;C_o 为根据峰值与平均功率之比和信号配置的修正系数,且它可计算为

$$C_o \cong 0.85 \cdot (PAR - 3)\text{dB} \tag{5.4.12}$$

在移动通信系统中,相邻信道功率在带宽 ΔB_{ACP}(见图 5.5)中测得的与在期望传输信号带宽中测得的不一样。所以 $ACPR$ 的近似值(5.4.11)变成

$$ACPR_{Tx} \cong 2(Tx - OIP_3) - 9 + C_0 + 10\log\left(\frac{\Delta B_{ACP}}{BW}\right) \tag{5.4.13}$$

运用式(5.4.13)估算前小节例子中一样的功率放大器放大的 IS-95 CDMA 反向链路信号的 $ACPR$,功率放大器的 $OIP_3 \cong 39.6$dBm,放大的传输信号功率为 26.5dBm,$\Delta B_{ACP} = 30$kHz,且 $BW = 1.23$MHz。因此 $ACPR$ 为

$$ACPR_{Tx} \cong 2 \times (26.5 - 39.6) - 9 + 0.72 + 10\log\left(\frac{30 \times 10^3}{1.23 \times 10^6}\right) = -50.48\text{dBc}$$

将此结果与图 5.7(b)中的仿真结果相比,平均误差大约为 1.0dB。然而,在之前小节例子的仿真中,输入信号有一个有限的 $ACPR$,大约为 −59.7dBc[见图 5.7(a)]。如果考虑到输入信号的 $ACPR$,功率放大器的输出信号 $ACPR$ 变为 −49.98dBc 而不是 −50.48dBc。实际上,式(5.4.13)计算的精确度也取决于来自功率放大器 1dB 压缩点回馈的功率。五阶和其他更高阶非线性失真对邻近信道功率的影响随着输出功率接近功率放大器的 1dB 压缩点而增加,但式(5.4.13)仅仅考虑了三阶的非线性特性。

一般来说,相间信道功率的再生主要由功率放大器或其他器件的五阶非线性失真造成。因此式(5.4.13)不能用于计算相间信道功率比,因为它是基于假定只有三阶的非线性特性而得出的。

5.4.3　发射机链级联状态下的相邻信道功率比

包含多级级联的发射机相邻信道功率比(ACPR)从式(5.4.13)和级联的 OIP_3 式(5.4.14)得到

$$OIP_3 = -10\log\left(\frac{1}{P_{OIP\_n}} + \sum_{k=1}^{n-1}\frac{1}{P_{OIP\_k} \cdot \prod\limits_{i=k+1}^{n} g_i}\right) \tag{5.4.14}$$

式中，g_i 为自然尺度下的第 i 级增益；P_{OIP_k} 为自然尺度下第 k 级的 OIP_3。

假定发射机一输入信号的相邻信道功率比标识为 $ACPR_i$，且整体三阶输出截点为 OIP_3，单位为 dBm，因发射机链的非线性特性而造成的 $ACPR$ 增量可通过式(5.4.13)计算得到，且它可表示为

$$10\log(10^{\frac{ACPR_{Tx}}{10}} - 10^{\frac{ACPR_i}{10}}) = 2(Tx - OIP_3) + 10\log\frac{\Delta B_{ACP}}{BW} - 9 + C_0$$
$$= 2(Tx - OIP_3) + C \tag{5.4.15}$$

式中，$ACPR_{Tx}$ 为输出信号的相邻信道功率比；C 为等于右侧最后三项之和的常数。

将式(5.4.14)代入式(5.4.15)，可得

$$10\log(10^{\frac{ACPR_{Tx}}{10}} - 10^{\frac{ACPR_i}{10}}) = 2\left(Tx + 10\log\left(\frac{1}{P_{OIP\_n}} + \sum_{k=1}^{n-1}\frac{1}{P_{OIP\_k} \cdot \prod\limits_{i=k+1}^{n} g_i}\right)\right) + C \tag{5.4.16}$$

另外，重新整理后的式(5.4.15)转变为

$$OIP_3 = Tx + \frac{1}{2}\left[C - 10\log(10^{\frac{ACPR_o}{10}} - 10^{\frac{ACPR_i}{10}})\right] \tag{5.4.17}$$

发射机链的每一级均可得到类似的公式。如果假定测量第 k 级 $ACPR_k$ 的输入信号的相邻信道功率比低到可忽视，于是三阶输出截点 $OIP_{3,k}$（单位为 dBm）可用 $ACPR_k$ 和输出功率 $P_{o,k}$ 表示为

$$OIP_{3\_k} = P_{o\_k} + \frac{1}{2}\left[C - ACPR_k\right] \tag{5.4.18}$$

或在自然尺度下为

$$P_{OIP\_k} = 10^{\frac{2P_{o\_k} - ACPR_k + C}{20}} \tag{5.4.19}$$

将式(5.4.19)代入式(5.4.16)中，可得

$$10\log(10^{\frac{ACPR_{Tx}}{10}} - 10^{\frac{ACPR_i}{10}}) = 2\left[Tx + 10\log\left(\frac{1}{10^{\frac{2P_{o\_k} - ACPR_k + C}{20}}} + \sum_{k=1}^{n-1}\frac{1}{10^{\frac{2P_{o\_k} - ACPR_k + C}{20}} \cdot \prod\limits_{i=k+1}^{n} g_i}\right)\right] + C$$
$$\tag{5.4.20}$$

利用下列关系式

$$Tx = -10\log 10^{\frac{P_{o\_k}}{10}} \cdot \prod_{i=k+1}^{n} g_i$$

和

$$\frac{1}{2}C = 10\log 10^{\frac{C}{20}}$$

式(5.4.20)可转变为

$$ACPR_0 = 10\log\left\{\left[\sum_{k=1}^{n}(10^{\frac{ACPR_k}{10}})^{\frac{1}{2}}\right]^2 + 10^{\frac{ACPR_i}{10}}\right\} \tag{5.4.21}$$

实际上,并不是所有不同级相邻信道功率比是完全相关的,而是只有部分相关。所以式(5.4.21)应该表示为

$$ACPR_{Tx} = 10\log\left[\sum_{k=1}^{n}10^{\frac{ACPR_k}{10}} + 10^{\frac{ACPR_i}{10}} + \sum_{k=1}^{n}\sum_{\substack{k=1\\j\neq k}}^{n}\alpha_{k,j}\cdot\left(10^{\frac{ACPR_k}{10}}\right)^{\frac{1}{2}}(10^{\frac{ACPR_j}{10}})^{\frac{1}{2}}\right]$$

$$\tag{5.4.22}$$

式中,$\alpha_{k,j}(k,j=1,2,\cdots,n;\ k\neq j)$为不同级间的相关系数,且 $0\leqslant\alpha_{k,j}\leqslant1$。

举个例子,发射机主要包含两个非线性器件,即发射机集成电路和功率放大器,如图5.8所示。假定输入信号的 $ACPR_i$ 为 -60dBc,所测的 $ACPR_{IC}$ 和 $ACPR_{PA}$ 分别为 -56dBc 和 -52dBc,且集成电路和功率放大器频谱再生间的相关系数大约为 0.45,于是功率放大器输出的传输信号的 $ACPR_{Tx}$ 为

$$ACPR_{Tx} = 10\log(10^{\frac{-56}{10}} + 10^{\frac{-52}{10}} + 10^{\frac{-60}{10}} + 0.9\times10^{\frac{-56}{20}}\times10^{\frac{-52}{20}}) = -49.3\text{dBc}$$

图 5.8　发射机简化方框图

5.5　噪声散射的计算

移动站发射机的噪声散射是发射机重要指标之一,尤其是在全双工移动站接收机频段的噪声散射。这里所讨论的噪声散射为分布在相间信道之外的,否则噪声散射就包含在相邻信道功率比的指标中了。

在发射机系统的设计中,或许可以发现为获得低噪声散射的增益分布并获得良好的相邻信道功率比性能。通常,我们喜欢采用低增益的功率放大器和驱动放大器来实现低的噪声散射,但功率放大器和驱动器的增益设置对于获取更好的相邻信道功率比来说却背道而驰。

5.5.1　噪声散射计算公式

计算发射机的噪声散射最好是从发射机链路单级的值计算开始。如图5.9所示,器件的增益(或衰减)为 g,噪声系数为 F,器件本身所产生的噪声可通过它的噪声系数计算出。

众所周知,噪声系数也可定义为从输出端的噪声转换为输入端的噪声与输入端热噪声之比,即

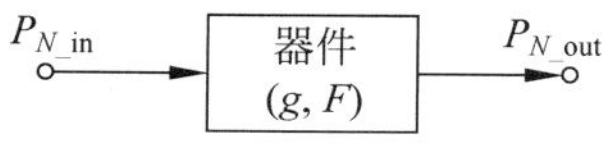

图 5.9　器件噪声散射分析模型

$$F = \frac{P_{No} + P_{Nd\_in}}{P_{No}} = 1 + \frac{P_{Nd\_in}}{P_{No}} \tag{5.5.1}$$

式中，P_{Nd_in} 为器件输入端口的等效器件噪声，单位为 mW/Hz；P_{No} 为热噪声，等于 $kT_o =$ $10^{-174/10}$ mW/Hz。

那么，等效器件输入噪声为

$$P_{Nd\_in} = P_{No}(F-1) \tag{5.5.2}$$

因此，器件输出端口产生的噪声 P_{Nd_out} 为

$$P_{Nd\_out} = g \cdot P_{No} \cdot (F-1) = g \cdot kT_o \cdot (F-1) \tag{5.5.3}$$

除器件本身产生的噪声之外，如果一输入噪声 P_{N_in} (mW/Hz) 加在器件输入端，总的输出噪声变为

$$P_{N\_out} = g \cdot P_{N\_in} + kT_o \cdot g \cdot (F-1) \tag{5.5.4}$$

如图 5.10 所示，对于含有 n 级的发射机其噪声散射为 $P_{N\_Tx\_out}$，单位为 mW/Hz，有与式（5.5.4）类似的公式：

$$P_{N\_Tx\_out} = g_{Tx} \cdot P_{N\_Tx\_in} + kT_o \cdot g_{Tx} \cdot (F_{Tx} - 1) \tag{5.5.5}$$

式中，$P_{N\_Tx\_in}$ 为发射机输入端噪声，单位为 mW/Hz；g_{Tx} 为发射机整体增益，即

$$g_{Tx} = \prod_{i=1}^{n} g_i \tag{5.5.6}$$

F_{Tx} 为发射机的整体噪声系数，有

$$F_{Tx} = F_1 + \sum_{i=1}^{n-1} \frac{F_{i+1} - 1}{\prod_{k=1}^{i} g_k} \tag{5.5.7}$$

当运用式（5.5.6）和式（5.5.7）时，需注意每一级的增益 g_i 和噪声系数 F_i 并不总是发射机带内的那些值，它们必须是我们所感兴趣散射频带内的增益和噪声系数。

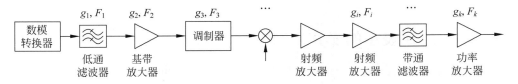

图 5.10　发射机链路的方框图

在噪声散射的计算中，另一个重要的概念为过量噪声，表示超过热噪声的那部分噪声。过量噪声 $P_{\Delta N\_Tx\_out}$（单位为 mW/Hz）可表示为

$$P_{\Delta N\_Tx\_out} = P_{N\_Tx\_out} - kT_o$$
$$= g_{Tx} \cdot (P_{N\_Tx\_in} + kT_o \cdot F_{Tx}) - kT_o \cdot (g_{Tx} + 1) \tag{5.5.8}$$

在全双工收发机中，发射机在接收机频段的噪声散射可能会降低接收机灵敏度，但降低的程度取决于发射机噪声散射中过量噪声的大小，而不是如第 4 章所介绍整体发射功率的大小。

5.5.2　噪声散射计算的一些重要注意事项

1. 衰减器的输出噪声

当计算有损的器件（如衰减器）的输出噪声时可能会有一些困惑。当热噪声 kT_o 加在

衰减器的输入端时(假定带有 10dB 的衰减),衰减器输出端的噪声不是 $10\log(kT_o)-10=-174-10=-184\mathrm{dBm/Hz}$,而仍然是热噪声的大小,即 kT_o 或 $-174\mathrm{dBm/Hz}$。可用式(5.5.4)验证如下,假定衰减器有损耗为 l 和噪声系数 $F=1/l$,输入噪声 P_{N_in} 为 kT_o,将这些数据代入式(5.5.4),可得

$$P_{N\_out} = l \cdot kT_o + kT_o \cdot l \cdot (1/l - 1) = kT_o \qquad (5.5.9)$$

2. 器件或发射机的输出固有噪声

之前给出的例子告诉我们物理器件的输出固有噪声为热噪声 kT_o。当器件处在温度为 T_o 的环境中,不可能使得器件的输出噪声低于热噪声。因此,下述关系总是成立的:

$$P_{N\_out} = g \cdot P_{N\_in} + kT_o \cdot g \cdot (F-1) \geqslant kT_o \qquad (5.5.10)$$

3. 噪声系数和增益乘积大于 1

从式(5.5.10)和式(5.5.4)中,可得如下结论:

$$g \cdot F \geqslant 1 \qquad (5.5.11)$$

假定 $P_{N\_in} = kT_o + P_{\Delta N}$,其中 $P_{\Delta N}$ 代表热噪声以外的过量噪声,从式(5.5.10)中有

$$P_{N\_out} = g \cdot (kT_o + P_{\Delta N}) + kT_o \cdot g \cdot (F-1) \geqslant kT_o$$

或

$$g \cdot P_{\Delta N} + kT_o \cdot g \cdot F \geqslant kT_o \qquad (5.5.12)$$

P_{N_out} 为 $P_{\Delta N} = 0$ 时的最小值。因此式(5.5.12)变为

$$kT_o \cdot g \cdot F \geqslant kT_o \quad \text{或} \quad g \cdot F \geqslant 1$$

4. 器件的输入固有噪声

从前面可总结得到物理器件的最小输入噪声为热噪声 kT_o,即

$$P_{N\_in} \mid_{\min} = kT_o \qquad (5.5.13)$$

5.5.3 电压表示的噪声

与在模拟基带和中频模块的接收机情况类似,通常采用电压信号和噪声而不是功率来描述。在发射机的模拟基带和中频模块中,很显然噪声应该用电压形式表示。基本的噪声电压公式表示如下。在图 5.11 中,器件具有电压增益 g_V 和噪声系数 F,输入阻抗为 R_i,噪声源阻抗和电压分别为 R_s 和 V_n。从第 2 章的 2.3.1 节中,源噪声系数($\mathrm{V}/\sqrt{\mathrm{Hz}}$)有如下形式:

$$v_n = \sqrt{4kT_oR_s} \qquad (5.5.14)$$

器件的输入噪声电压($\mathrm{V}/\sqrt{\mathrm{Hz}}$),为

$$v_{ni} = \frac{R_i}{R_i + R_s} \sqrt{4kT_oR_s} \qquad (5.5.15)$$

在匹配条件下($R_i = R_s$)或输入阻抗比源阻抗大得多的条件下($R_i \gg R_s$),式(5.5.15)分别转为式(5.5.16)和式(5.5.17),即

$$v_{ni} = \sqrt{kT_oR_s} \quad \text{当} \quad R_i = R_s \qquad (5.5.16)$$

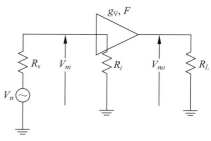

图 5.11 器件噪声电压的基本表示

或

$$v_{ni} \cong \sqrt{4kT_oR_s} \quad 当 \quad R_i \gg R_s \tag{5.5.17}$$

当器件输入端的噪声仅为热噪声时,则器件的输出噪声电压$(\mathrm{V}/\sqrt{\mathrm{Hz}})$为

$$v_{no} = \sqrt{F} \cdot g_v v_{ni} = \sqrt{F \cdot 4kT_oR_s} \frac{g_v R_i}{R_i + R_s} \tag{5.5.18}$$

在基带和中频模块中,通常前级的输出阻抗要比本级的输入阻抗小得多,即$R_s \ll R_i$,式(5.5.18)变为

$$v_{no} = 2\sqrt{F \cdot kT_oR_s} \cdot g_v \tag{5.5.19}$$

如果器件的输入噪声不只是热噪声,则器件的输出噪声电压表示为

$$v_{no} = \sqrt{v_{ni}^2 + (F-1) \cdot 4kT_oR_s} \cdot \frac{g_v R_i}{R_i + R_s} \tag{5.5.20}$$

或者考虑到$R_s \ll R_i$,输出噪声电压近似表述为

$$v_{no} = \sqrt{v_{ni}^2 + (F-1) \cdot 4kT_oR_s} \cdot g_v \tag{5.5.21}$$

5.5.4　噪声散射计算的例子

发射机的基带模块在接收机频段内有$-19.5\mathrm{dB}$的增益和$30.5\mathrm{dB}$的噪声系数。如果基带模块的输入与数模转换器的输出相接,其中数模转换器有200Ω的源阻抗,且接收机频段内噪声电压发射为$20\mathrm{nV}/\sqrt{\mathrm{Hz}}$,则基带模块输出端口的噪声电压可根据式(5.5.21)计算:

$$v_{no} = \sqrt{\left[(20 \times 10^{-9})^2 + (10^{\frac{30.5}{10}} - 1) \times 3.98 \times 10^{-21} \times 4 \times 200\right] \times 10^{\frac{-19.5}{20}} \times 10^9}$$
$$\cong 6.7\mathrm{nV}$$

蜂窝频段 CDMA 移动发射机的射频模块在接收机频段内,其噪声系数为$45.2\mathrm{dB}$,增益为$-45\mathrm{dB}$。假定接收机频段内的输入噪声密度为$136.4\mathrm{dBm/Hz}$左右,利用式(5.5.5),可预测发射机输出端的发射噪声水平为

$$P_{N\_Tx\_out|Rx\_band} = 10^{\frac{-45}{10}} \times \left[10^{\frac{136.4}{10}} + 10^{\frac{174}{10}} \times (10^{\frac{45.2}{10}} - 1)\right] = 10^{\frac{-173.1}{10}} \mathrm{mW/Hz}$$

5.6　系统设计中的一些重要考虑事项

移动发射机的系统设计应该首先使得发射机性能不仅满足规定的指标,而且要具有更高可靠性的余量及更低的现场故障率。除电性能以外,更低的功耗和成本也是发射机系统设计时应考虑的主要因素。

在移动站中,2/3 的平均整体电流损耗是在射频收发机上,且几乎 3/4 的射频收发机功率是消耗在发射机上的。因为射频发射机的功率损耗接近于总的功率损耗的一半,所以它将会显著影响移动站的通话时间。因而,在射频发射机的设计中,除了提供好的电性能外,功率损耗的最小化也变得至关重要。

5.6.1 架构比较

一般来说,对于任何无线通信系统(如图 3.1 所示)的移动站,在超外差结构发射机中不使用中频信道滤波器。直接变频结构接收机可节省一个中频信道声表面波滤波器,且有可能在不使用额外外部组件下通过接收机集成电路的编程来实现多模工作。与超外差式发射机相比,直接变频结构(见图 3.10)确实具有产生更少杂散分量的优势,因为它没有中频,仅仅只是一个变频。然而,它可能需要比超外差式发射机更大的电流。因为直接变频发射机的传输信号增益是在射频模块实现的,且在相同增益量情况下,射频放大器通常要比中频放大器消耗更大的电流。

如图 3.21 所示,在 GSM 移动站发射机中经常采用偏置锁相环,它起着射频上变频器和滤波的作用。在该架构中尽管仍是超外差式发射机,却可节省发射机的射频声表面波或体声波带通滤波器。近来,提出了一种基于相位偏移锁相环的相位调制和通过调制功率放大器电源的幅度调制所谓的极性调制。这种架构也称为包络消除和恢复(envelope elimination and restoration,EER)发射机,且极性调制或包络消除和恢复发射机的可能配置之一如图 5.12 所示。

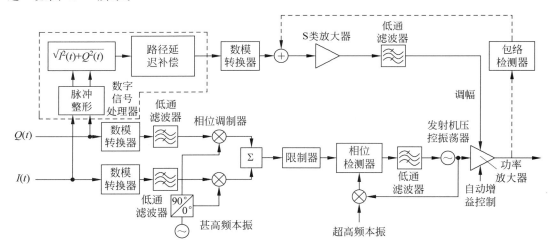

图 5.12 移动 EER 发射机的方框图

如图 5.12 的下面部分所示,传输信号的角度或相位调制通过 I/Q 正交调制器和偏置锁相环实现。另外,传输信号的幅度调制通过控制功率放大器的电源电压来实现,简化了的幅度调制方框图如图 5.12 的上面部分。该架构的优势是,如果一些诸如幅度和相位调制的动态路径延迟补偿以及宽带增益控制能够解决,其功率效率可以相当高且移动站的通话时间能够显著增加。一般而言,该发射机的结构要比第 3 章所述的经典调制方案要复杂得多。

带有中频载波的调制传输信号可在数字域形成(常常预留给基带)。如图 3.30 所示,采用带通采样技术的发射机便属于这种架构。这种架构发射机的备用配置使得数字中频信号过采样且被转换为一带有相同载波的模拟信号。对应数字中频超外差式发射机的方框图示于图5.13。该架构的发射机,无论图3.30还是图5.13,均具有很低的I和Q不平衡性及良好的调制精度。在带通采样的情况下并没有使用模拟上变频器,或在超外差式的情况下仅仅使用了一个上变频器。高集成度与相对低的电流损耗是这种结构的特点。然而,这要求高性能的数模转换器和超高速运行的数字信号处理器,即每秒几百兆的采样。

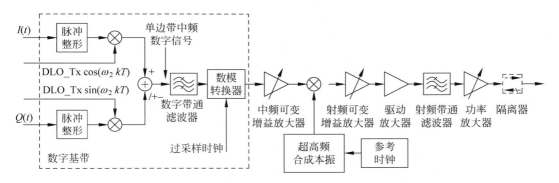

图5.13 带有数字中频的超外差式发射机方框图

目前,对于各种无线通信系统的移动站,普遍使用的架构仍然是经典的超外差式和直接变频发射机。

5.6.2 发射机链路增益分布和性能

发射机的线性度将直接影响到频谱再生和之后的相邻/相间信道功率比的性能。为获得良好的相邻信道功率比,可采用接近天线端口的射频级具有更高的增益。更高的射频级增益就意味着更大的功耗已经是一个常识。另外,从减少噪声散射的角度来看,却希望在接近天线端口的射频级有更小的增益。

I和Q信道中传输信号的路径在移动站发射机模拟基带和数字基带间的接口通常为一数模转换器。数模转换器的输出可能是接近其上限的最大摆幅电压或电流信号以实现最好的信噪比。对于在模拟射频发射机的I和Q信道的输入级,基带信号常常太大而难以处理,或者说这些级需要消耗大量的电流。在发射机正交调制器或之前时,有必要实现恰当的信号衰减和电压到电流(反之亦然)的转换。在大多数情况下因为数模转换器和数字基带的噪声一般比热噪声高得多,衰减并不会降低基带信号的信噪比。在模拟射频发射机的输入端放置衰减器将会增加发射机的整体噪声系数,但对传输的最终噪声散射通常是微不足道的。

在表5.2中,提出了CDMA移动发射机两种不同增益分布性能对比的例子。在这两种增益分布中的主要差别在于:增益分布(1)中在模拟射频发射机的输入端有−8dB的衰减

表 5.2 两种不同增益分布发射机链的性能比较

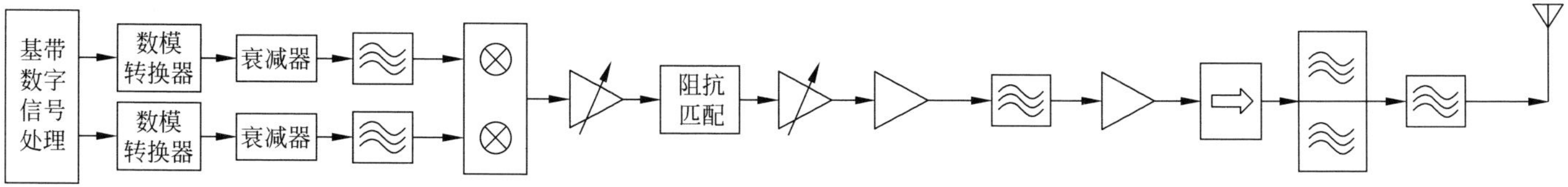

发射机链框图（从左至右）：基带数字信号处理 → 数模转换器 / 衰减器、数模转换器 / 衰减器 → 混频器 → 阻抗匹配 → 可变增益放大器 → 可变增益放大器 → 驱动放大器 → 滤波器 → 功率放大器 → 定向耦合器 → 双工器 / 天线共用器 → 天线

(a) 输入端衰减情况下的第一增益分布

功能模块	数模转换器	衰减器	低通变频器	调制传输镜像抑制	射频可变增益放大器 1	阻抗匹配	射频可变增益放大器 2	驱动放大器	巴伦+声表面波滤波器	功率放大器	定向耦合器	双工器	天线共用器
功率增益	0.00	−8.00	0.00	5.00	4.17	−1.00	12.00	8.00	−4.00	27.00	0.40	−2.50	−0.50
级联增益	0.00	−8.00	−8.00	−3.00	1.17	0.17	12.17	20.17	16.17	43.17	43.57	41.07	40.57
输出功率 (dBm)	−15.57	−23.57	−23.57	−18.57	−14.40	15.40	−3.40	4.60	0.60	27.60	28.00	25.50	25.00
输出电压 (mV$_{p-p}$)	2500.00	995.27	995.27	1769.86									
接收端镜像抑制	20.00	20.00	20.00	9.00					30.00			42.00	
接收频段级联噪声系数 (dB)	0.00	8.00	20.00	9.00	7.83	1.00	11.00	5.00	34.00	5.00	0.00	44.50	0.50
接收端级联噪声系数	0.00	8.00	28.00	37.00	37.80	37.81	38.55	38.55	39.81	41.70	41.70	51.42	51.87
三阶输出截点 (dBm)	1000.00	100.00	10.00	6.00	11.17	100.00	19.00	27.00	100.00	42.00	100.00	100.00	100.00
级联三阶输出截点	100.00	91.36	100.00	5.49	7.34	6.34	15.65	22.10	18.10	40.27	40.67	38.17	37.67
相邻信道功率比 (dBc)	−59.73	−59.00	−59.00	−58.83	−58.53	−58.53	−57.57	−56.46	−56.46	−49.79	−49.79	−49.79	−49.79
接收频段噪声 (dBm/Hz)	−153.37	−161.18	−173.28	−159.90	−154.95	−155.93	−143.21	−135.20	−167.96	−139.09	−138.69	−173.51	−173.56

(b) 输入端无衰减情况下的第二增益分布

功能模块	数模转换器	衰减器	低通变频器	调制传输镜像抑制	射频可变增益放大器 1	阻抗匹配	射频可变增益放大器 2	驱动放大器	巴伦+声表面波滤波器	功率放大器	定向耦合器	双工器	天线共用器
功率增益	0.00	0.00	0.00	5.00	0.17	−5.00	12.00	8.00	−4.00	27.00	0.40	−2.50	−0.50
级联增益 (dBm)	0.00	0.00	0.00	5.00	5.17	0.17	12.17	20.17	16.17	43.17	43.57	41.07	40.57
输出功率 (dBm)	−15.57	−15.57	−15.57	−10.57	−10.40	−15.40	−3.40	4.60	0.60	27.60	28.00	25.50	25.00
接收端镜像抑制	20.00	20.00	20.00	10.00					30.00			42.00	
接收端级联噪声系数 (dB)	0.00	20.00	20.00	9.00	9.83	5.00	16.00	5.00	34.00	5.00	0.00	44.50	0.50
接收端级联噪声系数	0.00	20.00	22.00	29.31	30.51	30.76	36.92	36.93	38.66	40.99	40.99	51.35	51.80
三阶输出截点 (dBm)	100.00	100.00	100.00	10.00	18.17	100.00	19.00	27.00	100.00	42.00	100.00	100.00	100.00
级联三阶输出截点	96.99	95.23	93.98	10.00	9.53	4.53	14.58	21.24	17.24	39.97	40.37	37.87	37.37
相邻信道功率比 (dBc)	−59.00	−59.00	−59.00	−58.23	−58.00	−58.00	−56.86	−55.62	−55.62	−49.25	−49.25	−49.25	−49.25
接收频段噪声 (dBm/Hz)	−153.37	−170.69	−169.64	−159.14	−157.89	−162.67	−144.81	−136.80	−169.10	−139.80	−139.40	−173.58	−173.62

器,而分布(2)在调制器之前并没有任何的衰减。从该表中可看到在接收机频段内,分布(1)噪声散射为－173.56dBm/Hz,而分布(2)为－173.62dBm/Hz,或者说当在输入端使用了8dB的衰减器时,接收机频段内的噪声散射高了0.06dB。然而,增益分布(1)的相邻信道功率比性能大约为－49.8dBc,比增益分布(2)－49.3dBc的相邻信道功率比性能好了0.5dB。实际上,不仅是(1)的线性度要比(2)好得多,(1)的电流消耗也比(2)更低。该结果可通过对比正交调制器OIP_3和实现对应相邻信道功率比的可变增益放大器1的要求来验证。增益分布(1)时它们分别为6dBm和11dBm,增益分布(2)时分别为10dBm和18dBm。这个例子告诉我们,沿发射机链路恰当地分配增益,不仅能够获得更好的性能,还能节省电流消耗。

5.6.3　自动增益控制和电源管理

基于特定控制环或基站指令,可以控制不同无线通信系统移动站的传输功率。最常用移动站的最大和最小输出功率列于表5.3中。包括WCDMA在内,CDMA系统需要比其他移动系统(30dB或更低)更宽的功率控制范围(70dB以上)。

表 5.3　移动站的最大和最小传输功率

系统	功率等级	标称最大功率(dBm)	标称最小功率(dBm)	动态范围(dB)	功率控制方法
AMPS	Ⅲ	28	8	≥20	BS 指令
CDMA 800	Ⅲ	23	－50	≥73	开环和闭环
CDMA 1900	Ⅱ	23	－50	≥73	开环和闭环
GSM 900	Ⅳ	33	5	≥28	BS 指令
DCA 1800	Ⅰ	30	0	≥30	BS 指令
TDMA	Ⅲ	28	8	≥20	BS 指令
WCDMA	Ⅳ	21	－50	≥71	开环和闭环

在GSM和DCS系统中移动站的输出功率受基站控制,变化要在指定功率范围内,即超过30dB的要在2dB的间隔区间内。AMPS和TDMA移动站的传输功率控制与GSM系统类似,但超过20dB有每级4dB的动态范围。在CDMA移动站,传输功率取决于接收信号电平,开环的估算公式为

$$P_{Tx\_open} = -P_{Rx} - 73 + 修正值 \qquad 蜂窝频段 CDMA \qquad (5.6.1)$$

和

$$P_{Tx\_open} = -P_{Rx} - 76 + 修正值 \qquad PCS 频段 CDMA \qquad (5.6.2)$$

除了开环控制以外,CDMA移动发射机的输出功率也是通过嵌入在前向链路CDMA信号帧的功率控制位进行周期性的调整,上下步长为1dB、0.5dB或0.25dB(由基站设置)。后者的反向链路功率控制称为闭环控制。在CDMA系统中,闭环功率控制范围在开环功率±24dB左右。WCDMA移动站的传输功率控制机理与CDMA中使用的相似,但它的开环

功率控制用于设定它的输出功率到一指定值,且它的闭环控制范围名义上为从最大输出功率到低于 -50dBm,每步大小为 1dB、2dB 或 3dB[1]。

移动站的输出功率容差是由系统决定的。在 GSM 系统中根据不同的输出功率,移动发射机的输出功率容差为 $\pm 3 \sim \pm 5$dB[2]。在 CDMA 系统中,移动发射机的开环输出功率容差为 ± 9.5dB,闭环控制的容差由步长决定,在整体 10dB 步长分别为 1dB、0.5dB 和 0.25dB 时,其容差分别为 ± 2dB、± 2.5dB 和 ± 3dB。在 WCDMA 移动发射机中,开环功率控制的容差为 ± 9dB,内环功率控制公差也是取决于步长的,每步 1dB 和 2dB 时,连续 10 步后,对应的容差分别为 ± 2dB 和 ± 4dB,且每步 3dB 时,连续 7 步后为 ± 5dB 的容差。

一般来说,射频发射机是在特定数字信号处理器自动增益控制算法控制下来实行对传输功率的调整。精确的执行对传输功率的控制和有效地利用自动增益控制管理传输功耗,是射频发射机自动增益控制设计的两大关键任务。

为了做出正确的电源控制,设计尽可能线性的增益控制曲线且随温度和集成电路工艺变化最小的中频和射频可变增益放大器。然而,事实是无论中频还是射频可变增益放大器,其增益控制曲线均有一定的非线性特性,且曲线或许会随着温度、工作信道的频率以及工艺而发生变化。因此,射频发射机链路的可变增益放大器增益控制曲线需要仔细的表征,恰当的曲线拟合技术和分段近似则被用于表述这些增益控制曲线以作发射机自动增益控制使用。在功率校正后,发射机增益控制的累计误差必须要在上述指标以内,且带有合理的余量。通常有必要对发射机增益控制特性随温度和信道频率做出一定的补偿。幸运的是,大多数情况下线性补偿对于温度和频率来说都已经足够了。

将发射机自动增益控制运用到移动站的电源管理中是很自然的事。因为发射机可能会消耗移动站整体功率的一半,所以射频发射机功率损耗的减少将显著增加移动站的通话时间。

射频发射机电源管理的一般规则是随着传输功率减少要尽可能快地降低电流消耗,同时保持适当的线性度。

实际应用中,移动站的传输功率有一个统计分布,即并非所有的传输功率水平都同样使用。例如,在 CDMA 开发团队文档中记录着 CDMA 移动系统的反向链路传输功率的统计分布[19]。CDMA 2000 lx 移动站在城市地区运行在数据速率为 9.6kHz 和 153.6kHz 的发生概率分别在图 5.14(a) 和图 5.14(b) 中给出。数据速率为 9.6kHz 时,其发生概率的峰值出现在 -7dBm 的移动站发射功率处,而数据速率为 153.6kHz 时,对应发生概率的峰值移动到 $+9$dBm 发射功率处。

据估计,不同移动系统甚至相同系统运行在不同信道配置的时候,发射功率的统计分布将会不同。为充分利用发射功率统计分布特性来管理功率损耗,移动站发射机的电流应该随它的输出功率而迅速下降,因此,输出功率统计分布峰值区域的电流损耗将会低,如图 5.15 所描述。

如果知道对比于移动站射频发射机的电流消耗与实际应用中移动发射功率的统计分

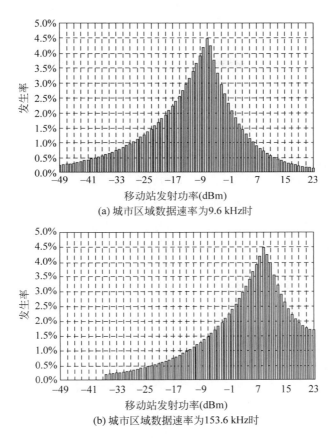

(a) 城市区域数据速率为9.6 kHz时

(b) 城市区域数据速率为153.6 kHz时

图 5.14　CDMA IS-2000 反向链路发射功率分布

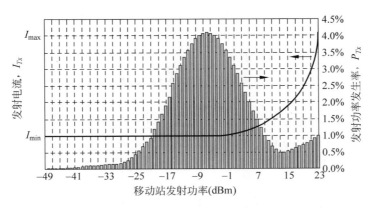

图 5.15　对比于移动站射频发射机输出功率的理想的电流损耗特性

布,如图 5.15 所示,则移动站射频发射机电流消耗的统计平均值 $\bar{I}_{Tx}$ 可通过下列公式计算:

$$\bar{I}_{Tx} = \sum_{k=1}^{n} P_{Tx\_k} \cdot I_{Tx\_k} \tag{5.6.3}$$

式中,P_{Tx_k} 和 I_{Tx_k} 分别为输出功率为 P_k 时的发生概率和电流消耗,且

$$\sum_{k=1}^{n} P_{Tx\_k} = 1$$

在传输调幅波形的情况下,如 CDMA、TDMA 和 EDGE 信号波形,发射机链路应该有一定的线性度以使频谱再生程度足够低。因此,电源的管理变得比恒定包络传输波形(如 GSM 和 AMPS 波形)情况下的更复杂。有必要在节省电量和维持足够线性度间进行权衡,并实现显著的节能但又不牺牲相邻信道功率比的性能。

发射机的自动增益控制设计对线性度有要求,应该平衡电流损耗、相邻信道功率比性能以及噪声散射之间的关系。噪声散射,尤其是接收机频段内的噪声,对于全双工系统来说非常重要,因为它将会弱化接收机的灵敏度。发射机链路中的基带、中频和射频模块中的 Vegas 算法以及功率放大器增益需要按恰当的顺序和分布来进行控制,以优化发射机的整体性能,即在仅仅对相邻信道功率比性能和噪声散射产生轻微影响的情况下,使电流消耗最小化。

在自动增益控制的优化过程中,为获得更好的发射机线性度,倾向于在功率放大器和射频级有高的增益;相反,如果希望更低的噪声散射,则它们最好具有低的增益。电流的减少通常会影响 1dB 压缩点或者发射机的 OIP_3,发射机的线性度以及这种情况下需要注意监控发射的相邻信道功率比。

附录 5A ρ 和 EVM 间的近似关系

CDMA 信号是一种类噪声信号。类噪声信号的功率正比电压信号二次幂的期望值:

$$P_{\text{ideal}} = E\{|\bar{a}(k_1)|^2\} \quad P_{\text{error}} = E\{|\bar{e}(k_1)|^2\} \tag{5A.1}$$

$$P_{\text{actual}} = E\{|\bar{a}(k_1) + \bar{e}(k_1)|^2\}$$

$$= E\{|\bar{a}(k_1)|^2\} + 2E\{|\bar{a}(k_1)| \cdot |\bar{e}(k_1)|\} + E\{|\bar{e}(k_1)|^2\}$$

$$= P_{\text{ideal}} + 2P_{\text{cross}} + P_{\text{error}} \tag{5A.2}$$

式中,P_{ideal} 为理想的 CDMA 信号功率;P_{error} 为误差信号的功率;P_{actual} 为实际发射 CDMA 信号的功率;P_{cross} 为理想信号与误差信号间的互功率(cross power)。

根据定义,波形品质因数 ρ 可表示为

$$\rho = \frac{P_{\text{ideal}}}{P_{\text{actual}}} = \frac{P_{\text{ideal}}}{P_{\text{ideal}} + P_{\text{cross}} + P_{\text{error}}} \tag{5A.3}$$

如果误差信号与理想信号不相关,则互功率等于 0。例如,由白噪声造成的误差与信号无关,但其他的失真,如互调、群延时失真,将会具有非零值 P_{cross}。如果互功率小到忽略不计,

则式(5A.3)可简化为

$$\rho \cong \frac{P_{\text{ideal}}}{P_{\text{ideal}} + P_{\text{error}}} = \frac{1}{1 + P_{\text{error}}/P_{\text{ideal}}} = \frac{1}{1 + EVM^2} \tag{5A.4}$$

这是式(5.3.13a),或者它也可被写成式(5.3.13b)的形式

$$EVM \cong \sqrt{\frac{1}{\rho} - 1} \tag{5A.5}$$

当误差信号与理想信号无关或者互功率不等于 0 时,式(5A.4)过高估算了 ρ。

附录 5B　发射信号的镜像抑制

　　假设基带 I 信号振幅为 1,Q 信号的振幅为 α,与 1 相近却不等于 1;且它们间相位偏离 90°相位 ε 度,它们可分别表示为

$$I(t) = \cos\phi(t) \tag{5B.1}$$

和

$$Q(t) = \alpha\sin[\phi(t) + \varepsilon] \tag{5B.2}$$

　　基带 I 和 Q 正交信号在调制器处变成带有中频或射频载波的调制信号。该信号可表示为

$$f_{Tx}(t) = \cos\phi(t)\cos\omega_c t - (1+\delta)\sin[\phi(t)+\varepsilon]\sin(\omega_c t + \sigma) \tag{5B.3}$$

式中,振幅是被余弦分量项的幅度归一化;$(1+\delta)$ 为正弦分量项归一化后的振幅,其为基带 I 和 Q 信道及正交调制器产生的振幅失衡的产物;$\sigma(\ll 90°)$ 是调制器产生的相位失衡。

　　式(5B.3)的右侧可被扩展为

$$\cos\phi(t)\cos\omega_c t - (1+\delta)\sin[\phi(t)+\varepsilon]\sin(\omega_c t + \sigma)$$

$$= \frac{e^{j\phi(t)} + e^{-j\phi(t)}}{2}\frac{e^{j\omega_c t} + e^{-j\omega_c t}}{2} + (1+\delta)\frac{e^{j[\phi(t)+\varepsilon]} - e^{-j[\phi(t)+\varepsilon]}}{2}\frac{e^{j[\omega_c t+\sigma]} - e^{-[j\omega_c t+\sigma]}}{2} \tag{5B.4}$$

　　重新排列式(5B.4)的右侧,得

$$f_c(t) = \frac{1}{4}\Big[e^{j[\omega_c t+\phi(t)]}(1+\beta e^{j[\varepsilon+\sigma]}) + e^{-j[\omega_c t+\phi(t)]}(1+\beta e^{j(\varepsilon+\sigma)}) + e^{j[\omega_c t-\phi(t)]}(1-\beta e^{j[\sigma-\varepsilon]})$$

$$+ e^{-j[\omega_c t-\phi(t)]}(1-\beta e^{-j(\sigma-\varepsilon)})\Big] \tag{5B.5}$$

我们知道,$[1+(1+\delta)e^{j(\varepsilon+\sigma)}]$ 和 $[1+(1+\delta)e^{-j(\varepsilon+\sigma)}]$ 的模相等,因为

$$|1+(1+\delta)e^{j(\varepsilon+\sigma)}| = \sqrt{1+2(1+\delta)\cos(\varepsilon+\sigma)+(1+\delta)^2}$$
$$= |1+(1+\delta)e^{-j(\varepsilon+\sigma)}| \tag{5B.6}$$

类似地,也有

$$|1-(1+\delta)e^{j(\varepsilon-\sigma)}| = \sqrt{1-2(1+\delta)\cos(\varepsilon-\sigma)+(1+\delta)^2}$$
$$= |1-(1+\delta)e^{-j(\varepsilon-\sigma)}| \tag{5B.7}$$

利用式(5B. 6)和式(5B. 7),式(5B. 5)右侧的前两项可重写为

$$\frac{1}{4}\left[e^{j[\omega_c t + \phi(t)]}(1 + (1+\delta)e^{j(\varepsilon+\sigma)}) + e^{-j[\omega_c t + \phi(t)]}(1 + (1+\delta)e^{-j(\varepsilon+\sigma)})\right]$$

$$= \frac{\sqrt{1 + 2(1+\delta)\cos(\varepsilon+\sigma) + (1+\delta)^2}}{2}\cos[\omega_c t + \phi(t) + \theta] \tag{5B. 8}$$

式中,θ 定义为

$$\theta = \tan^{-1}\frac{(1+\delta)\sin(\varepsilon+\sigma)}{1 + (1+\delta)\cos(\varepsilon+\sigma)} \tag{5B. 9}$$

类似方式,式(5B. 7)右侧的最后两项可变为

$$\frac{1}{4}\{e^{j[\omega_c t - \phi(t)]}[1 - (1+\delta)e^{j(\varepsilon-\sigma)}] + e^{-j[\omega_c t - \phi(t)]}[1 - (1+\delta)e^{-j(\varepsilon-\sigma)}]\}$$

$$= \frac{\sqrt{1 - 2(1+\delta)\cos(\varepsilon-\sigma) + (1+\delta)^2}}{2}\cos[\omega_c t - \phi(t) + \varphi] \tag{5B. 10}$$

式中,φ 为

$$\varphi = \tan^{-1}\frac{(1+\delta)\sin(\sigma-\varepsilon)}{1 - (1+\delta)\cos(\sigma-\varepsilon)} \tag{5B. 11}$$

最后,将式(5B. 8)和式(5B. 10)代入式(5B. 5)中,$f_c(t)$ 可表示为

$$f_{Tx}(t) = \frac{\sqrt{1 + 2(1+\delta)\cos(\varepsilon+\sigma) + (1+\delta)^2}}{2}\cos[\omega_c t + \phi(t) + \theta]$$

$$+ \frac{\sqrt{1 - 2(1+\delta)\cos(\varepsilon-\sigma) + (1+\delta)^2}}{2}\cos[\omega_c t - \phi(t) + \varphi] \tag{5B. 12}$$

式中,右侧第一项为期望的发射信号,第二项是不想要的镜像信号。显然镜像信号有期望信号的一个翻转谱,但它有着与期望信号相同的带宽(见图 5B. 1)。镜像信号与期望信号的功率比(dB)称为镜像抑制,且定义为

$$IMG_s = 10\log\frac{1 - 2(1+\delta)\cos(\varepsilon-\sigma) + (1+\delta)^2}{1 + 2(1+\delta)\cos(\varepsilon+\sigma) + (1+\delta)^2} \tag{5B. 13}$$

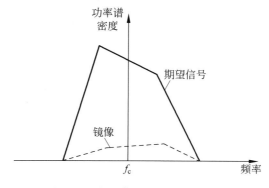

图 5B. 1　期望信号与它镜像的频谱

附录 5C 放大器非线性特性仿真：ACPR 计算

```
function nonline_sim(Files,Pin,INPP)
% nonline_sim simulates CDMA transmitter output spectrum
% and ACPRs.
%
%       Example of Application:
%           nonline_sim('padata',2,-3,[1,5,1,5]);
%
%   Input:
%       Files A string matrix that contains the name(s) of
%       the file(s) that characterize the nonlinearities.
%
%   Pin:
%       Input power level in dBm.
%
%   INPP:
%       Input parameters for the nonlinearity modeling.
%       INPP=[A_BASIS,A_TERMS,P_BASIS,P_TERMS]
%       Expansion function type:
%       1. power series: A_BASIS = 1, P_BASIS = 1.
%       Important:
%           For CDMA spectral regrowth calculation the
%           power series expansion must be used.
%       2. Fourier-sine series (good for AM-AM modeling
%           only): A_BASIS = 2
%       3. Fourier-cosine series (good for AM-PM modeling
%           only): P_BASIS = 3
%
%       Example: If INPP=[1,5,1,5], Zin=50 (Ohms), Zout=50
%           (Ohms),use 5-terms power series for amplitude
%           nonlinearity and 5-terms power series for phase
%           nonlinearity.
%
% Make Pin a row vector
%
    if nargin<2
      error('You need to specify input power (in dBm)');
    end;
    PinIsRow=1; [M_Pin,N_Pin]=size(Pin);
    if M_Pin>1
      if N_Pin~=1, error('Pin must be a column or a row
vector.'); end;
      Pin=Pin'; PinIsRow=0; N_Pin=M_Pin; M_Pin=1;
    end;
%
%
```

```
%    Read baseband I-Q signal
%
     load('i_sqn.tim');
     load('q_sqn.tim');
     i0=i_sqn(:,2);
     q0=q_sqn(:,2);
     Txtau=1/(4.9152*10^6);
%
     M_uin=length(i0);
     t0=[1:M_uin]';
     t0=t0.*Txtau;
     V0i=(i0+1j*q0);
     V0im=max(abs(V0i));
     Vi=(V0i./V0im);

Pi=10*log10(sum(abs(Vi.*conj(Vi)))*1000/length(t0)/50);
     Ratio=10^((13-Pi)/20); % 13 dBm equal to 1V voltage
                            % across a 50 Ohm load
     Vi=Vi.*Ratio*dbm2v(Pin,50);
     Pi=10*log10(sum(abs(Vi.*conj(Vi)))*1000/length(t0)/50
);
%
%
% Compress by nonlinearity
%
     DEVICES='';
     Pin0=Pin;
     [M,N]=size(Files);
     for i=1:M
        OUTP=nonline_curve(Files(i,:),INPP);
        ZI = getzi(OUTP);
        DEVICE= getdev(OUTP);
        Vo=nonline_calculation(OUTP,Vi);
        Vi = Vo;
        if i==1
        DEVICES=[DEVICES,'[',DEVICE,']'];
        else
        DEVICES=[DEVICES,'+[',DEVICE,']'];
        end;

     end;
     ZO=getzo(OUTP);
%
% Perform Fourier transform to obtain the spectrum
%
     [UOUT,f0]=ldtft(Vo,t0);
%
```

```
%   Convert the normalized frequency to frequency in MHz
%
    f0 = f0 ./10^6;
    ind = find(abs(f0)<=0.6144);
    tmpsize = size(f0);
    Pout =10*log10((sqrt(sum(abs(UOUT).^2))).^2 ...
            .*1000./length(t0)/ZO);
    ind = find(f0 >= -2.4 & f0 <= 2.4);
    f0=f0(ind) ;
%
%   Set the RBW to be 10KHz
%
    Imax=round(0.010/diff(f0(1:2)));
    if rem(Imax,2)==1, Imax=Imax+1; end;
    UOUTSQ=0;
    for i = -Imax/2:Imax/2
        UOUTSQ=UOUTSQ + (abs(UOUT(ind+i,:)).^2);
    end;
    UOUTSQ=UOUTSQ./(ones(size(f0))*max(UOUTSQ));
%
% calculate OBW in MHz
%
    NN=length(f0);
    Nlh=floor(NN/2);
    Nrh=floor(NN/2)+1;
    lhpwr=cumsum(UOUTSQ(Nlh:-1:1,:));
    rhpwr=cumsum(UOUTSQ(Nrh:NN,:));
    LHPWR=lhpwr(Nlh,:);
    RHPWR=rhpwr(NN-Nrh+1,:);
    totpwr=LHPWR+RHPWR;
    [lhi,lhj]=find(diff([lhpwr>=0.99*ones(Nlh,...
            1)*LHPWR]));
    [rhi,rhj]=find(diff([rhpwr>=0.99*ones(NN-...
            Nrh+1,1)*RHPWR]));
    OBW = (f0(Nrh+rhi-1) - f0(Nlh-lhi+1));
    OBW = OBW';
    if ~PinIsRow, OBW=OBW'; end;
%
% calculate ACPR
%
    cind=find(f0 >= -.6144 & f0 <= 0.6144);
    CP=sum(UOUTSQ(cind,:));
%
% ACPR1 at +/- 900 kHz
%
    lacind=find(f0 >= (-0.9-0.015) & f0 <= (-0.9+0.015));
    uacind=find(f0 >= ( 0.9-0.015) & f0 <= ( 0.9+0.015));
```

```
        LACP=sum(UOUTSQ(lacind,:));
        UACP=sum(UOUTSQ(uacind,:));
        LACP=10.*log10(LACP./CP);
        UACP=10.*log10(UACP./CP);
        if ~PinIsRow, LACP=LACP'; UACP=UACP'; end;
%
% ACPR2 at +/- 1.98 MHz
%
        lacind1=find(f0 >= (-1.98-0.015) & f0 <= ...
                            (-1.98+0.015));
        uacind1=find(f0 >= ( 1.98-0.015) & f0 <= ...
                            ( 1.98+0.015));
        LACP1=sum(UOUTSQ(lacind1,:));
        UACP1=sum(UOUTSQ(uacind1,:));
        LACP1=10.*log10(LACP1./CP);
        UACP1=10.*log10(UACP1./CP);
        if ~PinIsRow, LACP1=LACP1'; UACP1=UACP1'; end;
%
        figure;

        plot(f0,10.*log10(UOUTSQ),'m-');
        grid;
        set(gca,'xlim',[-2.4,2.4],'xtick', ...
           [-2.4:0.4:2.4],'ylim',[-55,0]);
        title('[CDMA CELL Band Transmission Spectrum]');
        xlabel('Frequency (MHz)');
        ylabel('Tx Spectrum (dB)');
        text(-2.0,-3,['Pin=',sprintf('%.1f',Pin0),'dBm'],...
           'fontname','Times New Roman','fontweight','bold');
        text(-2.0,-6,['P_out=',sprintf('%.1f ',Pout),'dBm'],
...
           'fontname','Times New Roman','fontweight','bold');
        text(-2.0,-9,['OBW=',sprintf('%.3f ',OBW),'MHz'], ...
           'fontname','Times New Roman','fontweight','bold');
        text(-2.0,-12,['ACPR1L=',sprintf('%.1f,LACP), ...
           'dBc'],'fontname','Times New Roman', ...
           'fontweight','bold');
        text(-2.0,-15,['ACPR1U=',sprintf('%.1f ',UACP), ...
           'dBc'],'fontname','Times New Roman', ...
           'fontweight','bold');
        text(-2.0,-18,['ACPR2L=',sprintf('%.1f ',LACP1), ...
           'dBc'],'fontname','Times New Roman', ...
           'fontweight','bold');
        text(-2.0,-21,['ACPR2U=',sprintf('%.1f ',UACP1), ...
           'dBc'],'fontname','Times New Roman', ...
           'fontweight','bold');
```

****

```
function OUTP=nonline_curve(FileName,INPP,Plot)
% nonline_curve: Characterize amplifier nonlinearity
% based upon Pin-Pout and Pin-Phase characteristics.
%
%
% Usage: nonline_curve('padata',[2,5,3,5],1)
%
% Input:
%  FileName
%      A string, name of a matlab file that contains a
%      look-up table describing the device nonlinearity.
%      The data in the file must have a certain format.
%
%      If the file doesn't exist, then this programs
%      assumes that the characteristics of the device has
%      been known and is specified in the "INPP"
%      parameters.
%  INPP
%      If the file exists, then
%      INPP is a 4-element vector that specifies the
%      parameters of modeling
%      INPP(1)  Expansion function type for the AM-AM
%               characteristics
%      INPP(2)  Number of terms of expansion for the
%               AM-AM characteristics
%      INPP(3)  Expansion function type for the AM-PM
%               characteristics
%      INPP(4)  Number of terms of expansion for the AM-
%               PM characteristics
%
%  Expansion function type:
%      1  power series
%      2  Fourier-sine series
%         (good for AM-AM modeling only)
%      3  Fourier-cosine series
%         (good for AM-PM modeling only)
%
% Output:
%  OUTP  A row vector that characterizes the device
%  nonlinearity
%  OUTP is a 4-element vector that specifies the
%  parameters of modeling
%      OUTP(1)  Expansion function type for the AM-AM
%               characteristics
%      OUTP(2)  Number of terms of expansion for the
```

```
%                       AM-AM characteristics
%      OUTP(3)    Expansion function type for the AM-PM
%                 characteristics
%      OUTP(4)    Number of terms of expansion for the
%                 AM-PM characteristics
%      OUTP(5)    Input impedance (Ohm)
%      OUTP(6)    Output impendance (Ohm)
%      OUTP(6+[1:INPP(4)])    Coefficients for the AM-AM
%                             characteristics
%      OUTP(6+OUTP(4)+[1:OUTP(6)])    Coefficients for the
%                            AM-PM characteristics
%      OUTP(7+OUTP(4)+OUTP(6))    Linear gain  (dB)
%      OUTP(8+OUTP(4)+OUTP(6))    P1dB (dBm)
%      OUTP(9+OUTP(4)+OUTP(6))    Maximum allowed input
%                                 level (dBm)
%      OUTP(10+OUTP(4)+OUTP(6))   Saturated output level
%                                 (dBm)
%      OUTP(11+OUTP(4)+OUTP(6))   SAP, 4-element vector,
%                                 noise coefficients
%      OUTP(12+OUTP(4)+OUTP(6):length(OUTP))   (Absolute
%                                 value) The device name
%
%---> Define defaults
%
Plot=1;
if nargin < 3
   Plot=0;
   if nargin<2
      INPP=[1,5,1,5];
   end;
end;
% DEFINE CONSTANSTS
   POLYNOMIAL= 1;
   SINE      = 2;
   COSINE    = 3;
   SERIES_TYPE=str2mat(...
   'power series:',...
   'Fourier-sine series:',...
   'Fourier-cosine series:');
%
%Get input parameters
%
A_BASIS = INPP(1);A_TERMS = INPP(2);P_BASIS =
INPP(3);P_TERMS   = INPP(4);
%
%
```

```
FileExists=exist(FileName);

if FileExists ~= 0
%
% Read the measurement data and calculate coefficients
for the assigned series type
%
    clear TABLE SAP ZI ZO DEVICE;
    eval(FileName);
    if exist('TABLE')==0, error(['There is no data table
in "',Filename,'"']); end;
    [Mtmp,Ntmp]=size(TABLE);
                if Ntmp <2, error(['Incomplete table in
"',Filename,'"']); end;
    if exist('DEVICE')==0, DEVICE='untitled'; end;  %<---
                                %set DEVICE default
    if exist('SAP')==0, SAP=[70,50,1,4]; end; %<---set
                                %SAP default
    if exist('ZI')==0, ZI=50; end;     %<---set ZI default
    if exist('ZO')==0, ZO=50; end;     %<---set ZO default
    Pi=TABLE(:,1);
    Po=TABLE(:,2);
    NoPhaseInput=0;
%
% Calculates gain, P1dB, Psat
%
    NPi = length(Pi);
    PINM= Pi(NPi);
    PSAT = Po(NPi);
    gain=Po-Pi;
    GAIN = mean(gain(1:3));
    gain(4:NPi)=polyval(polyfit(Pi(4:NPi),...
                gain(4:NPi),7),Pi(4:NPi));
    ind=find(gain<=GAIN-0.7 & gain>=GAIN-1.5);
    if isempty(ind)
        P1DB = 60;
    else
        if length(ind)== 1
            P1DB=Po(ind);
        else
            P1DB = interp1(gain(ind),Pi(ind),GAIN-1, ...
                'spline')+GAIN-1;
        end;
    end;
%
% Instroduce convenient units for input and output
% voltage
```

```
UVi = sqrt(ZI/500)*10^((P1DB+1-GAIN)/20);
UVo = sqrt(ZO/500)*10^((P1DB+1)/20);
vi = dbm2v_tone(Pi,ZI) ./ UVi;
vo = dbm2v_tone(Po,ZO) ./ UVo;
v1i= dbm2v_tone(P1DB,ZI) ./ UVi;
max_vi=vi(length(vi));
max_vo=vo(length(vo));
%
% Modeling AM-AM characteristics
%
  if A_BASIS==POLYNOMIAL
%
  p = polyfit([-vi;vi],[-vo;vo],2*A_TERMS-1);
  A_COEF = p(2*A_TERMS-1:-2:1);
  n = [1:A_TERMS-1];
  fct = [1 2.^(2*n).*fctrl(n).*fctrl(n+1) ...
         ./fctrl(1+2*n)];
  if Plot == 0
     A_COEF = A_COEF.*fct;
  else
     A_COEF = A_COEF;
  end;
  else
%
  if A_BASIS==SINE
  NN = 201;
  vip = max_vi .* [0:NN-1]' ./ (NN-1);
  vop = interp1([0;vi;max_vi*11/10],[0;vo;max_vo],vip);
  n = [1:2:2*A_TERMS-1];
  KERNEL = sin((pi/2/max_vi .* vip) * n);
  A_COEF = 2/max_vi .* trapz(vip, ...
           (vop*ones(1,A_TERMS)) .* KERNEL);
  else
%
  if A_BASIS==COSINE
     error('Cannot use Fourier-cosine series for...
              expanding AM-AM characteristics.');
  else
     error('Unknown expansion function type');

  end;
  end;
  end;
%
% Modeling AM-PM characteristics
%
```

```
   Ph=TABLE(:,3) .* (pi/180); %---> convert to radians
%------>Find the constant phase shift, and substract it.
   q = polyfit([-vi(length(vi):-1:1);vi], ...
                [Ph(length(vi):-1:1);Ph],2*6);
   Ph0 = q(2*6+1);
   Ph=Ph-Ph0;
%<------OK
   max_ph=Ph(length(Ph));
%
   if P_BASIS == POLYNOMIAL
   q = polyfit([-vi;vi],[Ph;Ph],2*P_TERMS);
   P_COEF = q(2*P_TERMS-1:-2:1);
   else
   if P_BASIS==SINE
   error('Cannot use Fourier-sine series for ...
           expanding AM-PM characteristics.');
   else
   if P_BASIS==COSINE
%
   NN = 201;
   vip = max_vi .* [0:NN-1]' ./ (NN-1);
   Php = interp1([-vi(length(vi):-
1:1);vi],[Ph(length(Ph):-1:1);Ph],vip);
   n = [0:2:2*P_TERMS-2];
   KERNEL = cos((pi/2/max_vi .* vip) * n);
   P_COEF = 2/max_vi .* trapz(vip, ...
           (Php*ones(1,P_TERMS)) .* KERNEL);
   P_COEF(1)=P_COEF(1)/2;
   else
      error('Unknown expansion function type');
   end;
   end;
   end;
   OUTP=[A_BASIS,A_TERMS,P_BASIS,P_TERMS,ZI,ZO, ...
         A_COEF,P_COEF,GAIN,P1DB,PINM,PSAT,SAP, ...
         abs(DEVICE)];
else
      error('No File Exists.');
end;
%
if ~Plot
   return;
end;


ViM = dbm2v_tone(PINM,ZI);
VoM = dbm2v_tone(PSAT,ZO);
```

```
NN=51;
if FileExists ~= 0
    Pip = Pi(1) + (PINM-Pi(1)) .* [0:NN-1]' ./ (NN-1);
else
    Pip = PINM .* [0:NN-1]' ./ (NN-1);
    Pi = []; Po=[]; Ph=[];
end;

%Pip;
fig=['Characterization of [',DEVICE,']'];
Vi = dbm2v_tone(Pip,ZI);
Vo = nonline_calculation(OUTP,Vi);
Pop= v2dbm(Vo,ZO);
Php= atan2(imag(Vo),real(Vo));
Vi';
h=findfig(fig);
if h==0;
    figure;
    set(gcf,'unit','pixel',...
        'pos',[200 200 550 450],...
        'numbertitle','off',...
        'name',fig);
else
    figure(h);
end;
rad2deg = 180/pi;

if NoPhaseInput
    plot(Pip,Pop,'r-',Pip,Php.*rad2deg,'g--',Pi,Po,'rx');
else
    plot(Pip,Pop,'r-',Pip,Php.*rad2deg,'g--
',Pi,Po,'rx',Pi,Ph.*rad2deg,'g*');
end;
grid;
xlabel('Input power (dBm)');
ylabel('Output power (dBm), Phase (deg)');
title(fig);
xlim=get(gca,'xlim');
ylim=get(gca,'ylim');
set(gcf,'defaulttextfontname','Times New Roman');
set(gcf,'defaulttexthorizont','left');
set(gcf,'defaulttextfontsize',10);
set(gcf,'defaulttextcolor','k');

text(xlim(1),ylim(2)-1*diff(ylim)/20,sprintf(...
    'Gain=%.1fdB P1=%.1fdBm ',GAIN,P1DB));
```

```
text(xlim(1),ylim(2)-2*diff(ylim)/20,sprintf('AM-AM...
    coefficients in %s',SERIES_TYPE(A_BASIS,:)));
text(xlim(1),ylim(2)-3*diff(ylim)/20,sprintf('%.4f', ...
A_COEF));
text(xlim(1),ylim(2)-4*diff(ylim)/20,sprintf('AM-PM...
    coefficients in %s',SERIES_TYPE(P_BASIS,:)));
text(xlim(1),ylim(2)-5*diff(ylim)/20,sprintf('%.4f', ...
    P_COEF));
set(gca,'xlim',xlim);
set(gca,'ylim',ylim);


                    * * * * * * * * * * * * * * * * * * *


function Vo=nonline_calculation(INPP,Vi)
% Simulates amplifier bandpass nonlinearity
%
% Usage: Vo=nonlin(INPP,Vi)
%
%  Given the device nonlinearity parameters INPP, the
%  input voltage Vi, this function calculates the output
%  voltage Vo. Note that Vi and Vo are both low-pass
%  equivalent complex voltages.
%
% Input:
%  INPP is a  vector that specifies the parameters of
%  modeling
%    INPP(1)    Expansion function type for the AM-AM
%               characteristics
%    INPP(2)    Number of terms of expansion for the
%               AM-AM characteristics
%    INPP(3)    Expansion function type for the AM-PM
%               characteristics
%    INPP(4)    Number of terms of expansion for the
%               AM-PM characteristics
%    INPP(5)    Input impedance (Ohm)
%    INPP(6)    Output impedance (Ohm)
%    INPP(6+[1:INPP(4)])   Coefficients for the AM-AM
%                          characteristics
%    INPP(6+INPP(4)+[1:INPP(6)])   Coefficients for the
%                          AM-PM characteristics
%    INPP(7+INPP(4)+INPP(6))   Linear gain   (dB)
%    INPP(8+INPP(4)+INPP(6))   P1dB (dBm)
%    INPP(9+INPP(4)+INPP(6))   Maximum allowed input
%                          level (dBm)
%    INPP(10+INPP(4)+INPP(6))  Saturated output level
%                          (dBm)
```

```
%         INPP(11+INPP(4)+INPP(6))    SAP, 4-element vector,
%                                     noise coefficients
%         INPP(12+INPP(4)+INPP(6):length(INPP))   (Absolute
%                                     value) The device name
%
%         Expansion function type:
%         1   power series
%         2   Fourier-sine series
%             (good for AM-AM modeling only)
%         3   Fourier-cosine series
%             (good for AM-PM modeling only)
%
%   Vi
%      A matrix or vector that describes the input signal
%      (which in general is complex).
%      If Vi is a M by N matrix, there are N separate
%      input, each is a M by 1 vector.
%      If vi is missing, this programs plots the
%      compression curve, both measurement and fitting
%      curve.
%
% Output:
%      Vo A matrix or vector that describes the input
%      signal (which in general is complex).
%
%---> Define defaults
%

if nargin < 2
      error('No Input');
else
end;


% DEFINE CONSTANSTS
   POLYNOMIAL= 1;
   SINE      = 2;
   COSINE    = 3;
   SERIES_TYPE=str2mat(...
   'power series:',...
   'Fourier-sine series:',...
   'Fourier-cosine series:');
%
%Get input parameters
%
```

```
if length(INPP)<4
    error('The input parameters are not completely
specified.');
end;
A_BASIS = INPP(1);A_TERMS = INPP(2);P_BASIS =
INPP(3);P_TERMS    = INPP(4);
if length(INPP) < (11+A_TERMS+P_TERMS+3)
    error('The input parameters are not completely
specified.');
end;
ZI    = INPP(5);
ZO    = INPP(6);
A_COEF= INPP(7+[0:A_TERMS-1]);
P_COEF= INPP(7+A_TERMS+[0:P_TERMS-1]);
GAIN  = INPP(7+A_TERMS+P_TERMS);
P1DB  = INPP(8+A_TERMS+P_TERMS);
PINM  = INPP(9+A_TERMS+P_TERMS);
PSAT  = INPP(10+A_TERMS+P_TERMS);
SAP   = INPP(11+A_TERMS+P_TERMS+[0:3]);
DEVICE= setstr(INPP(15+A_TERMS+P_TERMS:length(INPP)));
UVi = sqrt(ZI/500)*10^((P1DB+1-GAIN)/20);
UVo = sqrt(ZO/500)*10^((P1DB+1)/20);

ViM = dbm2v_tone(PINM,ZI);
VoM = dbm2v_tone(PSAT,ZO);
ViIsRow=0;

%---------->
ViA = abs(Vi);
[tmp_M,tmp_N]=size(ViA);
if tmp_M==1
    ViIsRow=1;
    tmp_M=tmp_N;
    ViA=ViA';
end;
%
ViP = atan2(imag(Vi),real(Vi));

%<----------

max_vo=dbm2v_tone(PSAT,ZO)/dbm2v_tone(P1DB+1,ZO);

%
%Calcuate the output amplitude
%
if A_BASIS==POLYNOMIAL
    p = zeros(1,2*A_TERMS);
```

```
        p(2*A_TERMS-1:-2:1)=A_COEF;
        VoA = polyval(p,ViA./UVi).*UVo;
else
    if A_BASIS==SINE
        n = [1:2:2*A_TERMS-1];
        VoA = zeros(size(ViA));
        for i=1:tmp_N
            KERNEL = sin((pi/2/ViM .* ViA(:,i)) * n);
        VoA(:,i) = (KERNEL * A_COEF') .* UVo;
        end;
        else
            if A_BASIS==COSINE
                error('Cannot use Fourier-cosine series ...
                    for expanding AM-AM characteristics.');
            else
                error('Unknown expansion function type');
            end;
    end;
end;
%
%Calcuate the phase distortion
%
if P_BASIS==POLYNOMIAL
    q = zeros(1,2*P_TERMS+1);
    q(2*P_TERMS-1:-2:1)=P_COEF;
    VoP = polyval(q,ViA./UVi);
    else
        if P_BASIS==SINE
            error('Cannot use Fourier-sine series to ...
                expand AM-AM characteristics.');
        else
            if P_BASIS==COSINE
                n = [0:2:2*P_TERMS-2];
                VoP = zeros(size(ViA));
                for i=1:tmp_N
                    KERNEL = cos((pi/2/ViM .* ViA(:,i)) * n);
                    VoP(:,i) = (KERNEL * P_COEF');
                end;
            else
                error('Unknown expansion function type');
            end;
        end;
end;
%
if ViIsRow
    VoA = VoA';
    VoP = VoP';
```

```
end;
VoP = VoP + ViP;        % Add the phase distortion
Vo = VoA .* exp(1j .* VoP);

                    * * * * * * * * * * * * * * * * * * *
function [H,F]=LDTFT(h,t)
% LDTFT custom Discrete-time Fouriour transform
%
%  [H,W]=LDTDT(h,t)
%
%  Input:
%
%        h          input vector, whose length is N
%        t          time vector, whose length is N
%
%  Output:
%
%        H          vector of the DTFT of h
%        F          vector of the frequencies where DTFT is
computed
%
[M,N] = size(h);
ODD=0;
ROW=0;
VECTOR=0;
if M==1
   ROW=1;
   t=t';
   h=h';
   M=N;
   N=1;
end;

[M_t,N_t]=size(t);
if (M_t ~= M)
   error('LDTFT: dimensions of time and signal do not
agree');
else
   if (N_t~=1 & N_t~=N)
      error('LDTFT: dimensions of time and signal do not
agree');
   else
      if N_t==1
         VECTOR=1;
         t = t*ones(1,N);
      end;
   end;
```

```
end;
if rem(M,2)==1
   ODD=1;
   M=M-1;
   h=h(1:M,:);
   t=t(1:M,:);
end;
mid = M/2+1;
W = (2*pi/M) .* ([0:(M-1)]'*ones(1,N));
W(mid:M,:)=W(mid:M,:)-2*pi;
W = fftshift(W);
F = W .* (ones(M,1)*((1/2/pi)./(t(2,:)-t(1,:))));
n0 = M/2;
t0 = t(mid,:);
scale=1/sqrt(M);
HH = fft(h,M).*scale;
H(1:mid-1,:) = HH(mid:M,:);
H(mid:M,:) = HH(1:mid-1,:);
H = H .* exp(-1j*(W*n0+2*pi*(F.*(ones(M,1)*t0))));

if ODD
   H = [H;H(1,:)];
   F = [F;-F(1,:)];
end;

if VECTOR
      F=F(:,1);
end;

if ROW
   H=H';
   F=F';
end;
                   ********************

function [h,t]=LIDTFT(H,F)
%LIDTFT Leon's custom inverse Discrete-time Fouriour
transform
%
%
%   Last edited on 06/05/96
%
%
%   [h,t]=LIDTDT(H,F) generates the inverse Discrete-time
Fouriour transform
%
%   Input:
```

```
%
%         H          input vector
%         F          frequency vector
%
%   Output:
%
%         h          vector of the IDTFT of H
%         t          vector of the tome where IDTFT is
computed
%
[M,N] = size(H);
ODD=0;
ROW=0;
VECTOR=0;
if M==1
   ROW=1;
   F=F';
   H=H';
   M=N;
   N=1;
end;

[M_F,N_F]=size(F);
if (M_F ~= M)
   error('LDTFT: dimensions of frequency and signal do
not agree');
else
   if (N_F~=1 & N_F~=N)
      error('LDTFT: dimensions of frequency and signal
do not agree');
   else
      if N_F==1
         VECTOR=1;
         F = F*ones(1,N);
      end;
   end;
end;

if rem(M,2)==1
   ODD=1;
   M=M-1;
   H=H(1:M,:);
   F=F(1:M,:);
end;
mid = M/2+1;
T = (2*pi/M) .* ([0:(M-1)]'*ones(1,N));
T(mid:M,:)=T(mid:M,:)-2*pi;
```

```
T = fftshift(T);
t = (    T ./ (ones(M,1)*(F(2,:)-F(1,:)))    )./(2*pi);
n0 = M/2;
F0 = F(mid,:);
scale=sqrt(M);
hh = ifft(H,M).*scale;
h(1:mid-1,:) = hh(mid:M,:);
h(mid:M,:) = hh(1:mid-1,:);
h = h .* exp(1j*(T*n0+2*pi*(t.*(ones(M,1)*F0))));
if ODD
   h = [h;h(1,:)];
   t = [t;-t(1,:)];
end;

if VECTOR
   t = t(:,1);
end;

if ROW
   h = h';
   t = t';
end;

               *******************

function v = fctrl(n)
% Factorial calculation n! = n(n-1)(n-2)....1.
if n == 0
   v = 1;
else
   for k = 1:n
     if k == 1
        v = 1;
      else
        v = v*k;
      end;
    end;
end;

               *******************

function V=dBm2V(dBm,Z)
%DBM2V convert dBm number to volt
%
%
if nargin< 2
   Z=50;
```

```
end;
%
V = 10 .^ (dBm./20) .* sqrt(Z/1000)
```

```
                * * * * * * * * * * * * * * * * * *
```

```
function V=dBm2V_tone(dBm,Z)
%DBM2V convert dBm number to volt
%
%
if nargin< 2
   Z=50;
end;
 V = 10 .^ (dBm./20) .* sqrt(2*Z/1000);
```

```
                * * * * * * * * * * * * * * * * * *
```

```
function DEVICE=getdev(INPP)
%
A_TERMS=INPP(2);
P_TERMS=INPP(4);
DEVICE= setstr(INPP(15+A_TERMS+P_TERMS:length(INPP)));
```

```
                * * * * * * * * * * * * * * * * * *
```

```
function [GAIN,P1DB,PINM,PSAT]=getpwr(INPP)
%
A_TERMS=INPP(2);
P_TERMS=INPP(4);
GAIN  = INPP(7+A_TERMS+P_TERMS);
P1DB  = INPP(8+A_TERMS+P_TERMS);
PINM  = INPP(9+A_TERMS+P_TERMS);
PSAT  = INPP(10+A_TERMS+P_TERMS);
```

```
                * * * * * * * * * * * * * * * * * *
```

```
function ZI=getZI(INPP)
%
ZI=INPP(5);
```

```
                * * * * * * * * * * * * * * * * * *
```

```
function ZO=getZO(INPP)
%
ZO=INPP(6);
```

参考文献

[1] 3GPP TS 25.101, V5.2.0, *Technical Specification Group Radio Access Networks; UE Radio Transmission and Reception (FDD)*, March 2002.

[2] ETSI, *Digital Cellular Telecommunications System (Phase 2+); Radio Transmission and reception (GSM 05.05 version 7.3.0)*, 1998.

[3] TIA/EIA-98-E, *Recommended Minimum Performance Standards for cdma2000 Spread Spectrum Mobile Stations*, February, 2003.

[4] IEEE STD 1528-200X, *Recommended Practice for Determining the Peak Spatial-Average Specific Absorption Rate (SAR) in Human Body Due to Wireless Communications Devices: Experimental Techniques (Draft)*, Aug. 2001.

[5] R. A. Birgenheier, "Overview of Code-Domain Power, Timing, and Phase Measurements," *Hewitt-Packard Journal*, Feb., 1996

[6] S. Freisleben, "Semi-Analytical Computation of Error Vector Magnitude for UMTS SAW Filters," EPCOS AG, Surface Acoustic Wave Devices, Munich, Germany.

[7] V. Aparin, B. Bulltler, and P. Draxler, "Cross Modulation Distortion in CDMA Receivers," *2000 IEEE MTT-S Digest*, pp. 1953–1956.

[8] N. M. Blachman, "Detectors, Band-pass Nonlinearities and Their Optimization: Inversion of the Chebyshev Transform" *IEEE Trans. Information Theory*, vol. IT-17, no. 4, pp. 398–404, July 1971.

[9] S. A. Maas, *Nonlinear Microwave Circuits*, Artech House, Norwood, MA, 1988.

[10] J. S. Kenney and A. Leke, "Power Amplifier Spectral Regrowth for Digital Cellular and PCS Applications," *Microwave Journal*, pp. 74–92, Oct. 1995.

[11] K. G. Gard, H. M. Gutierrez, and M. B. Steer, "Characterization of Spectral Regrowth in Microwave Amplifiers Based on the Nonlinear Transformation of a Complex Gaussian Process," *IEEE Trans. On MTT*, vol. 47, no. 7, pp. 1059- 1060, July 1999.

[12] J. C. Pedo and N. B. de Carvalho, "On the Use of Multitone Techniques for assessing RF Components' Intermodulation Distortion," *IEEE Trans. Microwave Theory and Techniques*, vol. 47, no. 12, pp. 2393–2402, Dec. 1999.

[13] N. B. de Carvalho and J. C. Pedo, "Multi-Tone Intermodulation Distortion Performance of 3rd Order Distortion Microwave Circuits," *1999 IEEE MTT-S Digest*, pp. 763–766, 1999.

[14] O. W. Ota, "Two-tone and Nine-tone Excitatins in Future Adative Predistorted Linearized Basestation Amplifiers of Cellular Radio," *Wireless ersonal Communications*, Kluware Publishers, vol. 16, no. 1, pp. 1–19, Jan. 2001.

[15] M. Heimbach, "Polarizing RF Transmitters for Multimode Operation," *Communication System Design*, Oct. 2001.

[16] M. Heimbach, "Polar Impact: The Digital Alternative for Multi-Mode Wireless Communications," *Applied Microwave and Wireless*, Aug. 2001.

[17] S. Mann, M. Beach, P. Warr, and J. McGeehan, "Increasing the Talk-Time of Mobile Radio with Effective Linear Transmitter Architectures," *Electronics and Communication Engineering Journal*, Apr. 2001.

[18] J. K. Jau and T. S. Horng, "Linear Interpolation Scheme for Compensation of Path-Delay Difference in an Envelope Elimination and Restoration Transmitter," *Proceeding of APMC2001*, pp. 1072-1075.

[19] CDMA Development Group, *CDG System Performance Tests* (optional), Rev. 3.0 Draft, Apr. 9, 2003.

辅助参考文献

[1] L. Robinson, P. Aggarwal, and R. R. Surendran, "Direct Modulation Multi-Mode Transmitter," *2002 IEEE International Conference on 3G Mobile Communication Technologies*, pp. 206–210, May 2002.

[2] G. D. Mandyam, "Quantization Issues for the Design of 3rd-Generation CDMA Wireless Handset Transmitter," pp. 1–7, 1999.

[3] L. Angrisani and R. Colella, "Detection and Evaluation of I/Q Impairments in RF Digital Transmitters," *IEE Proc.–Sci. Meas. Technol.*, vol. 151, no. 1, pp. 39–45, Jan. 2004.

[4] P. Naraine, "Predicting the EVM Performance of WLAN Power Amplifiers with OFDM Signals," *Microwave Journal*, vol. 47, no. 5, pp. 222–226, May 2004.

[5] B. Andersen, "Crest Factor Analysis for Complex Signal Processing," *RF Design*, pp. 40–54, Oct. 2001.

[6] N. Dinur and D. Wulich, "Peak-to-Average Power Ratio in High-Order OFDM," *IEEE Trans. On Communications*, vol. 49, no. 6, pp. 1063–1072, June 2001.

[7] N. Ngajikin, N. Fisal and S. K. Yusof, "Peak to Average Power Ratio in WLAN-OFDM System," *Proceedings of 4th National Conference on Telecommunication Technology*, Shah Alam, Malaysia, pp. 123–126, 2003.

[8] O. Gorbachov, Y. Cheng and J. S. W. Chen, "Noise and ACPR Correlation in CDMA Power Amplifiers," *RF Design*, pp. 38–44, May 2001.

[9] F. H. Raab, "Intermodulation Distortion in Kahn-Technique Transmitter," *IEEE Trans. On Microwave Theory and Techniques*, vol. 44, no. 12, pp. 2273–2278, Dec. 1996.

[10] S. Freisleben, "Semi-Analytical Computation of Error Vector Magnitude for UMTS SAW Filters," Tech. Note from EPCOS AG, Surface Acoustic Wave Devices, Munich, Germany.

[11] S. J. Yi et al., "Prediction of a CDMA Output Spectrum Based on Intermodulation Products of Two-Tone Test," *IEEE Trans. On Microwave Theory and Technology*, vol. 49, no. 5, May 2001.

[12] F. M. Ghannouchi, H. Wakana, and M. Tanaka, "A New Unequal Three-Tone Signal Method for AM-AM and AM-PM Distortion Measurements Suitable for Characterization of Satellite Communication Transmitter/transponders," *IEEE Trans. on Microwave Theory and Techniques*, vol. 48, no. 8, pp. 1404–1407, Aug. 2000.

[13] F. M. Ghannouchi and A. Ghazel, "AM-AM and AM-PM Distortion Characterization of Satellite Transponders/Base Station Transmitters Using Spectrum Measurements," *Proceedings of 2003 International Conference on Recent Advance in Space Technologies*, pp. 141–144, Nov. 2003.

[14] A. Laloue et al., "An Efficient Method for Nonlinear Distortion Calculation of the AM and PM Noise Spectra of FMCW Radar Transmitter," *IEEE Trans. On Microwave Theory and Techniques*, vol. 51, no. 8, pp. 1966–1976, Aug. 2003.

[15] Application note, "On the Importance of Adaptive-Bias Techniques in the RF Section of CDMA Mobile Phones to Improve Standby and Talk-Time Performance," Wireless Semiconductor Division, Agilest Technologies.

[16] S. Mann et al., "Increasing the Talk-time of Mobile Radios with Efficient Linear Transmitter Architectures," *Electronics and Communication Engineering Journal*, pp. 65–76, April 2001.

[17] S. Mann et al., "Increasing Talk-Time with Efficient Linear PA's," *IEE Seminar on Tetra Market and Technology Development*, pp. 6/1–6/7, Feb. 2000.

[18] F.H. Raab, P. Asbeck et al., "RF and Microwave Power Amplifier and Transmitter Technologies — Part 1," *High Frequency Electronics*, pp. 23–36, May 2003.

[19] F.H. Raab, P. Asbeck et al., "RF and Microwave Power Amplifier and Transmitter Technologies — Part 2," *High Frequency Electronics*, pp. 22–36, July 2003.

[20] F.H. Raab, P. Asbeck et al., "RF and Microwave Power Amplifier and Transmitter Technologies — Part 3," *High Frequency Electronics*, pp. 34–48, Sept. 2003.

[21] F. H. Raab, P. Asbeck, et al., "RF and Microwave Power Amplifier and Transmitter Technologies — Part 4," *High Frequency Electronics*, pp. 38–49, Nov. 2003.

[22] F.H. Raab, "High-Efficiency L-Band Kahn-Technique Transmitter," *1998 IEEE MTT-S Digest*, pp. 585–588, June 1998.

[23] E.W. McCune Jr., "Multi-Mode and Multi-Band Polar Transmitter for GSM, NADC, and EDGE," *2003 IEEE Wireless Communications and Networking*, vol. 2, pp. 812–815, March 2003.

[24] M. Heimbach, "Polarizing RF Transmitters for Multimode Operation," *Communication Systems Design*, vol.10, no. 12, Dec. 2004.

[25] Z. Zhang and L. E. Larson, "Gain and Phase Error-Free LINC Transmitter," *IEEE Trans. On Vehicular Technology*, vol. 49, no. 5, pp.1986–1994, Sept. 2000.

[26] W. B. Sander. S.V. Schell, and B. L. Sander, "Polar Modulator for Multi-Mode Cell Phones," *Proceedings of the IEEE 2003 Custom Integrated Circuits Conference*, pp. 439–445, Sept. 2003.

[27] T. Sowlati et al., "Quad-Band GSM/GPRS/EDGE Polar Loop Transmitter," *IEEE Journal of Solid-State Circuits*, vol. 39, no. 12, pp. 2179–2189, Dec. 2004.

[28] L. Sundstrom, "Spectral Sensitivity of LINC Transmitters to Quadrature Modulator Misalignments," *IEEE Trans. on Vehicular Technology*, vol. 49, no. 4, pp.1474–1486, July 2000.

[29] S. O. Ampem-Darko and H.S. Al-Raweshidy, "A Novel Technique for Gain/Phase Error Cancellation in LINC Transmitters," *1999 IEEE 50th Vehicular Technology Conference*, vol. 4, pp. 2034–2038, Sept. 1999.

[30] S. A. Olson and R. E. Stengel, "LINC Imbalance Correction Using Baseband Preconditioning," *1999 IEEE Radio and Wireless Conference*, pp. 179–182, Aug. 1999.

[31] B. Shi and L. Sundstrom, "An IF CMOS Signal Component Separator Chip for LINC Transmitter," *2001 IEEE International Conference on Custom Integrated Circuits*, pp. 49–52, May 2001.

[32] X. Zhang, L. E. Larson and P. M. Asbeck, "Calibration Scheme for LINC Transmitter," *Electronics Letters*, vol. 37, no. 5, pp. 317–318, Mar. 3001.

[33] B. Shi and L. Sundstrom, "A Time-Continuous Optimization Method for Automatic Adjustment of Gain and Phase Imbalances in Feedforward and LINC Transmitters," pp. I-45–I-48, 2003.

[34] R. Strandberg, P. Andreani and L. Sundstrom, "Bandwidth Considerations for a CALLUM Transmitter Architecture," *2002 IEEE*

International Symposium on Circuits and Systems, vol. 4, pp. IV-25–IV-28, May 2002.

[35] M. Boloorian and J.P. McGeehan, "Automatic Removal of Cartesian Feedback Transmitter Imperfections," *IEE Proc.–Commun.*, vol. 144, no. 4, pp. 281– 288, Aug. 1997.

[36] S.I. Mann, M.A. Beach and K.A. Morris, "Digital Baseband Cartesian Loop Transmitter," *Electronics Letters*, vol. 37, no. 22, pp.1360–1361, Oct. 2001.

[37] N. Sornin et al., "A Robust Cartesian Feedback Loop for a 802.11 a/b/g CMOS Transmitter," *2004 IEEE Radio Frequency Integrated Circuits Symposium*, pp. 145–148, 2004.

[38] M. Helaoui, et al. "Low-IF 5 GHz WLAN Linearized Transmitter Using Baseband Digital Predistorter," *Proceedings of the 2003 10th IEEE International Conference on Electronics, Circuits, and Systems*, vol. 1, pp. 260 – 263, Dec. 2003.

[39] P. B. Kenington, "Linearized Transmitters: An Enabling Technology for Software Defined Radio," *IEEE Communications Magazine*, pp. 156 – 162, Feb. 2002.

[40] K.C. Peng, et al., "High Performance Frequency Hopping Transmitters Using Two-Point Delta-Sigma Modulation," *2004 IEEE MTT-S Digest*, pp. 2011–2014, June 2004.

第 6 章

系统设计的应用

本章将介绍无线移动接收机和发射机的设计案例。这些案例用于解释怎样使用之前章节所讨论的接收机和发射机设计方法和公式,以及实际中一些重要的注意事项。一个移动通信收发机的完整设计也会在此介绍。这里仅讨论一些关键参数,因为它们主要描述了移动收发机的射频性能,如接收机方面的灵敏度、互调寄生衰减、相邻信道选择性,以及发射机方面的调制精度、相邻信道功率比、噪声/杂散散射。对指定这些参数的设计目标,以及如何在设计中实现这些目标进行了详细的讨论。

下面介绍两个收发机系统设计的例子。第一个例子是多模和多频段超外差收发机设计,实际上覆盖了 GSM、TDMA、AMPS 和 GPRS 移动系统的设计。第二个例子是基于直接变频架构的 CDMA 收发机设计。

6.1 多模和多频段超外差收发机

在本节中详细介绍了移动射频收发机的射频系统设计,可运行于 GSM(GPRS)、TDMA 和 AMPS 系统,以及 800MHz 的蜂窝频段、1900MHz 的个人通信系统双通带。目前,一些 GSM 移动站不仅有 GPRS 的功能,而且也支持增强型数据速率全球演进技术(EDGE)。本例子中不讨论 EDGE。本项设计里选择了超外差结构,超外差多模和多频段移动收发机的方框图示于图 6.1 中。这是超外差式移动收发机的一种常用配置。整个收发机由一个接收机集成电路、一个发射机集成电路、两个压控振荡器、两个功率放大器和双工器、射频和中频声表面波滤波器组成。

接收机集成电路包含两组分别运行于 800MHz 蜂窝频段和 1900MHz 个人通信系统频段低噪声放大器和下变频器,以及包括一个中频可变增益放大器、一个正交解调器(第二个下变频器)、I 和 Q 信道的基带低通滤波器和基带放大器的共用模块。在发射机集成电路中,其组成与接收机的类似。它有着共用的基带 I 和 Q 信道、正交调制器、中频可变增益放大器和独立的射频部分,其包括对应每一频段的一个上变频器、射频可变增益放大器、一个驱动放大器。此外,可运行于这两个频段的频率合成器也集成在发射机集成电路中。接收机和发射机集成电路可通过 SiGe/BiCMOS 和 CMOS 技术来设计和实现。

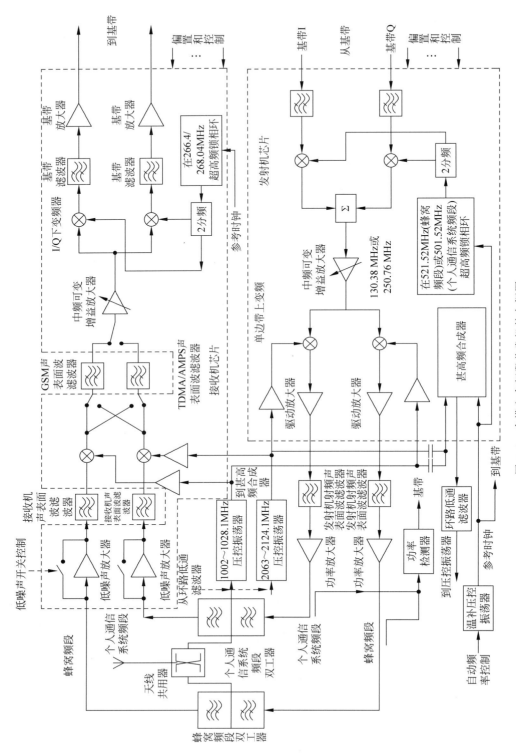

图 6.1 多模和多频段收发机的方框图

在该双频段收发机中,800MHz 频带和 1900MHz 频带的射频级电路(包括集成电路芯片和片外器件,如用于接收机和发射机中的功率放大器、双工器、射频声表面波带通滤波器)是分开的。射频级中唯一共享的部分为双工器,它将蜂窝频段和个人通信系统频段信号区分开来,并将它们从天线端口转发到对应的接收机或从对应的发射机发送到天线端口。另外,这也是一个四模式收发机,它需要不同的中频声表面波信道滤波器分别去处理带宽 200kHz 的 GSM 和 GPRS 信号,以及带宽 25kHz 的 TDMA 和 AMPS 信号。接收机集成电路的 I 和 Q 信道中低通滤波器的带宽一定要根据运行模式可调。

6.1.1　频率规划的选择

多模收发机在 GSM、GPRS 和 TDMA 模式中运行为半双工系统,仅在 AMPS 模式中为全双工系统。然而,AMPS 收发机运行于 800MHz 的蜂窝频段。从表 3.1 中可知,蜂窝频段的整个频率段跨度为 70MHz,包括接收机和发射机的运行频段(每个 25MHz)与一个频段隔离(20MHz)。从 3.1.2 节中的超外差收发机频段规划讨论中可知,这种情况下第一中频应大于 70MHz。

除了一些特殊的情况,一般来说可利用现存且已通过验证的频率规划来实现常用无线通信系统设计的移动收发机。这种情况下,可利用一些商业的声表面波或晶体信道滤波器,且常常有多个货源可供设计者选择。因此,可节省滤波器的开发费用,且低成本获得合格的信道滤波器。例如,GSM 和 GPRS 接收机的第一中频选择为 133.2MHz,TDMA 和 AMPS 接收机的第一中频选择为 134.04MHz。对 GSM 和 TDMA/AMPS 系统使用稍微不同的中频是由于在两不同的信道系统中有着一个共同的参考时钟用于合成频率,即 200kHz 的 GSM 信道间隔和 30kHz 的 TDMA/AMPS 信道间隔。

19.2MHz 的参考时钟或者压控温度补偿晶体振荡器(voltage control temperature compensated crystal oscillator,VCTCXO)的频率普遍用于移动站。多模收发机或许在所有工作模式中都采用这个参考时钟。

如果高的本振注入方法(即高于期望信号频率的本振频率)用于接收机的超高频下变频器和发射机超高频的上变频器,800MHz 蜂窝频段和 1900MHz 个人通信系统频段超高频合成器的调节范围分别为 1002～1029MHz 和 2063～2125MHz。实际上这两个频率调节范围通过单个调节范围 2004～2125MHz 的压控振荡器和一个 2 分频器实现,因为 2004～2125MHz 的频率范围大约为压控振荡器工作范围的 6%,而这是一个仍能保持良好相位噪声性能相当合理的调节范围。

在超外差移动收发机中,接收机和发射机共享超高频合成器本振。因此发射机的中频由接收机中频以及发射机和接收机频带的间隔决定。在这个例子中,800MHz 频段时,发射机中频在 GSM 和 GPRS 工作中为 178.2MHz,在 TDMA 和 AMPS 模式中为 179.04MHz。而在 1900MHz 频段时,发射机的中频要比 800MHz 频段的高出 35MHz,即对 GSM 和 TDMA 发射机分别为 213.2MHz 和 214.04MHz。

接收机或发射机中的甚高频压控振荡器均运行于对应的接收机中频或发射机中频的两

倍频率。由于无论在接收机还是发射机中都有两个中频,接收甚高频压控振荡器在 GSM 中工作于 266.4MHz,在 TDMA 和 AMPS 中工作于 268.08MHz,发射机对应的甚高频压控振荡器的频率分别为 356.4MHz 和 358.08MHz。以上讨论的所有频率均归纳于表 6.1 中。

表 6.1 用于收发机中可能频率的归纳

	GSM 和 GPRS	TDMA 和 AMPS
压控温度补偿晶体振荡器(MHz)	19.2	19.2
接收机中频(MHz)	133.2	134.04
发射机(MHz)	178.2	179.04
甚高频压控振荡器调节(MHz)	2004~2058	2063~2125
接收机超高频压控振荡器(MHz)	266.4	268.08
发射机超高频压控振荡器(MHz)	356.4	358.08

6.1.2 接收机系统设计

GSM、GPRS 或 TDMA 模式中设计的收发机在 800MHz 和 1900MHz 频段均可运行,但 AMPS 模式仅能运行于 800MHz 频段。GSM、GPRS、TDMA 和 AMPS 移动接收机的最低性能要求分别介绍列于表 6.2~表 6.4 中[1]-[3]。我们的设计目标不只是使得接收机性能满足这些最低指标,也要有合理的参数余量。

表 6.2 GSM 和 GPRS 移动接收机的最低性能指标

GSM 和 GPRS 800/1900	指 标	注 释
频段(MHz)	869~894 或 1930~1990	
调制	GMSK	
符号速率(kS/s)	270.833	
灵敏度(dBm)	<−102	RBER<2%
800MHz 频段 GPRS 灵敏度(数据包信道)(dBm)	<−100	BLER<10%
1900MHz 频段 GPRS 灵敏度(数据包信道)(dBm)	<−102	BLER<10%
800MHz 动态范围(dBm)	>−15	RBER<0.1%
1900MHz 动态范围(dBm)	>−23	RBER<0.1%
互调寄生响应衰减(dBm)	>−49	f_1:±800kHz 偏移(连续波);f_2:±1.6MHz 偏移(调制信号)
相邻信道选择性(dBc)	>9	±200kHz 偏移,2% 误码率
相间信道选择性(dBc)	>41	±400kHz 偏移,2% 误码率
阻塞特性(dBc)	>49	±(600kHz~1.6MHz)偏移,2% 误码率
阻塞特性(dBc)	>66	±(1.6~3MHz)偏移,2% 误码率
800MHz 阻塞特性(dBc)	>76	>3MHz 偏移,2% 误码率
1900MHz 阻塞特性(dBc)	>73	>3MHz 偏移,2% 误码率

续表

GSM 和 GPRS 800/1900	指　　标	注　　释
800MHz 杂散散射(dBm/100kHz)	<−79	接收机频段
1900MHz 杂散散射(dBm/100kHz)	<−71	接收机频段
杂散散射(dBm/100kHz)	<−36	发射机频段

表 6.3　TDMA 移动接收机的最低性能指标

TDMA 800/1900	指　　标	注　　释
频段(MHz)	869~894 或 1930~1990	
调制	$\pi/4$ DQPSK	
符号速率(kS/s)	24.3	
灵敏度(dBm)	<−110	误码率<3%
动态范围(dBm)	>−25	误码率<3%
互调寄生响应衰减(dBc)	>62	f_1:±120kHz 偏移(连续波);f_2:±240kHz 偏移(连续波)
相邻信道选择性(dBc)	>13	±30kHz 偏移,3%误码率
相间信道选择性(dBc)	>42	±60kHz 偏移,3%误码率
杂散散射(dBm)	<−80	接收机频段

表 6.4　AMPS 移动接收机的最低性能指标

AMPS 800/1900	指　　标	注　　释
频段(MHz)	869~894	
调制	FM	
噪声带宽(kHz)	约 27	
灵敏度(dBm)	<−116	SINAD=12dB
动态范围(dBm)	>−25	
互调寄生响应衰减(dBc)	>65	f_1:±60kHz 偏移(连续波);f_2:±120kHz 偏移(连续波)
互调寄生响应衰减(dBc)	>70	f_1:±330kHz 偏移(连续波);f_2:±660kHz 偏移(连续波)
相邻信道选择性(dBc)	>16	±200kHz 偏移,2%误码率
相间信道选择性(dBc)	>60	±400kHz 偏移,2%误码率
杂散散射(dBm)	<−80	接收机频段

1. 接收机性能评估中载噪比的确定

在接收机系统设计中,需要首先确定在指定误码率时每个工作模式下的载噪比。从 GSM 系统开始,为了接收机灵敏度和其他性能的计算采用了 2% 的残余误码率(RBER),如表 6.2 指标中所定义,它取决于信道的类型和传输的条件。在一些信道和多径衰落条件下残余误码率接近于误码率,如传输条件 RA250 中;另外,在其他的传输条件下,如条件 TU3[1] 中,它就要好于误码率。一般情况下,基于 BER 而非基于 RBER 来计算所需的载噪比要相对稳妥。

对于 GSM 音频信道 TCH/FS 等级 II，载噪比可估算如下：从 BT_b 为 0.25 的 GMSK 信号的误码率（BER）与 E_b/n_o 的曲线中（见图 2.37），因为 $BER=2\%$，可估算 $E_b/n_o \cong 5\text{dB}$，尽管 GSM 信号的 BT_b 为 0.3。2% 左右的 BER 时，GMSK 信号的 BER 与 E_b/n_o 的曲线在 $BT_b=0.3$ 和 0.25 时差别不大。此外，GSM 信号的误码率性能可能会受本振的相位噪声、中频和基带信道滤波器的群延时失真及 I 和 Q 信道信号相位和振幅失衡影响而下降。GSM 信号 E_b/n_o 在 2% BER 时因上述原因而所需的增量见表 6.5。因此，2% BER 时总的 E_b/n_o 大约为 5.6dB。在 GMSK 比特率 271kHz 且接收机噪声带宽 182MHz 时，对应的载噪比可通过式（2.4.11）获得如下

$$CNR_{\text{GSM}} = \frac{E_b}{n_o} + 10\log\frac{R_b}{BW} = 5.6 + 10\log\frac{271}{182} = 7.3\text{dB}$$

在下列 GSM 接收机性能的计算中，将会采用 8dB 的 CNR_{GSM} 以预留 0.7dB 的余量。然而，当带有自适应多速率（adaptive multiple rate，AMR）的音频信道时，相同 -102dBm 灵敏度情况下的载噪比大约比原始音频信道的载噪比高 1.5dB，即 9.5dB。

表 6.5 在 2%BER 时 GSM 信号 E_b/n_o 因干扰所需的增量

项 目	指 标	E_b/n_o 降低(dB)
两本振总的集成相位噪声	$<-25\text{dBc}$	0.1
信道滤波器的群延时失真	$<2\mu s$	0.4
I 和 Q 在相位和振幅方面的不平衡	$<5°$ 和 $<0.5\text{dB}$	0.1

在最坏情况下对载噪比的要求为在 HT100 传播条件下的信道 TCH/AFS5.9。即使没有自适应多速率在灵敏度为 -102dBm 的情况下，载噪比也需要有 9.4dB。

在 GPRS 情况下，作为 GSM 系统，调制方案仍然是 GMSK。在分组数据信道（packet data channels，PDCH）中 10% 的块错误率（block error rate，BLER），按照规定在 GSM 音频信道时对应的载噪比一般大约为 8dB；但在最坏情况下，它或许会升到接近 10dB。但是，最坏情况下（举个例子，1800MHz 频段下 PDCH/CS-4）GPRS 的参考灵敏度可以放宽到 -100dBm，而不是 -102dBm。

之后的 GSM 和 GPRS 系统射频接收机的性能评估将基于 8dB 的 $CNR_{\min}$，因为 GSM 求值的结果对于 GPRS 同样可用，所以相应的求值也主要集中在 GSM。另外，在系统设计中应该要留有足够的余量来涵盖最坏情况下的性能，包括带有自适应多速率的 GSM 音频信道。

采用类似方法，可确定 TDMA 接收机信号在 $\pi/4$ DQPSK 调制时关于性能计算的载噪比值。从图 2.39 中，可看到在无符间干扰且 BER 为 3% 时 E_b/n_o 大约为 5dB。假定信道滤波器总的群延时失真为 $1.5\mu s$，这将造成 0.3dB 的 E_b/n_o 增量以保持 3% 的 BER，且其他因素如 I 和 Q 信道失配及本振的相位噪声将使 E_b/n_o 再增加 0.2dB。所以，达到 3% 的 BER 总共需要 E_b/n_o 的值为 5.5dB。采用相同的公式（2.4.110）且鉴于 $\pi/4$ DQPSK 调制情况下 $R_b/BW=2$，可得载噪比为

$$CNR_{\text{TDMA}} \cong 5.5 + 10\log 2 = 8.5\text{dB}$$

与 GSM 情形相似,在上述CNR_{TDMA}值上加 0.5dB,即$CNR_{\text{TDMA}}=9$dB,来评估 TDMA 移动接收机的性能。

定义于式(2.4.113)中的 $SINAD$,用于模拟 AMPS 系统中测定接收机灵敏度和其他取代 BER 的性能。定义测定 AMPS 接收机性能的信号—噪声及失真比(SINAD)的值为 12dB[3],并如 2.4.5 小节所述可转换为载噪比。这里,将利用$CNR_{\text{AMPS}}=3.0$dB,即大约比图 2.41 所给出的载噪比值高 0.5dB,来评估 AMPS 接收机的性能。

2. 噪声系数

这里仅仅讨论静态灵敏度(因此不像其他的灵敏度测量,如多径衰落情况下的灵敏度),静态灵敏度主要取决于接收机的噪声系数。接收机灵敏度是接收机最重要的参数指标之一。通常在典型情况下,将预留 4dB 的余量,在最差情况下也需预留 1.5dB 的余量。

接收机的静态灵敏度由噪声带宽、噪声系数和载噪比决定。它可依据 4.2.1 节中的式(4.2.4)进行计算;同样的公式也可用于在已知噪声带宽和载噪比值的情况下,从定义的灵敏度水平计算出噪声系数;噪声带宽和载噪比值决定了灵敏度。考虑到 4dB 的余量,GSM、TDMA 和 AMPS 移动接收机的灵敏度分别为-106dBm、-114dBm 和-120dBm,且对应的噪声系数为

$$NF_{\text{GSM}} = 174 - 106 - 10\log(182 \times 10^3) - 8 \cong 7.4\text{dB}$$

$$NF_{\text{TDMA}} = 174 - 114 - 10\log(27 \times 10^3) - 9 \cong 6.7\text{dB}$$

$$NF_{\text{AMPS}} = 174 - 120 - 10\log(27 \times 10^3) - 3 \cong 6.7\text{dB}$$

典型情况下,多模接收机的噪声系数应为 6.7dB 或更低。接收机的整体噪声系数主要决定于从天线端口到下变频器输出部分射频模块的噪声系数和增益,而该模块由 GSM 和 TDMA 或 AMPS 共享。为确保所有运行模式足够高的灵敏度,需要选择最低的噪声系数。接收机最大的噪声系数应该为 9.2dB 或更小,因此接收机灵敏度在最坏情况下依然有 1.5dB 的余量。

3. 线性度和三阶截点

在超外差式接收机中,接收机的线性度常常通过三阶输入截点来衡量。线性度要求的计算比接收机噪声系数更复杂。无线移动接收机的整体IIP_3要求由可允许的互调失真(intermodulation distortion,IMD)或称为互调寄生衰减与甚高频合成器本振的相位噪声所决定。

不同系统接收机的互调失真性能要求定义于表 6.2～表 6.4 中。它们分别为:

(1) GSM:期望信号-99dBm,最小干扰-49dBc。

(2) TDMA:期望信号-107dBm,最小干扰 62dBc 或更高。

(3) AMPS:期望信号灵敏度水平$+3$dBm,最小封闭空间干扰 65dBc 或更高,最小宽间距干扰 70dBc 或更高。

也可注意到,关于 GSM、TDMA 和 AMPS 移动接收机对于互调性能测试频和调制干扰,设定在距载波不同偏移频率处且带有不同的频率间隔。互调测试干扰的偏移频率如下:

(1) GSM:测试频/调制频干扰,偏移频率$\pm800/\pm1600$kHz。

（2）TDMA：测试频/测试频干扰，偏移频率±120/±240kHz。

（3）AMPS：封闭空间测试频/测试频干扰，偏移频率±120/±240kHz；且宽间距测试频/测试频干扰，偏移频率±330/±660kHz。

如果忽略对互调性能影响的其他因素，三阶互调失真分量（third-order IMD product level，IM_3），通过式（4.3.45）直接与接收机线性度或IIP_3相关，即

$$IIP_{3,\min} = S_{d,i} + \frac{1}{2}\big[3(I_{in,\min} - S_{d,i}) + CNR_{\min}\big]$$

使用上面讨论的互调失真指标数据，可获得对于不同运行模式时最小接收机IIP_3要求为

$$IIP_{3,\min|\text{GSM}} = -99 + \frac{1}{2} \times (3 \times 50 + 8) = -20\text{dBm}$$

$$IIP_{3,\min|\text{TDMA}} = -107 + \frac{1}{2} \times (3 \times 62 + 9) = -9.5\text{dBm}$$

和

$$IIP_{3,\min|\text{AMPS}} = -117 + \frac{1}{2} \times (3 \times 65 + 3) = -18\text{dBm} \quad \text{封闭空间}$$

$$IIP_{3,\min|\text{AMPS}} = -117 + \frac{1}{2} \times (3 \times 70 + 3) = -10.5\text{dBm} \quad \text{宽空间}$$

在AMPS接收机的IIP_3求值中假定有-120dBm的接收机灵敏度。

上述计算的IIP_3实际上为仅仅考虑互调干扰时所造成的接收机三阶输入截点的最小要求。现实中，合成器本振的相位噪声和杂散以及接收机噪声系数也将影响互调失真的性能，如式（4.3.51）所示。噪声系数已经由接收机灵敏度确定，且为一给定值。本振的相位噪声和杂散（尤其当补偿频率与互调测试干扰的频率相等时）应该要足够小以确保特定互调失真性能下所要求的接收机IIP_3合理且可行。低的IIP_3通常需要更低的电流损耗。如果中频滤波器对干扰有良好的抑制，则甚高频本振的相位噪声和杂散对互调失真性能的影响一般微不足道，可通过式（4.5.4）和式（4.5.5）间接证明。如果这些公式中的ΔR_{IF}值大，甚高频本振相位噪声和杂散量对互调失真性能降低的影响将会无足轻重。在下面的IIP_3求值中，仅考虑超高频本振对互调失真性能的影响。

事实上，超高频本振相位噪声和杂散不仅影响互调寄生响应衰减的性能，也决定了相邻/相间信道选择性。基于目前的合成器技术，典型情况下对于蜂窝频段和个人通信系统频段移动接收机的使用，合成器本振的相位噪声和杂散量在表6.6给出。相位噪声或许随温度由室温到高温（60℃）或到寒冷（−30℃）而变化几个dB。超高频本振相位噪声和杂散的要求也与中频信道滤波器的选择性相关，且如果信道滤波器对干扰的抑制越高，相位噪声和寄生的指标将越宽松。

不同系统中，为满足互调失真和相邻信道选择性性能而对超高频本振相位噪声和杂散量的需求是不同的。表6.6中给出了基于TDMA和AMPS接收机的互调失真和相邻信道选择性性能而导出的超高频本振相位噪声和杂散性能。为获得互调失真性能上的3dB余量，对于GSM接收机超高频合成器本振的相位噪声和杂散的要求不会如表6.6给出的那

么严格,且在表 6.7 中给出。这意味着超高频压控振荡器在 GSM 模式运行下可以比运行于 TDMA 或 AMPS 模式时使用更少的电流。如果在设计中更关注节能,对于 GSM 模式可让超高频压控振荡器运行在不同的偏置电流处,或者另外基于 TDMA/AMPS 模式要求时多模接收机的超高频本振应该有表 6.6 中给出的相位噪声和杂散性能。

表 6.6　超高频本振的相位噪声和杂散指标

频率偏移	蜂窝频段合成器		PCS 频段合成器	
	相位噪声(dBc/Hz)	杂散(dBc)	相位噪声(dBc/Hz)	杂散(dBc)
±30kHz	≤−105	≤−60	≤−103	≤−60
±60kHz	≤−117	≤−85	≤−114	≤−85
±120kHz	≤−125	≤−90	≤−122	≤−90
±240kHz	≤−131	≤−95	≤−128	≤−95
±330kHz	≤−134	≤−95	≤−131	≤−95
±660kHz	≤−140	≤−95	≤−137	≤−95
±3000kHz	≤−144	≤−95	≤−142	≤−95

表 6.7　GSM 接收机超高频本振的相位噪声和杂散要求

频率偏移	800MHz 频段		1900MHz 频段	
	相位噪声(dBc/Hz)	杂散(dBc)	相位噪声(dBc/Hz)	杂散(dBc)
±200kHz	≤−118	≤−60	≤−114	≤−60
±400kHz	≤−124	≤−65	≤−120	≤−65
±600kHz	≤−127	≤−70	≤−123	≤−70
±800kHz	≤−130	≤−78	≤−126	≤−78
±1600kHz	≤−136	≤−85	≤−132	≤−85
±3200kHz	≤−141	≤−90	≤−137	≤−90

利用表 6.6、表 6.7 以及式(4.3.51),可算得表 6.2～表 6.4 中定义的最小指标下实现 3dB 余量互调失真性能的接收机 IIP_3。例如,800MHz 频段的 GSM 接收机的 IIP_3 通过采用表 6.7 中相位噪声计算得

$$IIP_{3,\mathrm{GSM\_800}} = \frac{1}{2}\Big[3\times(-49+3)-10\log\big(10^{\frac{-99-8}{10}}-10^{\frac{-174+7.4+10\log182\times10^3}{10}}-10^{\frac{-130+10\log182\times10^3-49+3}{10}}$$
$$-10^{\frac{-136+10\log182\times10^3-49+3}{10}}-10^{\frac{-78-49+3}{10}}-10^{\frac{-85-49+3}{10}}\big)\Big] = -15\mathrm{dBm}$$

1900MHz 频段的 GSM 接收机所要求的 IIP_3 为

$$IIP_{3,\mathrm{GSM\_1900}} = -14.8\mathrm{dBm}$$

类似方法,基于表 6.6 的相位噪声和杂散,可获得其他模式或频段的 IIP_3 如下

$$IIP_{3,\mathrm{TDMA\_800}} = -3.4\mathrm{dBm} \quad IIP_{3,\mathrm{TDMA\_1900}} = -2.8\mathrm{dBm}$$

和

$$IIP_{3,\mathrm{AMPS\_close}} = -12.6\mathrm{dBm} \quad IIP_{3,\mathrm{AMPS\_wide}} = -9.3\mathrm{dBm}$$

从这些结果中可总结得到,在这三种接收机工作模式中 TDMA 接收机要求有最高的线性度,且运行在 1900MHz 频段的接收机比运行在 800MHz 频段需要更高的 IIP_3,因为 PCS 频段的本振相位噪声比蜂窝频段本振的更糟糕。接收机不同模式共同路径的线性度设计应该基于 TDMA 的要求,但在电路设计中,应该也要考虑可调节的偏置电路,根据工作模式而改变器件的偏置从而节省电流损耗。

4. 选择性和阻塞性能

接收机选择性和阻塞性能主要由信道滤波器及本振相位噪声和杂散决定。本振相位噪声/杂散要求也部分决定于前面部分所介绍的互调失真性能,因此,对于相位噪声/杂散在接收机系统设计中可用于怎样一个水平我们已经有了一个基本的想法。信道滤波器特性不仅影响接收机选择性和阻塞性能,也影响互调失真性能,因为无论相邻/相间信道的干扰是什么(远距离阻塞信号或互调干扰频/调制信号),当它们通过信道滤波器时将会显著衰减。信道滤波性能也会间接影响到接收机的电流损耗。指定信道滤波器的特性与定义本振相位噪声要求的方式类似。这是一个试错过程,以在滤波要求和实现的可行性之间做一个权衡。表 6.8 给出了 GSM 接收机、TDMA 接收机或 AMPS 接收机的信道滤波器特性的例子。

表 6.8　GSM、TDMA 及 AMPS 接收机信道滤波器的抑制特性

GSM 信道滤波器			TDMA/AMPS 信道滤波器		
	插入损耗(dB)			插入损耗(dB)	
	典型	最坏		典型	最坏
带内	≤4.5	5.5	带内	≤3.5	4.5
	抑制(dB)			抑制(dB)	
频率偏移	典型	最坏	频率偏移	典型	最坏
±200kHz	≥4	0	±30kHz	≥3	0
±400kHz	≥17	12	±60kHz	≥24	20
±600kHz	≥27	22	±120kHz	≥40	35
±800kHz	≥31	25	±240kHz	≥50	40
±1600kHz	≥40	30	±330kHz	≥45	40
±3000kHz	≥40	30	±660kHz	≥43	35

利用式(4.5.8)和表 6.6～表 6.8,可以计算出选择性和阻塞特性。只有在计算相邻信道选择性中,或许不会忽略甚高频本振的相位噪声和杂散的影响,因为在相邻信道频率处信道滤波器的抑制一般相当低,例如,GSM 中距期望信号载波 ±200kHz 的频率偏移处和 AMPS 中 ±30kHz 的频率偏移处。举个例子,GSM 相邻选择性求值为

$$\Delta S_{adj} = 10\log\left(\frac{10^{\frac{-99-8}{10}} - 10^{\frac{-174+10\log182\times10^3+7.4}{10}}}{10^{\frac{-118+10\log182\times10^3}{10}} + 10^{\frac{-108+10\log182\times10^3-4}{10}} + 10^{\frac{-60}{10}} + 10^{\frac{-55-4}{10}}}\right) + 99$$
$$= 46.8\text{dB}$$

类似方式,求得 AMPS 相邻信道选择性为

$$\Delta S_{adj} = 10\log\left(\frac{10^{\frac{-117-3}{10}} - 10^{\frac{-174+10\log27\times10^3+6.7}{10}}}{10^{\frac{-105+10\log27\times10^3}{10}} + 10^{\frac{-95+10\log27\times10^3-3}{10}} + 10^{\frac{-60}{10}} + 10^{\frac{-55-3}{10}}}\right) + 120$$
$$= 45.1\text{dB}$$

在上述选择性的计算中,假定对应相邻信道处的甚高频本振相位噪声比超高频本振的相位噪声差了 10dB,而杂散则差了 5dB。对于 GSM 和 AMPS 情况,结果分别表现出了超过 37dB 和 29dB 的余量。GSM、TDMA 和 AMPS 接收机在 800MHz 和 1900MHz 处的相邻/相间阻塞性能的计算结果归纳在表 6.9 和表 6.10 中。相邻或相间信道的选择性的余量对于它的指标具有决定性,最小余量为 6dB,这是 AMPS 接收机相间信道选择性性能的余量。GSM 阻塞特性的余量随着频率偏移的减少而减少,因为阻塞干扰的余量随着频率偏移而抬升,而合成器本振的相位噪声在频率偏移超过 1.5MHz 时下降到最低水平。这种情况下,如果对应的选择性仍然在指标范围内,最好要去核对下最坏情况下的情形。最严苛的阻塞性能是带有本振相位噪声的 1900GSM 接收机,在表 6.7 中给出。可以发现,在最坏情况下阻塞仍有 0.5dB 以上的余量,即 60℃时本振相位噪声从它的典型值增大到大约 2～3dB。

表 6.9　GSM 接收机的相邻/相间阻塞性能

GSM 移动接收机	800MHz 频段				1900MHz 频段			
	表 6.7 本振	余量	表 6.6 本振	余量	表 6.7 本振	余量	表 6.6 本振	余量
相邻信道(dBc)	45.8	36.8	49.4	40.4	45.7	36.7	50.3	41.3
相间信道(dBc)	54.0	13.0	56.2	15.2	54.0	13.0	55.9	14.9
阻塞 0.6～1.6MHz(dB)	59.9	3.9	61.1	5.1	58.3	2.3	60.9	4.9
阻塞 1.6～3MHz(dB)	72.4	6.4	74.9	8.9	69.5	3.5	74.2	8.2
阻塞＞3MHz(dB)	79.4	3.4	82.0	6.0	75.4	2.4	80.1	4.1

表 6.10　TDMA 和 AMPS 接收机的相邻/相间阻塞性能

TDMA 移动接收机	800MHz 频段		1900MHz 频段	
	表 6.6 本振	余量	表 6.6 本振	余量
相邻信道(dBc)	41.2	28.2	40.9	27.9
相间信道(dBc)	62.4	20.4	59.6	17.6
AMPS 移动接收机				
相邻信道(dBc)	45.1	29.1	NA	NA
相间信道(dBc)	66.2	6.2	NA	NA

GSM 系统中另一个阻塞特性称为调幅抑制特性。GSM 的干扰为 -31dBm 及距期望信号载波 6MHz 或更高且为 200kHz 整数倍的频率偏移的调制脉冲信号。脉冲干扰或许会因直接变频接收机的二阶失真而阻塞该直接变频接收机,但它将不会对超外差式接收机造成任何问题。因此,不打算在此深入讨论该指标。

5. 模数转换器动态范围

多模接收机中的模数转换器(analog-to-digital converters,ADC)为 GSM、TDMA 和

AMPS 模式共享。这种情况下,模数转换器的动态范围由工作的模式决定,即必须要适应高的载噪比、衰落余量和自动增益控制误差。对 GSM 和 TDMA 的模数转换器动态范围的计算在表 6.11 中列出。带有 GPRS 功能的 GSM 移动接收机需要大约 60dB 的动态范围或 10 位的模数转换器,而 TDMA 接收机要求 9.5 位的模数转换器。实际上,因为在 I 和 Q 信道中的模数转换器同时也被 GSM 接收机共用,所以对于 TDMA/AMPS 接收机,模数转换器的动态范围可以比所需要的动态范围高得多。另外,TDMA/AMPS 接收机的模数转换器可运行在比信号带宽更高的采样速率处,但它仍然比 GSM 接收机模数转换器所用的采样速率更低。这意味着,应用在 TDMA/AMPS 接收机的动态范围将提供甚至比 60dB 更高的有效动态范围。

表 6.11　模数转换器动态范围计算

GSM		TDMA	
载噪比(GPRS-TU50/CS-4)	27dB	载噪比	10dB
衰落余量	12dB	衰落余量	24dB
量化噪声基底	12dB	量化噪声基底	12dB
峰值系数	0dB	峰值系数	3dB
自动增益控制误差	6dB	自动增益控制误差	6dB
直流偏移	3dB	直流偏移	3dB
总值	60dB	总值	58dB

$\Sigma\Delta$ADC 有最大的信号/(噪声＋失真)比值 [signal-to-(noise ＋ distortion) ratio, $S/(N+D)$],比最大峰峰电压摆幅小约 6dB。例如,如果允许的最大峰峰电压摆幅为 1.5V,当信号峰峰电压摆幅接近 0.75V 时,$\Sigma\Delta$ADC 有 $S/(N+D)$ 最大值。考虑到衰落、自动增益控制误差、波峰等因素,运用到模数转换器输入的有效值电压将在 75~150mV 之间,具体值取决于自动增益控制的优化。

6. 系统阵级分析与设计

如图 6.1 所示为多模超外差式接收机方框图,且为了在不同工作模式下实现接收机的电性能,已得出了接收机的噪声系数、IIP_3、甚高频合成器相位噪声性能及信道滤波器的选择性。现在,应该恰当地分配增益、噪声系数和不同独立电路级的 IIP_3,以使得综合的噪声系数和 IIP_3 等于前面第 2~4 部分中所获得结果,甚至更好。做这类分析和设计的一个有效工具就是 Excel 电子表格。为创建一个恰当的接收机系统阵(即接收机链路中的增益、噪声系数和 IIP_3 分布),需要对关键模块或电路级的性能具有一定的基础知识,如带通滤波器、低噪声放大器、下变频器、中频可变增益放大器、I/Q 解调器、基带滤波器和基带放大器等。

无线移动站基本建立在硅片上或者更精确地说建立在多个集成电路芯片或者一个芯片上。基于不同功能集成电路的知识,包括双工器的片外射频带通滤波器以及超高频合成本振,能够布置一个所设计接收机的初步阵。利用 Excel 电子表格的计算能力和式(4.2.12)、式(4.2.23)、式(4.3.34),可计算出接收机的级联噪声系数和级联 IIP_3。接收机链中的增益、噪声系数和 IIP_3 分布需要调整,直到整体噪声系数和 IIP_3 至少等于前面第 2 和 3 部分所确定的值,甚至更好。显然,满足要求的接收机系统阵并不唯一。不同模式的系统阵在表 6.12～表 6.16[①] 中给出。800MHz 的 GSM、TDMA 和 AMPS 接收机与 1900MHz 的 GSM 和 TDMA 接收机的具体增益、噪声系数和 IIP_3 分布在这些表中分别介绍。

在这些接收机的工作模式和频段中,不同的模式和频段共享一些模块和/或器件:

(1) 所有的模式和频段共享 I 和 Q 信道中从中频可变增益放大器和 I/Q 正交解调器到模拟基带放大器的整个模块。但对于 GSM 和 GPRS 运行状态,基带低通滤波器的带宽调至为大约 100kHz,而对于 TDMA 和 AMPS 运行状态,调至 15kHz 左右。

(2) 运行在蜂窝频段或 PCS 频段的包括 GPRS 模式在内的 GSM 接收机在它们的信道滤波中,使用带有表 6.8 所示特性的相同声表面波滤波器。800MHz 和 1900MHz 的 TDMA 接收机与 800MHz 的 AMPS 接收机共用了一个 27kHz 的信道滤波器,其频率响应也在表 6.8 中介绍。

(3) 在多模接收机架构中有两组射频模块(每个频段一组),且每组包含了一个双工器、低噪声放大器、射频带通滤波器和射频下变频器。800MHz 射频模块对于运行在该频段的 GSM、TDMA 和 AMPS 接收机模式是共同的,另一射频模块是对于运行在 1900MHz 频段 GSM 和 TDMA 接收机的。

(4) 与射频模块类似,在多模收发机中有两个超高频合成器本振工作在 1GHz 和 2GHz 频段。每一个不仅用于接收机所有模式对应的频段,同时还由接收机和发射机共享。

(5) 仔细观察表 6.12～表 6.16 发现对于 GSM 模式,低噪声放大器、射频下变频器所要求的线性度和 IIP_3 在每个频段上都比 TDMA 和 AMPS 模式的要低得多。另外,GSM 接收机在两个频段上对合成器本振相位噪声的指标都比其他模式更宽松。这意味着在 GSM 模式工作中,因为不同的模式共享这些射频模块和超高频合成器本振,或许能够改变基于工作模式的低噪声放大器、射频下变频器和超高频压控振荡器的偏置电流来节省电流损耗。另外,对于所有的工作模式,这些共享的模块和器件应该工作在相对高的电流以确保低的低噪声放大器和射频下变频器有较高的线性度(或 IIP_3)及超高频本振的低相位噪声(如 TDMA 模式所要求的那样)。

(6) 从 6.1.1 节中知道,GSM 接收机的中频与 TDMA 和 AMPS 接收机的稍微不同。这由 GSM 系统和 TDMA/AMPS 系统间不同的信道所造成,但在 GSM 和 TDMA/AMPS 接收机中超高频合成器采用同样的 19.2MHz 的参考时钟。

(7) 表 6.12～表 6.16 中的接收机系统阵分析给出了典型情况下的接收机性能。实际的系统设计中,必须也要做最坏情况分析以确保接收机性能仍在指标以内。

(8) 从典型和最坏情况系统阵分析中,能够开发出接收机链中单个电路级和模块的性

---

① 在这些表格中,性能的结果,如灵敏度等,是根据第 4 章所给出的对应的公式计算所得,而不是这些表格中介绍的仅作象征性表达的简化公式。

表 6.12　800MHz GSM 接收机阵分析和典型性能计算

	天线共用器	双工器	射频带通滤波器	混频器	中频带通滤波器	中频可变增益放大器	I/Q解调			总值
电流(mA)										25.5
功率增益(dB)	-0.4	-2.6	-2.5	8.0	-4.5	27.6	30.0	20.0	0.0	
电压增益(dB)	-0.4	-2.6	5.5	8.0	-4.5	27.6	30.0	20.0	0.0	98.60
滤波器抑制(dB) 发射机频段		100.0	20.0							
接收机频段		100.0		@200kHz	4.0		5.0			
				400kHz	17.0		35.0			
				600kHz	27.0		45.0			
				800kHz	31.0		50.0			
				1.6kHz	40.0		50.0			
				3.2kHz	39.0		50.0			
输出功率(dBm)	-107.4	-110.0	-97.5	-95.0	-95.0					-107.0
输出电压(mV)	0.0010	0.0007	0.0040	0.0075	0.0188	0.0112	0.2688	8.5000	85.0000	0.0010
噪声系数 NF(dB)	0.4	2.6	2.5	8.0	4.5	8.5	20.0	45.0	0.0	0.0
级联噪声系数(dB)	5.82	5.42	2.82	12.27	9.77	13.24	8.74	23.65	45.00	5.82
噪声系数贡献	28.80%	23.61%	21.62%	1.29%	15.65%	0.85%	8.00%	0.07%	0.02%	100.00%
三阶输入 IIP$_3$ 截点(dBm)	100.00	100.00	100.00	0.00	100.00	-24.00	-10.00	16.60	45.00	85.0000
级联三阶输入截点(dBm)	-11.11	-11.51	-14.11	-1.25	12.75	-42.75	-15.09	16.60	31.60	31.60
三阶输入截点贡献	0.00%	0.00%	7.75%	69.10%	0.00%	22.35%	0.31%	0.49%	0.00%	96.99% / 100.00%

续表

接收机数字基带性能、测试环境，以及合成器本振相位噪声和杂散

	天线共用器	双工器	射频带通滤波器	混频器	中频带通滤波器	中频可变增益放大器	I/Q解调		总值
接收机比特误差率	2.00%								
载噪比 CNR(dB)=	8.00								
带宽 BW(Hz)=	182 000								
标准偏差 Sd(dBm)=	−99								

超高频锁相环（相环）/ 甚高频锁相环（相环）杂散与相位噪声

	双工器	射频带通滤波器	混频器	中频带通滤波器	单位		I/Q解调	指标	总值	单位
Sp200kHz=	−60				dBc	Sp200kHz=	−60			dBc
Nphs200=	−118				dBc/Hz	Nphs200=	−108			dBc/Hz
Sp400kHz=	−65				dBc	Sp400kHz=	−90			dBc
Nphs400=	−124				dBc/Hz	Nphs400=	−112			dBc/Hz
Sp600kHz=		−60	−70		dBc	Sp600kHz=		−100	−100	dBc
Nphs600=		−118	−127		dBc/Hz	Nphs600=		−116	−116	dBc/Hz
Sp800kHz=		−65	−78		dBc	Sp800kHz=		−100	−100	dBc
Nphs800=		−124	−130		dBc/Hz	Nphs800=		−117	−117	dBc/Hz
Sp1.6MHz=			−85	−85	dBc	Sp1.6MHz=		−100	−100	dBc
Nphs1600=			−136	−136	dBc/Hz	Nphs1600=		−122	−122	dBc/Hz
Sp3MHz=			−100	−100	dBc	Sp3MHz=		−100	−100	dBc
Nphs3MHz=			−141	−141	dBc/Hz	Nphs3MHz=		−128	−128	dBc/Hz

接收机主要性能计算

接收机主要性能计算		计算值	单位	指标		余量(dBc)
1. 接收灵敏度						
MDS=	$-174+10\log(BW)+CNR+NF=$	−107.6	dBm	−102.0	dBm	5.6
2. 互调抑制						
IMD=	$[2\times IIP_3+Sd-CNR]/3-Sd=$	55.6	dBc	50.0	dBc	5.6
3. 相邻信道选择性						
adj,200=	$10\log(10^{\wedge}((Sd-CNR)/10-P_{nf})/(P_{n,spu}+P_{n,phs}))-Sd=$	46.8	dBc	9.0	dBc	37.8
adj,400=	$10\log(10^{\wedge}((Sd-CNR)/10-P_{nf})/(P_{n,spu}+P_{n,phs}))-Sd=$	55.2	dBc	41.0	dBc	14.2
4. 阻塞性能						
Blk,0.6～1.6MHz=	$10\log(10^{\wedge}((Sd-CNR)/10-P_{nf})/(P_{n,spu}+P_{n,phs}))-Sd=$	59.9	dBc	56.0	dBc	3.9
Blk,1.6～3MHz=	$10\log(10^{\wedge}((Sd-CNR)/10-P_{nf})/(P_{n,spu}+P_{n,phs}))-Sd=$	72.5	dBc	66.0	dBc	6.5
Blk,>3MHz=	$10\log(10^{\wedge}((Sd-CNR)/10-P_{nf})/(P_{n,spu}+P_{n,phs}))-Sd=$	79.4	dBc	76.0	dBc	3.4

表 6.13 800MHz TDMA 接收机阵分析和典型性能计算

	天线共用器	双工器	低噪声放大器	射频带通滤波器	混频器	中频带通滤波器	中频可变增益放大器	低通滤波器	基带放大器	模数转换器	总值
电流(mA)					12.0		8.0	1.5	1.0		31.5
功率增益(dB)	−0.4	−2.6	15.0	−2.5	8.0	−3.5	5.0				
电压增益(dB)	−0.4	−2.6	15.0	5.5	8.0	−3.5	23.6	30.0	30.0		105.60
滤波器抑制(dB) 发射机频段		100.0									
滤波器抑制(dB) 接收机频段		100.0									
@60kHz						24.0		24.0			
120kHz						40.0		40.0			
240kHz						50.0		50.0			
330kHz						45.0		60.0			
660kHz						43.0		50.0			
输出功率(dBm)	−114.4	−117.0	−102.0	−104.5					85.0000	85.0000	
输出电压(mV)	0.0004	0.0003	0.0018	0.0033	0.0084	0.0056	0.0850	2.6879	45.0	0.0	
噪声系数NF(dB)	0.4	2.6	1.5	2.5	10.0	3.5	8.5	50.0	45.0	0.00	0.0
级联噪声系数(dB)	6.21	5.81	3.21	13.54	11.04	12.58	9.08	51.19	45.00		6.21
噪声系数贡献	26.35%	21.60%	19.78%	1.18%	24.26%	0.53%	5.82%	0.21%	0.07%	0.00%	100.00%
三阶输入 IIP3(dBm)	100.00	100.00	100.00	100.00	7.00	100.00	−24.00	−15.00	16.60	100.00	100.00
级联三阶截点(dBm)	−3.20	−3.60	−6.20	9.35	6.85	29.66	−38.84	−15.10	−30.00	0.00	−3.20
级联输入截点(dBm)	−3.20	−3.60	−6.20								−3.20
三阶输入截点贡献	0.00%	0.00%	12.02%	0.00%	85.07%	0.00%	0.10%	2.75%	0.00%	0.00%	100.00%

续表

接收机数字基带性能、测试环境、以及合成器本振噪声和杂散

	天线共用器 双工器	低噪声放大器	射频带通滤波器	混频器	中频带通滤波器	中频可变增益放大器	低通滤波器	基带放大器	模数转换器	总值
接收 接收机比特误差率=3.00%										
载噪比 CNR(dB)=9.00										
带宽 BW(Hz)=27 000										
标准偏差 Sd(dBm)=-107										

超高频锁相环

偏置频率	低噪声放大器	混频器	中频带通滤波器	中频可变增益放大器	模数转换器	总值	单位
Sp30kHz=	-60	混频器 -90	Sp30kHz=-90	-90	Sp120kHz=-75	Sp330kHz=-90	dBc
Nphs30=	-105	-125	-134	-134	-120	Nphs 330kHz=-130	dBc/Hz
Sp60kHz=	-85	-90	Sp60kHz=-100	-100	Sp240kHz=-85	Sp660kHz=-90	dBc
Nphs60=	-117	-131	Nphs600kHz=-140	-140	-126	Nphs 660kHz=-136	dBc/Hz

甚高频锁相环

偏置频率 (低通滤波器)	基带放大器	单位
相环 Sp30kHz=	-60	dBc
Nphs30=	-94	dBc/Hz
Sp60kHz=	-65	dBc
Nphs60=	-114	dBc/Hz

接收机主要性能计算

	公式	计算值	余量(dBc)	指标
1. 接收机灵敏度 MDS=	$-174+10\log(BW)+CNR+NF=$	-114.5 dBm	4.5 dBm	-110.0 dBm
2. 互调抑制 IMD=	$[2\times IIP_3+Sd-CNR]/3-Sd=$	65.2 dBc	3.2 dBc	62.0 dBc
3. 相邻信道选择性 adj,30=	$10\log(10^{((Sd-CNR)/10-P_{nf})}/(P_{n,spu}+P_{n,phs}))-Sd=$	41.3 dBc	28.3 dBc	13.0 dBc
	$10\log(10^{((Sd-CNR)/10-P_{nf})}/(P_{n,spu}+P_{n,phs}))-Sd=$	62.5 dBc	20.5 dBc	42.0 dBc
4. 阻塞性能 Blk,0.6～1.6MHz=	$10\log(10^{((Sd-CNR)/10-P_{nf})}/(P_{n,spu}+P_{n,phs}))-Sd=$	59.9 dBc	3.9 dBc	56.0 dBc
Blk,1.6～3MHz=	$10\log(10^{((Sd-CNR)/10-P_{nf})}/(P_{n,spu}+P_{n,phs}))-Sd=$	72.5 dBc	6.5 dBc	66.0 dBc
Blk,>3MHz=	$10\log(10^{((Sd-CNR)/10-P_{nf})}/(P_{n,spu}+P_{n,phs}))-Sd=$	79.4 dBc	3.4 dBc	76.0 dBc

表 6.14 AMPS 接收机阵分析和典型性能计算

参数	输入	天线共用器	双工器	低噪声放大器	射频带通滤波器	混频器	中频带通滤波器	中频可变增益放大器	I/Q解调	低通滤波器	基带放大器	模数转换器	总值
电流(mA)				4.0		6.0		8.0	5.0	1.5	1.0		25.5
功率增益(dB)		-0.4	-2.6	15.0	-2.5	8.0	-3.5	30.1	30.0	0.0	30.0	0.0	
电压增益(dB)		-0.4	-2.6	15.0	5.5	8.0	-3.5	30.1	30.0	0.0	30.0	0.0	112.10
滤波器抑制(dB) 发射机频段			50.0										
滤波器抑制(dB) 接收机频段			42.0			@30kHz							
60kHz							24.0			24.0			
120kHz							40.0			40.0			
240kHz							50.0			50.0			
330kHz							45.0			60.0			
660kHz							43.0			60.0			
										50.0			
输出功率(dBm)	-120.0	-120.4	-123.0	-108.0	-110.5								
输出电压(mV)	0.0002	0.0002	0.0002	0.0009	0.0017	0.0042	0.0028	0.0850	2.6879	2.6879	85.0000	85.0000	
噪声系数NF(dB)	0.0	0.4	2.6	2.0	2.5	8.0	3.5	8.5	20.0	50.0	45.0	0.0	
级联噪声系数(dB)	5.72	5.72	5.32	2.72	11.92	9.42	12.14	8.64	23.65	51.19	45.00	0.00	
噪声系数贡献	100.00%	29.35%	24.06%	22.03%	1.31%	15.94%	0.59%	6.48%	0.10%	0.03%	0.00%	0.00%	
三阶输入(窄)截点IIP3(dBm)	100.00	100.00	100.00	0.00	100.00	0.00	100.00	-24.40	-15.00	31.60	16.60	100.00	
级联输入三阶截点(dBm)	-9.78	-9.78	-10.18	-12.78	2.46	-0.04	28.27	-45.23	-15.09	31.60	-16.60	96.99	
三阶输入贡献	100.00%	0.00%	0.00%	5.30%	0.00%	94.20%	0.00%	0.00%	0.48%	0.01%	0.00%	0.00%	
三阶输入(宽)截点IIP3(dBm)	100.00	100.00	100.00	0.00	100.00	0.50	100.00	-24.40	-15.00	31.60	16.60	100.00	
级联输入三阶截点(dBm)	-9.36	-9.76	-9.76	-12.36	2.90	0.40	24.77	-45.23	-15.09	31.60	-16.60	96.99	
三阶输入贡献	100.00%	0.00%	0.00%	5.81%	0.00%	92.02%	0.02%	0.02%	2.11%	0.05%	0.00%	0.00%	

续表

接收机数字基带性能，测试环境，以及合成器本振相位噪声和杂散

	天线共用器	双工器	低噪声放大器	射频带通滤波器	混频器	中频带通滤波器	中频可变增益放大器	I/Q解调	低通滤波器	基带放大器	模数转换器	总值	
接收机信噪比 CNR(dB)=	12.0	超高频锁相环 相环 Sp30kHz=	−60	Sp120kHz=	−90		−90		甚高频锁相环 相环 Sp30kHz=	−60	Sp120kHz= −75	Sp330kHz= −90	dBc
载噪比 CNR(dB)=	3.00	Nphs30=	−105	Nphs120=	−125		−134		Nphs30=	−94	Nphs120= −120	Nphs330= −130	dBc/Hz
带宽 BW(Hz)=	27 000	Sp60kHz=	−85	Sp240kHz=	−90		−100		Sp60kHz=	−65	Sp240kHz= −85	Sp660kHz= −90	dBc
标准偏差 Sd(dBm)=	−99	Nphs60=	−117	Nphs240=	−131	Nphs660kHz=	−140		Nphs60=	−114	Nphs240= −126	Nphs 660kHz= −136	dBc/Hz

接收机主要性能计算

		中频带通滤波器	中频可变增益放大器	I/Q解调		基带放大器	模数转换器
				余量(dBc)		指标	
1. 接收机 灵敏度	MDS= −174+10log(BW)+CNR+NF=	−120.6	dBm	4.6		−116.0	dBm
2. 互调 抑制	IMD= [2×IIP₃+Sd−CNR]/3−Sd=	68.8	dBc	3.8		65	dBc
	IMD,330kHz= [2×IIP₃+Sd−CNR]/3−Sd=	73.3	dBc	3.3		70	dBc
3. 相邻信 道选择性	adj,30= 10log(10^{(Sd−CNR)/10−P_{n,nf}}/(P_{n,spu}+P_{n,phs}))−Sd=	45.1	dBc	29.1		16	dBc
	adj,60= 10log(10^{(Sd−CNR)/10−P_{n,nf}}/(P_{n,spu}+P_{n,phs}))−Sd=	66.2	dBc	6.2		60	dBc

表 6.15　1900MHz GSM 接收机矩阵分析和典型性能计算

项目	系统	天线共用器	双工器	低噪声放大器	射频带通滤波器	混频器	中频带通滤波器	中频可变增益放大器	I/Q 解调	低通滤波器	基带放大器	模数转换器	总值
电流(mA)				5.0		9.0		8.0	5.0	1.5	1.0	0.0	29.5
功率增益(dB)	0.0	−0.4	−3.0	14.5	−2.5	8.0	−4.5	27.5	30.0	0.0	20.0	0.0	
电压增益(dB)	0.0	−0.4	−3.0	14.5	5.5	8.0		27.5	30.0	0.0	20.0	0.0	97.60
滤波器抑制(dB) 发射机频段		100.0	100.0		20.0								
滤波器抑制(dB) 接收机频段		100.0	100.0										
滤波器抑制(dB) @200kHz							4.0			5.0			
滤波器抑制(dB) 400kHz							17.0			35.0			
滤波器抑制(dB) 600kHz							27.0			45.0			
滤波器抑制(dB) 800kHz							31.0			50.0			
滤波器抑制(dB) 1.6MHz							40.0			50.0			
滤波器抑制(dB) 3.2MHz							39.0			50.0			
输出功率(dBm)	−106.0	−106.4	−109.4	−94.9	−97.4								
输出电压(mV)	0.0011	0.0011	0.0008	0.0040	0.0076	0.0190	0.0113	0.2688	8.5000	8.5000	85.0000	85.0000	
噪声系数 NF(dB)	0.0	0.4	3.0	1.5	2.5	10.0	4.5	8.5	20.0	50.0	46.0	0.0	
级联噪声系数(dB)	6.84	6.84	6.44	3.44	13.70	11.20	13.25	8.75	23.80	51.46	46.00	0.00	
噪声系数贡献	100.00%	22.68%	22.58%	18.67%	1.25%	25.70%	0.82%	7.75%	0.22%	0.23%	0.09%	0.00%	
三阶输入截点 IIP₃(dBm)	100.00	100.00	100.00	−3.00	100.00	0.00	100.00	−24.00	−15.00	31.60	16.60	100.00	
级联三阶输入截点(dBm)	−10.22	−10.22	−10.62	−13.62	1.27	−1.23	12.85	−42.65	−15.09	31.60	16.60	100.00	
三阶输入截点贡献	100.00%	0.00%	0.00%	8.66%	0.00%	68.80%	0.00%	0.31%	21.75%	0.48%	0.00%	0.00%	

续表

接收机数字基带性能，测试环境，以及合成器本振相位噪声和杂散

		天线共用器	双工器	低噪声放大器	射频带通滤波器	混频器	中频带通滤波器	中频可变增益放大器	I/Q解调	低通滤波器	基带放大器	模数转换器	总值	
接收	接收机误差率=	2.00%												
	载噪比CNR(dB)=	8.00												
	带宽BW(Hz)=	182 000												
	标准偏差Sd(dBm)=	−99												
				Sp200kHz= −60		Sp600kHz= −70		Sp1.6MHz= −85		甚高频锁相环 相环 Sp200kHz= −80		Sp600kHz= −100	Sp1.6MHz= −100	dBc
				Nphs200= −114		Nphs600= −123		Nphs1600= −132		Nphs200= −104		Nphs600= −116	Nphs1600= −122	dBc/Hz
				Sp400kHz= −65		Sp800kHz= −78		Sp3MHz= −100		Sp400kHz= −90		Sp800kHz= −100	Sp3MHz= −100	dBc
				Nphs400= −120		Nphs800= −126		Nphs3MHz= −137		Nphs400= −110		Nphs800= −117	Nphs3MHz= −132	dBc/Hz

接收机主要性能计算

			指标	余量(dBc)
1. 灵敏度	MDS=	$-174+10\log(BW)+CNR+NF=$ −106.6	−102.0 dBm	4.6
2. 互调抑制	R=	$[2\times IIP_3+Sd-CNR]/3-Sd=$ 55.9	52.0 dBc	3.9
3. 相邻信道选择性	Sadj,200=	$10\log(10^{(Sd-CNR)/10}-P_{nf})/(P_{n,spu}+P_{n,phs}))-Sd=$ 44.5	9.0 dBc	35.5
	Sadj,400=	$10\log(10^{(Sd-CNR)/10}-P_{nf})/(P_{n,spu}+P_{n,phs}))-Sd=$ 53.9	41.0 dBc	12.9
4. 阻塞性能	Blk,0.6~1.6MHz=	$10\log(10^{(Sd-CNR)/10}-P_{nf})/(P_{n,spu}+P_{n,phs}))-Sd=$ 58.3	56.0 dBc	2.3
	Blk,1.6~3MHz=	$10\log(10^{(Sd-CNR)/10}-P_{nf})/(P_{n,spu}+P_{n,phs}))-Sd=$ 69.5	66.0 dBc	3.5
	Blk,>3MHz=	$10\log(10^{(Sd-CNR)/10}-P_{nf})/(P_{n,spu}+P_{n,phs}))-Sd=$ 75.4	73.0 dBc	2.4

表 6.16 1900MHz TDMA 接收机阵分析和典型性能计算

参数	(输入)	天线共用器	双工器	低噪声放大器	射频带通滤波器	混频器	中频带通滤波器	中频可变增益放大器	I/Q解调	低通滤波器	基带放大器	模数转换器	总值
电流(mA)				5.0		14.0		8.0	5.0	1.5	1.0		34.5
功率增益(dB)		-0.4	-2.8	14.5	-2.5	8.0	-3.5	24.3	30.0	0.0	30.0		
电压增益(dB)		-0.4	-2.8	14.5	5.5	8.0	-3.5	24.3	30.0	0.0	30.0		105.60
滤波器抑制(dB) 发射机频段			100.0										
滤波器抑制(dB) 接收机频段			100.0										
滤波器抑制(dB) @30kHz										24.0			
滤波器抑制(dB) 60kHz							24.0			40.0			
滤波器抑制(dB) 120kHz							40.0			50.0			
滤波器抑制(dB) 240kHz							50.0			60.0			
滤波器抑制(dB) 330kHz							45.0			50.0			
滤波器抑制(dB) 660kHz							43.0			50.0			
输出功率(dBm)	-114.0	-114.4	-117.2	-102.7	-105.2								
输出电压(mV)	0.0004	0.0004	0.0003	0.0016	0.0031	0.0078	0.0052	0.1191	3.7678	3.7678	150	150	
噪声系数 NF(dB)	0.0	0.4	2.8	1.5	2.5	10.0	3.5	8.5	20.00	50.00	45.0	0.0	
级联噪声系数(dB)	6.58	6.58	6.18	3.38	13.52	11.02	12.50	9.00	23.65	51.19	45.00	0.00	
噪声系数贡献	100.00%	24.12%	21.84%	18.96%	1.27%	26.10%	0.57%	6.26%	0.38%	0.38%	0.12%	0.00%	
三阶输入 IIP₃(dBm)	100.00	100.00	100.00	3.00	100.00	7.00	100.00	-24.40	-15.00	31.60	16.60	100.00	
级联三阶输入截点(dBm)	-2.59	-2.59	-2.99	-5.79	9.33	6.83	28.98	-39.52	-15.09	31.60	-16.60	100.00	
三阶输入截点贡献	100.00%	0.00%	0.00%	13.22%	0.00%	83.44%	0.00%	0.09%	3.17%	0.07%	0.00%	0.00%	

续表

接收机数字基带性能、测试环境，以及合成器本振相位噪声和杂散

	天线共用器	双工器	低噪声放大器	射频带通滤波器	混频器	中频带通滤波器	中频可变增益放大器	I/Q解调	低通滤波器	基带放大器	模数转换器	总值
接收机比特误差率=	3.00%		超高频锁相环相位 Sp30kHz=−60	Sp120kHz=	Sp120kHz=−90	Sp330kHz=	Sp330kHz=−95	dBc	超高频锁相环相位 Sp30kHz=	−60	Sp120kHz=−75	Sp330kHz=−90	dBc
载噪比 CNR(dB)=	9.00		Nphs30=−103	Nphs120=	Nphs120=−122	Nphs330=	Nphs330=−130	dBc/Hz	Nphs30=	−94	Nphs120=−120	Nphs330=−130	dBc/Hz
带宽 BW(Hz)=	27 000		Sp60kHz=−85	Sp240kHz=	Sp240kHz=−95	Sp660kHz=	Sp660kHz=100	dBc	Sp60kHz=	−65	Sp240kHz=−85	Sp660kHz=−90	dBc
标准偏差 Sd(dBm)=	−107		Nphs60=−114	Nphs240=	Nphs240=−128	Nphs60=60kHz=	−136	dBc/Hz	Nphs60=	−114	Nphs240=−126	Nphs 660kHz=−136	dBc/Hz

接收机主要性能计算

		余量 (dBc)	指标
1. 灵敏度 MDS= −174+10log(BW)+CNR+NF=	−114.1	4.1	−110.0 dBm
2. 互调抑制 R= [2×IIP$_3$+Sd−CNR]/3−Sd=	64.7	2.7	62.0 dBc
3. 相邻信道选择性 adj,30= 10log(10^(Sd−CNR)/10/(P$_{n,spu}$+P$_{n,phs}$))−Sd=	40.9	27.9	13.0 dBc
adj,60= 10log(10^(Sd−CNR)/10/(P$_{n,spu}$+P$_{n,phs}$))−Sd=	59.6	17.6	42.0 dBc

能指标。对于放大器和下变频器必须明确增益的值、噪声系数、IIP_3 和电流损耗，不仅要根据它们的标称值，也要根据它们在不同条件下的容差，如在特定温度下和应用的电压范围。对于滤波器，主要的指标是插入损耗、带内纹波、带外抑制、群延时和它的失真。显然，相位噪声、杂散大小、采集时间和电流损耗为合成器的主要关注点。

7. 增益控制和接收信号强度指示器精度

多模接收机的增益控制范围需要涵盖这些模式运行的最大动态范围。从 GSM、TDMA 和 AMPS 移动站的最小性能指标，即表 6.2～表 6.4 中可知，800MHz 的 GSM 最小动态范围为 87dB，TDMA 的为 85dB，AMPS 的为 91dB。假定接收机灵敏度加上动态范围的余量为 10dB，且接收机链随温度和电压的增益改变为 6dB，则 AMPS 接收机的整体增益控制需要大约 108dB。可将低噪声放大器设计为 20dB 的信号步进增益控制，也就是说，从 15dB 到 -5dB，反之亦然。88dB 增益变化的剩余部分通过中频可变增益放大器（或可变增益放大器模块）来实现。接收机链的可变增益级在表 6.17 中列出。

表 6.17 可变增益级、可变的范围和方法

	低噪声放大器	中频可变增益放大器	基带放大器
可调节范围	20dB(也可 15 或 -5dB)	90dB(+40～-50dB)	12dB(32 或 20dB)
控制方法	单步	连续或者 6dB 步进	GSM：20dB；TDMA/AMPS：32dB

从表 6.12～表 6.17 中，应该注意到，对于 GSM 模式和 TDMA/AMPS 模式，基带放大器设置于不同的增益，即在 GSM 模式中基带放大器的增益等于 20dB，在 TDMA/AMPS 模式中为 30dB。GSM 模式中，基带放大器增益设置在 20dB，以使得接收机的载噪比足够高，从而即使在低噪声放大器切换到低增益 -5dB 的运行状态时，接收机仍然能够恰当地工作。低噪声放大器既可工作在 15dB 的高增益状态，也可工作在增益为 -5dB 的旁路模式。

低噪声放大器由高到低的切换要尽可能早，以节省电流损耗。在设计例子中，GSM 模式时，低噪声放大器增益在 -84dBm 时由高到低进行切换，而在 -87dBm 时再切换回高增益；TDMA/AMPS 模式时，低噪声放大器的两个切换点分别为 -92dBm 和 -95dBm，如图 6.2(a)所示。假定中频可变增益放大器为连续控制，GSM 和 TDMA/AMPS 模式的增益变化与接收信号水平如图 6.2(b)所示。在校准以后，在大多数动态区域内自动增益控制的精度可随温度保持在 ±3dB 和 ±5dB 以内。

GSM 和 TDMA 数字接收机接收信号强度指示器的精度要求在表 6.18 中给出。

表 6.18 GSM 和 TDMA 接收机的接收信号强度指示器精度要求

GSM 接收信号强度指示器(RSSI)		TDMA 接收信号强度指示器(RSSI)	
测量范围	-102～-48dB	测量范围	-110～-30dB
范围	精度	范围	精度
-102～-70dBm	±4dB	-110～-85dBm	±6dB
-69～-48dBm	±6dB	-84～-30dBm	±8dB

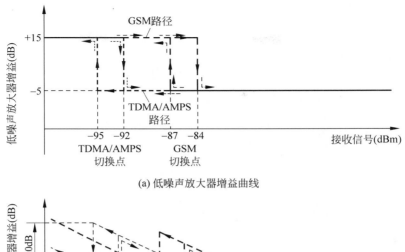

(a) 低噪声放大器增益曲线

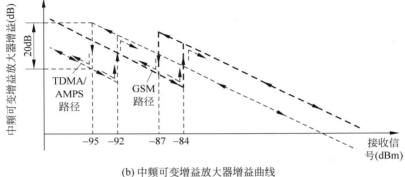

(b) 中频可变增益放大器增益曲线

图 6.2 低噪声放大器和中频可变增益放大器的自动增益控制曲线

6.1.3 发射机系统设计

在超外差架构的收发机中,无论在 800MHz 还是 1900MHz 频段,接收机和发射机共享超高频合成器本振,6.1.1 节中给出了对应的中频。不同模式下的超外差移动发射机有一个共同点。正交调制器将 I 和 Q 基带信号转变为单边带中频信号。在调制器后没有使用中频信道滤波器。频率的上变频器为一个镜像抑制混频器。I 和 Q 基带放大器、I 和 Q 基带低通滤波器、正交调制器、中频可变增益放大器、上变频器、射频驱动器通常集成在同一个硅基芯片上,功率放大器是一个分立的增益模块。

在发射机系统设计中将重点考虑输出功率和控制、发射频谱和相邻信道功率(adjacent channel power,ACP)发射或比例及调制精度。

发射机不同模式时的最低性能要求在表 6.19～表 6.21 中给出。

表 6.19　GSM 和 GPRS 移动发射机的最低性能指标

GSM 和 GPRS 800/1900	指　标	注　释
频段(MHz)	824～849 1850～1910	
频率精度	0.1ppm	
调制	GMSK	
800MHz 最大输出功率(dBm)	33±2	
800MHz 输出功率动态范围(dB)	28	2dB 步进改变
800MHz 最小输出功率(dBm)	5±5	
800MHz 输出功率容差(dB)	3 5	功率大小： 31～13dBm 11～5dBm
1900MHz 最大输出功率(dBm)	30±2	
1900MHz 输出功率动态范围(dB)	30	2dB 步进改变
1900MHz 最小输出功率(dBm)	0±5	
1900MHz 输出功率容差(dB)	3 5	
调制精度(°)	<5 均方根 <20 峰值	
相邻信道功率比(dBc/30kHz)	<−30	±200kHz 偏移
相间信道功率比(dBc/30kHz)	<−60	±400kHz 偏移
第 2 相间信道功率比(dBc/30kHz)	<−60	±600kHz 偏移

表 6.20　TDMA 移动发射机的最低性能指标

TDMA 800/1900	指　标	注　释
频段(MHz)	824～849 1850～1910	
频率精度	200Hz	
调制	π/4 DQPSK	
800MHz 最大输出功率(dBm)	28+2/−4	
800MHz 输出功率动态范围(dB)	35	28～8dBm 时每步 4dB 8～−7dBm 时每步 5dB
800MHz 最小输出功率(dBm)	−7±5	
800MHz 输出功率容差(dB)	+2,−4 +5,−6	功率大小： 28～8dBm 3～−7dBm
1900MHz 最大输出功率(dBm)	28+2/−4	
1900MHz 输出功率动态范围(dB)	36	28～8dBm 每步 4dB 8～2dBm 每步 6dB 2～−8dBm 每步 5dB

续表

TDMA 800/1900	指　标	注　释
1900MHz 最小输出功率(dBm)	-8 ± 6	
1900MHz 输出功率容差(dB)	$+2,-4$ $+2,-6$	功率大小: $28\sim8$dBm $8\sim-8$dBm
频率稳定时间(ms)	$\leqslant2$	
调制精度(°)	$<12.5\%$	
相邻信道功率比(dBc/30kHz)	<-26	±30kHz 偏移
相间信道功率比(dBc/30kHz)	<-45	±60kHz 偏移
第 2 相间信道功率比(dBc/30kHz)	<-45	±90kHz 偏移

表 6.21　AMPS 移动发射机的最低性能指标

AMPS	指　标	注　释
频段(MHz)	$824\sim849$	
频率稳定度(ppm)	<2.5	
调制	FM	
最大输出功率(dBm)	$28+2/-4$	
最小输出功率(dBm)	$8+2/-4$	
输出功率步进(dB)	4	
两级间功率切换时间(ms)	<20	
发射机关闭射频功率(dBm)	<-60	
信道切换时间(ms)	<40	载波频率设定在它 最终值的 1kHz 以内
调制峰值偏差稳定性(%)	$<\lvert10\rvert$	
FM 调制嗓声与噪声(dB)	>32	调频与未调频语音输出比
残余调幅(%)	<5	
调制失真与噪声(%)	<5	
杂散和噪声散射抑制(dBc/300Hz)	$>63+10\cdot\log(\mathrm{Tx})$,其中 Tx 为发射功率(W)$<-80$dBm/30kHz	$20\sim45$kHz >45kHz $869\sim894$MHz

1. 发射功率

多模发射机的方框图见图 6.1。发射机链路的整体增益在 $45\sim55$dB 之间,这取决于 I 和 Q 数模转换器的输出大小和输出功率。功率放大器的功率增益通常在 30dB 左右,驱动放大器的功率增益一般不太高,大约 $8\sim10$dB,且上变频器增益在 $5\sim10$dB 的范围。运行于 GSM 和 TDMA/AMPS 模式的 800MHz 频段发射机可能的增益分布在表 6.22 中给出(其

表 6.22 800MHz 发射机一组可能的增益分布

功能模块	数模转换器	I/Q混频器	中频可变增益放大器	上变频器	巴伦	驱动放大器	声表面波滤波器	功率放大器	双工器	天线共用器	天线端口
800MHz GSM											
增益(dB)	0.00	−1.00	12.50	6.00	−0.50	10.00	−3.50	30.00	−2.50	−0.50	
级联增益(dB)	0.00	−1.00	11.50	17.50	17.00	27.00	23.50	53.50	51.00	50.50	50.50
输出功率(dBm)	−17.50	−18.50	−6.00	0.00	−0.50	9.50	6.00	36.00	33.50	33.00	33.00
接收机频段抑制(dB)		20.00					31.00		38.00		
本振频率处抑制(dB)		20.00		15.00			24.00		29.00		
镜像频率处抑制(dB)		20.00		25.00			26.00		32.00		
噪声系数(dB)	0.00	1.00	9.00	8.00	0.50	5.00	3.50	5.00	2.50	0.50	
级联噪声系数(dB)	0.00	1.00	10.00	10.16	10.16	10.18	10.18	10.18	10.18	10.18	10.18
三阶输出截点(dBm)	100.00	5.00	10.00	18.00	100.00	25.00	100.00	47.00	100.00	100.00	
级联三阶输出截点(dBm)	100.00	5.00	9.29	13.43	12.93	20.83	17.33	44.15	41.65	41.15	41.15
800MHz TDMA											
增益(dB)	0.00	−1.00	10.50	6.00	−0.50	10.00	−3.50	30.00	−2.50	0.50	
级联增益(dB)	0.00	−1.00	9.50	15.50	15.00	25.00	21.50	51.50	49.00	48.50	48.50
输出功率(dBm)	−20.50	−21.50	−11.00	−5.00	−5.50	4.50	1.00	31.00	28.50	28.00	28.00

中假定不同工作模式共享同一条发射机路径）。除了驱动放大器和/或功率放大器的增益适当减少,1900MHz 发射机有类似的增益分布,因为 GSM 发射机的最大输出功率比 800MHz 频段时的低 3dB。

对于 GSM、TDMA 和 AMPS 系统,移动站的最大输出功率为 30dBm 左右,即对于 GSM 为 30～33dBm,对于 TDMA 和 AMPS 为 26～28dBm。基站发出指令来逐步地控制多模发射机输出功率的变化。如表 6.19～表 6.21 所示,控制范围分别为 20dB(AMPS)和 36dB(TDMA)。然而,实际中控制范围应该比 36dB 大 10～12dB,以补偿发射机链路随温度、频率、工作模式、控制容差而出现的增益变化。

如图 6.3 中所示的功率控制环路用于该发射机的所有模式,以控制发射机的输出功率在指定大小所允许的容差范围内。功率控制环路包含一个功率检测器、温度传感器、多路复用器、模数转换器、数字信号处理器和数模转换器。功率检测器的输出为电压,且与发射功率单调关联。然后模拟电压通过模数转换器转换为数字信号,并有一个受功率控制范围确定的动态范围。在这项应用中,一个 8 位的模数转换器足够涵盖了该应用的控制范围、发射增益变化,以及控制容差。数字信号处理器执行功率控制算法,该算法基于不同温度、频率和工作模式下获得的功率检测器数据。数字信号处理器的输出为数字控制的电压值,且它通过 10 位的数模转换器转换为模拟电压。功率控制环路恰当的功能范围通常为 25dB 左右。当输出功率相对高的时候,反馈回路的控制精度良好,当输出功率低的时候,反馈回路将不会提供额外的精度。在发射功率的前 25dB 时,发射功率一般可通过采用功率控制环路保持在 ±1.5dB 以内。可以计算出功率控制环路中发射功率的误差大小,并在表 6.23 中给出。

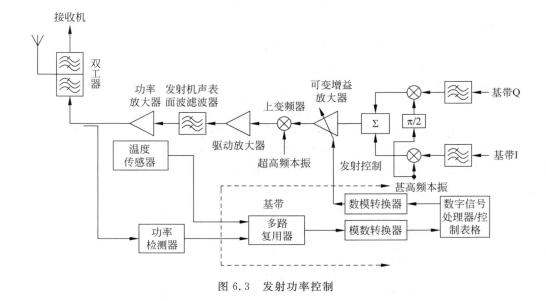

图 6.3 发射功率控制

表 6.23　对反馈控制发射功率的误差贡献

误差项	接近最大功率	在低功率区域	注　　释
发射控制	±0.25dB	±0.75dB	发射控制数模转换器步幅误差、非线性特性、失调漂移和斜坡漂移
功率检测器精度	±0.3dB	±3dB	
校准精度	±0.5dB	±0.5dB	
I/Q 误差	±0dB[①]	±1.1dB[②]	I/Q 数模转换器幅度和 I/Q 信道增益随温度变换
声表面波衰减变化	～0dB[①]	±0.45dB[②]	由于反馈回路导致的完全或局部抑制
功率放大器增益改变	～0dB[①]	±0.7dB[②]	由于反馈回路导致的完全或局部抑制
总误差	±1.05dB	±6.5dB	

① 功率控制反馈回路有效抑制误差
② 功率控制反馈回路部分抑制误差

当输出功率低于特定大小时,通常不会采用反馈回路,因为反馈回路控制下的发射功率的误差高,如表 6.23 所示。反馈回路断开时,功率大小取决于运行的模式和频段。例如,对于 TDMA 移动发射机,当运行在 800MHz 和 1900MHz 时,功率分别等于或低于 3dBm 和 2dBm,对于 GSM 发射机,对应的功率分别为 5dBm 和 6dBm。在这些低输出功率领域,最好不使用反馈回路,且发射功率可基于功率控制查找表进行调整,该表作为发射机调整和校准步骤的一部分,且保存于内存中以供数字信号处理器使用。

2. 相邻和相间信道功率

有一个频谱罩约束着 GSM 发射机所允许的发射频谱。该频谱罩限制了在 ±200kHz 和 ±400kHz 偏移频率处 30kHz 以内的集成谱功率与主谱瓣内 GSM 发射功率的功率比分别等于或小于 −30dBc 和 −60dBc。这些实际上是对 GSM 移动发射机的相邻和相间信道功率的要求。

相邻信道功率主要取决于距载波 200kHz 偏移时 GMSK 调制高斯脉冲的谱功率密度、相位噪声和距本振频率相同偏移频率的合成器本振杂散量,以及发射机链路的三阶非线性特性,尤其是功率放大器的三阶非线性特性。但相间信道功率主要由发射机链路的五阶非线性特性所造成,而不是三阶。发射机主要模块对相邻和相间信道功率最大允许的贡献值在表 6.24 中给出。GSM 情况下的相邻和相间信道功率是在 30kHz 带宽处测量的。

表 6.24 中总的相邻信道功率比是通过式(5.4.22)大致计算出来的,其中假定所有的 $\alpha_{k,j}=0.5$,同一表格中的整体相间信道功率比是从幂和中得到的。事实上,在 GSM 发射机设计中,相邻信道功率发射将不成问题,但相间信道(±400kHz 偏移处)功率发射或许在满足 −60dBc 指标时相当严格。对相间信道功率发射的一个主要贡献归因于本振在距其中心频率 ±400kHz 偏移处的杂散,如果仅仅使用表 6.12 中给出的由接收机分析得到的值,杂散

表 6.24 GSM 移动发射机主要模块对相邻和相间信道功率的贡献

模 块	±200kHz	±400kHz	注 释
数字基带＋I/Q 数模转换器	−45dBc	−70dBc	包括脉冲整形、数模转换器噪声和失真
调制器＋中频可变增益放大器	−48dBc	−72dBc	
上变频器	−45dBc	−70dBc	
LO 相位噪声＋杂散	−60dBc	−65dBc	基于表 6.12LO 杂散数据
驱动放大器	−40dBc	−69dBc	
功率放大器	−36dBc	−68dBc	
总的 ACPR	−30.5dBc	−60.6dBc	
ACPR 指标	≤−30dBc	≤−60dBc	

将会很高。GSM 发射机需要一个超高频合成器本振,该本振的相位噪声和杂散大小要满足 TDMA 移动接收机的要求,尤其在±400kHz 处。当本振的杂散值由表 6.24 中所计算的 −65dBc 减少到−78dBc,则发射机在距载波±400kHz 偏移处的噪声和杂散散射的余量可以增加到 2.5dB。功率放大器非线性特性在该指标中是次要的。

在 TDMA 的情况下,功率放大器可能会主导发射中的相邻信道和相间信道功率,因为脉冲整形 π/4 DQPSK 调制的波形具有大的振幅变化。TDMA 发射机中的功率放大器需要工作在比 GSM 发射机中功率放大器更加线性的条件下。但是,TDMA 发射机的最大输出功率比 GSM 中发射的功率低 2～5dB。这意味着同样的功率放大器可运行在发射机的 GSM 或 TDMA 模式下,即使这两种模式对于功率放大器的线性度要求有显著不同。

由 TDMA 发射机每个模块的非线性特性和噪声造成的最大允许相邻或相间信道功率在表 6.24 中给出。这里的相邻和相间信道功率是在指定偏移频率处 300Hz 带宽内测量而得。级联相邻和相间信道功率比可依据式(5.4.22)大致求出,$\alpha_{k,j}$ 分别等于 0.5 和 0,如 GSM 情况中一样。

表 6.24 和表 6.25 也对应于最坏情况。发射机设计应该保证发射机链路中的每一模块都要比这两表中所给出的有更低的散射。为实现这些目标,每个模块都有必要具有一个合适的线性度和噪声系数。

表 6.25 TDMA 移动发射机主要模块对相邻和相间信道功率的贡献

模 块	±30kHz	±60kHz	注 释
数字基带＋I/Q 数模转换器	−52dBc	−52dBc	包括平方根升脉冲整形、数模转换器噪声和失真
调制器＋中频可变增益放大器	−42dBc	−57dBc	
上变频器	−40dBc	−55dBc	
LO 相位噪声＋杂散	−60dBc	−70dBc	
驱动放大器	−36dBc	−53dBc	
功率放大器	−32dBc	−49dBc	主导因素
总的 ACPR	−26.3dBc	−45.4dBc	
ACPR 指标	≤−26dBc	≤−45dBc	

如果运行在 TDMA 模式下的 800MHz 发射机能够满足所有的指标,AMPS 发射机对于 ACPR 通常没有问题。AMPS 与 TDMA 有相同的工作频段、相同的 30kHz 信道以及相同的输出功率,但 AMPS 的射频信号有着恒定的包络,即它对发射机链路施加不很严格的线性度。因此不必深入讨论有关 AMPS 发射机相邻和相间信道功率发射的设计。

3．接收机频段的噪声和杂散散射

在发射机宽带噪声和杂散散射的指标中,最难的通常是对应于接收机频段的散射要求。GSM、TDMA 和 AMPS 发射机在接收机频段内的最低散射指标在表 6.26 中归纳出。

表 6.26　发射机在接收机频段内散射指标

系　　　统	散射要求	注　　　释
800MHz GSM	≤−79dBm/100kHz	在 869～894MHz 内
1900MHz GSM	≤−71dBm/100kHz	在 1930～1990MHz 内
800MHz TDMA	≤−80dBm/30kHz	在 869～894MHz 内
1900MHz TDMA	≤−80dBm/30kHz	在 1930～1990MHz 内
AMPS	≤−80dBm/30kHz	在 869～894MHz 内

图 6.1 所示架构发射机的指标并不严格,因为发射机声表面波滤波器和双工器可以将接收机频段的杂散和噪声抑制到最低要求以下。表 6.27 展示了一个基于 800MHz GSM 发射机的接收机频段噪声散射求值的例子。这里假定基带数模转换器的噪声电压为 $18\text{nV}/\sqrt{\text{Hz}}$。因为这些模块常常是高输入阻抗,直到中频可变增益放大器输出,噪声是根据式(5.5.21)用电压形式算出的。从上变频器到天线端口的噪声功率采用式(5.5.10)和式(5.5.12)算出。从表 6.27 中给出的结果,接收机频段的噪声散射大约为 -160.4dBm/Hz,且在 100kHz 处的整体散射功率为 -110.4dBm。显然接收机频段的散射功率比指标中的 -79dBm 低 31dB。

表 6.27　接收机频段噪声散射计算的例子

功能模块	I/Q 混频器	中频可变增益放大器	上变频器	巴伦	驱动放大器	声表面波滤波器	功率放大器	双工器	天线共用器	
发射机频段增益(dB)	0.00	−1.00	12.50	6.00	−0.50	10.00	−3.50	30.00	−2.50	−0.50	
接收机频段抑制(dB)		20.00					31.00		38.00		
接收机频段级联增益(dB)	0.00	−21.00	−8.50	−2.50	−3.00	7.00	−27.50	2.50	−38.00	−38.50	−38.50
接收机频段噪声系数(dB)	0.00	21.00	10.00	10.00	0.50	8.00	34.50	5.00	38.00	0.50	
接收机频段级联噪声系数(dB)	0.00	21.00	10.00	18.68	18.69	19.27	28.11	32.70	37.33	37.91	37.91
接收机频段噪声(dBm/Hz)	18.00	2.39	24.73	−132.93	−125.02	−115.02	−149.50	−119.47	−159.87	−160.35	−160.35

在接收机频段内的参考时钟(19.2MHz)谐波或许决定了杂散散射的大小。

传统的 GSM 或 TDMA 收发机中,或许采用发射机/接收机切换器而不是使用双工器。如果其中有一个控制散射失当,则接收机频段的噪声和杂散散射会成为问题,尤其是接收机频段的参考时钟谐波杂散量。

4. 突发上升和下降的瞬态谱

GSM 和 TDMA 移动发射机都运行在突发模式。在这两个系统中,突发时域响应已经在参考文献[1]和[2]中进行了定义。在时域和频域中指定 GSM 发射机的突发上升和下降瞬态。对于 GSM 移动发射机,由于斜坡瞬态,距载波不同偏移频率处的最大功率大小限制示于表 6.28。

表 6.28   因突发斜坡瞬态的最大功率

输出功率	±400kHz	±600kHz	±1200kHz	±1800kHz
≤37dBm	−23dBm	−26dBm	−32dBm	−36dBm

突发上升和下降的瞬态能够通过功率控制环路和控制电压 $T_{X\_control}$ 恰当地控制,如图 6.2 所示。传输信号的频谱等于 $T_{X\_control}$ 信号与 I/Q 信号频谱的卷积。发射突发的右斜瞬态可通过设计以恰当的 $T_{X\_control}$ 电压信号来实现。

5. 残余幅度调制

GSM 和 AMPS 发射波形应该有一个恒定包络。但是,I/Q 失衡、载波馈通、$T_{x\_control}$ 控制数模转换器噪声、基带 GMSK 调制器和数模转换器噪声、功率放大器、AM-AM 转换将造成幅度调制。对于 GSM 发射,残余调制应小于 1dB 或 12%,且在 AMPS 发射中等于或小于 5%。

在 GSM 发射机中,最高的调幅通常存在于低输出功率时,这时功率控制环路的调幅抑制能力很弱。GSM 发射中最坏情况下的调幅示于表 6.29 中。在总的残余幅度调制(residual AM,RAM)的计算中,首先相关项线性相加在一起,然后这部分的和与非相关项通过如下方式进行计算:

$$RAM_{GSM} = \sqrt{\left(\sum_k RAM_{cor\_k}\right)^2 + \sum_j RAM_{uncor\_j}^2}$$

表 6.29   GSM 发射最坏情况下的残余幅度调制

因 素	调幅 dB	调幅 %
基带调制器和数模转换器噪声	0.20	2.3
数模转换器非线性特性(相关)	0.07	0.8
振幅失衡(相关)	0.25	2.9
载波馈通(相关)	0.18	2.1
发射控制数模转换器噪声	0.18	2.1
功率放大器 AM-AM 转换	0.45	5.3
总值	0.72	8.5

AMPS 传输的残余幅度调制主要由载波馈通、I/Q 失衡和功率放大器 AM-AM 转换造成的。数模转换器的噪声贡献很小,因为它的信道带宽仅仅 25kHz 左右。为满足小于 5% 的剩余幅度调制的要求,载波泄漏和 I/Q 失衡应该分别控制在低于 −40dBc 和 0.2dB,且功率放大器的 AM-AM 转换需要小于 0.25dB。综合残余幅度调制大约等于

$$RAM_{AMPS} = \sqrt{10^{\frac{-40}{10}} + (10^{\frac{0.2}{20}} - 1)^2 + (10^{\frac{0.25}{20}} - 1)^2} = 4.1\%$$

6. 调制精度

对于 GSM、TDMA 和 AMPS 发射信号,采用不同的方式测量调制精度。相位误差用于测量 GMSK 调制精度。误差矢量幅度和调制失真分别用于对 TDMA 和 AMPS 系统调制精度的测量。

GSM 调制精度要求发射信号的相位误差均方根值和峰值相位误差分别等于或小于 5° 和 20°。调制精度下降的主要因素为甚高频和超高频本振的信道带宽内相位噪声,基带的影响包括重构滤波器、调制近似、量化噪声,以及功率放大器 AM-PM 转换的非线性特性。假定发射机集成电路甚高频本振的集成相位噪声为 −32dBc,且带有压控振荡器的 1900MHz 超高频本振集成相位噪声为 −27dBc,由本振造成总的有效相位误差为

$$\Delta\vartheta_{N\_LO} = \sqrt{\Delta\vartheta_{N\_VHF}^2 + \Delta\vartheta_{N\_UHF}^2} = \frac{180}{\pi}\sqrt{10^{\frac{-32}{10}} + 10^{\frac{-27}{10}}} = 2.9°$$

考虑到基带对于调制精度下降的贡献为 1.4°,来自 1900MHz 功率放大器的 AM-PM 转换的误差大约为 1°,且载波馈通为 −35dBc,则整体的有效相位误差为

$$\Delta\vartheta_{MA} = \sqrt{\Delta\vartheta_{N\_LO}^2 + \Delta\vartheta_{BB}^2 + \Delta\vartheta_{AM/PM}^2 + \Delta\vartheta_{CFT}^2}$$
$$= \sqrt{2.9^2 + 1.4^2 + 1^2 + 1.8^2} = 3.8°$$

1900MHz 处 GSM 的 GMSK 调制通常差于 800MHz 处 GSM 的 GMSK 调制,前者的峰值相位误差计算见表 6.30。

表 6.30 1900MHz GSM 调制精度的峰值相位误差分区

主要贡献者	峰值相位误差	注　释
基带	4°	重构滤波器、调制近似、量化噪声
本振相位噪声	10°	
AM/PM 转换	2°	来源于峰值 AM-AM 和 AM-PM 转换
载波馈通	1.8°	
总的峰值相位误差	17.8°	分立贡献者的线性求和

TDMA 发射机的调制精度采用误差矢量幅度进行测量,且规定它要等于或小于 12.5%。假定集成甚高频和 1900MHz 超高频本振相位噪声分别为 −32dBc 和 −26dBc,基带和数字信号处理器的贡献大约为 3%,载波馈通为 −35dBc 或更少,且功率放大器非线性特性使调制精度降低大约 4%,则 TDMA 传输调制的有效误差矢量幅度的求值为

$$EVM_{TDMA} = \sqrt{10^{\frac{-32}{10}} + 10^{\frac{-26}{10}} + 0.03^2 + 10^{\frac{-35}{10}} + 0.04^2} = 7.8\%$$

在 TDMA 发射机指标中定义了前 10 个符号的平均误差矢量幅度,且其应该等于或小于 25%。表 6.31 给出了对于 1900MHz TDMA 发射机前 10 个符号可能的误差矢量幅度分区。

表 6.31　1900MHz 处 TDMA 发射机前 10 个符号的误差矢量幅度分区

主要贡献者	数　　值	计算的误差矢量幅度
基带和数字信号处理器		3.0%
甚高频本振集成相位噪声	−25dBc	5.6%
I/Q 失衡	0.3dB,4°	3.2%
超高频本振集成相位误差	−16dBc	15.8%
载波馈通	−28dBc	4.0%
功率放大器非线性特性		5.0%
总的误差适量幅度		18.6%

800MHz 时 TDMA 的调制精度通常要比 1900MHz 时的好得多,这归因于超高频本振信道带宽内的相位噪声低。

AMPS 发射的调制失真和噪声应该在 5% 以内。为满足该指标,I 和 Q 振幅和相位的失衡分别需要小于 0.2dB 和 3°,且集成甚高频和超高频相位噪声应该分别低于 −35dBc 和 −30dBc。功率放大器的非线性特性对调频失真有显著影响,且载波馈通可被调低到 −40dBc 以下。这种情况下,总的调制失真大约为

$$MD_{\text{AMPS}} = \sqrt{10^{\frac{-30}{10}} + 10^{\frac{-35}{10}} + 10^{\frac{-32}{10}} + 10^{\frac{-40}{10}}} = 4.5\%$$

对于失真的主要贡献为 I 和 Q 失衡及超高频本振信道带宽内的相位噪声。I 和 Q 的失衡通常可校准到相当低。超高频合成器本振的锁相环环路带宽可设计为几个 kHz 那么窄,因为它的信道频率切换时间允许长到 40ms。因此集成信道带宽内的相位噪声可被减少到 −36dBc。在减少锁相环环路带宽及 I 和 Q 信道信号失衡后,有可能使得调制失真低于 4%。

7. 无线电频率容差

在这三种系统中,移动 GSM 收发机的频率容差为 ±0.1ppm,这是这些系统指标中最严苛的一个。对于 800MHz 处 GSM,最小绝对频率误差大约为 82Hz,1900MHz 处的为 185Hz。

假定自动频率控制环路中的数模转换器为 10 位,差分非线性为 ±0.6 LSB,调节电压为 0.2~2.0V,每位的调节电压为

$$\frac{2.0 - 0.2}{10^{10} - 1} = \frac{1.8}{1023} = 1.76\text{mV/bit}$$

如果数模转换器噪声为 $12\mu\text{V}/\sqrt{\text{Hz}}$,且自动频率控制环路噪声带宽为 1kHz,则噪声电压等于

$$12 \times 10^{-6} \times \sqrt{1000} = 379\mu\text{V}$$

允许的最大调整斜率为

$$\frac{0.1}{(1.6 \times 1.76 + 379 \times 10^{-3}) \times 10^3 \times 1.76} = 18.2\text{ppm/V}$$

因此,参考时钟(即温补压控振荡器)的最大调整斜率必须要小于 18ppm/V。

TDMA 和 AMPS 移动收发机的频率容差比 GSM 收发机要求的更宽松。基于 GSM 频率容差要求的温补压控振荡器定义的指标也适用于 TDMA 和 AMPS 收发机。

6.2　直接变频收发机

在本节将详细讨论直接变频 CDMA 收发机设计。接收机设计基于图 3.11 的配置采用了高动态范围(或也叫作高分辨率)模数转换器。发射机中使用了传统的 I/Q 正交调制器,其与上变频器结合直接产生了调制射频信号。

对于所有的架构来说收发机设计的很多方面是差不多的。在这部分讨论这些共同的方面,并展示如何去应对直接变频收发机的技术挑战。后者将在设计案例中加以说明。

CDMA 直接变频收发机的方框图在图 6.4 中给出。接收机包含一个两级增益的低噪声放大器、一个单级增益切换的射频放大器、一个直接将射频信号下变频为 I 和 Q 信道基带信号的正交解调器、一个低阶基带低通滤波器及分别在 I 和 Q 每个信道一个的固定增益基带放大器。在 CDMA 接收机中,所有的增益控制在射频模块中实现,在基带 I 和 Q 信道中均没有发生增益变化。因为使用 10 位模数转换器,有可能使得模拟基带增益低至仅 30dB 左右。在这样一个增益分布下,直接变频接收机将在直流偏移及 I 和 Q 不匹配方面少了许多问题。与超外差式接收机中一样,在这里采用接收机射频声表面波滤波器,以抑制发射机泄漏。在发射机中,I 和 Q 的数模转换器与低通滤波器相接,滤波后的模拟基带 I 和 Q 信号幅度调整后直接通过一个正交调制器转换为射频传输信号。传输信号在通过射频可变增益放大器、驱动放大器和功率放大器时获取了功率。发射机自动增益控制结合模拟基带的步进控制衰减器,通过射频可变增益放大器和功率放大器实现。发射机射频声表面波滤波器用来控制带外宽带噪声和杂散散射。对于全双工 CDMA 收发机,需要用到双工器将接收机输入端和发射机输出端接到共同的天线上。

在这个例子中,仅一个单频带(800MHz 蜂窝频段)讨论了 CDMA 收发机的设计,但同样的结构和设计方法也可用于其他频段的收发机。对于一个真正的收发机,本例中所用的数据和设计结果或许还未优化。

6.2.1　接收机系统设计

直接变频接收机具有成本低、尺寸小、部件数量更少和配置简易的优点。但是,在它的实现中许多技术问题(如直流偏移、偶阶失真、I 和 Q 信道振幅和相位的不匹配、闪烁噪声等)必须要解决,如第 3 章所述。图 6.4 给出的直接变频接收机架构是能够恰当解决这些技术挑战的方式之一。

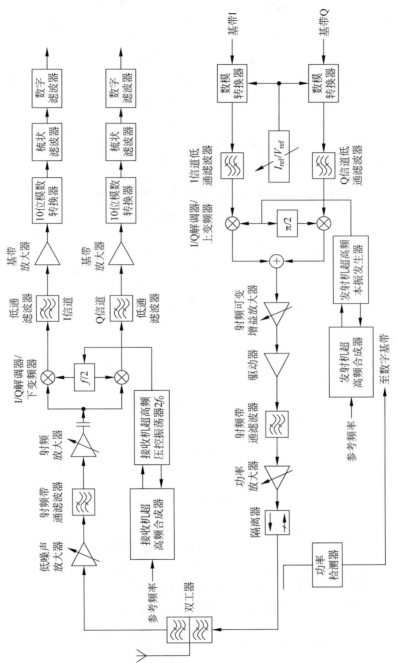

图 6. 4 带有高动态的模数转换器直接变频收发机方框图

图 6.4 所示的直接变频接收机架构的关键在于,高动态范围(或高分辨率)的模数转换器,能够让自动增益控制范围比接收机范围小得多,并且显著降低模拟基带滤波器阶数和基带放大器增益。因此,直流偏移和 I/Q 信道不匹配问题变得更容易去解决。

表 6.32 给出了 800MHz 蜂窝频段 CDMA 接收机最低性能指标。CDMA 接收机性能指标是基于误帧率而测得的。在大多数情况下,除接收机灵敏度使用了 0.5% 外,当误帧率达到 1% 时,最低性能便确定了。互调寄生响应衰减,也称作互调失真,对应期望信号功率分别有三个要求,即 S_d 为 -101dBm、-90dBm 和 -79dBm。两互调单频的偏移频率定义在 900kHz 和 1.7MHz,比信号载波频率低或高。单频灵敏度下降对于 CDMA 接收机是一项独特的指标,尤其是对于 800MHz 处的 CDMA 接收机。这归因于 AMPS 系统也运行于 800MHz 频段,且 CDMA 接收机考虑到了 AMPS 干扰为一连续频率。

表 6.32　800MHz CDMA 接收机的最低性能指标

项　　目	最小指标	注　　释
频段(MHz)	824~849	频带级 0
扩频码片速率(MHz)	1.2288	信号带宽
灵敏度(dBm)	≤−104	误帧率≤0.5%
动态范围(dBm)	≥−25	误帧率≤1%
互调杂散响应衰减(dBm) 单频在 900kHz 和 1.7MHz 的偏移	≥−43 ≥−32 ≥−21	$S_d=-101$dBm $S_d=-90$dBm $S_d=-79$dBm 误帧率≤1%
单频钝化(dBm) 单频偏移:900kHz	≥−30	$S_d=-101$dBm 发射功率≥23dBm 误帧率≤1%
传导噪声和杂散散射(dBm)	≤−76 ≤−61 ≤−43	在接收机频段 在发射机频段 其他频率

1. 系统整体设计考虑

为实现高的接收机灵敏度,从天线端口到 I/Q 下变频器输出的射频模块必须要有低的噪声系数和足够高的增益(35~40dB 的电压增益)。这样做的原因是高增益射频模块能够有效地减少有噪后级电路(即模拟基带低通滤波器和基带放大器)对整体接收机噪声系数的贡献。当增加射频模块增益时,维持良好的接收机线性度(如高于 -10dBm)是同等重要的以改善接收机灵敏度。

如我们所知,直流偏移是直接变频接收机的主要问题之一。为解决这个问题,减少模拟基带模块的增益显然是必要的。我们或许能从超外差接收机的基带模块设计中学到一些有用的知识。I/Q 正交解调器和超外差接收机中对应的基带模块实际上构成了一个直接变频接收机,其直接将中频信号下变频为基带信号,而不是将射频信号转换为基带信号。典型情况下没有从中频直接变频架构中看到太多直流偏移的问题。这样的原因归结于超外差接收机中的中频直接变频子系统的基带模块增益相对较低,即 30～40dB。采用本地直流偏移补偿和数字基带馈通直流偏移修正可以有效地解决直流偏移的问题。因此,在射频直接变频接收机中,超外差接收机中带有类似增益的模拟基带模块和直流偏移补偿策略也可用于应对直流偏移的问题。

在超外差接收机中,大约 50％～60％ 的整体接收机增益来自于高增益模式的中频模块。中频模块也决定了自动增益控制范围,即 80％ 的总体自动增益控制范围也由该模块产生。显然,在直接变频接收机中没有中频模块。直接变频接收机中失去的中频模块增益和增益控制范围部分转移到了射频模块。允许的最大增益转移受接收机线性度要求的限制,且在 CDMA 接收机情况下它大约为 30dB。射频模块执行的增益控制范围可为 50dB～60dB,这由直接变频接收机中所用的模数转换器的动态范围(或分辨率)而定。

直接变频接收机中所用的模数转换器通常比超外差接收机所要求的具有更高动态范围。原因有三,首先是增益控制范围比接收的信号范围小;其次是采用步进增益控制而不是连续控制,再次是由于没有使用中频声表面波信道滤波器而导致对干扰的滤波变得宽松。根据丢失的增益和增益控制范围,以及基带滤波器对最强和最近干扰的宽松的抑制,CDMA 直接变频接收机需要 10～12 位的模数转换器分辨率。从下面的分析和计算中,应该看到出现在模数转换器输入端期望信号的最小电压仅为 2.4mV 左右的均方根值,在接收机高增益模式的最强干扰频率值或许可高达 275mV 的均方根值。它们的比值为 $20\log(275/2.4) \cong 41$dB。考虑到超外差 CDMA 接收机中使用的模数转换器的动态范围约为 24dB,直接变频接收机的模数转换器总的动态范围将至少为 $D_{\mathrm{ADC}} = 41 + 24 = 65$dB。对模数转换器分辨率的一个悲观估计为

$$b_{\mathrm{ADC\_}ps} = \frac{D_{\mathrm{ADC}} - 1.76}{6.02} = \frac{65 - 1.76}{6.02} \cong 10.5 \qquad (6.2.1)$$

对模数转换器位数的乐观估计可依据式(3.4.13)而获得。假定模数转换器中使用的采样速率为 19.2Msample/s,且 CDMA 信号有 615kHz 的低通带宽,则模数转换器的位数为

$$b_{\mathrm{ADC\_}op} = \frac{65 - 1.76 - 10\log(19.2/1.3)}{6.02} \cong 8.6 \qquad (6.2.2)$$

采用式(6.2.1)和式(6.2.2)的平均值或许不错,即对于这个直接变频接收机应该至少有 10 位的模数转换器:

$$b_{\mathrm{ADC}} = \frac{b_{\mathrm{ADC\_}ps} + b_{\mathrm{ADC\_}op}}{2} = 9.5 \cong 10\mathrm{bit}$$

更精确地说,应该使用模数转换器动态范围而不是位数,因为对于 CDMA 信号通常采用每位 5dB。如上所述,对于该直接变频接收机所用模数转换器的最小动态范围大约为 60dB。

假定该项设计中所用的模数转换器有 ΔΣ 型模数转换器,其最大峰峰值电压为 1.5V,采样速率为 19.2Msample/s,带宽高于 CDMA 低通信号 630kHz 的带宽,输入阻抗大约为 100kΩ。

2. 系统噪声系数和线性度的计算

在 CDMA 移动站最小性能标准 IS-95 和 IS-2000_1x 中[4]，接收机灵敏度的载噪比、互调寄生响应衰减和单频钝化测试均在 9.6kbps 的数据速率处定义为 -1dB。这一指标不像其他无线系统中定义的那些指标，其他无线系统需要一个正的载噪比来实现特定的误码率或误帧率。CDMA 接收机能够运行于负的载噪比（即期望信号水平低于噪声水平）是由于 CDMA 的处理增益，该增益在 9.6kHz 的数据速率时大约为 21dB。实际中，数字基带 CDMA 接收机解调器在载噪比方面一般至少有 1dB 的性能余量，即为了在 9.6kbps 处达到 0.5% 的误帧率，载噪比可为 -2dB 或更低。但是，在性能计算中大多数情况下将使用 $CNR_{min} = -1$dB。

如表 6.32 所示，CDMA 移动站接收机最低灵敏度定义为 9.6kbps 数据速率处且误帧率为 0.5% 时的 -104dBm。最大接收机噪声系数可从式（4.2.4）中计算出。考虑到 CDMA 信号带宽为 1.23MHz，任何情况下接收机噪声系数必须优于：

$$NF_{CDMA\_max} = -174 - S_d + 10\log(1.23 \times 10^6) + CNR_{min}$$
$$= -174 + 104 + 61 - 1 = 10\text{dB}$$

在 CDMA 接收机设计中，即使在最坏情况下也要有 3dB 的余量。典型情况下，要有 4dB 余量或者更高。最坏情况下对应的接收机噪声系数应大约为 7dB，典型情况下为 6dB 或更少。

现在采用直接变频架构 CDMA 移动站接收机的线性度不仅是通过三阶非线性失真测量，也通过二阶非线性失真测量。从互调寄生响应衰减或简单称为互调失真的最低指标，可确定接收机最小三阶输入截点，如超外差接收机中所做的那样。直接变频接收机的二阶非线性失真将造成直流偏移和接收机信道带宽内的低频干扰分量。对直流分量和低频干扰分量的主要贡献者是直接变频接收机的 I/Q 下变频器或所谓的正交解调器。由低噪声放大器产生的二阶非线性量将被耦合电容和/或接收机射频声表面波滤波器阻塞，且 I/Q 下变频器后的电路对射频干扰频率或发射机泄漏几乎没有响应。I/Q 下变频器的二阶输入截点由双频模块指标或者因调幅传输泄漏导致的二阶分量值来决定。

如表 6.32 所示，这对于三个不同的期望信号值 -101dBm、-91dBm 和 -79dBm 分别有三个互调失真性能指标。使用 4.3.3 节中例子所给相同的超高频本振相位噪声和杂散的数据，接收机噪声系数为 10dB，对于 $S_d = -101$dBm，最小接收机 IIP_3 可通过式（4.3.51）计算，且它为

$$IIP_{3,CDMA\_min} = \frac{1}{2} \times \left[3 \times (-43) + 10\log(10^{\frac{-101+1}{10}} - 10^{\frac{-174+10+61}{10}} - 2 \times 10^{\frac{-118.1}{10}} - 2 \times 10^{\frac{-118}{10}}) \right]$$
$$= -12.7\text{dBm}$$

类似方法，可获得对于 $S_d = -90$ 和 -79dBm 情况下的 IIP_3 为

$$IIP_{3,-90,min} = \frac{1}{2} \times \left[3 \times (-32) + (10^{\frac{-90+1}{10}} - 10^{\frac{-174+19+61}{10}}) \right] = -2.7\text{dBm}$$

和

$$IIP_{3,-79,min} = \frac{1}{2} \times \left[3 \times (-21) + 10\log(10^{\frac{-79+1}{10}} - 10^{\frac{-174+30+61}{10}}) \right] = 8.3\text{dBm}$$

其中,当在信号为−90dBm 和−79dBm 时测试互调失真性能,分别假定接收机灵敏度至少为−95dBm 和−84dBm,或者接收机噪声分别为 $NF_{-90,\max}=19$dB 和 $NF_{-79,\max}=30$dB。

在实际设计中,当期望信号在−101dBm 时,在最坏互调失真性能情况下要有 3dB 的余量,典型情况下要有 5dB 的余量。为达到这些设计目标,在低噪声放大器高增益模式运行时的整体 IIP_3 在最坏情况下为−9.2dBm 或更高,典型情况下为−6.8dBm 或更高,其中分别采用最坏−107dBm 的灵敏度和典型情况下−108dBm 的灵敏度。期望信号−90dBm 和−79dBm 时的互调失真性能测试通常在低噪声放大器中等增益模式下进行。该情况下,这两个测试中的接收机 IIP_3 将会相等,且因此后者的测试更为严格,因为干扰频率比前者的高 11dB。最坏情况下的 IIP_3 应该基于期望信号−79dBm 时的互调失真性能而确定,且它必须高于 11dBm。

CDMA 接收机因单频钝化问题对它的低噪声放大器 IIP_3 有特殊的要求,这归因于调幅传输泄漏与通过低噪声放大器三阶非线性特性且接近于期望信号的强干扰频率的交叉调制。仅低噪声放大器的 IIP_3 影响单频钝化而不是整体接收机 IIP_3 的原因归结于射频声表面波滤波器,射频声表面波滤波器能够有效抑制传输泄漏的功率,因此射频声表面波滤波器后接收机链路的剩余部分 IIP_3 对交叉调制分量和单频钝化的影响微不足道。从单频钝化性能可确定最低低噪声放大器 IIP_3。但它不是唯一的,因为它也是依赖双工器对传输的抑制、双工器插损以及发射机的输出功率。假定双工器对传输的抑制为 48dB,接收机频段双工器的插损为 3.5dB,发射功率为 23dBm 且接收机噪声系数为 10dB,利用式(4.4.14)可计算出满足最低单频灵敏度下降要求的低噪声放大器 IIP_3,即干扰值应为−30dBm。

$$IIP_{3,\mathrm{LNA\_min}} = \frac{1}{2} \times (103.6 - 7 - 96 + 46 - 30 - 3.8) \cong 6.4\mathrm{dBm}$$

在实际 CDMA 接收机设计中,在典型情况下想要低噪声放大器 IIP_3 为 8dB 或更高。单频性能通常比−30dB 高 3dB 或更多。

对于 CDMA 直接变频接收机,也需要在双频阻塞性能方面考虑一特殊的要求。这一指标源于对两个强 AMPS 信号的考虑,这两个信号载波足够接近以至于或许会因正交下变频器产生二阶非线性分量而堵塞蜂窝频段的 CDMA 直接变频接收机。假定两等同带有−30dBm 且频率间隔为 615kHz 的频率,应该确定 I/Q 正交下变频器的最低 IIP_2,当期望信号 S_d 在−101dBm 且误帧率为 1% 或更低时,该变频器可保持误帧率等于或小于 1%。如果设计的接收机在最坏情况下噪声系数 NF_{Rx} 为 8dB,且下变频器前的增益 $G_{\mathrm{before\_Mxr}}$ 为 16.7dB,在下变频器输出端噪声值 N_{Mxr_in} 可通过使用 3.2.3 节的方式或改进的方法计算出,如下

$$N_{Mxr\_in} = -174 + NF_{Rx} + 10\log(BW_{Rx}) + G_{\mathrm{before\_Mxr}}$$
$$= -174 + 8 + 61 + 16.7 = -88.3\mathrm{dBm} \tag{6.2.3}$$

对于 1% 误帧率,正交下变频器可允许最大噪声/干扰的贡献等于:

$$D_{\max} = S_d - CNR_{\min} + G_{\mathrm{before\_Mxr}}$$
$$= -101 + 1 + 16.7 = -83.3\mathrm{dBm} \tag{6.2.4}$$

式中,$CNR_{\min}$ 为最小载波噪声/干扰比,且它在 1% 误帧率时为−1dB。

对比式(6.2.4)和式(6.2.3)可以发现,在正交下变频器处允许的最大噪声/干扰贡献与实际噪声间的差为 5dB。如果下变频器产生的二阶互调失真分量 IMD_{2_Mxr} 与下变频器输入端噪声 N_{Mxr_in} 相等,即在 $D_{max} - N_{Mxr\_in}$ 的 5dB 中 3dB 由 IMD_{2_Mxr} 贡献,其余 2dB 是由本振相位噪声和杂散贡献留下来的。因此,有

$$IMD_{2\_Mxr} = N_{Mxr\_in} = -85.3\text{dBm}$$

使用式(3.2.11),可得所计算的正交下变频器最小值(IIP_{2_Mxr})为

$$IIP_{2\_Mxr} = 2 \times (-30 + 16.7) + 85.3 = 58.7\text{dBm}$$

如第 3 章所讨论的一样,正交下变频器二阶非线性失真或许会造成其他问题,如直流分量、发射机泄漏自混频等。在这些由二阶非线性失真导致的问题中,双频阻塞带下变频器的 IIP_2 要求最高,因此在这里仅讨论双频阻塞问题及对应的 IIP_2 要求。

3. 系统组阵分析和主要模块的指标

实现特定的接收机系统性能必须要有恰当的增益、噪声系数和沿整个接收机链的三阶输入截点分布。接收机链中关键参数恰当分布的设计通常是一个试凑的过程。首先需要定义接收机中从双工器到模数转换器间每级的基本指标,然后可以适当地调整每一级的一些参数,来权衡整体接收机的噪声系数和线性度以达到最优性能。下面将介绍直接变频接收机主要模块的指标。有必要考虑用现成产品在大规模生产中实现系统的可能性。

可以从蜂窝频段双工器指标开始。对于接收机系统分析和设计,双工器的两大重要参数为接收机频段的插损及对发射信号的抑制。前者的约束将影响接收机噪声系数和敏感度,后者将影响单频钝化性能。用于 800MHz 蜂窝频段 CDMA 移动站收发机的声表面波双工器通常有表 6.33 所示的指标。

表 6.33　蜂窝频段声表面波双工器指标

	最小	典型	最大
天线至接收机			
频率(MHz)	869		894
插入损耗(dB)		2.5	3.5
对发射机的抑制[①](dB)	48	50	
发射机至天线			
频带(MHz)	824		849
插入损耗(dB)		1.5	2.5
对接收机的抑制[①](dB)	40	44	

① 工厂在它们的测试中为方便常常采用衰减而不是抑制。衰减大约等于(抑制+插损)。

低噪声放大器仿效双工器。它一般主导接收机的灵敏度以及 CDMA 接收机中的单频钝化性能。主要参数为增益、噪声系数和 IIP_3。除此以外,对于有源器件还需要考虑它的功耗。一个用于 CDMA 接收机 800~900MHz 低噪声放大器的典型指标在表 6.34 中给

出。为满足在$-90\mathrm{dBm}$和$-79\mathrm{dBm}$期望信号的互调失真性能,低噪声放大器将会切换到它的中增益模式。而且,为扩大接收机的增益控制范围,低噪声放大器中增加了一个低增益运行模式。在中和低增益模式,低噪声放大器实际上被忽略且可能采用带有超高线性度或IIP_3的衰减器。

表 6.34 直接变频接收机的低噪声放大器指标

	最小	典型	最大
频率(MHz)	869		894
高增益(dB)	15	16	16.5
噪声系数(dB)		1.5	2.5
三阶输入截点,IIP_3(dBm)	6	8	
电流(mA)		5	
中增益(dB)	-3	-2	-1.5
中增益三阶输入截点,$IIP_{3\_mid\_gain}$(dBm)	23	25	
噪声系数(dB)	1.5	2	3
低增益(dB)	-21	-20	-19
低增益三阶输入截点,$IIP_{3\ low\ gain}$(dBm)	23	25	
噪声系数(dB)	19	20	21
输入/输出阻抗(Ω)		50	

射频声表面波带通滤波器插在低噪声放大器和射频放大器中间。该射频声表面波的功能是进一步抑制传输泄漏信号,因此残余发射机泄漏将对交叉调制和单频钝化没有进一步的影响,且超高频下变频器中产生的发射机泄漏自混频分量也变得无关紧要。该射频声表面波带通滤波器的主要参数与双工器的那些相似:插入损耗和对发射机泄漏的抑制。表 6.35 中给出了现成射频声表面波滤波器提供的指标。

表 6.35 对于 CDMA 接收机射频声表面波带通滤波器的指标

	最小	典型	最大
频率(MHz)		849~894	
插入损耗(dB)		2.5	3.0
抑制[①](dB)	27	32	
输入阻抗(Ω)		50	
差分输出阻抗(Ω)		200	

① 工厂在它们的测试中为方便常常采用衰减而不是抑制。衰减大约等于(抑制+插损)。

射频放大器是 I/Q 正交下变频器的前置放大器。当接收机与低噪声放大器运行于高或中增益时,该放大器能够改善接收机的噪声系数。另外,该放大器也提供一级增益控制以进一步扩大接收机增益控制范围。该射频放大器的指标示于表 6.36 中。

表 6.36　射频放大器的指标

	最小	典型	最大
频率(MHz)	869		894
高增益(dB)	5	6	7
噪声系数(dB)		3	4
三阶输入截点,IIP_3(dBm)	8	9	
电流(mA)		6	
低增益(dB)	−13	−12	−11
低增益三阶输入截点,$IIP_{3\,\text{low gain}}$(dBm)	23	25	
噪声系数(dB)	11	12	13

　　I 和 Q 正交解调器或下变频器是直接变频接收机的关键级。它必须有高的线性度,也就是说,不仅有高的三阶输入截点 IIP_3,也要有高的二阶输入截点 IIP_2,因为这级决定了对直接变频接收机二阶非线性失真分量的贡献。然而,实现高 IIP_3 通常需要消耗更多的电流。高 IIP_2 可基于对称电路设计和布局来获得。表 6.37 中给出了对于正交解调器所提出的指标。

表 6.37　超高频正交解调器的指标

	最小	典型	最大
频率(MHz)	869		894
电压增益(dB)	14	15	16
噪声系数(dB)		10	11.5
三阶输入截点,IIP_3(dBm)	9.5	11	
二阶输入截点,IIP_2(dBm)	60	65	
电流①(mA)		20	

　① 电流损耗包括一个分频器和一个缓冲放大器的电流。

　　直接变频接收机的基带低通放大器扮演着信道滤波器的角色。假定在设计中,在 I 和 Q 两个信道采用一个五阶椭圆滤波器,或者其他方面模数转换器将需要大的动态范围或位数。表 6.38 给出了对该基带信道滤波器的基本要求。

表 6.38　基带五阶低通滤波器的指标

	最小	典型	最大
3dB 带宽(kHz)		630	
电压增益(dB)		0	
带内波纹(dB)			0.2
噪声系数(dB)		25	30
三阶输入截点,IIP_3(dBm)	30	35	
900kHz 偏移处抑制(dB)	45		
1.7MHz 偏移处抑制(dB)	50		
群延迟失真(μs)			4
电流损耗①(mA)		4	

　① 电流损耗为关于两信道内基带滤波器。

由基带信道滤波器群延迟失真造成的码片间干扰必须足够小,从而提供一个大于15dB的载波干扰比(carrier-to-interference ratio,CIR)。对于CDMA接收机有必要具有良好的多径衰落性能以及预期的高数据速率运行能力。

基带I和Q信道中,在模数转换器前最后一级是一个固定增益的基带放大器。该放大器应该设计有一个本地直流补偿电路(直流伺服电路)。该放大器的主要指标如表6.39所示。

表 6.39   固定增益基带放大器的指标

	最小	典型	最大
频率(kHz)	0		630
电压增益(dB)	33	34	35
噪声系数(dB)	32	28	
三阶输入截点,IIP_3(dBm)	16	20	
电流损耗①(mA)		5	

① 电流损耗为关于两信道的基带放大器。

最后,对于CDMA移动站接收机,合成本振的特性在表6.40中,其中仅给出了信道带宽内的集成相位噪声,以及互调失真测试频率附近的相位噪声和杂散。

表 6.40   合成超高频本振相位噪声和杂散的要求

	最小	典型	最大
频率(MHz)	1738		1788
±615kHz 内集成相位噪声(dBc)			−30
900kHz 偏移处相位噪声(dBc/Hz)			−136
1.7MHz 偏移处相位噪声(dBc/Hz)			−138
900kHz 偏移附近杂散(dBc/Hz)			−80
1.7MHz 偏移附近杂散(dBc/Hz)			−85
电流损耗(mA)		12	

从直接变频接收机链路独立级定义的这些指标中,可评估出接收机的性能。对于评估收发机性能而言,MATLAB和Excel电子表格都是非常有用的工具。这里,将使用Excel电子表格作接收机系统性能评估。在性能评估中,4.2.2节和4.3.2节中给出的公式用于对级联噪声系数和IIP_3的计算,4.2.1、4.2.3、4.3.3和4.4.2节中给出的公式需要用于接收机敏感度、互调失真性能、单频钝化分析和双频阻塞性能的估算。设计的CDMA直接变频接收机在它低噪声放大器高增益模式的性能估算在表6.41中给出。从这个表中可看到基于表6.33~表6.40中定义的指标,典型情况下直接变频接收机在灵敏度、互调失真、单频钝化方面具有多于4dB的余量,且在双频阻塞性能上也有4dB的余量。

表6.42和表6.43提供了期望信号分别在$S_d = -90$dBm和$S_d = -79$dBm处的性能估算。这两个表主要展示了在$S_d = -90$dBm和$S_d = -79$dBm处的互调失真性能。显然$S_d = -90$dBm处的互调失真有大量的余量(8dB的余量),但$S_d = -79$dBm处的互调失真性能在

表 6.41 低噪声放大器高增益模式时 CDMA 直接变频接收机性能计算

	线损	双工器	低噪声放大器	射频声表面波滤波器	射频放大器	I/Q 混频器	低通滤波器	基带放大器	模数转换器输入	总值
电流(mA)	0.0					20				20
增益(dB)	-0.3	-2.5	16.0	-2.5	6.0	15	0.0	34	0.0	71.70
电压增益(dB)	-0.3	-2.5	16.0	3.5	6.0					
滤波器抑制(dBc) 在发射机频段		50		25		@0.9MHz	45			
滤波器抑制(dBc) 在接收机频段		42				@1.7MHz	50			
输出功率(dBm)	-109.0	-115.5	-95.5	-98.0	-92.0					
输出电压(mV)	0.0008	0.0006	0.0038	0.0056	0.0112	0.0630	0.0630	3.16	3.16	
噪声系数 NF(dB)	0.3	2.5	1.5	2.5	3.0	10	25	28	40	
级联噪声系数 NF(dB)	5.62	5.32	2.82	13.22	10.72	16.02	29.78	28.03	0.00	
三阶输入截点 IIP_3(dBm)	100.00	100.00	8.00	100.00	9.00	11.00	35.00	20.00	20.00	
级联三阶输入截点 IIP_3(dBm)	-7.60	-9.04	-12.04	4.01	1.51	10.36	34.98	-14.00	20.00	

对于接收机系统求值的关键参数

	标差 Sd (dBm)=	混频器 二阶输入截点 IIP_2(dBm)=	合成器 Sp,adj(dB)= 相位噪声 N_{phase}=	Sp,at1 (dB)= 相位噪声 N_{phase}=
接收机: 误帧率=	1.00E-03	-101		
载噪比 CNR(dB)=	-1.5		<-79 / -85	-90
功率 P_{Tx}(dBm)= 约25.00		65.00		
带宽 BW(Hz)=		1.23E+06		
发射机: 接收机频段 功放噪声(dBm/Hz)=	-138	-138	>-21 / -138	-140

接收机性能计算

接收机性能计算		指标	余量(dBc)	
1. 接收机灵敏度 MDS=-174+10log(BW)+CNR+NF=	-108.69dBm		4.69	dBm
2. 互调抑制 IMD=[2(IIP_3-Sd)-CNR]/3=	-38.61dBm	<-79	4.39	dBm
3. 单频纯化 ST=Sd-CNR+2×IIP_3-2(P_{Tx}-Rj_dplx)-C=	-25.52dBm	>-21 / NA	4.48	dBm
4. 双频阻塞 Blck_2Tone=(Sd-CNR+IIP_2)/2=	-25.98dBm	NA	4.02	dBm

表 6.42　低噪声放大器中增益模式且 $S_d = -90\text{dBm}$ 时 CDMA 直接变频接收机性能计算

	线损	双工器	低噪声放大器	射频声表面波滤波器	射频放大器	I/Q 混频器	低通滤波器	基带放大器	模数转换器输入	总值
电流 (mA)	0.0	0.0	0.0	0.0	6.0	20	4.0	5.0		35
增益 (dB)	−0.3	−2.5	3.5	−2.0	6.0	15	0.0	34	0.0	53.70
电压增益 (dB)	−0.3	−2.5	3.5	−2.0	6.0	15	0.0	34	0.0	
滤波器抑制 (dBc) 在发射机频段		50		25		@0.9MHz	45			
在接收机频段		42				@1.7MHz	50			
输出功率 (dBm)	−90.3	−92.8	−94.8	−97.3	−91.3			−14.00	3.42	
输出电压 (mV)	0.0068	0.0051	0.0041	0.0061	0.0121	0.0683	0.0683		40	
噪声系数 NF (dB)	0.3	2.5	2.0	2.5	3.0	10	25	28	0.00	
级联噪声系数 NF (dB)	18.02	17.72	15.22	13.22	10.72	16.02	29.78	28.03	20.00	
三阶输入截点 IIP$_3$ (dBm)	100.00	100.00	25.00	100.00	9.00	11.00	35.00	20.00	20.00	
级联三阶输入截点 IIP$_3$ (dBm)	10.39	−9.04	−12.04	4.01	1.51	10.36	34.98	−14.00	20.00	
合成器 Sp.adj (dB) = / Sp.at1 (dB) =								−85		−90
相位噪声 N$_{phase}$ =								−138		−140

对于接收机系统求值的关键参数

	误帧率	载噪比 CNR (dB)	功率 P$_{Tx}$ (dBm)
接收机	1.00E−03	约 17.00	
发射机			

标差 Sd (dBm) =	−1.5
带宽 BW (Hz) =	1.23E+06
接收机放大器功率噪声 (dBm/Hz) =	−138

混频器　二阶输入截点 IIP$_2$ (dBm) = 65.00

接收机性能计算

		指标	余量 (dBc)
1. 接收机灵敏度 $MDS = -174 + 10\log(BW) + CNR + NF =$	−96.57 dBm	<−79 dBm	6.57
2. 互调抑制 $IMD = [2(IIP_3 - Sd) - CNR]/3 =$	−23.25 dBm	>−21 dBm	8.75
3. 单频钝化 $ST = Sd - CNR + 2 \times IIP_3 - 2(P_{Tx} - Rj\_dplx) - C =$	−13.13 dBm	NA	NA
4. 双频阻塞 $Blck\_2Tone = (Sd - CNR + IIP_2)/2 =$	−11.64 dBm	NA	NA

表 6.43 低噪声放大器中增益模式且 $S_d=-79\mathrm{dBm}$ 时 CDMA 直接变频接收机性能计算

	线损	双工器	低噪声放大器	射频声表面波滤波器	射频放大器	I/Q混频器	低通滤波器	基带放大器	模数转换器（输入）	总值
电流(mA)	0.0	0.0	0.0	0.0	6.0	20	4.0	5.0		35
增益(dB)	-0.3	-2.5	-2.0	-2.5	6.0	15	0.0	34		
电压增益(dB)	-0.3	-2.5	-2.0	3.5	6.0	15	0.0	34	0.0	53.70
滤波器抑制(dBc) 在发射机频段		50				@0.9MHz	45			
滤波器抑制(dBc) 在接收机频段		42		25		@1.7MHz	50			
输出功率(dBm)	-79.3	-81.8	-83.8	-86.3	-80.3	12.15	12.15	12.15	12.15	
输出电压(mV)	0.0251	0.0182	0.0144	0.0216	0.0431	0.2424	0.2424			
噪声系数 NF(dB)	0.3	2.5	2.0	2.5	3.0	10	25	28	40	
级联噪声系数(dB)	18.02	17.72	15.22	13.22	10.72	16.02	29.78	28.03	0.00	
三阶输入截点 IIP_3(dBm)	100.00	100.00	25.00	100.00	9.00	11.00	35.00	20.00	20.00	
级联三阶输入截点 IIP_3(dBm)	10.39	-9.04	-12.04	4.01	1.51	10.36	34.98	-14.00	20.00	

对于接收机系统求值的关键参数

接收机	误帧率 =	1.00E-03	标差 Sd (dBm) =	-79	混频器 二阶输入截点 IIP_2(dBm) =	1.23E+06	合成器 Sp.adj(dB) =	-85	Sp.atl(dB) =	-90
	载噪比 CNR (dB) =	-1.5	带宽 BW (Hz) =	1.23E+06		65.00	相位噪声 N_{phase}	-138	相位噪声 N_{phase}	-140
发射机	功率 P_{Tx} (dBm) =	-6.00	接收机频段功放噪声(dBm/Hz) =	-138						

接收机性能计算

指标		余量(dBc)	指 标
1. 接收机灵敏度 MDS = $-174 + 10\log(BW) + CNR + NF$ =	-96.57dBm	17.57	< -79 dBm
2. 互调抑制 IMD = $[2(IIP_3 - Sd) - CNR]/3$ =	-18.98dBm	2.02	> -21 dBm
3. 单频纯化 ST = $Sd - CNR + 2\times IIP_3 - 2(P_{Tx} - R_{j\_dplx}) - C$ =	-1.13dBm	NA	NA
4. 双频阻塞 Blck_2Tone = $(Sd - CNR + IIP_2)/2$ =	-5.64dBm	NA	NA

边缘处,因为典型情况下它仅仅超过指标 2dB。如果正交解调器的 IIP_3 可以增加 2dB,或者使得射频放大器看进去的整体 IIP 接近 3dB,则可改善这种情况。

而且,从表 6.42 和表 6.43 中,也可以注意到在低噪声放大器中增益模式的接收机灵敏度仅好于 -96.5dBm,在最坏情况下甚至更低。如果中增益的灵敏度接近于 -90dBm,低噪声放大器增益切换的滞后将变得很窄,因此增益切换或许不可靠。增益切换滞后需大于 2dB 以避免意外切换,否则切换决策应该基于多个接收信号强度指示器(PSSI)测量的平均值。增加低噪声放大器或射频放大器的增益将会改善中增益灵敏度,但它也会降低整体接收机的 IIP_3 及影响互调失真(IMD)性能。当设计接收机时,灵敏度和互调失真性能间恰当的权衡是必要的。另外,如果可以获得一个有足够高 IIP_3 正交解调器,集成电路设计将会成为解决接收机灵敏度和互调失真性能间矛盾的关键。

在表 6.41~表 6.44 中,灵敏度(或 MDS)、互调失真、单频钝化、双频阻塞是通过第 4 章所给的对应公式精确计算的,而不是表格较低部分左侧的公式,表格中较低部分的仅为象征性的表达式。另外,表中合成器相位噪声和杂散分别为距本振频率 ±900kHz 和 ±1.7MHz 频率偏移处,相位噪声的单位为 dBc/Hz。

4. 动态范围、自动增益控制和直流补偿

对于 CDMA 移动站接收机,动态范围是在 -104~-25dBm 间给定的。接收机应该适当地运行在 -25dBm 处,误帧率小于 1%,则总的最小动态范围为 -79dB。如果灵敏度和最大输入信号方面有 5dB 的余量,实际动态范围为 89dB 或更高。正常情况下,接收机自动增益控制范围不仅应该覆盖到该动态范围,也要覆盖到因温度和电源电压而导致的变化(即使假定校准 IC 工艺造成的增益变化)。之后自动增益控制的覆盖范围或许上升到 100dB。然而,该直接变频接收机仅有 54dB 的增益控制范围,该增益控制范围来自于低噪声放大器两级增益和射频放大器的一级增益,每级 18dB。增益控制范围的不足可通过只用大于 60dB 动态范围或者如前面第 1 部分中讨论大约 10 个有效位数的模数转换器来进行弥补。

计算 -25dBm CDMA 信号输入处的接收机性能显示于表 6.44。运行于如此高值的输入信号,接收机低噪声放大器工作在 -20dB 的低增益模式,射频放大器也运行于 -12dB 的低增益模式。从表 6.44 中可看到,低噪声放大器和射频放大器低增益模式运行条件是接收机灵敏度大约为 -61dBm,这意味着,只要接收的信号高于 -55dB,就可以切换到该模式。因为接收机在低增益模式时消耗的电流最少,显然处在低噪声放大器和射频放大器低增益模式时间越长,就可以减少更多的功率损耗。但是从衰减性能的角度看,想让增益切换发生得尽可能晚,因此接收机运行于低噪声放大器中增益模式处的范围将会更宽。射频放大器和低噪声放大器两低增益最好发生在接收信号接近 -35dBm 时。

某种意义上来讲,直接变频接收机的自动增益控制是数字的,因为模拟域的增益控制是离散步进控制而不是连续控制,好的增益控制是通过数字可变增益放大器(DVGA)在数字域完成的。一个结合有直流偏移补偿的自动增益控制环路在参考文献[5]中提出,它的简化方框图绘于图 6.5 中。

表 6.44 低噪声放大器中增益模式且 $S_d = -25\text{dBm}$ 时 CDMA 直接变频接收机性能计算

	线频	双工器	射频声表面波滤波器	低噪声放大器	射频放大器	I/Q混频器	低通滤波器	基带放大器	模数转换器 输入	总值
电流(mA)	0.0	0.0	0.0	0.0	0.0	20	4.0	5.0		29
增益(dB)	-0.3	-2.5	-2.5	-20.0	-12.0	15	0.0	34	0.0	
电压增益(dB)	-0.3	-2.5	3.5	-20.0	-12.0		0.0			17.70
滤波器抑制(dBc) 在发射机频段		50	25				45 @0.9MHz			
滤波器抑制(dBc) 在接收机频段		42					50 @1.7MHz			
输出功率(dBm)	-25.3	-27.8	-50.3	-47.8	-62.3					-25.0
输出电压(mV)	12.15	9.11	1.36	0.91	0.34	1.93	1.93	96.49	96.49	12.57
噪声系数 NF(dB)	0.3	2.5	2.5	22.0	12.0	10	25	28	40	
级联噪声系数 NF(dB)	53.32	53.02	30.52	50.52	28.02	16.02	29.78	28.03	0.00	
三阶输入截点 IIP$_3$(dBm)	100.00	100.00	100.00	25.00	25.00	11.00	35.00	20.00	20.00	
级联输入三阶截点 IIP$_3$(dBm)	27.73	-9.04	4.01	-12.04	1.51	10.36	34.98	-14.00	20.00	

对于接收机系统求值的关键参数

接收机	误码率 =	1.00E-03	标差 Sd (dBm)=	-1.5	混频器 二阶输入截点 IIP$_2$(dBm)=	-25	合成器 Sp, adj(dB)=	65.00	Sp, atl (dB)=	-90
	载噪比 CNR (dB)=	12.57	带宽 BW (Hz)=	1.23E+06			相位噪声 N$_\text{phase}$	-138	相位噪声 N$_\text{phase}$	-140
发射机	功率 P$_\text{Tx}$ (dBm)=	约-50	接收机频段功率放大器功率噪声(dBm/Hz)=	-138				<−25		-85

接收机性能计算

		余量(dBc)	指 标	
1. 接收机灵敏度 MDS = -174 + 10log(BW) + CNR + NF =	-61.28dBm	36.28		dBm
2. 互调抑制 IMD = [2(IIP$_3$ - Sd) - CNR]/3 =	10.65dBm	NA	<-25	dBm
3. 单频纯化 ST = Sd - CNR + 2×IIP$_3$ - 2(P$_\text{Tx}$ - Rj_dplx) - C =	52.95dBm	NA	NA	dBm
4. 双频阻塞 Blck_2Tone = (Sd - CNR + IIP$_2$)/2 =	39.40dBm	NA	NA	dBm

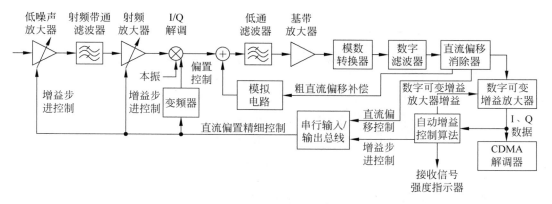

图 6.5 带有直流偏移补偿的数字 AGC 环路

在图 6.5 中,自动增益控制环路位于数字滤波器和直流偏移补偿器的后面。直接变频接收机没有中频声表面波信道滤波器,低阶低通滤波器通常用于模拟基带以节省接收机集成电路芯片的尺寸,并减少它的成本。因此模数转换器的输入可能仍然有一定强度的干扰功率。数字滤波器对信道外干扰提供足够的抑制。在数字滤波器之后可精确测量接收信号强度,干扰的影响无足轻重,自动增益控制仅受信道带宽内的信号强度支配。另外,为了不使直接变频接收机的直流偏移影响到自动增益控制环路的功能,自动增益控制环路可设计在直流补偿器之后。

自动增益控制环路中有两类增益控制。低噪声放大器和射频放大器段的步进增益控制(也称为粗增益控制)实现了良好的增益控制,而数字域的数字可变增益放大器分辨率接近0.1dB,甚至更低。在这个例子中,为简便起见仅使用了三级增益。但实际接收机设计中可能为减少每级尺寸而采用更多的级数来覆盖相同的控制范围,因此减少了可能的瞬态电压幅度过冲或因增益阶跃变化导致的直流偏移变化。

在该直接变频接收机中,为了满足定义在−90dBm 和−79dBm 期望信号水平的互调失真性能要求,如果想保持之前章节指定的接收机电流损耗,低噪声放大器增益从高到中(或者相反)必须发生在低于−90dBm 的期望值。接下来的增益阶跃变化是当期望信号增至−54dBm 时射频放大器增益从高切换到低,以及当信号减至−57dBm 时信号切换回高增益。这些增益切换立即减少了接收机的电流损耗,因为低噪声放大器和射频放大器被旁路且被按序关闭。当期望信号达到−36dBm 时,低噪声放大器增益进一步阶跃降低,从它的中增益降到低增益且当信号功率减至−39dBm 时,低噪声放大器增益将回至中增益。因为考虑到 CDMA 信号的波峰系数和架构衰减,在后面的两个切换点(即−54dBm 和−38dBm 处),CDMA 信号在 $\Delta\Sigma$ADC 输入端的有效值电压应稍微低于 200mV。低噪声放大器和射频放大器增益阶跃变化与对应的迟滞在图 6.6 中给出。为防止两邻近增益级间的增益来回切换,采用临时迟滞取代功率迟滞的使用。

在直流偏移控制环路中,通过模拟基带中模拟电路给基带滤波器提供一个与直流偏移

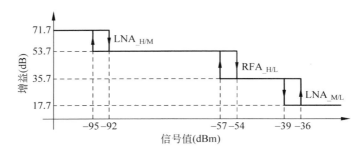

图 6.6　低噪声放大器和射频放大器增益步进和迟滞

相反的直流分量来实施粗补偿,而精确补偿是通过图 6.5 所示的直流偏移补偿器产生的串行输入/输出控制数据调整正交解调器偏移点来实现的。直流偏移控制环路有两个工作模式,即采集模式和跟踪模式。采集模式用于消除低噪声放大器和/或射频放大器中增益阶跃变化导致大的直流偏移,或者实施一个定期直流更新的整体直流环路,或者其他原因。跟踪模式用于以正常方式实施直流偏移修正,且它的响应比采集模式要慢。然而,对于 CDMA 模式下的接收机,复杂的直流偏移修正环路可能不是必需的,且它可用交流耦合或高通电路设计来取代,实现隔断直流并解决直流偏移问题,如 3.2 节所述。

　　接收机自动增益控制环路及直流修正环路设计的细节不在本书范围内。对这些环路设计感兴趣的读者可参考文献[5]。

　　蜂窝频段 CDMA 直接变频接收机系统设计的例子已经给出。它仅仅是直接变频接收机系统设计的一个练习,但它对于实际应用绝对不是最优的。

6.2.2　发射机系统设计

　　直接变频发射机没有像直接变频接收机中面临那些严峻的技术挑战。第一,发射信号通常是可控和确定性信号。第二,直接变频发射机模拟基带 I 和 Q 信道比直接变频接收机中的要简单得多,且它们在每个信道中仅包含一个无增益的缓冲放大器和一个低阶无源低通滤波器。因此,I 和 Q 信道的振幅和相位失衡以及直流偏移在单个移动站的初始调整时,一般就可被校准或达到无关紧要的值。第三,对于 CDMA 发射机合成本振的相位噪声要求比接收机所要求的那些要低得多。运用于该设计案例的发射机方框图已经在图 6.4 中给出。

　　对于 CDMA 直接变频发射机,最低性能要求和参考文献[4]中定义的一模一样,关于蜂窝系统 CDMA 发射机的主要指标在表 6.45 中给出。这里的发射功率定义为有效辐射功率,这在第 5 章中已有解释。

1. CDMA 发射信号和输出功率

　　CDMA 移动站发射信号不仅有相位调制,IS-95 中的 QPSK 或 cdma2000_lx 中的 HPSK 也有幅度调制。在 9.6kbps 数据速率时,IS-95 CDMA 信号的峰值平均功率比 (PAR)大约为 3.85dB。cdma2000_lx 信号的峰值平均功率比是由信道配置决定的,它在导频+专用控制信道(dedicate control channel,DCCH)配置的情况下可高达 5.4dB。高峰值

表 6.45　CDMA 移动发射机的主要指标

项　目	最低指标	注　释
频段(MHz)	824～849	频率级 0
频率精度(Hz)	≤300	
最大输出功率(dBm)	≥23	有效辐射功率,ERP
最小输出功率(dBm)	≤－50	有效辐射功率,ERP
旁路输出功率(dBm/1MHz)	≤－61	
门控输出功率变化	≥20	发射机有限脉冲响应开关
885kHz～1.98MHz 偏移频率内相邻信道比功率(ACPR1)	≤－42 或 ≤－54	dBc/ 30kHz 不太严格时 dBm/1.23MHz
1.98～4MHz 偏移频率内相间信道比功率(ACPR2)	≤－54	dBc/ 30kHz 不太严格时 dBm/1.23MHz
4.0MHz 频率偏移外的传导杂散和噪声散射	<－13	dBm/1kHz,9kHz≤f≤150kHz dBm/10kHz,150kHz≤f≤30MHz dBm/100kHz,30MHz≤f≤1GHz dBm/1MHz,1GHz≤f≤12.5GHz
波形品质因数,ρ	≥0.944	
编码信道功率精度(dB)	±0.25	任何数据速率处
开环自动增益控制精度(dB)	±9.5	
闭环自动增益控制 范围(dB) 精度(dB) 步进幅度(dB) 响应时间(μs)	 ±24 ±0.5 ±0.5 ≤200	

平均功率比的信号要求发射机拥有高线性度以实现相同的相邻信道功率发射,正如从低峰值平均功率比信号获得的一样,前提是这两种情况下发射功率相同。这意味着为了高峰值平均功率比信号,发射机将工作在低功率效率或高功率损耗处。

　　通过线性增益 27.4dB 且 31dBm 的 1dB 压缩点功率放大器的 cdma2000 信道配置导频＋专用控制信道传输信号频谱如图 6.7 所示。当功率放大器输入 0dBm 时,输出功率仅仅为 26.8dBm,且相邻信道功率比为－42.2dB,仅仅满足最低性能要求不大于－42dB。相同的功率放大器运用于放大峰值平均功率比大约 3.4dB 的 cdma2000 语音数据。现在,当输入仍为 0dBm 时,输出功率等于 37.4dBm,且最坏相邻信道功率比等于－48.4dB,即高了 6dB。

　　幸运的是,如表 6.46 所示,在最低性能标准 IS-98E 中对于高峰值平均功率比信号发射允许有 2～2.5dB 的传输功率回退余地。因此,如果利用功率回退的优势,对于高峰值平均

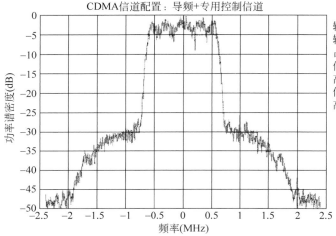

图 6.7 cdma2000 导频＋专用控制信道传输配置的功率谱密度

功率比信号发射，并不需要增加发射机的线性度或损耗更多功率。在高峰值平均功率比传输的功率回退之后，信道配置[导频＋基本信道(9600bps)＋补充信道1(153 600bps)]的峰值平均功率比决定了发射机线性度的要求。在实际 CDMA 发射机设计中，不需要使用全部的最大允许功率回退。经证实，大多数情况下 0.5～1dB 回退足够缓解功率放大器要求的压力。

表 6.46　高峰值平均功率比(PAR)信号的最大传输功率回退

cdma 2000 信道配置[4]	峰值平均功率比(dB)	最大功率回退(dB)
导频＋DCCH(9.6k)①	5.4	2.5
导频＋DCCH(9.6k)＋FCH(15k)②	5.2	2.0
导频＋FCH(9.6k)＋SCH1(9.6k)③	4.5	2.0
导频＋FCH(9.6k)＋(语音)	3.2	0
导频＋FCH(9.6k)＋SCH1(76.8k)	3.9	0
导频＋FCH(9.6k)＋SCH1(153.6k)	4.1	0
IS95	3.9	0

①DCCH：专用控制信道；②FCH：基本信道；③SCH：补充信道

　　CDMA 移动站发射机在天线端口测量的输出功率应该等于或高于 $23-(G_{ant}-2.15)$dBm，其中 G_{ant} 为蜂窝频段移动站的天线，且 2.15dB 为半波偶极子天线的增益。在该情况下，移动站发射的有效辐射功率将等于或高于 23dBm。只要整体发射机链有足够的增益，那么输出功率值就不难实现。然而，更重要的是反向链路传输信号不仅有适当的功率，也要有低相邻信道功率比(ACPR)和高波形品质因数，这些将在下面章节中讨论。

　　功率检测器用于测量发射功率，且它的主要功能是防止发射功率超出了指定的最大值，否则可能违背了吸收率(SAR)指标或损害功率放大器。当它检测到输出功率太高时，发射机链增益将自动减少，或者甚至发射机将完全关闭。

2. 波形品质因数的计算

波形品质因数(ρ)是衡量调制精度的另一个参数。它通过 5.3.1 节的式(5.3.13)与误差矢量幅度相关。造成波形品质因数下降的主要原因是信道带宽内的相位噪声和合成本振的杂散、载波泄漏、I 和 Q 信道信号失衡导致的镜像分量、因驱动放大器负载和调制超高频压控振荡器导致的反向调制，以及低发射功率条件下主导波形品质因数的发射机带内噪声和杂散。表 6.47 给出了分配给波形品质因数贡献者的合理预算。从表中给出的预算数据及使用式(5.3.47)，可计算出典型及最坏情况下的波形品质因数，如下

$$\rho_{\text{typical}} = \frac{1}{1 + 10^{\frac{-27}{10}} + 10^{\frac{-34}{10}} + 10^{\frac{-32}{10}} + 10^{\frac{-33}{10}} + 10^{\frac{-12-25}{10}}} = 0.996$$

和

$$\rho_{\text{worst}} = \frac{1}{1 + 10^{\frac{-25}{10}} + 10^{\frac{-27}{10}} + 10^{\frac{-28}{10}} + 10^{\frac{-30}{10}} + 10^{\frac{-72+50}{10}}} = 0.986$$

实际上，ρ_{typical} 代表高功率情况下典型的波形品质因数，ρ_{worst} 表示的是 -50dBm 输出功率情况下的最坏的波形品质因数。

表 6.47　波形品质因数贡献的预算

贡 献 者	典型情况	最坏情况
本振集成相位噪声和杂散(dBc)	-27	-25
载波泄漏(dBc)	-34	-27
镜像分量(dBc)	-32	-28
反向调制(dBc)	-33	-30
发射机最大输出功率处带内噪声(dBm)	-12	-10
发射机-50dBm 处输出功率处带内噪声(dBm)	-75	-72

3. 相邻/相间信道功率和线性度

相邻/相间信道功率水平是对发射机链路线性度的一个衡量参数。相邻信道功率(adjacent channel power, ACP_{adj})主要由三阶失真造成，相间信道功率(alternate channel power, ACP_{alt})主要来自五阶失真分量的贡献。

假定对于 $\text{PAR} = 3.85\text{dB}$ 的信号，在最大传输功率 25dBm 处的相邻信道功率比(adjacent channel power ratio, $ACPR_{\text{adj}}$)设计为等于或小于$-48\text{dBc}/30\text{kHz}$，整体发射机链路的最小$OIP_3$，即$OIP_{3\_Tx}$，则可通过式(5.4.13)确定

$$OIP_{3\_Tx} = 25 - (10\log(10^{\frac{-48}{10}} - 10^{\frac{-60}{10}}) + 9 - 0.72 + 16)/2 = 37.0\text{dBm}$$

为实现 $ACPR = -48\text{dBc}$ 性能的发射机增益和OIP_3分布在表 6.48 中给出。这里假定数字基带数模转换器输出为电压，数模转换器输出的最大摆幅为 1.25V 的峰峰值，且 615kHz 的信号带宽内最小的信号/(噪声＋失真)为 35dB。在该表中，"发射机集成电路链路"功能模块表示图 6.4 发射机方框图从低通滤波器、I/Q 调制器到驱动放大器的所有电路级，且该功能模块通常集成在硅基芯片上，也称为发射机芯片(简化为 Tx IC)。

表 6.48　发射机增益和OIP_3分布及相邻信道功率比（ACPR）

功 能 模 块	数模转换器输出	发射机集成电路链路	巴伦＋声表面波滤波器	功率放大器	定向耦合器	双工器	路径损耗	天线端口
功率增益(dB)		23.6	−4.0	28.0	−0.4	−3.0	−0.2	
级联增益(dB)		23.6	22.2	50.2	49.8	46.8	46.6	44.0
输出功率(dBm)	−19.0	4.6	0.6	28.6	28.2	25.2	25.0	25.0
输出电压(mV$_{p-p}$)	1250							
发射机频带噪声系数(dB)		17.3	4.0	5.0	0.4	3.0	0.2	
级联噪声系数(dB)		17.3	17.3	17.3	17.3	17.3	17.3	17.3
OIP_3(dBm)		23.5	100.0	41.6	100.0	100.0	100.0	
级联 OIP_3(dBm)		23.5	19.5	40.6	40.2	37.2	37.0	37.0
$ACPR_{adj}$(dBc/30kHz)	−60	−57.9	−57.9	−48.0	−48.0	−48.0	−48.0	−48.0

最大输出功率处的相间信道功率比（alternate channel power ratio，$ACPR_{alt}$）主要由功率放大器的五阶非线性特性确定，因为实际上用于 CDMA 移动站的功率放大器在最大输出功率附近具有增益扩张，且发射机链路其他级的高阶非线性特性相当弱。现实中，CDMA移动发射的$ACPR_{alt}$在最大输出功率处通常为$ACPR_{adj}$以下 10dB 或更多，即如果$ACPR_{adj}$等于−48dBc，则$ACPR_{alt}$将为−58～−60dBc。如 5.4.1 节所述，确定$ACPR_{alt}$的一个精确的方法为通过功率放大器振幅和相位对输入信号特性的仿真。但是，或许可用 5.4.2 节讨论的获得OIP_3的类似方法来粗略计算出五阶输出截点OIP_5。在这种情况下，$ACPR_{alt}$大约表示为

$$ACPR_{alt} \cong 4 \cdot (P_{Tx} - OIP_5) - 15 - 10\log(30 \times 10^3/1.23 \times 10^6) \text{dBc} \quad (6.2.5)$$

且对于指定的$ACPR_{alt}$，OIP_5粗略为

$$OIP_5 \cong P_{Tx} - \frac{ACPR_{alt} + 31}{4} \text{dBm} \quad (6.2.6)$$

如果对于$ACPR_{alt} = -60$dBc 的设计，最小OIP_5估算为

$$OIP_5 \cong 25 - \frac{-60 + 31}{4} \cong 32.3 \text{dBm}$$

在现实情况下，接近它最大输出功率的功率放大器不仅经历五阶非线性特性，也有七阶失真。后者可能对$ACPR_{alt}$也有显著影响。因此OIP_5应该比式（6.2.6）给出的大。

4. 接收机频段的噪声和杂散散射

在 CDMA 移动站接收机频段另一个重要的发射指标为噪声/杂散散射，如果该值高，散射可能会使接收机灵敏度降低。应该注意到，只有过量噪声（即超出热噪声的情况下）使接收机灵敏度下降。允许灵敏度的下降假定为 0.2dB 或更小。

表 6.49 给出了发射机在接收机频段的增益和噪声系数，以及接收机频段的噪声散射。其中假定接收机频段数模转换器输出噪声水平为 $15\text{nV}/\sqrt{\text{Hz}}$，源阻抗为 200 Ω 左右，发射机声表面波滤波器在接收机频段有 30dB 的抑制，且双工器在接收机频段的抑制为 42dB。

可看到接收机频段的噪声散射为 $-173.8\mathrm{dBm/Hz}$,可利用式(5.5.5)计算得

$$P_{N\_Tx\_out} = 10^{\frac{-48}{10}}\left[(10^{\frac{48.2}{10}}-1)\times 10^{\frac{-174}{10}}+10^{\frac{-174+18.5}{10}}\right]\cong 10^{\frac{-173.8}{10}}\,\mathrm{mW/Hz}$$

在上面计算中,使用了数模转换器噪声 $15\mathrm{nV}/\sqrt{\mathrm{Hz}}$,等效于超出热噪声 $18.5\mathrm{dB}$。

表 6.49 接收机频段的发射机噪声系数和噪声散射

功能模块	数模转换器输出	接收机集成电路链	巴伦+声表面波滤波器	功率放大器	定向耦合器	双工器	路径损耗	天线端口
功率增益(dB)		23.6	−4.0	28.0	−0.4	−3.0	−0.2	
级联增益(dB)		23.6	22.2	50.2	49.8	46.8	46.6	44.0
输出功率(dBm)	−19.0	4.6	0.6	28.6	28.2	25.2	25.0	25.0
输出电压(mVp-p)	1250							
接收机频段抑制(dB)			30.0			42.0		
接收机频段级联增益(dB)		3.6	−30.4	−2.4	−2.8	−47.8	−48.0	−48.0
接收机频段噪声系数(dB)		37.7	34.0	5.0	0.4	45.0	0.2	
接收机频段级联噪声系数(dB)		37.7	38.5	39.7	39.7	48.0	48.2	48.2
接收机频段噪声(dBm/Hz)	15nV/Hz^(1/2)	132.7	−165.9	−136.7	−137.1	−173.8	−173.8	−173.8

由于接收机频段 $-173.8\mathrm{dBm/Hz}$ 噪声散射而导致的接收机灵敏度下降可通过式(4.2.32)和式(5.5.8)计算如下。接收机频段散射的过量噪声等于

$$P_{\Delta N\_Tx\_out} = P_{NsTx\_out} - kT_o = 10^{\frac{-173.8}{10}} - 10^{\frac{-174}{10}} = 1.88\times 10^{-19}\,\mathrm{dBm/Hz}$$

假定接收机噪声系数为 $5.8\mathrm{dB}$,等效于表 6.41 给出的 $-108.5\mathrm{dBm}$ 灵敏度。式(4.2.32)得出在发射机散射噪声影响下的接收机等效噪声系数为

$$NF_{Rx} = 10\log\left(\frac{1.88\times 10^{-19}}{10^{-174/10}}+10^{5.8/10}\right) = 10\log(0.047+3.8) \cong 5.85\mathrm{dB}$$

与原始接收机噪声系数 $5.8\mathrm{dB}$ 相比,可看到整体噪声系数下降仅为 $0.05\mathrm{dB}$,这个值是可接受的。

5. 自动增益控制和功率损耗管理

在 CDMA 移动站中,存在两个发射功率控制回路,即开环控制和闭环控制[4]。开环功率控制主要基于接收信号强度。对于 800MHz 频段,平均发射功率是通过以下的功率计算公式确定的

$$P_{Tx\_OpenLoop} = -P_{Rx} - 73 + 修正系数\ \mathrm{dBm}$$

式中,P_{Rx} 为接收信号强度;修正系数定义于参考文献[4],正常运行时它们等于 0。

开环功率控制精度为±9.5dB。开环功率在接收功率处校准,如表 6.50 所示。

表 6.50　开环功率的校准

接收机功率(dBm/1.23MHz)	发射机开环功率(dBm/1.23MHz)
−25	−48±9
−65	−8±9
−93.5	20±9

　　CDMA 移动站给它的开环功率计算提供闭环调整。调整是针对有效接收到的功率控制位而进行的。最小闭环控制范围为开环功率计算的±24dB 左右。闭环控制的步长可以为 1dB、0.5dB 或 0.25dB。对于 1dB 步长控制,超过 16 个连续同向步的累积误差为±3.2dB,或者每步的平均误差为±0.2dB。对于步长 0.5dB 和步长 0.25dB,超过 32 和 64 个连续同向步,累积误差分别为±4.0dB 和±4.8dB,或者每步平均误差分别为±0.125dB 和±0.075dB。对于 1dB 步长控制,在有效闭环控制位接收后到平均输出功率达到它最终值的 0.3dB 以内,单个步长控制的时域响应应该小于 $500\mu s$,对于 0.5dB 和 0.25dB 步长控制,则应该在 0.15dB 以内。

　　CDMA 移动站发射机输出功率的动态范围大约为从 25dBm 到−50dBm 的 75dB。为了覆盖这个动态范围,当它的参考电流或电压(取决于功率放大器的种类)变化从而减少电流损耗时,发射机链的射频可变增益放大器通常有 90dB 的增益控制范围,且功率放大器的增益调整为 6～10dB 左右。如果可变增益放大器具有线性增益控制特性,控制 90dB 增益变化,一个 8 位或 10 位的数模转换器对于 0.5dB 或 0.25dB 步长控制来说足够了。但是,在大多数情况下,可变增益放大器增益对控制电压的曲线是非线性的,且对于 0.5dB 步长控制,为了满足控制精度需要一个 10 位的控制数模转换器。根据可变增益放大器控制曲线的非线性特性,10 位的数模转换器可能也用于 0.25dB 步长控制。通常,为控制功率放大器的参考电流或电压,数模转换器在步进控制的情况下需要几位。否则,如果必须要用连续控制的方法来节省电流损耗,则必须采用高分别率的数模转换器。

　　CDMA 移动站发射机自动增益控制的简化方框图绘于图 6.8 中。发射机自动增益控制由接收信号强度、接收机功率、闭环控制位和编码信道增益调整来决定。基于发射功率,来自数模转换器的基带 I 和 Q 信号通过调整参考电压(V_{Ref})和参考电流(I_{Ref})实现线性可控。基带信号的调节范围可高达 20dB,且它也增加了与射频可变增益放大器相同数量的自动增益控制动态范围。

　　恰当管理发射机链的功率损耗对延长移动站通话时间非常重要。功耗管理方案中常用的是功率放大器和发射机链其他级偏置电流应该随发射功率而调节,但仍然保持整体发射机有着足够高的线性度。发射机链路的偏置控制经常结合自动增益控制来实现。移动发射机的电流损耗常常基于 CDMA 开发团队[8]统计平均值来测量。

　　功率放大器偏置电流一般由它的参考电流/电压控制。在可接受线性度下,功率放大器

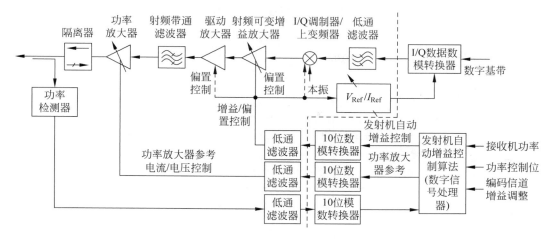

图 6.8 发射机自动增益控制的简化方框图

偏置电流应该随发射功率下降而尽可能快地调低,因为功率放大器是移动站中主要功率消耗者之一。功率放大器的参考电流/电压控制可采用步进或连续方式在步进控制的情况下,对应功率放大器偏置电流在特定的功率大小处进行切换,这是基于功率放大器特性进行选择的(即它的线性度和电流损耗对应输出功率值的特性)。另外,参考电流/电压步进决定功率放大器的电流,也影响它的增益。因参考电流/电压调节而导致的增益改变需要由可变增益放大器实现增益补偿。目前,CDMA 开发团队的蜂窝频段功率放大器平均电流为55mA 左右。

与功率放大器情况类似,在发射机中从正交调制器到驱动放大器阶段的电流损耗应该随发射功率尽可能快且尽可能低地调低,但这些阶段的线性度应该仍要足够好,以保持来自它们输出信号的相邻信道功率比(ACPR)合理地低(即低于 −56dBc)。因此,数模转换器输出基带信号水平和正交(I/Q)调制器输入信号水平的调节可进一步减少移动站发射机的功率损耗。

发射机自动增益控制的设计与发射机链路的详细电路设计和功率放大器的性能紧密相关。没有必要的信息而对此做进一步的详细讨论是不切实际的。

6. 频率精度和发射机合成器性能

频率精度主要取决于温补压控振荡器和移动站自动频率控制系统。温补压控振荡器用于移动站系统参考频率,且 CDMA 中常用参考频率之一是 19.2MHz。19.2MHz 的温补压控振荡器的主要指标在表 6.51 中给出。

图 6.9 展示了一个简化的自动频率控制环路。它包括射频下变频器、低通滤波器、频率检测器(frequency detector,FD)、环路滤波器、积分器、数字到频率转换器。自动频率控制环路实际上是一个数字锁频环。它的设计在本书范围之外,在这不做深入讨论。如果对细节感兴趣,读者可参考文献[6]和[7]。

表 6.51　19.2MHz 温补压控振荡器(VCTCXO)的主要指标

	最小值	典型值	最大值
频率(MHz)		19.2	
预设精度(ppm)	—1		1
频率温度稳定性(ppm)	—2		2
年限稳定性(5 年)(ppm)	—4		4
输出值(V)		1.0	
二次谐波			—20
控制范围(ppm)		±12	
建立时间(ms)			5
相位噪声(dBc/Hz)			
@偏移频率　　10Hz			—70
1kHz			—130
100kHz			—135

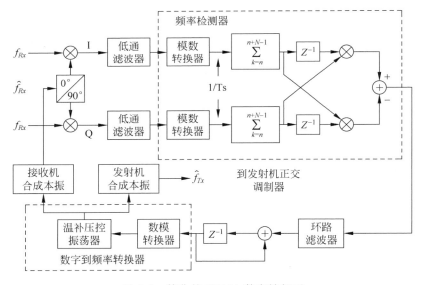

图 6.9　简化的 CDMA 数字锁频环

　　接收机合成本振频率 $\hat{f}_{Rx}$ 应该在自动频率控制环路控制下锁定于接收信号载波频率 f_{Rx}。发射机合成本振频率 $\hat{f}_{Tx}$ 必须与反向链路信道频率非常接近,且在 ±300Hz 容差以内。从表 6.51 给出的温补压控振荡器指标中,可估算自动频率控制环路的频率采集需要大约 ±2.5ppm 或 ±2.2kHz。

　　除了 CDMA 发射机合成本振的频率精度,传输信号带宽上最重要的指标就是集成相位噪声和杂散。发射机本振的信号带宽相位噪声和杂散的要求比接收机本振的那些低得多。发射机合成本振的最低性能在表 6.52 中归纳出。

表 6.52 发射机合成本振的最低性能

	最小值	最大值
频率（MHz）	824	849
信号带宽内集成相位噪声（dBc/1.23MHz）		−25
±885kHz 偏移相位噪声（dBc/Hz）		−120
±1980kHz 偏移相位噪声（dBc/Hz）		−128
±4.0MHz 偏移相位噪声（dBc/Hz）		−135
885kHz 偏移以外的杂散（dBc）		<−80

一般来说，表 6.52 给出的发射机本振最低性能实际上代表了发射载波频率处的性能，即使压控振荡器集成在发射机集成电路上时也不难实现。

如图 6.10 所示，本振信号可通过本振发生器产生，其包含了一个 4 分频器、一个单边带变频器以及一个缓冲放大器。该图剩下部分是一个带有 48kHz 比较频率的 N 合成器简单方框图。本振频率为发射载波频率的两倍。在这种情况下，图 6.4 发射机侧的 I/Q 调制电路的 $\pi/2$ 移相器应该由一个 2 分频器取代。

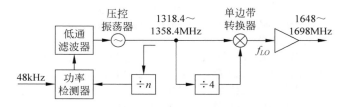

图 6.10 本振发生器的方框图

在之前章节中，已经确定了 CDMA 移动站发射机一些最重要的参数。发射机集成电路的详细分区在这不做讨论，因为它比接收机的简单得多。对于 CDMA 移动站的直接变频发射机系统设计在此结束。

参考文献

[1] ETSI, *Digital Cellular Telecommunications System (Phase 2+); Radio Transmission and reception (GSM 05.05)*, July 1996.

[2] TR45 TIA/EIA-136-270-A, *Mobile Stations Minimum Performance*, August 31, 1999.

[3] TIA/EIA/IS-98-A, *Recommended Minimum Performance Standards for Dual-Mode Wideband Spread Spectrum Cellular Mobile Stations*.

[4] TIA/EIA/IS-98-E, *Recommended Minimum Performance Standards for cdma2000 Spread Spectrum Cellular Mobile Stations*, Jan. 17, 2003.

[5] Tao Li, C. Holenstein et al., "Direct Conversion Receiver Architecture," Patent WO 02/067420 A2.

[6] F. Lin, "Convergence and Output MSE of Digital Frequency-Locked Loop for Wireless Communications," *IEEE Trans. on Comm.*, vol. COM-44, no. 5, pp. 1215–1219 , May 1996.

[7] A. D'Andreas and U. Mengali, "Design of Quadricorrelators for Automatic Frequency Control System," *IEEE Trans. on Comm.*, vol. COM-41, No. 6, pp. 988-997, June, 1993.

[8] CDMA Development Group, *CDG System Performance Tests (optional)*, Rev. 3.0 draft, Apr. 9, 2003.

辅助参考文献

[1] G. G. E. Gieleg, "System _Level Design Tools for RF Communication ICs," *1998 URSI International Symposium on Signals, Systems, and Electronics*, pp. 422–426, Set. 1998.

[2] B. A. Myers, J. B. Willingham et al., "Design Consideration for Minimal-Power Wireless Spread Spectrum Circuits and Systems," *Proceedings of the IEEE*, vol. 88, no. 10, pp. 1598–1612, Oct. 2000.

[3] A. Matsuzawa, "RF-SoC: Expectations and Required Conditions," *IEEE Trans. on Microwave Theory and Techniques*, vol. 50, no. 1, pp. 245–253, Jan. 2002.

[4] E. Sztein, "RF Design of a TDMA Cellular/PCS Handset, Part 1," *Communication Systems Design*, Feb. 2000.

[5] E. Sztein, "RF Design of a TDMA Cellular/PCS Handset, Part 2," *Communication Systems Design*, March 2000.

[6] S. K. Wong et al. "RF Transceiver Design and Performance Analysis for WCDMA User Equipment," *2002 IEEE International Conference on Communications*, vol. 1, pp. 507–511, May 2002.

[7] P. Estabrook and B. B. Lusignan, "The Design of a Mobile Receiver Radio Using a Direct Conversion Architecture," *1989 IEEE 39th Vehicular Technology Conference*, pp. 63–72, May 1989.

[8] A. M. Bada and M. Maddiotto, "Design and Realisation of Digital Radio Transceiver Using Software Radio Architecture," *Proceedings of 2000 IEEE 51th International Conference on Vehicular Technology*, vol. 3, pp. 1727–1737, May 2000.

[9] A. Batra, J. Balakrishnan and A. Dabak, "Design Challenges for a Multi-Band OFDM UWB Communication System," *Wireless Design & Development*, pp. 24–36, Oct. 2004.

[10] M. S. J. Steyaert et al., "Low-Voltage Low-Power CDMA-RF Transceiver Design," *IEEE Trans. on Microwave Theory and Techniques*, vol. 50, no. 1, pp. 281–287, Jan. 2002.

[11] A. Springer, L. Maurer, and R. Weigel, "RF System Concepts for Highly Integrated RFICs for W-CDMA Mobile Radio Terminals," *IEEE Trans. on Microwave Theory and Techniques*, vol. 50, no. 1, pp. 254–267, Jan. 2002.

[12] W. Krenik and J. Y. Yang, "Cellular Radio Integration Directions," *Proceedings of the Bipolar/BiCMOS Circuits and Technology Meeting*, pp. 25–30, Sept. 2003.

[13] W. Krenik, D. Buss, and P. Rickert, "Cellular Handset Integration: SIP vs. SOC," *Proceedings of the IEEE 2004 Custom Integrated Circuits Conference*, pp. 63–70, 2004.

[14] M. S. Heutmaker and K. Le, "An Architecture for Self-Test of a Wireless Communication System Using Sampled IQ Modulation and Boundary Scan," *IEEE Communications Magazine*, vol. 37, no. 6, pp. 98–102, June 1999.

[15] A. A. Abidi, "Low-Power Radio-Frequency IC's for Portable Communications," *Proceedings of the IEEE*, vol. 83, no. 4, pp. 544–569, April 1995.

[16] A. A. Abidi, "CMOS Wireless Transceivers: The New Wave," *IEEE Communications Magazine*, vol. 37, no. 8, pp. 119–124, Aug. 1999.

[17] J. Loraine, "Counting the Cost of RF System-on-Chip," *IEE Electronics Systems and Software*, pp. 8–11, Sept. 2003.

[18] A. Fernandez-Duran, "Application of Zero-IF Radio Architecture to Multistandard Compatible Radio Systems," *1995 IEE Conference on Radio Receivers and Associated Systems*, pp. 81–85, Sept. 1995.

[19] W. J. McFarland, "WLAN System Trends and the Implications for WLAN RFICs," *2004 IEEE Radio Frequency Integrated Circuits Symposium*, pp. 141–144, 2004.

[20] W. Thomann et al., "Fully Integrated W-CDMA IF Receiver and IF Transmitter Including IF Synthesizer and On-Chip VCO for UMTS Mobiles," *IEEE Journal of Solid-State Circuits*, vol. 36, no. 9, pp. 1407–1419, Sept. 2001.

[21] C. Bailet and C. Roberts, "Test Methodologies for Evaluating W-CDMA Receiver Designs," *RF Design*, pp. 60–68, June 2000.

[22] P. Zhang, "Nonlinearity Test for a Fully Integrated Direct-Conversion Receiver," *Microwave Journal*, vol. 47, no. 10, pp. 94–112, Oct. 2004.

[23] R. Magoon et al., "A Single-Chip Quad-Band (850/900/1800/1900 MHz) Direct Conversion GSM/GPRS RF Transceiver with Integrated VCOs and Fractional-N Synthesizer," *IEEE Journal of Solid-State Circuits*, vol. 37, no. 12, pp. 1710–1720, Dec. 2002.

[24] M. Ugajin et al., "Design Techniques for a 1-V Operation Bluetooth RF Transceiver," *IEEE 2004 Custom Integrated Circuits Conference*, pp. 393–400, Oct. 2004.

[25] M. Zargari et al., "A Single-Chip Dual-Band Tri-Mode CMOS Transceiver for IEEE 802.11 a/b/g Wireless LAN," *IEEE Journal of Solid-State Circuits*, vol. 39, no. 12, pp. 2239–2249, Dec. 2004.

[26] Z. Shi and R. Rofougaran, "A Single-chip and Multi-mode 2.4/5 GHz Transceiver for IEEE 802.11 Wireless LAN," *Proceedings of 2002 3rd International Conference on Microwave and Millimeter Wave*

Technologies, pp. 229–232, Aug. 2002.

[27] W. J. McFarland, "WLAN System Trends and the Implications for WLAN RFICs," *Digest of 2004 IEEE International Symposium on Radio Frequency Integrated Circuits*, pp. 141–144, June 2004.

[28] U. Karthaus et al., "Improved Four-Channel Direct-Conversion SiGe Receiver IC for UMTS Base Stations," *IEEE Microwave and Wireless Components Letters*, vol. 14, no. 8, pp. 377–379, Aug. 2004.

[29] D. C. Bannister, C. A. Zelley and A. R. Barnes, "A 2–18 GHz Wideband High Dynamic Range Receiver MMIC," *2002 IEEE International Symposium on Radio Frequency Integrated Circuits*, pp. 147–149, June 2002.

[30] C. L. Ko et al., "A CMOS Dual-Mode RF Front-End Receiver for GSM and WCDMA," *2004 IEEE Asia-Pacific Conference on Advanced System Integrated Circuits*, pp. 374–377, Aug. 2004.

[31] F. Piazza and Q. Huang, " A 1.57-GHz RF Front-End for Triple Conversion GPS Receiver," *IEEE Journal of Solid-State Circuits*, vol. 33, no. 2, pp. 202–209, Feb. 1998.

[32] L. Zhou et al., "S-Band Integrated Digital Broadband Receiver," *Proceedings of the IEEE Radar Conference*, pp. 535–540, April 2004.

[33] P. U. Su ad C. M. Hsu, "A 0.25 μm CMOS OPLL Transmitter IC for GSM and DCS," *2004 IEEE International Symposium on Radio Frequency Integrated Circuits*, pp. 435–438, June 2004.

[34] A. Hadjichristos, J. Walukas and N. Klemmer, "A Highly Integrated Quad Band Low EVM Polar Modulation Transmitter for GSM/EGDE Applications," *2004 IEEE International Conference on Custom Integrated Circuits*, pp. 565–568, Oct. 2004.

[35] G. Brenna et al., "A 2-GHz Carrier Leakage Calibrated Direct-Conversion WCDMA Transmitter in 0.13-μm CDMA," *IEEE Journal of Solid-State Circuits*, vol. 39, no. 8, pp. 1253–1262, Aug. 2004.

[36] T. Melly, et al., "An Ultralow-Power UHF Transceiver Integrated in a Standard Digital CMOS Process: Transmitter," *IEEE Journal of Solid-State Circuits*, vol. 36, no. 3, pp. 467–472, Match 2001.

[37] B. Razavi, "A 900-MHz/1.8-GHz CMOS Transmitter for Dual-Band Applications," *IEEE Journal of Solid-State Circuits*, vol. 34, no. 575–579, May 1999.

[38] D.S. Malhi et al., "SiGe W-CDMA Transmitter for Mobile Terminal Application," *IEEE Journal of Solid-State Circuits*, vol. 38, no. 9, pp. 1570–1574, Sept. 2003.

[39] A. Italia et al., "A 5-GHz Silicon Bipolar Transmitter Front-End for Wireless LAN Applications," *2004 IEEE International Conference on Custom Integrated Circuits*, pp. 553–556, Oct. 2004.

[40] M. Kosunen, et al., "Design of a 2.4 GHz CMOS Frequency-Hopped RF Transmitter IC," *Proceeding of the 1998 IEEE International Symposium on Circuits and Systems*, vol. 4, pp. IV-409–IV-412, May

1998.

[41] A. Miller, "RF Exposure: SAR Standards and Test Methods," *Compliance Engineering Magazine*, Jan./Feb. 2003.

[42] K. Fukunaga, S. Watanabe and Y. Yamanaka, "Dielectric Properties of tissue-equivalent liquids and their effects on Specific Absorption Rate," *IEEE Trans. On Electromagnetic Compatibility*, vol. 46, no. 1, pp. 126–129, Feb. 2004.

[43] L. Pucker, "Paving Paths to Software Radio Design," *Communication Systems Design*, vol. 10, no. 6, June 2001.

术　语　表

AMPS. See advance mobile phone service 高级移动电话服务

AMR. See adaptive multiple rate 自适应多速率

analog domain 模拟域

analog-to-digital converter 模数转换器

analytic signal 解析信号

angular frequency 角频率

antenna 天线

  aperture 天线口径

  noise figure 天线噪声系数

  temperature 天线温度

antialiasing filters 抗混叠滤波器

attenuator 衰减器

autocorrelation function 自相关函数

automatic frequency control 自动频率控制

automatic gain control 自动增益控制

available power gain 可用功率增益

average power 平均功率

average probability 平均概率

AWGN. See additive white Gaussian noise 加性高斯白噪声

  channel 加性高斯白噪声信道

B

band-limited 带限

  modulation 带限调制

  noise 带限噪声

  signal 带限信号

  white noise 带限白噪声

band-pass 带通

  counterpart 带通对应部分

  filter 带通滤波器

  nonlinear device 带通非线性器件

  random noise 带通随机噪声

  sampling 带通采样

  signal 带通信号

  systems 带通系统

bandwidth 带宽

  3dB 3dB 带宽

  equal ripple 等波纹带宽

  noise 噪声带宽

  spectral 频谱带宽

bandwidth and bit duration product 带宽与位持续时间乘积

bandwidth efficiency 带宽效率

base-band 基带

  filter 基带滤波器

  low-pass filter 基带低通滤波器

  modulation 基带调制

  signal 基带调制

BAW filters 体声波滤波器

BB. See base-band 基带

  amplifier 基带放大器

  signal 基带信号

  VGA 基带可变增益放大器

behavioral nonlinear model 行为非线性模型

BER. Seebit error rate 比特误码率

BLER. See block error rate 块错误率

block interferer 阻滞干扰

blocking 阻塞

  characteristic 阻塞特性

Bluetooth 蓝牙

Boltzman constant 玻尔兹曼常数

BPF. See band-pass fiter 带通滤波器

burst ramp-up and-down transient 突发斜上和下瞬态

C

calibration mode 校准模式

carrier 载波

  feed through 载波馈通

  frequency 载波频率

  leakage 载波泄漏

  suppression 载波抑制

carrier-to-noise ratio 载波噪声比

cascaded 级联

  input intercept point 级联输入截点

  mth order input intercept point 级联 m 阶输入截点

  noise factor 级联噪声因数

  noise figure 级联噪声系数

CDMA. See code division multiple access 码分多址

CDMA transceiver CDMA 收发机

cellular band 蜂窝频段

direct sequence 直接序列

direct sequence spread spectrum 直接序列扩频

Dirichlet conditions 狄利克雷条件

dispersive system 分散系统

double Hilbert transform 双希尔伯特变换

double-sided Nyquist bandwidth 双边带奈奎斯特带宽

down-converter 下变频器

down-link 下行链路

driver amplifier 驱动放大器

DSSS. See direct sequence spread spectrum 直接序列扩频

dual band transceiver 双波段收发机

dual quadrature converter 双正交转换器

duplexer 双工器

dynamic range 动态范围

E

early-late phase lock loop 早迟锁相环

E_b. See signal emerge per bit 每比特信号能量

EDGE. See enhanced data rates for global evaluation 全球演进的增强型数据速率

EER. See envelope elimination and restoration 包络消除与恢复

effective 有效的
 area 有效面积
 isotropic radiated power 有效各向同性辐射功率
 radiated power 有效辐射功率

eigenfunction 特征函数(本征函数)

eigenvalue 特征值(本征值)

EIPR. See effective isotropic radiated power 有效各向同性辐射功率

electric field strength 电场强度

electromotive force 电动势

electron emission 电子发射

energy spectral density 能量谱密度

Enhanced 911(E911) 移动位置服务

enhanced data rates for GSM(global) revolution 增强型数据速率 GSM(全球)革命

ensemble 全体
 average 总体均值
 of samples 集合样本

envelope elimination and restoration 包络消除和恢复

envelope nonlinearity 包络非线性

equivalent 等效
 device noise 等效器件噪声
 noise density 等效噪声密度
 noise factor 等效噪声系数

efc(x) function 余补误差函数

ergodic random process 遍历随机过程

ERP. See effective radiated power 有效辐射功率

error probability 误差概率

error vector magnitude 误差矢量幅度

EVM. See error vector magnitude 误差矢量幅度

excess 额外
 delay 附加时延
 emission noise 过量噪声散射
 noise 过量噪声
 transmitter noise emission density 过量发射机噪声散射密度

excitation 激励

expectation 期望

expected value 期望值

F

FBAR filters 薄膜体声波谐振滤波器

feedback shift register 反馈移位寄存器

FER. See frame error rate 误帧率

FFR. See field failure rate 现场故障率

field failure rate 现场故障率

fifth-order nonlinear distortion 五阶非线性失真

filters 滤波器

finger of RAKE receiver RAKE 接收机手指

first generation mobile communications systems 第一代移动通信系统

AMPS,TACS,NMT 高级移动电话系统,全接入通信系统,北欧移动电话

flicker noise 闪烁噪声

forward link 前向链路

Fourier 傅里叶
 analysis 傅里叶分析
 coefficient 傅里叶系数
 series 傅里叶序列

channel filter 中频信道滤波器

VGA 中频可变增益放大器

VGA gain curve 中频可变增益放大器增益曲线

IF/2 interferer 二分之一中频干扰

IFA. See IF amplifier 中频放大器

IIP$_2$. See second-order input intercept point 二阶输入截点

IIP$_3$. See third-order input intercept point 三阶输入截点

image 镜像

frequency 镜像频率

product 镜像分量

rejection 镜像抑制

signal 镜像信号

imbalance 失衡

error compensation 不平衡误差补偿

errors 不平衡误差

IMD. See intermodulation distortion 互调失真

performance 互调失真性能

impulse 脉冲

sampled sequence 脉冲采样序列

function 脉冲函数

noise. See noise response 脉冲噪声响应

signal 脉冲信号

in-band jamming 带内干扰

in-channel interference 信道间干扰

information bandwidth 信息带宽

in-phase 同相

component 同相分量

signal 同相信号

input 输入

intercept point 输入截点

third order intercept point 三阶输入截点

instantaneous bandwidth 瞬时带宽

integrated 集成的

circuits 集成电路

phase noise 集成相位噪声

power 功率综合

intentional aliasing 故意混叠

intercept point 截点

interchipinterference 码片间干扰

interferes 干扰

intermediate frequency 中频

intermodulation 互调

distortion 互调失真

characteristics 互调特性

product power 互调产物功率

product voltages 互调产物电压

products 互调产物/互调成分

spurious response attenuation 互调杂散响应衰减

intersymbolinterference 码间干扰；符号间干扰

inverse 相反的

Fourier transform 傅里叶反变换

Hilbert transform 希尔伯特反变换

IP$_2$. See second-order intercept point 二阶截点

IP$_3$. See third-order intercept point 三阶截点

IS-136 D-AMPS 系统上实施的最新数字标准

IS 95/98 基于 CDMA 的数字蜂窝标准

ISI. See intersymbolinterference 码间干扰；符号间干扰

isolation between the RF and LO ports 射频与本地振荡器间端口的隔离

isolator 隔离器

isotropic radiation pattern 各向同性辐射模式

J

jitter 抖动

effect 抖动效应

noise 抖动噪声

time 抖动时间

noise density 抖动噪声密度

joint probability density function 联合概率密度函数

L

linear 线性的

system 线性系统

time-invariant(LTI)线性时不变

linearity 线性度

LNA. See low noise amplifier 低噪声放大器

LO. See local oscillator 本地振荡器

phase noise and spurs 本地振荡器相位噪声和杂散

indicator 接收信号强度指示器
receiver 接收机
    AGC system 接收机自动增益控制系统
    blocking 接收机阻塞
    desensitization 接收机灵敏度下降（钝化）
    dynamic range 接收机动态范围
    equivalent noise temperature 接收机等效噪声温度
    IC 接收机集成电路
    minimum IIPm 接收机最小 m 阶输入截点
    noise bandwidth 接收机噪声带宽
    noise factor 接收机噪声因数
    noise figure 接收机噪声系数
    performance 接收机性能
    selectivity 接收机选择性
    sensitivity 接收机灵敏度
    signal strength indicator 接收机信号强度指示器
    static sensitivity 接收机静态灵敏度
    system lineup 接收机系统阵
rectangular 矩形的
    function 矩形函数
    pulse 矩形脉冲
reference 参考
    clock 参考时钟
    sensitivity 参考灵敏度
relative noise and/orinterference level increment 相对噪声和/或干扰的提高
residual 残余的
    AM 残余调幅
    bit error rate 残余比特误码率
    carrier 残余载波
    error vector 残余误差矢量
    interferer 残余干扰
    modulation 残余调制
response 响应
reverse 反向
    isolation 反向隔离
    link 反向链路
    modulation 反向调制
RF. See radio frequency 射频
    amplifier 射频放大器

    analog systems 射频模拟系统
    band-pass filter 射频带通滤波器
    integrated circuit 射频集成电路
    receiver 射频接收机
    system design 射频系统设计
    transceiver 射频收发机
    transmitter 射频发射机
RFA. See RF amplifier 射频放大器
RF-BB co-design 射频—基带联合设计
RF IC. See RF integrated circuit 射频集成电路
roll-off factor 滚降因子
root raised cosine filter 根升余弦滤波器
RRC filter. See root raised cosine filter 根升余弦滤波器
RSSI. See receiver signal strength indicator 接收机信号强度指示器

S

sample and hold circuit 采样保持电路
sample 样本
    function 样本函数
    sequence 样本序列
sampling 采样
    frequency 采样频率
    process 采样过程
    pulse 采样脉冲
    rate 采样速率
    theorem 采样定理
    theory 采样理论
SAR. See specific absorption rate 吸收率
SAW. See surface acoustic wave 声表面波
    band-pass filter 声表面波带通滤波器
    duplexer 声表面波双工器
    filter 声表面波滤波器
second generation mobile 第二代移动通信
    systems 第二代移动通信系统
    GSM, CDMA, US TDMA 或 D-AMPS 全球移动通信系统，码分多址，美国分时多址或数字高级移动电话系统
second order 二阶
    distortion 二阶失真
    input intercept point 二阶输入截点

third-order cascaded intercept point 三阶级联截点

third-order distortion 三阶失真

third order 三阶

    intercept point 三阶截点

    nonlinearity 三阶非线性特性

time 时间

    average 平均时间

    division multiple access 时分多址

    domain 时域

    response 时间响应

    shifting 时移

    waveform 时间波形

time-invariant 时不变

total hopping bandwidth 总跳频带宽

traffic channel 业务信道

transceiver system 收发机系统

transfer function 传递函数

transformation 转换

transmission leakage self-mixing 传输泄漏自混频

transmitter 发射机

    AGC 发射机自动增益控制

    IC 发射机集成电路

    leakage 发射机泄漏

transmitter/receiver switcher 发射机/接收机切换器

two-tone 双频

    ACPR$_2$ 双频相邻信道功率比

    blocking 双频阻塞

    interference 双频干扰

two-port system 二端口系统

two-sided spectral density 双边带谱密度

U

UHF. See ultra-high frequency 超高频

ultra wide-band 超宽带

ultra-high frequency 超高频

undersampling 欠采样

    IF signal 欠采样中频信号

    rate 欠采样速率

uniform quantizer 均匀量化器

uniform sampling 均匀采样

    theorem 均匀采样定理

uniformly 一致地

    distributed probability density 均匀分布的概率密度

      distributed probability density function 均匀分布的概率密度函数

    spaced samples 均匀间隔的样本

up-converter 上变频器

update rate 更新速率

up-link 上行链路

UWB. See ultra wide-band 超宽带

V

variable gain amplifier 可变增益放大器

variance 方差

VCO 压控振荡器

VCTCXO. See voltage control temperature compensated crystal oscillator 温补压控振荡器

very-high frequency 甚高频

VGA. See variable gain amplifier 可变增益放大器

VHF. See very high frequency 甚高频

voltage control temperature compensated crystal oscillator 压控温度补偿振荡器

voltage 电压

    gain 电压增益

    spectrum 电压频谱

    standing wave ratio 电压驻波比

Volterra series 伏尔特拉级数

VSWR. See voltage standing wave ratio 电压驻波比

W

Walsh code 沃尔什编码

waveform quality factor 波形品质因数

weighting coefficient 加权系数

white noise 白噪声

wide-band 宽带

    signal 宽带信号

    code division multiple access(WCDMA) 宽带码分多址移动通信系统

    noise 宽带噪声

    spectrum 宽带频谱

system 宽带系统

wireless 无线的

    digital transceiver 无线数字收发机

    local area network 无线局域网

    personal area network(WPAN)无线个人区域网

    systems 无线系统

WLAN. See wireless local area network 无线局域网

WPAN. See wireless personal area network 无线个人区域网

Z

zero IF 零中频

zero mean 零平均值